一流规划教材
一流学科教材
电子信息

电子设计实践基础

FOUNDATION OF ELECTRONIC DESIGN PRACTICE

李玉虎　编著

U0190110

中国科学技术大学出版社

内 容 简 介

本书主要通过目前热门的软硬件结合的电子设计模式,使学生对基本电子系统有一个直观了解,对其设计流程有一个初步认识,有助于提高学生的学习兴趣,锻炼他们的实践动手能力,同时帮助他们建立起对电子系统的宏观认知,为后续课程抛砖引玉。

本书可供高等院校电子信息专业学生使用。

图书在版编目(CIP)数据

电子设计实践基础/李玉虎编著. —合肥:中国科学技术大学出版社,2022.10
中国科学技术大学一流规划教材
ISBN 978-7-312-05275-0

Ⅰ.电… Ⅱ.李… Ⅲ.电子电路—电路设计—高等学校—教材 Ⅳ.TN702

中国版本图书馆 CIP 数据核字(2021)第 144500 号

电子设计实践基础
DIANZI SHEJI SHIJIAN JICHU

出版	中国科学技术大学出版社
	安徽省合肥市金寨路 96 号,230026
	http://www.press.ustc.edu.cn
	https://zgkxjsdxcbs.tmall.com
印刷	安徽省瑞隆印务有限公司
发行	中国科学技术大学出版社
开本	787 mm×1092 mm 1/16
印张	21.25
字数	530 千
版次	2022 年 10 月第 1 版
印次	2022 年 10 月第 1 次印刷
定价	66.00 元

前　　言

　　本书首先介绍电子设计中一些常见的电子元器件,如电阻、电容、电感、二极管、三极管以及集成电路等。然后以 ATMEL 的高性能、低功耗 AVR MCU ATmega8A 为核心,介绍 ATmega8A MCU 的 CPU、时钟、存储器、通用 I/O 端口、定时器/计数器、中断、模数转换器(ADC)、SPI 接口、TWI 接口、USART 接口等等;接着介绍了 PCB 电路板的绘制和元器件的焊接、AVR MCU 开发设计环境的安装及使用等;最后介绍了 RGB LED、有源/无源蜂鸣器、触摸开关、光敏传感器、霍尔传感器、七段数码管、开关阵列、液晶屏、温湿度传感器、超声波测距、直流电机及步进电机等常用电子小模块的基本原理和用法。初学者通过 MCU 和各种常用功能模块的学习和实践,逐步掌握 MCU 和各种模块的基本原理与应用,熟悉电子系统及设计的基本流程、方式和方法。

　　读者一方面可从书中介绍的最基本的印刷电路板绘制入手,将绘制好的 PCB 送出加工,并对加工后的电路板进行元器件的焊接,再通过连接线将 MCU/MPU(微控制器/微处理器)和各种功能模块(如 RGB LED、七段数码管、触摸开关、液晶屏等)进行互连,从而搭建完成电子设计实践用的硬件平台;另一方面,利用 MCU/MPU 的软件开发工具,编写代码实现对硬件的操作、数据传输与处理等任务,并将代码编译成目标器件(MCU/MPU)可以执行或传递的数据流下载/烧写到已经搭建好的硬件平台上运行和测试,并根据硬件平台的运行和测试情况去修改程序或硬件连接等,直至完成电子设计实践任务。

　　考虑到在电子设计实践过程中会用到一些电子仪器设备,如万用表、锡焊台(烙铁)、直流稳压源、示波器等,本书针对这些仪器设备的用途和使用方法也进行了简单介绍。学生在学习和实践过程中可通过边学习边使用的方式,将理论与实践直接联系起来学以致用,加深初学者的印象,缩短学习和掌握的过程。

　　本书可作为电子信息等相关专业的实践类基础教材、指导书。另外,通过软硬件结合的实践形式,本书介绍了目前电子系统的基本设计方法与流程等,也可作为初学者或低年级大学生的参考书,帮助他们建立起对电子系统的宏观认识,并为动手实践等提供帮助。

编　者

2022 年 3 月

目　　录

第1章　电子设计实践基础知识

本章首先简单介绍一些常用电子元器件的基本原理和作用,然后重点介绍 AVR MCU (ATmega8A)的组成和应用,最后介绍几种常用电子仪器设备的使用方法等。

1.1　电子元器件基础

1.1.1　电阻器

电阻器(resistance)是电子系统设计中较常用的电子元件之一(用 R 表示,见图 1.1.1),因其对电流具有阻碍作用,故而称其为电阻器,简称电阻。

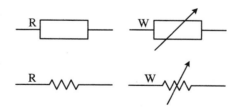

图 1.1.1　电阻器在绘制电路图时的符号

电阻器在电子系统中主要用于电路的保护、分压、分流、限流、缓冲以及阻抗匹配等。电阻器主要技术参数是其电阻值,电阻值的单位是欧姆(Ω)、千欧($k\Omega$)和兆欧($M\Omega$),$1\ M\Omega = 10^3\ k\Omega = 10^6\ \Omega$;另外电阻器还有两个重要技术参数:精度和额定功率。电阻器的标称电阻值与实际值是有偏差的,这个偏差一般在一个标定的范围内(如 $\pm1\%$,$\pm2\%$,$\pm5\%$,$\pm10\%$ 等),就是指电阻器的精度,也就是电阻的实际值会在标称值上下一定的范围内波动。当电流通过电阻时,电阻因阻碍电流流动而产生热。电阻器所能承受的热量是有限度的,如超过限度,电阻器就会烧坏。若要电阻器长时间工作而不损坏,就需要在工作电压下将通过电阻器的电流限制在一个安全的范围内,这就是额定功率($= UI = U^2/R = I^2R$)。比如一电阻器标称为"$10\ \Omega \pm 1\%$ 1/8 瓦",表示这个电阻器的实际电阻值在 $9\sim11\ \Omega$,若长时间在直流电压下工作时,此电阻器两端电压应不超过 $1.17\ V$($= (1/8 * 11)^{1/2}$),不然会损坏电阻器。

1.1.1.1　电阻器的种类

电阻器的种类很多,根据其结构或电阻值是否可变分为固定电阻器(即常见的两个管脚电阻)、可变电阻器,也称电位器(用 W 表示,常见为三管脚,也有多管脚的数字电位器);按加工材料的不同,有薄膜电阻器(碳膜、金属膜以及金属氧化膜等)、绕线电阻器、水泥电阻器等;按外形或封装形式的不同分为直插电阻器与贴片电阻器等等。另外还有一类特殊电阻器,它的电阻值会随着外界的温度、湿度、光强以及压力的改变而改变,这就是热敏电阻、湿敏电阻、光敏电阻和压敏电阻器。各种类型的电阻器实物如图 1.1.2 所示,这里仅列出了几种常见的电阻器,实际上电阻器的种类和外形更加丰富多样。

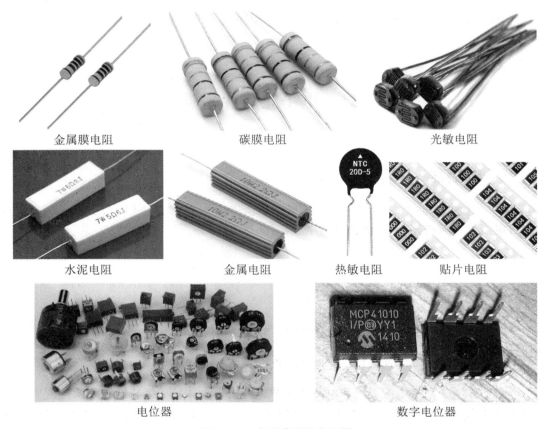

金属膜电阻　　　　　　碳膜电阻　　　　　　光敏电阻

水泥电阻　　　　　　金属电阻　　　热敏电阻　　贴片电阻

电位器　　　　　　　　　　数字电位器

图 1.1.2　各种类型的电阻器

1.1.1.2　电阻器的选用

在电子系统设计中选用什么类型的电阻器,一般需要从设计本身的需求考虑,比如高频电路中可选用分布电感和电容小的非线绕电阻器,如碳膜电阻器、金属和金属氧化膜电阻器、薄膜电阻器、厚膜电阻器、合金电阻器、防腐蚀镀膜电阻器等;而小信号放大电路可选用低噪声电阻器,如碳膜电阻器、金属膜电阻器和线绕电阻器等。对于电阻值的选择则要选用最接近电路中计算值的标准电阻器,并结合电阻器的精度进行选择。对于额定功率一般按要求的功率选择即可,对于大功率电阻器的选用一般需要留出 1～2 倍的余量。而对于特殊电阻器的选用则要严格按照使用需求进行选择。一般电阻器的选用除了考虑类型、电阻值和额定功率外,还要考虑其外形封装、精度、质量、寿命以及价格等多方面的因素。

1.1.1.3 电阻器的检测

电阻器在使用前需要进行检测,以判断其是否能在设计中使用。最简单的检测方法是观察电阻器的外观、标志和保护层是否完好,有无烧焦、伤痕、裂痕、腐蚀,以及管脚是否松动等。如从电阻器的外观看不出问题,还可以借助万用表等电子仪器进行检测。用数字万用表检测电阻器时,一般需要注意以下几点:① 选择合适的万用表量程,并将两表笔短接以确认万用表是好的。② 不要在电路回路中对电阻进行独立测量,对于在回路中的电阻可焊下一管脚后再测量。③ 测量时手不要接触测量回路(被测电阻与万用表的表笔构成的测量回路)。④ 万用表的精度会影响测量结果。⑤ 特殊电阻器的检测需要选用合适的万用表或借助辅助手段等。⑥ 在测出的电阻值接近标称值时,可以认为电阻是好的,若相差太多或显示断路,那电阻就是坏的。

1.1.2 电容器

简单来说,电容器(capacitor)就是存储电荷的器件(故而称为电容器)。它是由两个金属电极,以及中间夹有的绝缘材料(也称介质)构成的。任何两个绝缘且靠得很近的导体都可构成电容器。

在电子系统的电路中电容器常用于电源或信号的滤波、旁路、去耦,以及信号的耦合、谐振、补偿、充放电、储能、隔直流等。电容器容纳电荷的能力用电容量表示,简称为电容,用字母 C 表示,单位为法拉(F),常用的单位有微法(μF)、纳法(nF)和皮法(pF),$1F = 10^6 \mu F = 10^9 nF = 10^{12} pF$。

电容器还有另外两个重要的技术参数:精度(允许误差)和额定电压。电容器的标称电容量与实际值是有偏差的,这个偏差一般在一个标定的范围内(如 ±2%,±5%,±10%,±20% 等),就是指电容器的精度,也就是电容器的实际电容量会在标称值上下波动一个误差范围。在允许的环境温度和技术参数下,电容器可以长期可靠地工作。电容器能够承受的最高直流电压有效值称为电容器的耐压,即额定工作电压,标准的额定电压有 6.3 V,10 V,16 V,25 V 等。电容器用在交流电路中时,最高的交流电压原则上不能超过直流工作电压值。在绘制电路图时一般用图 1.1.3 所示的电容器符号。

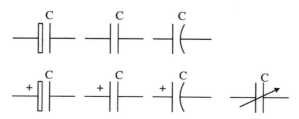

图 1.1.3 电容器在绘制电路图时的符号

1.1.2.1　电容器的种类

电容器从原理和结构上分为有极性和无极性、固定电容和可变电容等。从工艺和材料上分为：① 有机介质电容器，包括漆膜电容器、混合介质电容器、纸介电容器、有机薄膜介质电容器、纸膜复合介质电容器等；② 无机介质电容器，包括陶瓷电容器、云母电容器、玻璃膜电容器、玻璃釉电容器等；③ 电解电容器，包括铝电解电容器、钽电解电容器、铌电解电容器、钛电解电容器及合金电解电容器等；④ 气体介质电容器，包括空气电容器、真空电容器和充气电容器等等。从用途上可分为高频电容器、低频电容器、高压电容器、低压电容器、耦合电容器、旁路电容器、滤波电容器、中和电容器、调谐电容器等。从外形和安装方式上分为圆柱形电容器、圆片形电容器、管形电容器、叠片形电容器、长方形电容器、珠状电容器、方块状电容器和异形电容器，以及插针和贴片电容器等。见图1.1.4。

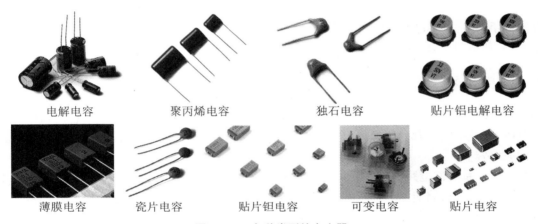

电解电容　　　　聚丙烯电容　　　　独石电容　　　　贴片铝电解电容

薄膜电容　　　瓷片电容　　　贴片钽电容　　　可变电容　　　贴片电容

图 1.1.4　各种类型的电容器

1.1.2.2　电容器的选用

电容器的选用可根据其相关技术参数选择满足设计需求，且成本允许即可。一般在设计电路中用于低频耦合、旁路去耦等性能要求不严格时可以采用纸介电容器、电解电容器。低频放大器的耦合电容器可选用 $1\sim22\ \mu\mathrm{F}$ 的电解电容器；旁路电容根据电路工作频率来选，如在低频电路中，发射极旁路电容可选用电解电容器，容量在 $10\sim220\ \mu\mathrm{F}$ 之间；在中频电路中可选用 $0.01\sim0.1\ \mu\mathrm{F}$ 的纸介、金属化纸介、有机薄膜电容器等；在高频电路中，则应选用云母电容器和瓷介电容器。在电源滤波和退耦电路中，可选用电解电容器。

选用电容器时也要考虑其精度，比如旁路、退耦、低频耦合电路中的电容器精度要求不高，可选相近容量或容量略大些的电容器。但在振荡回路、延时回路、音调控制电路中的电容器的电容量就应尽可能和计算值一致。而在滤波器和电路网络中，对电容量的精度则有更高的要求，须选用高精度的电容器。

另外在选用电容器时，电容器的额定电压应高于实际工作电压，并留有足够余量，防止因工作电压的波动导致电容器损坏。一般来说，电容器的额定电压要高于工作电压10%～20%。在电压波动幅度较大的电路中，须留有更大的余量；有极性的电容器不能用于交流电路。电解电容器的耐温性能很低,如工作电压超过允许值,介质损耗增大,很容易导致温升过高,从而损坏电容器。同时,电容器在工作时只允许出现较低温升,否则就不是正常现象。故而在安装电容器时,应尽量远离发热元件(如大功率管、变压器等)。若工作环境温度较高,则应降低工作电压后再使用。

1.1.2.3　电容器的检测

电容器在使用前需要进行检测,以判断其好坏,是否可以用在设计中。最简单的检测方法是观察电容器的外观、标志和保护层是否完好,有无烧焦、伤痕、裂痕、腐蚀,以及管脚是否松动等。如从电容器的外观看不出问题,可以借助数字万用表/电容表等电子仪器进行检测。用数字万用表检测电容器时,一般需要注意几点:① 选择合适的万用表电容挡量程,并将电容器的管脚插到测量电容的专用插孔进行测量。② 可用万用表的电阻挡测量电容器的好坏:用红表笔和黑表笔分别接触被测电容器的两个管脚,此时万用表显示值将从"000"开始逐渐增加,直至显示溢出符号"1"。若始终显示"000",则说明电容器内部短路;若始终显示溢出,则可能是电容器内部极间断路,也可能是所选择的电阻挡不合适。检查电解电容器时需要注意,红表笔(带正电)接电容器正极,黑表笔接电容器负极。③ 万用表的精度以及与被测电容器是否良好接触会影响测量结果。④ 特殊电容器的检测需要选用合适的万用表或借助辅助测量手段等。⑤ 在测出的电容量接近标称值或在允许的误差范围内,可以认为电容器是好的,若相差太多或显示短路或断路,说明电容器就是坏的。

1.1.3　电感器

电感器(inductor)是能够把电能转化为磁能储存起来的元件。电感器的结构类似于变压器,不过电感器只有一个绕组,一般由骨架、绕组(线圈)、屏蔽罩、封装材料、磁芯或铁芯等组成。

在电子系统的电路中电感器常用于滤波、振荡、延迟、陷波,以及信号筛选、噪声过滤、稳定电流及抑制电磁波干扰等等。电感在电路中常与电容一起,组成 LC 滤波电路使用。电容器具有"阻直流,通交流"特性,电感则有"通直流,阻交流"功能。如把伴有许多干扰信号的直流电通过 LC 滤波电路,就可将交流干扰信号通过电感变成热能消耗掉,变成比较纯净的直流电流。因为电感器具有阻止交流电通过而让直流电顺利通过的特性,交流信号频率越高,电感器表现出的阻抗越大,也就越不可能通过电感器。因此,电感器的主要功能是对交流信号进行隔离、滤波,或与电容器、电阻器等组成谐振电路。

当电感器的线圈中有电流通过时,就在线圈中形成了感应磁场,感应磁场又产生感应电流来抑制线圈中的电流通过。这种电流与线圈的相互作用关系称为电的感抗,即电感用字母"L"表示。它是本线圈中或线圈间引起感应电动势效应的主要电路参数,单位是"亨利(H)",简称"亨",常用的电感单位还有毫亨(mH)和微亨(μH),$1\text{ H} = 10^3\text{ mH} = 10^6\ \mu\text{H}$。

电感器另外两个重要的技术参数是精度(允许偏差)和额定电流。电感器的标称电感与实际值是有偏差的,这个偏差一般在一个标定的范围内(如 ± 0.2%,± 0.5%,± 10%,± 15% 等),即指电感器的精度。一般对于振荡或滤波等电路中的电感器精度要求高,允许偏差在 ± 0.2% ~ ± 0.5%;而对于耦合、高频阻流等电感器的精度要求低些,允许偏差可在

±（10%～15%）。电感器的额定电流指电感器在允许工作环境下可以承受的最大电流。当工作电流超过此额定电流时，电感器就会发热从而使其性能参数发生改变，甚至还会因过流而烧毁。

品质因数（也称 Q 值）和分布电容，也是衡量电感器质量的主要参数。品质因数是指电感器在某一频率交流电压下工作时，所呈现的感抗与其等效损耗电阻之比。电感器的 Q 值越高，其损耗越小，效率越高。分布电容是指线圈的匝与匝之间，线圈与磁芯之间，线圈与地之间，线圈与金属之间存在的电容。电感器的分布电容越小，其稳定性越好。分布电容会使等效耗能电阻变大，品质因数变小。减少分布电容常用丝包线或多股漆包线，有时也用蜂窝式绕线法等。

在绘制电路图时一般用图 1.1.5 所示的电感器符号。

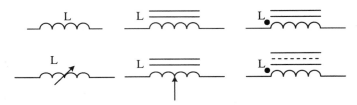

图 1.1.5　电感器在绘制电路图时的符号

1.1.3.1　电感器的种类

电感器从原理和结构上可分为固定电感和可变电感；从导磁体性质上分为空芯线圈、铁氧体线圈、铁芯线圈、铜芯线圈；从用途上分为天线线圈、振荡线圈、扼流线圈、陷波线圈、偏转线圈；从绕线结构上分为单层线圈、多层线圈、蜂房式线圈、密绕式线圈、间绕式线圈等；按安装方式分为直插电感器和贴片电感器等（见图 1.1.6）。

电感器可由电导材料（如铜线）绕磁芯制成，磁芯也可用铁磁性材料代替。比空气磁导率高的芯材料可以把磁场更紧密地约束在电感元件周围，从而增大了电感。一般电感器用外层瓷釉线圈（enamel coated wire）环绕铁氧体（ferrite）线轴制成，而有些防护电感把线圈完全置于铁氧体内。一些电感元件的芯可以调节，以方便改变电感量。小电感可以用铺设螺旋轨迹的方法直接蚀刻在印刷电路板（printed circuit boards，PCB）上，也可用与制造晶体管相同的工艺制作在集成电路中。在这些应用中，铝互连线经常被用作传导材料。不管用何种方法，基于实际的约束应用最多的还是一种叫作"旋转子"的电路，它用一个电容和主动元件表现出与电感元件相同的特性。用于隔高频的电感元件经常用一根穿过磁柱或磁珠的金属丝构成。

1.1.3.2　电感器的选用

电感器的选用可根据相关技术参数选择满足设计需求的，同时还要考虑成本、外形尺寸、安装方式等因素。常见的电感器见图 1.1.6。在电子系统电路中，电感器主要有三类应用：① 功率用电感，常用于电源电路中的电压转换，比如 DC/DC 电源。② 去耦用电感，常用于电源线和信号线上的噪声滤除。③ 高频用电感，常用于射频电路，完成偏置、匹配和滤波等。

在具体电路应用中选择电感器时,还需要考虑这些因素:① 选用 Q 值高的电感器。② 选择耐压和额定电流不低于实际电路的需要。③ 选择电感量与电路要求相同,特别是调谐回路、高频电路等。④ 有抗电强度要求的电路,要选择耐高压的电感器。⑤ 考虑电感器引线和管脚的拉力、扭力以及耐焊性和可焊性。⑥ 选用贴片电感器时,要特别考虑外形尺寸和额定电流的要求,特殊环境下还要考虑温度、湿度等因素。

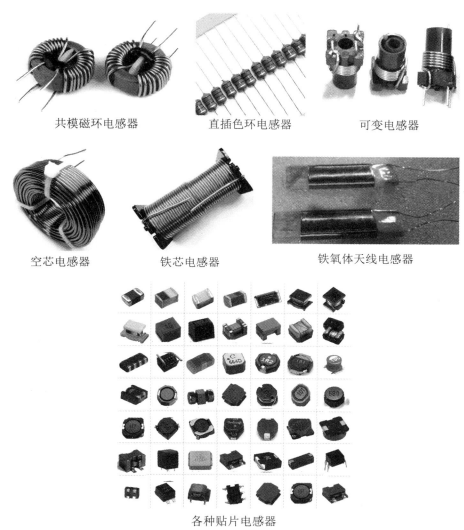

共模磁环电感器　　　　直插色环电感器　　　　可变电感器

空芯电感器　　　　铁芯电感器　　　　铁氧体天线电感器

各种贴片电感器

图 1.1.6　各种类型的电感器

1.1.3.3　电感器的检测

电感器在使用前需要进行检测,以判断其好坏,能否用在设计电路中。比较简单的检测方法是观察电感器的外观、标志和保护层是否完好,有无烧焦、伤痕、裂痕、腐蚀,以及管脚是否松动等。如从电感器的外观看不出问题，可借助万用表等电子仪器进行检测。用数字万用表检测电感器时，一般需要注意几点：① 选择万用表的量程为电阻挡的小挡位，比如$200\,\Omega$或$2\,k\Omega$挡进行测量。② 一般电感器的直流电阻为$0\,\Omega$到几百欧。③ 如果测量的直流电阻与标称值比较近，可认为电感器是好的，如果万用表的读数为"1"（即断路或超量程），或者与标称值相差很大，可认为电感器已损坏。要测量具体的电感器的技术参数，一般需要使用专用的电感器测量仪器或者采用辅助电路通电法进行测量，如 RLC 测量仪、电感测量仪，采用谐振法及交流电桥法测量电感等。

1.1.4　磁珠

磁珠（magnetic bead）专用于抑制信号线、电源线上的高频噪声和尖峰干扰，另外还有吸收静电脉冲的能力。磁珠具有很高的电阻率和磁导率，可简单地看作电阻与电感的串联，且电阻值和电感值会随频率变化，在高频时呈现阻性，所以能在相当宽的频率范围内保持较高的阻抗，从而提高调频滤波效果。磁珠的主要原料为铁氧体。铁氧体是一种立方晶格结构的亚铁磁性材料。铁氧体材料为铁镁合金或铁镍合金，它的制造工艺和机械性能与陶瓷相似，颜色为灰黑色。

磁珠的等效电路为一个R_{DC}电阻串联三个元件（一个电感、一个电容和一个电阻）的并联，如图1.1.7所示。R_{DC}是一个恒定值，但后面三个元件都是频率的函数，即它的感抗、容抗和阻抗会随着频率的变化而变化。在低频段时，X 感抗起主要作用，起反射噪声的作用；在高频段时，R 起主要作用，起吸收噪声并转变为热能的作用。X 和 R 曲线的交点称为抗阻特性的转折点。在转折点以下，磁珠表现为感性，反射噪声；在转折点以上磁珠表现为电阻性，磁珠吸收噪声并转化为热能。

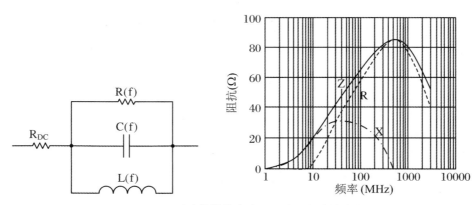

图 1.1.7　磁珠的等效电路和阻抗随频率的变化

在电子系统中磁珠用来吸收像 RF 电路、PLL、振荡电路和高频存储器电路（DDRS-DRAM，RAMBUS 等）输入电源的高频信号。磁珠消除存在于传输线结构（电路）中的 RF 噪声。RF 能量是叠加在直流传输电平上的交流正弦波成分，直流成分是需要的有用信号。要消除这些不需要的信号能量，使用磁珠扮演高频电阻的角色（即高频衰减器）。

磁珠的电路符号与电感一致，从型号或参数上可以看出磁珠与电感的不同。磁珠的单位一般用一定频率下的阻抗值（Ω）表示。如用于电源滤波型号为 HH‐1H3216‐500 的磁珠，其含义按顺序分别是：

HH 为磁珠系列标志，表示用于电源滤波，信号线是 HB 系列；

1 表示一个组件封装了一个磁珠，若为 4 则表示并排封装四个磁珠；

H 表示组成物质，符号 H，C，M 为中频应用（50～200 MHz），T 为低频应用（50 MHz），S 为高频应用（200 MHz）；

3216 封装尺寸，长 3.2 mm，宽 1.6 mm，即 3216 封装；

500 表示阻抗（一般为 100 MHz 频率下）值为 50 Ω。

1.1.4.1　磁珠的种类

磁珠的主要原料为铁氧体，根据磁珠的应用条件有普通型磁珠、尖峰型磁珠、高频型磁珠、阵列型磁珠、大电流磁珠等；根据磁珠的结构和外形可分为叠层片式磁珠、直插式磁珠和贴片磁珠等。见图 1.1.8。

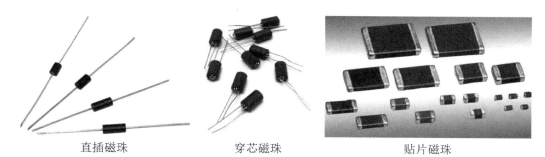

直插磁珠　　　　　　穿芯磁珠　　　　　　贴片磁珠

图 1.1.8　各种类型的磁珠

1.1.4.2　磁珠的选用

在选用磁珠前需要考虑的因素有：① 用磁珠去除什么频率范围的信号。② 高频噪声来自系统的什么部分。③ 需要多大的噪声衰减。④ 磁珠工作在什么环境（温湿度、电压电流等）。⑤ 电路板上有没有足够的空间放置磁珠。最后再根据磁珠的直流电阻、额定电流以及频率和阻抗特性进行选用。

比如，对于 3.3 V、300 mA 电源，要求输出电压不低于 3.0 V，那么磁珠的直流电阻应小于 1R（(3.3−3)/0.3），此时可选择磁珠的直流电阻为 0.5R，以防参数漂移。对噪声的抑止能力来说，若要求对于 100 MHz 的、300 mVpp 的噪声，经过磁珠以后达到 50 mVpp 的水平，假设负载为 45 Ω，那么就应该选择 225R@100 MHz，DCR<1R 的磁珠，225R =（45 Ω/50 mV）×250 mV。

另外磁珠的单位是 Ω，而不是 H，这一点要特别注意。因磁珠的单位是按它在某一频率产生的阻抗来标称的。磁珠的数据手册上会提供频率和阻抗的特性曲线图，一般以100 MHz 为标准，比如 600R@100 MHz，意思就是在 100 MHz 频率的时候磁珠的阻抗相当于 600 Ω。普通滤波器是由无损耗的电抗元件构成的，它在线路中的作用是将阻带频率反射回信号源，所以这类滤波器又叫反射滤波器。当反射滤波器与信号源阻抗不匹配时，就会有一部分能量被反射回信号源,造成干扰电平的增强。为解决这一弊病,可在滤波器的进线上使用铁氧体磁环或磁珠套,利用磁环或磁珠对高频信号的涡流损耗,把高频成分转化为热损耗。因此磁环和磁珠实际上对高频成分起吸收作用,所以有时也称之为吸收滤波器。不同的铁氧体抑制元件,有不同的最佳抑制频率范围。通常磁导率越高,抑制的频率就越低。此外,铁氧体的体积越大,抑制效果越好。在体积一定时,长而细的形状比短而粗的抑制效果好,内径越小抑制效果也越好。但在有直流或交流偏流的情况下,还存在铁氧体饱和的问题,抑制元件横截面越大,越不易饱和,可承受的偏流越大。磁环使用时有一较好的方法是让穿过磁环的导线反复绕几下,以增加电感量。可以根据它对电磁干扰的抑制原理,合理使用它的抑制作用。铁氧体抑制元件应当安装在靠近干扰源的地方。对于输入/输出电路,应尽量靠近屏蔽壳的进、出口处。对铁氧体磁环和磁珠构成的吸收滤波器,除了应选用高磁导率的有耗材料外,还要注意它的应用场合。它们在线路中对高频成分所呈现的电阻是十至几百欧,因此它在高阻抗电路中的作用并不明显,相反,在低阻抗电路(如功率分配、电源或射频电路)中使用时非常有效。

1.1.4.3　磁珠的检测

磁珠在使用前需进行检测,以判断其好坏,是否可以用在设计中。比较简单的检测方法是观察磁珠的外观、标志和保护层是否完好,有无烧焦、伤痕、裂痕、腐蚀,以及管脚是否松动等。如果磁珠的外观没有问题,可以借助万用表的电阻挡测量磁珠两端的电阻值,若测量的电阻值为 0 Ω 或小于 1 Ω,可以认为磁珠是好的。对于磁珠的其他参数的测量,则需要通过信号源、示波器或者频谱仪等仪器设备进行测量。

1.1.4.4　磁珠与电感器的区别

电感器是储能元件,而磁珠是能量转换(消耗)器件。电感多用于电源滤波回路,抑制传导性干扰;磁珠多用于信号回路,抑制电磁辐射干扰。两者均可用于处理 EMC、EMI 问题。EMI 有两个途径,即辐射和传导。不同的途径采用不同的抑制方法,前者用磁珠,后者用电感。

磁珠是用来吸收超高频信号的。而电感是一种蓄能元件,用在 LC 振荡电路,或中低频的滤波电路等,其应用频率范围很少超过 50 MHz。

电源和地线的连接一般用电感,而对信号线则多采用磁珠。另外电感一般用于电路的匹配和信号质量的控制上。

1.1.5　保险丝

保险丝(fuse)也被称为电流保险丝,IEC 127 标准将它定义为"熔断体"(fuse-link),主要是起过载保护作用。如电路中正确安置保险丝,在电流异常升高到一定值时,保险丝会自熔断从而切断电源,保护电路安全运行。

一百多年前,由爱迪生发明的保险丝用于保护当时昂贵的白炽灯,随着时代的发展,保险丝保护电力设备不受过电流的伤害,避免电子设备因内部故障所引起的严重伤害。当电路发生故障或异常时,伴随着电流不断升高,并且升高的电流有可能损坏电路中的某些重要器件,也有可能烧毁电路甚至造成火灾。所以在电路中正确地安置保险丝是很有必要的。

保险丝一般由三部分组成:① 熔体。它是保险丝的核心,熔断时起到切断电流的作用,同一类、同一规格保险丝的熔体,材质、几何尺寸要相同,电阻值尽可能小且要一致,最重要的是熔断特性要一致。② 电极。通常有两个电极,是连接熔体与电路的重要部件,须有良好的导电性,不应有明显的安装接触电阻。③ 支架。保险丝的熔体一般都纤细柔软,支架的作用就是将熔体固定并使三个部分成为刚性的整体,便于安装、使用。支架必须有良好的机械强度、绝缘性、耐热性和阻燃性,在使用中不应出现断裂、变形、燃烧及短路等现象。

另外电力电路及大功率设备所使用的保险丝,不仅有一般保险丝的三个组成部分,还有灭弧装置,因为这类保险丝所保护的电路不仅工作电流较大,而且当熔体发生熔断时其两端的电压也很高,往往会出现熔体已熔化(熔断)甚至已气化,但是电流并没有切断,其原因就是在熔断的一瞬间在电压及电流的作用下,保险丝的两电极之间发生拉弧现象。这个灭弧装置必须有很强的绝缘性与很好的导热性,且呈负电性。石英砂就是常用的灭弧材料。还有一些保险丝有熔断指示装置,它的作用就是当保险丝熔断后其本身发生一定的外观变化,易于被维修人员发现,例如发光、变色、弹出固体指示器等。

保险丝的主要技术指标有额定电流、额定电压、分断能力、电压降/冷电阻以及熔断特性(过载能力、时间/电流特性)等。

1.1.5.1 保险丝的种类

保险丝按保护形式可分为过电流保护与过热保护。过电流保护保险丝就是常说的保险丝(也叫限流保险丝)。过热保护的保险丝一般被称为"温度保险丝"。温度保险丝又分为低熔点合金型、感温触发型、有记忆合金型等等,见图 1.1.9。

玻璃保险丝

家用保险丝

高压熔断保险丝

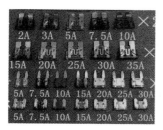
汽车保险丝

自恢复保险丝

贴片保险丝

图 1.1.9 各种类型的保险丝

保险丝按用途可分为电力保险丝、机床保险丝、电器仪表保险丝(电子保险丝)、汽车保险丝;按体积可分为大型、中型、小型及微型;按额定电压可分为高压保险丝、低压保险丝和安全电压保险丝;按分断能力可分为高、低分断能力保险丝;按形状可分为平头管状保险丝(又可分为内焊保险丝与外焊保险丝)、尖头管状保险丝、铡刀式保险丝、螺旋式保险丝、插片式保险丝、平板式保险丝、裹敷式保险丝、贴片式保险丝;按材料可分为玻璃保险管,陶瓷保险管;按熔断速度可分为特慢速保险丝(一般用 TT 表示)、慢速保险丝(一般用 T 表示)、中速保险丝(一般用 M 表示)、快速保险丝(一般用 F 表示)、特快速保险丝(一般用 FF 表示)等。

有一种常用的可恢复保险丝,它是由经过特殊处理的聚合树脂(polymer)及分布在里面的导电粒子(carbon black)组成。在正常操作下聚合树脂紧密地将导电粒子束缚在结晶状的结构外,构成链状导电通路,此时可恢复保险丝为低阻状态,线路上流经可恢复保险丝的电流所产生的热能小,不会改变晶体结构。当线路发生短路或过载时,流经可恢复保险丝的大电流产生的热量使聚合树脂融化,体积迅速增长,形成高阻状态,工作电流迅速减小,从而对电路进行限制和保护。

1.1.5.2　保险丝的选用

选用保险丝时一般需要考虑以下八个方面的因素:

(1) 选择经过安全认证的保险丝。保险丝是安全器件,必须经过安全认证才可以生产,常用的安全认证有 IEC 和 UL 规格,中国常用 IEC 规格的 CCC 安全认证。

(2) 正确地选择保险丝的额定电流值。保险丝的额定电流是指电路能够正常工作的最大电流值,不能把希望保险丝熔断的电流作为保险丝的额定电流进行选择。UL 规格的保险丝会有折减率,比如电路工作电流 $I_r = 1.5\,A$,应该选择 UL 规格的保险丝额定电流 $I_n = I_r/O_f = 1.5/0.75 = 2\,A$,其中 I_r 是电路工作电流,O_f 是 UL 规格保险丝的折减率,I_n 为保险丝的额定电流。IEC 规格的保险丝没有折减率要求,即 $I_r = I_n$。

(3) 正确地选择保险丝的额定电压。保险丝的额定电压一般指保险丝断开后能够承受的最大电压值。通常选择保险丝的额定电压不低于电路电压。

(4) 根据保险丝的使用环境,选择适合环境温度的保险丝。环境温度越高,保险丝工作时的温度就越高,寿命也变短。UL 和 IEC 规格保险丝的技术指标一般都是 25 ℃ 环境下的,如需保险丝工作在温度较高的环境中,则需要考虑保险丝的温度折减率(T_f)。

(5) 在保护电路中要求保险丝阻值越小越好,这样它的损耗功率就小。因此最大电压降或冷电阻也是选择保险丝时的重要技术参数。若保险丝通一直流额定电流,当保险丝达到热平衡后,保险丝两端电压称为保险丝的电压降;当电流小于额定电流的 10% 时,保险丝呈现出来的电阻值称为保险丝的冷电阻。

(6) 当流经保险丝的电流超过额定电流时,熔体温度逐渐上升,最后保险丝会被烧断,这归属为一种过载状态。保险丝在不同过载电流负载下熔断的时间是有范围的,称之为保险丝的时间－电流特性或安秒特性,也就是熔断特性,它是保险丝最主要的电性能指标。根据熔断特性的不同,在阻性电路中可选择快速保险丝,以保护对电流比较敏感的元器件;在有较大浪涌电流的感性或容性电路中,可选择延时保险丝,它可以承受浪涌脉冲的冲击。

(7) 保险丝在规定电压下,能够安全切断的最大电流,称为保险丝的分断能力(也称最大分断能力或短路分断能力)。选择保险丝时需要注意,当流经保险丝的电流相当大以至电路短路时,仍要求保险丝能安全分断电路,且不带来任何破坏性。如被保护系统是直接连接到电源输入电路或保险丝被置于电源输入部分,一定要使用高分断能力的保险丝。在大部分二次电路中,特别是电压低于电源电压时,选用低分断能力保险丝就可以了。一般来说,低分断能力保险丝大部分都是玻璃壳体的,高分断能力保险丝通常有陶瓷壳体,其中许多还填充有纯净颗粒状的石英材料等。

(8) 在选择保险丝时,还要结合保险丝的熔化热能值、耐脉冲冲击次数、耐久性/寿命。以及结构特征与安装形式等。

1.1.5.3　保险丝的检测

保险丝在使用前需要进行检测,以判断其好坏,是否可以用在设计中。比较简单的检测方法是观察保险丝的外观、标志和保护层是否完好,有无烧焦、伤痕、裂痕、腐蚀,以及管脚是否松动等。如从保险丝的外观看不出问题,可以借助万用表等电子仪器进行检测。用数字万用表检测保险丝时,一般需要注意几点:① 选择万用表的量程为电阻挡的小挡位,比如 $200\ \Omega$ 或 $2\ \mathrm{k}\Omega$ 挡进行测量。② 一般保险丝的直流电阻为 $0\ \Omega$ 或非常小。③ 如果测量的直流电阻为 $0\ \Omega$ 或非常小,可以认为保险丝好的,如果万用表的读数为"1"(即断路或超量程),可认为保险丝是坏的。④ 也可以使用数字万用表的二极管挡检测保险丝,如万用表的蜂鸣器发出响声可以认为保险丝是好的,否则就是坏的。⑤ 要测量保险丝的具体技术参数,一般需要使用专用的测量仪器或者采用辅助电路通电法进行测量等。

1.1.6　二极管

二极管(diode)是电子元件中具有两个电极的装置,它只允许电流由单一方向流过,用字母 D 表示。最早的二极管是"猫须晶体"(cat's whisker crystals)及真空管(thermionic valves)。如今的二极管大多是半导体材料的,如硅或锗。半导体二极管内部有一个 PN 结和两个引线端子,根据其外加电压的方向,二极管具备单向电流的传导性。一般地,晶体二极管是由 P 型半导体和 N 型半导体烧结而成的 PN 结界面。在其界面的两侧形成空间电荷层,构成自建电场。

在二极管两端无外加电压时,因 PN 结两边载流子浓度差引起的扩散电流和自建电场引起的漂移电流相等而处于电平衡状态。当加上正向电压时,外界电场和自建电场的互相抵消作用使载流子的扩散电流增加引起了正向电流,称为二极管的正向偏置。正向偏置电压很小时,二极管不会导通,流过二极管的正向电流很微弱。当正向偏置电压达到某一数值(称为"门槛电压"或"死区电压",锗管为 $0.1\sim0.3$ V,硅管为 $0.5\sim0.7$ V)后,二极管才会导通。导通后二极管两端的电压基本上保持不变(锗管约为 0.3 V,硅管约为 0.7 V),也就是二极管的"正向压降"。如二极管两端加反向电压,外界电场和自建电场进一步加强,形成在一定反向电压范围内与反向偏置电压值无关的反向饱和电流,二极管处于截止状态,称为二极管的反向偏置。当外加反向电压达到一定程度时,PN 结空间电荷层中的电场强度达到临界值产生载流子的倍增过程,产生大量电子空穴对,即产生很大的反向击穿电流,出现了二极管的反向击穿现象。PN 结的反向击穿有齐纳击穿和雪崩击穿之分。

二极管根据其特性而广泛地应用到各种领域电子系统中,如电源的整流、通信中的调制和检波,以及作为电子开关、限幅、变容、阻尼瞬态电压抑制、发光等等。因此二极管的电路图绘制符号也比较多,如图1.1.10所示。

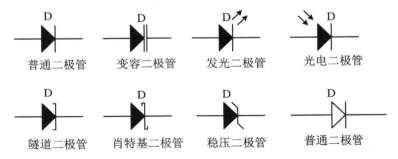

图1.1.10　二极管在绘制电路图时的符号

二极管的主要技术参数有最大整流电流、最高反向工作电压、反向电流、动态电阻、最高工作频率、电压温度系数等。

1.1.6.1　二极管的种类

二极管的种类繁多,按所用的半导体材料不同分为锗二极管(Ge 管)和硅二极管(Si 管)等;按其用途不同分为检波二极管、整流二极管、稳压二极管、开关二极管、隔离二极管、限幅二极管、调制二极管、混频二极管、放大二极管、变容二极管、雪崩二极管、激光二极管、肖特基二极管、发光二极管、硅功率开关二极管、旋转二极管等;按其结构不同分为点接触型二极管、面接触型二极管、平面型二极管、扩散型二极管等等;按发光颜色不同分为白光二极管、红光二极管、绿光二极管、蓝光二极管等;按安装方式不同分为直插二极管和贴片二极管等。

各种种类的二极管如图1.1.11所示。

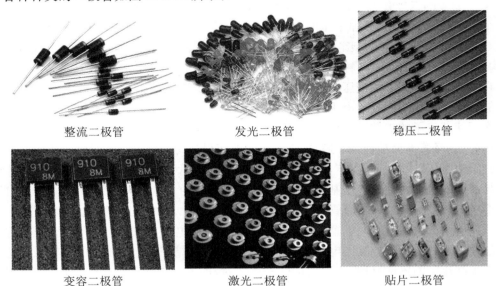

图1.1.11　各种类型的二极管

1.1.6.2　二极管的选用

二极管种类繁多,一般要先确定二极管在电路中的作用(即用途),再在相应的类别中根据二极管技术参数选择合适的二极管。一些常用的二极管选用注意事项如下:

(1) 整流二极管一般为平面型硅二极管,用于各种电源整流电路中。选用整流二极管时,主要考虑其最大整流电流、最大反向工作电流、截止频率及反向恢复时间等参数。普通串联稳压电源电路中使用的整流二极管,对截止频率的反向恢复时间要求不高,只要选择最大整流电流和最大反向工作电流符合要求的整流二极管即可。而开关稳压电源的整流电路及脉冲整流电路中使用的整流二极管,应选工作频率较高、反向恢复时间较短的整流二极管。

(2) 稳压二极管一般用于稳压电源中作为基准电压源或用在过电压保护电路中作为保护二极管。在选用稳压二极管时,要满足应用电路中主要参数的要求。稳压二极管的稳定电压值应与应用电路的基准电压值相同,稳压二极管的最大稳定电流应高于应用电路的最大负载电流为 50% 左右。

(3) 对于发光二极管的选用,一般除了考虑一些重要技术参数外(如工作电流等),还会考虑发出光的颜色、外形尺寸等。

1.1.6.3　二极管的检测

二极管在使用前需要进行检测,以判断其好坏,是否能用在设计电路中。简单的检测方法是观察二极管的外观,看其标志和保护层是否完好,有无烧焦、伤痕、裂痕、腐蚀,以及管脚是否松动等。如果二极管的外观没有问题,可以借助万用表等电子仪器进行检测。用数字万用表检测二极管时,一般需要注意几点:

(1) 普通二极管(包括检波二极管、整流二极管、阻尼二极管、开关二极管、续流二极管)是由一个 PN 结构成的半导体器件,具有单向导电特性。通过用万用表检测其正、反向电阻值,可以判别出二极管的正负电极,还可估测出二极管是否损坏。

(2) 将数字万用表切换到电阻挡(2 kΩ 以上量程),接着用两表笔分别接二极管的两个电极,测出一个结果后,对调两表笔,再测出一个结果。两次测量的结果中,有一次测量出的阻值较大(为反向电阻),一次测量出的阻值较小(为正向电阻)。在阻值较小的一次测量中,红表笔接的是二极管的正极,黑表笔接的是二极管的负极。若两次测量的结果相差不大,则可以认为二极管已损坏。

(3) 可以直接用数字万用表的二极管挡进行测量,在选择数字万用表的二极管挡时,红表笔和黑表笔间有 +2.8 V 的电压(红表笔为正极),在两个表笔分别接到二极管两个管脚时,万用表的读数为二极管两端的压降,正常情况下,正向测量时万用表显示几百毫伏的压降,反向测量的读数为溢出"1"。若正反测量的读数一致,或相差不大,则可以认为二极管已损坏。

(4) 对于二极管技术参数则需要使用专用的仪器设备或辅助电路进行测量。

(5) 对于不同类型的二极管,在测量时会有差别,比如在检测发光二极管时,可以观察其是否发光来判断其好坏和正负极。

1.1.7　三极管

三极管(transistor)，全称为半导体三极管，也称双极型晶体管、晶体三极管，是一种控制电流的半导体器件，具有电流放大作用，也用作无触点开关，是电子电路的核心元件，用字母T 或 Q 表示。三极管是在一块半导体基片上制作两个相距很近的 PN 结，两个 PN 结把整块半导体分成三部分，中间部分是基区，两侧分别是发射区和集电区，从三个区各引出一个电极，分别称为基极(B)、发射极(E)和集电极(C)，排列方式有 PNP 和 NPN 两种。如图1.1.12所示。

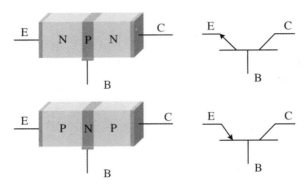

图 1.1.12　三极管的结构和符号

广义上三极管除了双极型晶体管，还有达林顿管、晶闸管(可控硅)、场效应管(MOS 型和结型)以及绝缘栅双极型晶体管等。

根据三极管基极对发射极的外加电压不同，三极管可以工作在截止或饱和状态，相当于电子开关；如三极管的发射结正向偏置，集电结反向偏置，三极管可工作在放大状态，实现电流的放大作用。

晶体管促进并带来了"固态革命"，从而推动了全球范围内的半导体电子工业。作为电子系统的主要部件，它首先在通信工具方面得到广泛的应用，并产生了巨大的经济效益。因晶体管的出现彻底改变了电子线路的结构，集成电路以及大规模集成电路也应运而生，同时制造像高速电子计算机之类的高精密设备就变成了现实。

三极管的技术参数有直流参数和交流参数。直流参数主要有直流电流放大系数和电极间反向电流；交流参数主要有交流电流放大系数和特征频率等。另外还有一些极限参数，如集电极最大允许电流和功率损耗、反向击穿电压等。

三极管的型号一般是以数字"3"开头的一串字母和数字组合，如 3DG110A，第 1 位的数字"3"表示三极管，第 2 位的字母"D"表示 NPN 硅三极管，如果是"A"表示 PNP 锗管、"B"表示 NPN 锗管、"C"表示 PNP 硅管，第 3 位的字母"G"表示高频小功率管，如果是"D"表示低频大功率管、"X"则表示低频小功率光、"K"表示开关管等，第 4～6 位的数字"110"表示同类器件的序号，第 7 位的字母"A"表示同类器件的不同规格。

1.1.7.1　三极管的种类

三极管因其应用广泛,种类也出奇得多,按材质分为硅管和锗管等;按结构分为 NPN 和 PNP 等;按功能分为开关管、功率管、达林顿管、光敏管等;按功率分为小功率、大功率等;按频率分为低频管、高频管等;按安装方式分为直插三极管和贴片三极管等。这些分类之间还可以交叉、组合,形成更多的类型,如高频小功率管、PNP 硅管、NPN 硅管,如图 1.1.13 所示。

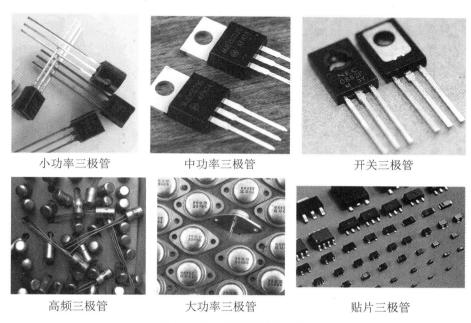

小功率三极管　　　　　中功率三极管　　　　　开关三极管

高频三极管　　　　　大功率三极管　　　　　贴片三极管

图 1.1.13　各种类型的三极管

1.1.7.2　三极管的选用

在选用三极管时,首先根据使用目的,再结合三极管的四个极限参数:集电极最大允许电流 I_{cm}、集-射反向击穿电压 BV_{CEO}、集电极最大允许耗散功率 P_{cm} 和特征频率 f_T,基本上可以找到合适的三极管。

一般低频小功率三极管工作在小信号状态,主要用于各种电子设备的低频信号放大,输出功率小于 1 W 的功率放大器;高频小功率三极管主要应用于工作频率大于 3 MHz、功率小于 1 W 的高频振荡及放大电路;低频大功率三极管主要用于特征频率 f_T 在 3 MHz 以下、功率大于 1 W 的低频功率放大电路中,也可用于大电流输出稳压电源中做调整管,有时在低速大功率开关电路中也会用到它;高频大功率三极管主要应用于特征频率 f_T 大于 3 MHz、功率大于 1 W 的电路中,起到功率驱动、放大的作用,也可用于低频功率放大或开关稳压电路。

另外在考虑三极管的极限参数时,一般按"2/3"安全原则选择合适的性能参数,即:工作时的集电极电流 I_C 选择小于三极管集中极最大允许电流 I_{cm} 的 2/3、集电极功率 PW 选择小于集电极最大允许功率的 2/3、集-射反向电压 U_{CE} 选择小于基极开路时的集电射反向击穿

电压 BV_{CEO} 的 2/3、工作频率 f 选择为三极管特征频率 f_T 的 15%。

最后,还应考虑体积成本等因素。

1.1.7.3　三极管的检测

三极管在使用前需要进行检测,以判断其好坏,是否可以用在设计电路中。比较简单的检测方法是观察三极管的外观,看其标志和保护层是否完好,有无烧焦、伤痕、裂痕、腐蚀,以及管脚是否松动等。如果三极管的外观没有问题,可以借助数字万用表等电子仪器进行检测。

① 用数字万用表检测三极管的基极。三极管的结构表明三极管基极是三极管中两个 PN 结的公共极,因此只要找到两个 PN 结的公共极,也就找到了三极管的基极。用数字万用表检测三极管基极的具体方法是选择万用表电阻挡,先用红表笔放在三极管的一只脚上,用黑表笔去测量三极管的另两只脚,若两次全通,则红表笔所放的脚就是三极管的基极。若一次没找到,则红表笔换到三极管的下一个管脚,再测两次;若还没找到,则红表笔再换到最后一个管脚上,测两次;若还没找到,则改用黑表笔放在三极管的一个管脚上,用红表笔去测两次看是否全通,若一次没成功再换。这样最多量 12 次,就可以找到基极了。

② 用数字万用表检测三极管的类型。三极管有 PNP 和 NPN 两种类型。检测时只需知道基极是 P 型材料还 N 型材料就行了。在用数字万用表的电阻挡检测时,红表笔代表电源正极,如红表笔接基极时对其他两极导通,则说明三极管的基极为 P 型材料,即为 NPN 型三极管。如果黑表笔接基极对其他两极导通,则说明三极管基极为 N 型材料,即为 PNP 型三极管。

③ 用数字万用表检测三极管的好坏。通过万用表的电阻挡测量三极管的结电阻,一般发射结和集电结间的正向电阻值比较小,其他的电阻值为几百千欧到无穷大。如果测量结果满足这个条件,说明三极管是好的,否则三极管已损坏。如果三极管的三个电极已找到,也可以通过数字万用表的三极管专用测量接口去测量三极管的直流电流放大系数 H_{fe},如果测量的结果为 70~700,说明三极管是好的,否则是坏的。

④ 对于三极管技术参数的测量则需要使用专用的仪器设备或辅助电路进行测量。

1.1.8　集成电路

集成电路(integrated circuit,IC)是 20 世纪 60 年代初期发展起来的一种新型半导体器件。它是经过氧化、光刻、扩散、外延、蒸铝等半导体制造工艺,把构成具有一定功能的电路所需的半导体、电阻、电容等元件及它们之间的连接导线全部集成在一小块硅片上,然后焊接封装在一个管壳内的电子器件。其封装外壳有圆壳式、扁平式或双列直插式等多种形式。集成电路内所有元件在结构上已形成一个整体,使电子元件向着微小型化、低功耗、智能化和高可靠性方面迈进了一大步。它在电路中用字母"IC"或"U"表示集成电路,或者用集成电路的具体标识表示(图 1.1.14)。

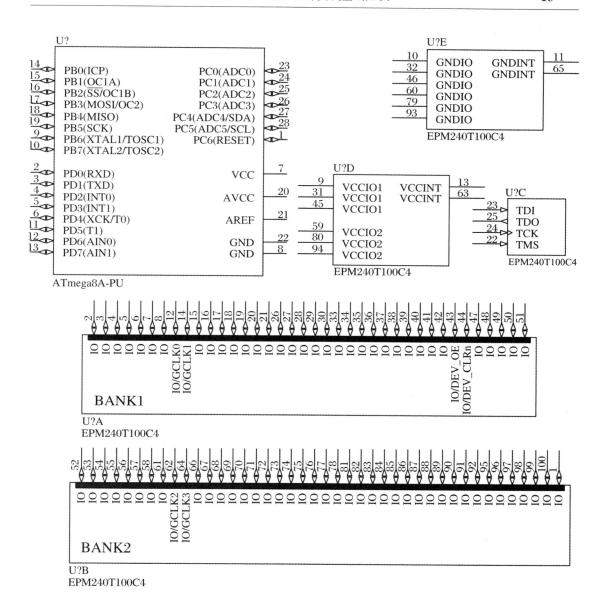

图 1.1.14　集成电路在绘制电路图时的符号

集成电路也称为微电路（microcircuit）、微芯片（microchip）、芯片（chip），它在电子学中是一种把电路（主要包括半导体装置，也包括被动元件等）小型化的方式，并通常制造在半导体晶圆表面上。将电路制造在半导体芯片表面上的集成电路又称薄膜（thin-film）集成电路。还有一种厚膜（thick-film）混成集成电路（hybrid integrated circuit）是由独立半导体设备和被动元件，集成到衬底或线路板所构成的小型化电路。

集成电路具有体积小、重量轻、引出线和焊接点少、寿命长、可靠性高、性能好等优点，同时成本低，便于大规模生产。它不仅在工业、民用电子设备（如收录机、电视机、计算机等）方面得到广泛的应用，同时在军事、通信、遥控等方面也得到广泛的应用。用集成电路来装配电子设备,其装配密度比晶体管可提高很多倍,设备的稳定工作时间也可大大提高。

随着集成电路的规模越来越大,电路图的绘制也不仅仅局限于一张图纸、一个芯片。将一个芯片的不同功能或作用划分为多个部分成为当前电子系统设计时非常普遍的绘制方式。

1.1.8.1　集成电路的种类

集成电路种类繁多,分类的方法也不同,但最基础的分类方式是按照电路属模拟或数字电路划分,划分为模拟集成电路、数字集成电路和混合信号集成电路(模拟、数字电路同在芯片里)。常见的集成电路图 1.1.15。

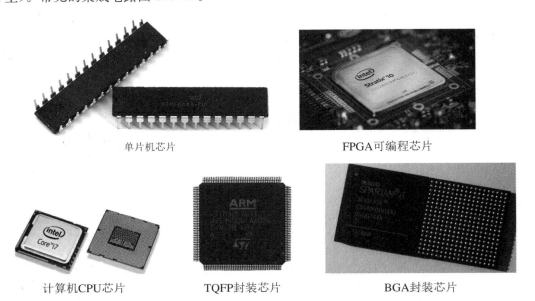

单片机芯片　　　　　　　　　　FPGA可编程芯片

计算机CPU芯片　　　　TQFP封装芯片　　　　BGA封装芯片

图 1.1.15　各种类型的集成电路

数字集成电路以微处理器单元(micro processor unit,MPU)、数字信号处理器(digital signal processing/processor,DSP)和微控制器单元(micro control unital,MCU)为代表,工作中使用二进制,处理 0 和 1 信号。在几平方毫米上有从几千到数十亿的逻辑门、触发器、多任务器和其他电路。这些电路的小尺寸使得与板级集成相比,速度更高、功耗更低(参见低功耗设计),并且制造成本也降低了。

模拟集成电路以传感器、电源控制电路和运放等为代表,具有处理模拟信号、完成放大、滤波、解调、混频等功能。使用模拟集成电路,可以减轻电路设计师的负担,不用凡事都要从基础的单个晶体管开始设计。

集成电路可以把模拟和数字电路集成在单一芯片上,如模拟数字转换器(ADC)和数字模拟转换器(DAC)等。这种电路具有更小的尺寸、更低的成本以及高可靠性和易于使用等优点。

集成电路按集成度高低的不同可分为小规模集成电路(small scale integrated circuits,SSIC)、中规模集成电路(medium scale integrated circuits,MSIC)、大规模集成电路(large scale integrated circuits, LSIC)、超大规模集成电路(very large scale integrated circuits, VLSIC)、特大规模集成电路(ultra large scale integrated circuits, ULSIC)、巨大规模集成电路(也被称作极大规模集成电路或超特大规模集成电路(giga scale integration, GSIC))。

　　集成电路按用途分为电视机、音响、计算机、通信等用集成电路,还有各种专业用集成电路,比如图像处理、自动控制等等。

　　集成电路按外形和安装方式分为扁平型(quad flat package, QFP)、双列直插型(dual in-line package, DIP)与 FQFP(fine pitch quad flat package)、TQFP(thin quad flat package)、LCC(leadless chip carriers)、BGA(ball grid array)、LGA(land grid array)、MFP(mini flat package)、PGA(pin grid array)、PLCC(plastic leaded chip carrier)、QFN(quad flat non-leaded)、QFP(quad flat package)、SOIC(small out-line IC, 同 SOP, SO)等不同封装类型集成电路。

1.1.8.2　集成电路的选用

　　集成电路的选择要根据设计实现的电路功能进行,首先选择满足设计功能要求的芯片,其次根据芯片的性能要求、安装方式、功耗、散热、集成度等综合因素进行选择。

1.1.8.3　集成电路的检测

　　集成电路的检测可以从外观上观察其标志和保护层是否完好,有无烧焦、伤痕、裂痕、腐蚀,以及管脚是否松动等。如果集成电路的外观没有问题,就必须借助专用的仪器设备和辅助电路一起进行检测。

1.2　ATmega8A 微控制器

　　ATmega8A 是 8 位 AVR 低功耗微控制器,它基于 AVR 增强 RISC(reduced instruction set computer)架构。通过执行强大的单时钟周期指令,ATmega8A 性能可以达到 1 MIPS/MHz(MIPS-million instructions per second)。ATmega8A 芯片内集成了较大容量的存储器和丰富的硬件接口,并提供了多种封装形式和便捷的开发工具,使得 ATmega8A 应用范围很广,成为电子设计实践初学者的入门利器。

1.2.1　ATmega8A 的性能简介

　　ATmega8A 具有以下特性:
　　(1) 高性能、低功耗 8 位 AVR 微控制器。
　　(2) 先进的 RISC 架构:
　　① 130 条指令中大多数为单周期执行。
　　② 32 个 8 位通用寄存器,直接连到 ALU(arithmetic logic unit)上,一个单时钟周期指

令可以同时访问两个寄存器。

③ 全静态操作。

④ 16 MHz 工作时性能可达 16 MIPS。

⑤ 片上 2 周期的乘法器。

（3）高耐用储存器：

① 8 K 字节在系统可编程（ISP-in system program）Flash 程序储存器，写或擦除次数达 10000 次。

② 512 字节 EEPROM 数据存储器，写或擦除次数达 100000 次。

③ 1 K 字节片内 SRAM 数据存储器。

④ 数据在 85 ℃ 环境下可以保存 20 年，在 25 ℃ 环境下可以保存 100 年。

⑤ 具有独立锁定位的可选启动代码区：

a. 通过片上启动程序完成在系统编程（ISP）。

b. 真正的"写的时候读"操作。

⑥ 可编程的软件安全锁。

（4）外设特性：

① 两个带预分频的 8 位定时/计数器，一个具有比较模式。

② 一个带预分频的 16 位定时/计数器，具有比较和捕获模式。

③ 带独立振荡器的实时计数器。

④ 三个 PWM（pulse width modulation）通道。

⑤ 10 位的模拟数字转换器（analog to digital converter，ADC）采样速率为 15 ksps（sps 指每秒采样次数）：

a. 八个通道，TQFP 和 QFN/MLF 封装。

b. 六个通道，PDIP 封装。

⑥ 面向字节的两线串口（是对 I^2C 的继承和发展，且兼容 I^2C）。

⑦ 可编程串行 USART（universal synchronous/asynchronous receiver/transmitter）。

⑧ 主/从 SPI 串行接口。

⑨ 可编程"看门狗"定时器，具有独立片上振荡器。

⑩ 片上模拟比较器。

（5）微控制器的其他特性：

① 上电复位及可编程掉电检测。

② 内部校准 RC 振荡器，误差为 ±3%。

③ 外部和内部中断源。

④ 五种睡眠模式：

a. IDLE 模式。CPU 停止工作但允许 SRAM、异步定时器、一个 SPI 接口和中断系统工作。

b. ADC 噪声衰减模式。除了异步定时器和 ADC 外，CPU 和所有 IO 模块停止工作。

c. 省电模式。异步定时器继续运行，并允许用户在其他设备睡眠时维持一个定时器运行。

　　d. 关机模式。保持寄存器值,停止振荡器,禁止其他所有功能直到下一个中断或硬件复位。

　　e. 待机模式。晶体振荡器工作,其余设备休眠。

　　(6) IO 管脚数量及封装:

　　① 23 个可编程 IO 管脚。

　　② 封装有:PDIP 28,TQFP 32,QFN/MLF 32。

　　(7) 工作电压:2.7~5.5 V,温度范围: - 40~105 ℃。

　　(8) 速度:0~16 MHz。

　　(9) 在 4 MHz,3 V,25 ℃ 环境下:

　　① 工作功耗:3.6 mA。

　　② Idle 模式:1.0 mA。

　　③ 关机模式:0.5 μA。

　　(10) 方便快捷的开发工具:Atmel studio。

1.2.2　ATmega8A 的结构简介

　　ATmega8A 芯片内部结构由 AVR CPU、电源管理和时钟控制、存储器以及 ADC 等模块构成,如图 1.2.1 所示。ATmega8A 芯片有三种封装形式:DIP28,TQFP32,QFN/MLF32,其外形管脚如图 1.2.2 所示,管脚列表和说明如表 1.2.1 所示。

　　要使 ATmega8A 芯片工作,需要通过所有的 VCC 和 GND 管脚给芯片中的数字电路部分(CPU,各种数字接口电路等)供电,并通过 AVCC 管脚给模拟电路部分(ADC)供电,同时 ADC 模块还要通过 AREF 管脚提供模拟参考电压;除此之外就剩下通用的输入和输出(IO)管脚(PB0~PB7、PC0~PC6 和 PD0~PD7)与外界进行信号或数据的传输。通用 IO 管脚一般还具有第二种接口功能,有的管脚还有第三种接口功能,这是芯片的管脚复用。芯片的管脚复用是通过有关寄存器的控制,使管脚与芯片内部不同模块间进行电路的切换,相当于电子开关在芯片内部不同模块与芯片管脚间进行切换,从而实现改变管脚用途,使管脚具有不同的功能,同时也减少了芯片封装时的管脚数量。

1.2.3　AVR CPU 核

　　CPU(central processing unit,中央处理器)是 ATmega8A 芯片的核心,主要功能是保证程序正确执行,同时还要能够访问存储器、实现计算、控制外设以及处理中断等。

　　AVR CPU 内部采用了哈佛结构,将程序(flash program memory)和数据(data SRAM)存储器分开,可以同时访问两种存储器以提高性能,如图 1.2.3 所示。程序存储器里的指令执行采用了一级流水线结构,即当一条指令在执行时,就从程序存储器预取下一条指令,这样就实现了每个时钟周期都在执行指令。

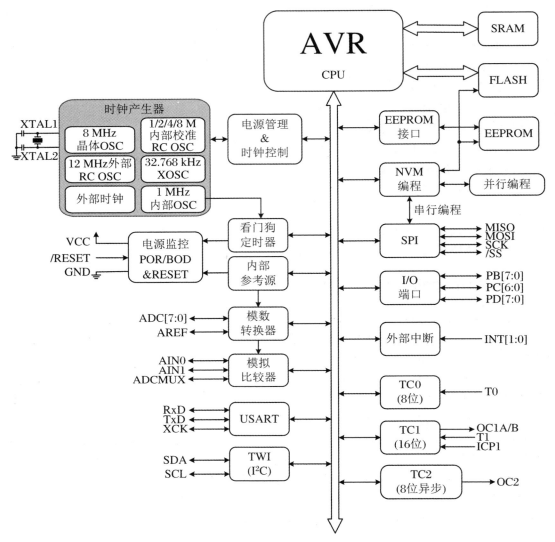

图 1.2.1　ATmega8A 的内部结构

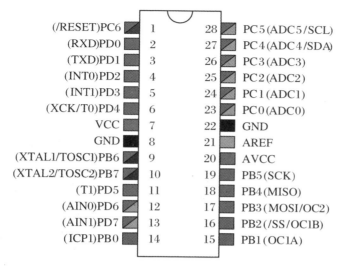

(a) ATmega8A PDIP 28

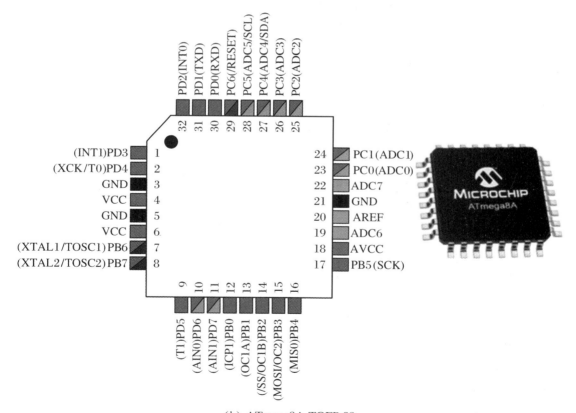

(b) ATmega8A TQFP 32

图 1.2.2 ATmega8A 封装与管脚分布

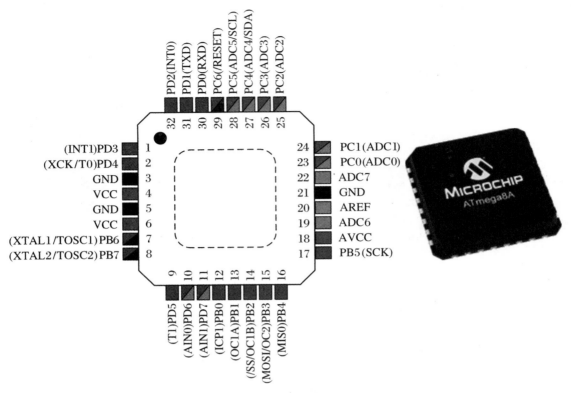

(c) ATmega8A QFN 32

续图 1.2.2　ATmega8A 封装与管脚分布

表 1.2.1　ATmega8A 芯片不同封装对应的管脚列表

管脚	PDIP28 封装				TQFP32 封装			QFN32 封装		
	1	功能 2	功能 3	说明	1	2	3	1	2	3
1	PC6	RESET	IO、复位输入		PD3	INT1		PD3	INT1	
2	PD0	RXD	IO、串口输入		PD4	XCK	T0	PD4	XCK	T0
3	PD1	TXD	IO、串口输出		GND			GND		
4	PD2	INT0	外中断输入 0		VCC			VCC		
5	PD3	INT1	外中断输入 1		GND			GND		
6	PD4	XCK	T0		VCC			VCC		
7	VCC		+2.7~5.5 V		PB6	XTAL1	TOSC1	PB6	XTAL1	TOSC1
8	GND		电源地		PB7	XTAL2	TOSC2	PB7	XTAL2	TOSC2
9	PB6	XTAL1	TOSC1	外接晶体	PD5	T1		PD5	T1	
10	PB7	XTAL2	TOSC2		PD6	AIN0		PD6	AIN0	

续表

管脚	PDIP28 封装				TQFP32 封装			QFN32 封装		
	1	功能 2	功能 3	说明	1	2	3	1	2	3
11	PD5	T1		IO、T1 输入	PD7	AIN1		PD7	AIN1	
12	PD6	AIN0		IO、模拟比较器正负输入	PB0	ICP1		PB0	ICP1	
13	PD7	AIN1			PB1	OC1A		PB1	OC1A	
14	PB0	ICP1		TC1 输入捕获	PB2	/SS	OC1B	PB2	/SS	OC1B
15	PB1	OC1A		TC1 匹配输出	PB3	MOSI	OC2	PB3	MOSI	OC2
16	PB2	$\overline{SS}$	OC1B	SPI、输出匹配	PB4	MISO		PB4	MISO	
17	PB3	MOSI	OC2		PB5	SCK		PB5	SCK	
18	PB4	MISO			AVCC			AVCC		
19	PB5	SCK			ADC6	ADC 模拟输入		ADC6		
20	AVCC			模拟电源	AREF			AREF		
21	AREF			模拟参考源	GND			GND		
22	GND			电源地	ADC7	ADC 模拟输入		ADC7		
23	PC0	ADC0		ADC 模拟输入	PC0	ADC0		PC0	ADC0	
24	PC1	ADC1		ADC 模拟输入	PC1	ADC1		PC1	ADC1	
25	PC2	ADC2		ADC 模拟输入	PC2	ADC2		PC2	ADC2	
26	PC3	ADC3		ADC 模拟输入	PC3	ADC3		PC3	ADC3	
27	PC4	ADC4	SDA	TWI(I^2C)	PC4	ADC4	SDA	PC4	ADC4	SDA
28	PC5	ADC5	SCL		PC5	ADC5	SCL	PC5	ADC5	SCL
29					PC6	/RESET		PC6	/RESET	
30					PD0	RXD		PD0	RXD	
31					PD1	TXD		PD1	TXD	
32					PD2	INT0		PD2	INT0	

AVR CPU 的核心是 ALU(arithemetic logic unit,算术逻辑单元),用于实现算术、逻辑及位操作,同时还支持有/无符号数及小数的乘法。由于与 32 个通用寄存器直接相连,ALU可以在一个时钟周期完成两个通用寄存器间或一个寄存器与立即数(常数)间的操作。在ALU 执行操作后,会更新状态寄存器(status register,SREG)的值,利用状态寄存器的值可以改变程序执行的顺序(即条件操作)。

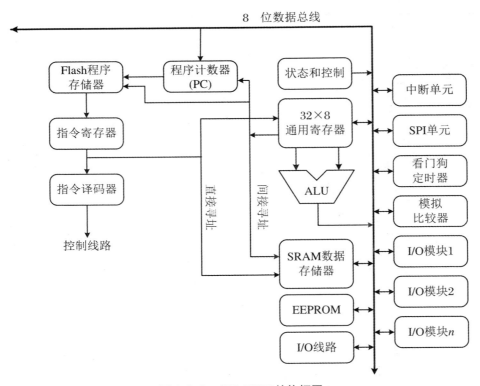

图 1.2.3 AVR MCU 结构框图

状态寄存器是 8 位的 I/O 寄存器,偏移地址为 0x3F,芯片复位后的值为 0x00。SREG 寄存器每一位的定义如下:

Bit	7	6	5	4	3	2	1	0
	I	T	H	S	V	N	Z	C
Access	R/W	R/W	R/W	R/W	R/W	R/W	R/W	R/W
Reset	0	0	0	0	0	0	0	0

注:Bit 表示位、Access 表示访问方式(R—读,W—写)、Reset 表示复位后的值。(后同)。

Bit 7-I:全局中断使能。1 表示允许中断,0 表示禁止中断。可用 SEI 和 CLI 指令来置 "1" 或复位。

Bit 6-T:位复制存储器。BLD(bit load)和 BST(bit store)指令使用此位作为位操作的源或目的。BST 指令将寄存器里的一位复制到 T,BLD 指令将 T 复制到寄存器里的一位。

Bit 5-H:半进位标志。指示一些算术操作是否有半进位,常用在 BCD 数据的算术运算中。

Bit 4-S:符号位。$S = N \oplus V$。

Bit 3-V:二进制补码溢出标志。支持二进制补码算术运算。

Bit 2-N:负数标志。指示算术或逻辑操作的结果是否为负数。

Bit 1-Z:零标志。指示算术或逻辑操作的结果是否为零。

Bit 0-C:进位标志。指示算术或逻辑操作是否有进位。

1.2.4　AVR 存储器

ATmega8A 的结构表明其拥有程序存储器(Flash)和数据存储器(SRAM),另外还具有 EEPROM 用于数据长时间的存储(断电不丢失)。

ATmega8A 芯片内的 Flash 程序存储器具有 8 K 字节,且可以在系统重复编程。由于 AVR 的指令都是 16 或 32 位的,故而 Flash 存储器是按 4 K×16 位形式组织的。此外,为了程序的安全,Flash 程序存储器被分成了两部分:启动程序区和应用程序区,如图1.2.4所示。ATmega8A 的程序计数器(program counter,PC)是 12 位的,这样正好可以访问 4 K(2^{12}＝4096＝4 K)程序存储器空间。

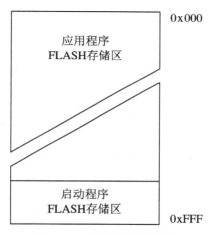

图 1.2.4　程序存储器空间

ATmega8A 数据存储器空间包含了 32 个通用寄存器、I/O 寄存器和 SRAM,数据空间的组织及容量如图 1.2.5 所示。

数据存储空间有 5 种不同的寻址模式:直接寻址(direct)、带置换间接寻址(indirect with displacement)、间接寻址(indirect)、带自减间接寻址(indirect with pre-decrement)和带自增间接寻址(indirect with post-increment)。在寄存器组中,R26～R31 用作间接寻址指针寄存器。直接寻址可以覆盖整个数据空间。带置换间接寻址模式可以访问由 Y 或 Z 寄存器提供的基地址开始的 63 个地址空间。使用自减或自增的寄存器间接寻址模式时,地址寄存器 X、Y 或 Z 将递减或递增。

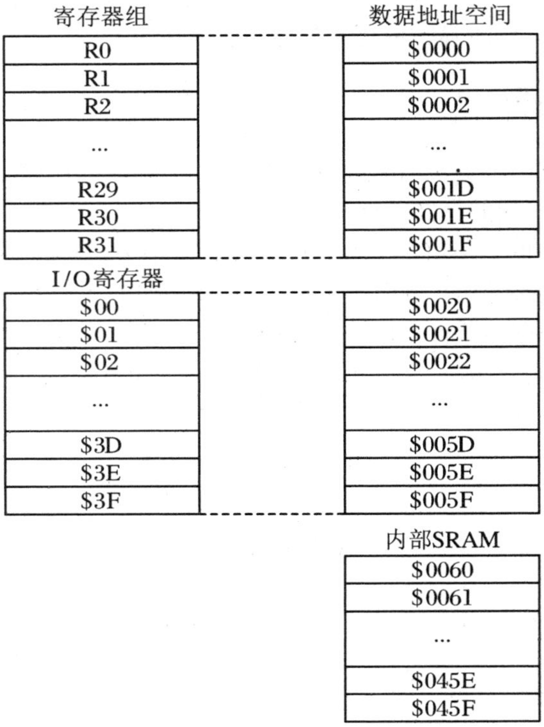

寄存器组		数据地址空间
R0		$0000
R1		$0001
R2		$0002
...		...
R29		$001D
R30		$001E
R31		$001F

I/O寄存器		数据地址空间
$00		$0020
$01		$0021
$02		$0022
...		...
$3D		$005D
$3E		$005E
$3F		$005F

		内部SRAM
		$0060
		$0061
		...
		$045E
		$045F

图 1.2.5　数据存储器空间的映射

【EEPROM 读写实例】　ATmega8A 芯片内部还有 512 字节的 EEPROM 数据存储器，可单周期读写。读写 EEPROM 需要通过 EEAR、EEDR 和 EECR 等专用寄存器来完成，下面给出了 EEPROM 读写的 C 程序代码：

```
unsigned char Read_E2PROM(unsigned int uiAddr)
{
    while(EECR & (1<<EEWE));    /* 等待上次写结束 */
    EEAR = uiAddr;    /* 设置读取 EEPROM 的地址 */
    EECR  | = (1<<EERE);    /* 通过 EERE 位读取 EEPROM */
    Return EEDR;    /* 返回读取的数据 */
}
void Write_E2PROM(unsigned int uiAddr,unsiged char ucData)
{
    while(EECR & (1<<EEWE));    /* 等待上次写结束 */
    EEAR = uiAddr;    /* 设置要写 EEPROM 的地址 */
    EEDR = ucData;    /* 要写的数据存入寄存器 */
    EECR | = (1<<EEMWE);    /* EEMWE 置为"1" */
    EECR | = (1<<EEWE);    /* 通过 EEWE 位写 EEPROM */
}
```

1.2.5　系统时钟及其选择

ATmega8A 具有内部时钟源,可为芯片提供 1 MHz,2 MHz,4 MHz,8 MHz 的工作时钟,另外也提供多种形式的外部时钟输入,如晶体、时钟脉冲等。芯片的工作时钟源由时钟选择、电路选择,再由 AVR 时钟控制单元进行片内时钟分发。分发后的时钟具有不同的时钟域,这样可以通过睡眠模式选择关闭不需要的模块,以降低芯片功耗。如图 1.2.6 所示。ATmega8A 芯片在出厂时默认使用 1 MHz 内部 RC 振荡器时钟,即熔丝位 CKSEL = 0001。

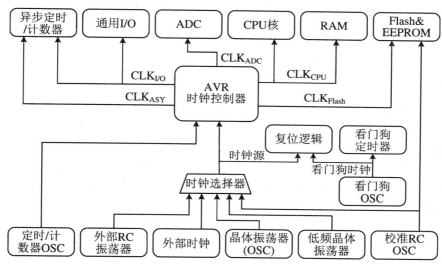

图 1.2.6　ATmega8A 时钟分布

1. CPU 时钟

CLK_{CPU} 用于给 AVR 核相关的系统(通用寄存器组、状态寄存器及保存堆栈指针的数据存储器)提供时钟,关闭 CLK_{CPU} 时钟会使 CPU 核无法进行一般操作和计算。

2. I/O 时钟

$CLK_{I/O}$ 用于给 I/O 模块(如 SPI、USART 及定时/计数器)提供时钟;外部中断模块也用 I/O时钟,不过一些外部中断是异步逻辑检测,在 I/O 时钟停止时仍可正常工作;另外,TWI 模块的地址识别在关闭 $CLK_{I/O}$ 时异步工作,这使 TWI 地址接收在所有睡眠模式时都能工作。

3. Flash 时钟

CLK_{Flash} 控制 Flash 接口的操作,通常与 CPU 时钟同时有效。

4. 异步定时器时钟

CLK_{ASY} 允许外部 32.768 kHz 时钟晶体直接驱动异步定时/计数器,此专用时钟域允许定时/计数器作为实时计数器用,即使在睡眠模式。异步定时/计数器使用与 CPU 主时钟相同的 XTAL 管脚,但要求 CPU 主时钟频率高于四倍的振荡器频率。这样只有芯片使用内部振荡器时才可用异步操作。

5. ADC 时钟

CLK_{ADC} 为 ADC 域专用时钟,这就允许关闭 CPU 和 I/O 时钟以降低数字电路带来的噪声,提高了 ADC 转换精度。

通过芯片的熔丝位 CKSEL3:0(熔丝低字节的低四位)可选择不同时钟源,如表 1.2.2 所示。

表 1.2.2　ATmega8A 时钟源选项设置

芯片时钟类型	CKSEL3:0
外部晶体/陶瓷谐振器	1111~1010
外部低频晶体	1001
外部 RC 振荡器	1000~0101
校准内部 RC 振荡器(8 MHz,4 MHz,2 MHz,1 MHz)	0100~0001
外部时钟	0000

注:熔丝位为"1"表示没有编程(unprogrammed),"0"则表示已编程(programmed)。

当 CPU 从断电或省电状态唤醒后,选择的源时钟常用于启动计时,以保障开始执行指令前振荡器能够稳定工作。当 CPU 从复位启动时,会多加一些延时以保证正常工作前电源能够到达稳定状态。看门狗振荡器用于统计启动过程的这部分时间,看门狗溢出时间所对应的振荡器周期数如表 1.2.3 所示,注意看门狗振荡器的频率与电源电压有关的。ATmega8A出厂时默认使用内部 RC 振荡器 1 MHz 的时钟,缓慢电源上升方式,即 CKSEL =0001 和 SUT=10。

表 1.2.3　看门狗振荡器周期的数量

典型溢出时间(VCC=5.0 V)	典型溢出时间(VCC=3.0 V)	周期数
4.1 ms	4.3 ms	4 K(4096)
65 ms	69 ms	64 K(65536)

ATmega8A 通过 CKSEL3:0 来选择系统的时钟源和频率,如表 1.2.4 所示,同时结合 SUT1:0(熔丝低字节的 5 和 4 位)来设置启动过程时间,表中 STPP 为从断电和省电的启动时间,ADR 为复位后启动的附加时间。

表 1.2.4　系统时钟源详细选项

时钟源	CKSEL3:0		频率范围(MHz)	CK SEL0	SUT 1:0	STPP (CK)	ADR (ms)	推荐用法
外部陶瓷谐振器	CKOPT=1	101x	0.4~0.9	0	00/11	258/1K	4.1	陶瓷,快升
	CKOPT=1	110x	0.9~3.0	0/1	01/00	258/1K	65	陶瓷,慢升
	CKOPT=1	111x	3.0~8.0	0	10	1K	—	陶瓷,BOD
外部晶体谐振器		101x	1.0~16.0	1	01	16K	—	晶体,BOD
	CKOPT=0	110x		1	10	16K	4.1	晶体,快升
		111x		1	11	16K	65	晶体,慢升

续表

时钟源	CKSEL3:0		频率范围（MHz）	CK SEL0	SUT 1:0	STPP（CK）	ADR（ms）	推荐用法
外部低频晶体	x	1001	32.768 kHz	x	00/01/10	1 K/1 K/32 K		快/慢/稳
外部 RC 振荡器	x	0101	0.1～0.9	1	00	18	–	BOD 开启
	x	0110	0.9～3.0	0	01	18	4.1	快升电源
	x	0111	3.0～8.0	1	10	18	65	慢升电源
	x	1000	8.0～12.0	0	11	6	4.1	快升/BOD
校准内部 RC 振荡器	x	0001	1.0	1	00	6	–	BOD 开启
	x	0010	2.0	0	01	6	4.1	快升电源
	x	0011	4.0	1	10	6	65	慢升电源
	x	0100	8.0	0	11	保留		
外部时钟	x	0000	0.1～16.0	0	与校准内部 RC 振荡器相同			

注:熔丝位 CKOPT 用于选择两种外接谐振器之一,同时影响振荡器的输出摆幅,其他情况下可以在 XTAL1、XTAL2 管脚使用内部 36 pF 电容,以省去外接。

在使用内部校正的 RC 振荡器时,需要将校正值加载到振荡器校正寄存器 OSCCAL,以去除因环境变化带来的振荡频率偏差。复位期间,1 MHz 的校正值将自动从签名数据区的高字节处(地址 0x00)装入到 OSCCAL 寄存器。如果要内部 RC 振荡器工作在其他频率,就要手动加载校正值。OSCCAL 为零,内部 RC 振荡器频率最低,OSCCAL 为 0xFF,频率最高,如表 1.2.5 所示。内部 RC 振荡器常用来给访问 EEPROM 和 Flash 提供时序,在写 EEPROM 或 Flash 时,校正内部 RC 振荡器的频率不要超出标称值的 10%,不然会写失败。另外,内部 RC 振荡器的校正只是在 1.0 MHz、2.0 MHz、4.0 MHz、8.0 MHz 频率点上,其他的频率值是不能保证的。

表 1.2.5　内部 RC 振荡器频率范围

OSCCAL 值	最小频率(标称频率百分比)	最大频率(标称频率百分比)
0x00	50%	100%
0x7F	75%	150%
0xFF	100%	200%

1.2.6　电源管理与睡眠模式

ATmega8A 具有多种睡眠模式,每种睡眠模式下通过关闭不用的片内模块以降低芯片功耗,从而满足各种应用。ATmega8A 片内有不同的时钟域,关闭一个域的时钟即可停止此模块的工作(部分异步工作模块除外);当然从睡眠模式唤醒也有不同的唤醒方式,如表 1.2.6 所示。

表 1.2.6　不同睡眠模式下的活动时钟域及唤醒来源

睡眠模式	活动时钟域					振荡器		唤醒源					
	CLK_{CPU}	CLK_{Flash}	CLK_{IO}	CLK_{ADC}	CLK_{ASY}	用主时钟源	用定时器 OSC	INT1/INT0	TWI 地址匹配	定时器2	SPM/EEPROM	ADC	其他 IO
空闲			X	X	X	X	X②	X	X	X	X	X	X
ADC 降噪			X	X	X	X	X②	X③	X	X	X	X	
断电								X③	X				
省电					X②		X②	X③	X	X②			
待机①						X		X③	X				

注:① 外部晶体或谐振器作为时钟源。② 如果 ASSR 寄存器里的 AS2 位为"1"。③ 仅 INT0 和 INT1 为电平触发中断。

要进入睡眠模式,控制寄存器 MCUCR 的 SE 位须为 1,另外通过 SM2、SM1 和 SM0 位(参见 MCUCR 寄存器的定义)选择不同的睡眠模式,并执行 SLEEP 指令,如表 1.2.7 所示。

表 1.2.7　睡眠模式选择

SM2:0	睡眠模式
000	空闲
001	ADC 降噪
010	掉电
011	省电
110	待机

MCU 控制寄存器(MCUCR)是一个 8 位的 I/O 寄存器,偏移地址为 0x35,芯片复位后的值为 0x00。MCUCR 寄存器每一位的定义如下:

Bit	7	6	5	4	3	2	1	0
	SE	SM2	SM1	SM0	ISC11	ISC10	ISC01	ISC00
Access	R/W	R/W	R/W	R/W	R/W	R/W	R/W	R/W
Reset	0	0	0	0	0	0	0	0

如果在 MCU 睡眠模式下发生了允许的中断,则会唤醒 MCU。MCU 启动需要四个周期,然后再执行中断过程,最后从 SLEEP 指令以后执行。从睡眠模式唤醒后,寄存器组和 SRAM 的内容是不变的。如果在睡眠期间发生了复位,将会唤醒 MCU 并从复位向量开始执行。

1.2.7　系统控制与复位

ATmega8A 复位时,所有 I/O 寄存器设置为初始值,然后从复位向量处开始执行程序。

如程序中没有开启中断，则中断向量表没有用，可用来放置常规程序。ATmega8A 具有四个复位源：上电（power-on）、外部（RESET）管脚、看门狗（watchdog）和掉电（brown-out）复位。任何一个复位源有效都会立即复位 I/O 端口，且不需要时钟（即异步复位）。当所有复位源撤销后，会引入延时计数以增加内部复位时间，使得常规程序开始前电源能够稳定；延时计数器的溢出时间由熔丝位 CKSEL 和 SUT 确定，如图 1.2.7 所示。

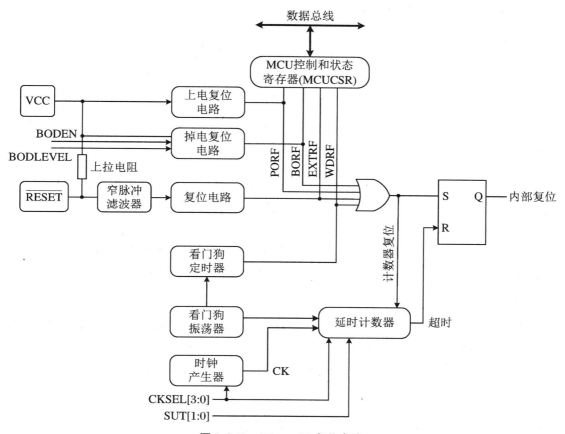

图 1.2.7　ATmega8A 复位电路

上电复位（power-on reset，POR）是 ATmega8A 的一个基本复位方式：在上电时，只要电源电压达到上电复位要求的电平，就会通过上电复位电路产生一个 MCU 内部复位信号；当电源电压低于检测电平值时也会开启 POR 电路。

外部复位（external reset）是通过 RESET 管脚将外部复位信号引入，即将一定宽度的外部低电平脉冲通过 RESET 管脚引入芯片内部复位电路并产生一 MCU 复位信号。

掉电复位（brown-out reset，BOD）由芯片内的掉电检测电路实时检测电源电压，一旦发现电源电压低于预先设置值，就会产生 MCU 复位信号。掉电检测电路由 BODEN 熔丝位开启或禁止，电源电压比较值有 BODLEVEL 熔丝位设置（1～2.7 V，0～4.0 V）。

看门狗复位（watchdog reset）是由看门狗定时器产生的。看门狗定时器由芯片内部独立的 1 MHz（电源电压为 5 V 时）振荡器进行驱动。在看门狗定时器开启后，会按照设定周期进行计数。看门狗计数器一旦产生溢出，就将溢出脉冲作为 MCU 的复位源之一。

由于系统复位可能会带来未知的结果，故系统复位的控制非常严格，有自己的控制流程，其中很重要的就是寄存器的控制。MCU 的复位主要是通过 MCU 控制与状态寄存器 MCUCSR 及看门狗定时器控制寄存器 WDTCR 来实现的。

MCU 控制与状态寄存器（MCUCSR）是 8 位的 I/O 寄存器，偏移地址是 0x34，芯片复位后其值为 0x00。MCUCSR 寄存器每一位的定义如下：

Bit	7	6	5	4	3	2	1	0
					WDRF	BORF	EXTRF	PORF
Access					R/W	R/W	R/W	R/W
Reset					0	0	0	0

MCUCSR 寄存器中的低四位是 MCU 复位标志位：WDRF 指看门狗复位标志、BORF 指掉电复位标志、EXTRF 指外部复位标志、PORF 指上电复位标志，当发生相应的复位时，对应的位为"1"。

看门狗定时器控制寄存器（WDTCR）是 8 位的 I/O 寄存器，偏移地址是 0x21，芯片复位后其值为 0x00。WDTCR 寄存器每一位的定义如下：

Bit	7	6	5	4	3	2	1	0
				WDCE	WDE	WDP2	WDP1	WDP0
Access				R/W	R/W	R/W	R/W	R/W
Reset				0	0	0	0	0

WDTCR 寄存器是控制看门狗定时器的，位 4-WDCE 是看门狗启停切换允许位，只有此位为"1"，才可设置 WDE 位为"0"以停止看门狗，否则无法停止看门狗；直接往位 3-WDE 写"1"可启动看门狗。位 2-0（WDP2:0）是设置看门狗定时器分频周期的，即看门狗溢出时钟，如表 1.2.8 所示。

表 1.2.8 看门狗定时器预分频选项

WDP2	WDP1	WDP0	WDT 振荡器周期数	典型溢出时间（VCC=3.0 V）	典型溢出时间（VCC=5.0 V）
0	0	0	16 K(16384)	17.1 ms	16.3 ms
0	0	1	32 K(32768)	34.3 ms	32.5 ms
0	1	0	64 K(65536)	68.5 ms	65 ms
0	1	1	128 K(131072)	0.14 s	0.13 s
1	0	0	256 K(262144)	0.27 s	0.26 s
1	0	1	512 K(524288)	0.55 s	0.52 s
1	1	0	1024 K(1048576)	1.1 s	1.0 s
1	1	1	2048 K(2097152)	2.2 s	2.1 s

【看门狗定时器实例】　要关闭开启的看门狗定时器,可以通过下面的 C 语言代码来实现:

```
void WDT_off(void)
{
    _WDR();   /* 复位看门狗定时器 */
    WDTCR  | = (1<<WDCE)|(1<<WDE);  /* WDCE & WDE 置"1" */
    WDTCR = 0x00;  /* 关闭看门狗定时器 */
}
```

1.2.8　中断

中断系统是 MCU 等芯片提高工作效率的重要手段。中断的处理过程是指在一定的条件(或事件)下(指中断源)暂停(指中断请求)MCU 目前的正常工作(指断点),转而到(指中断响应)另外一个程序(指中断服务程序)地址空间完成其他工作后再接着完成(指中断返回)当前工作的机制。

ATmega8A 具有几种不同类型的片内和片外中断源。这些中断源和单独的复位向量(相关程序的入口或起始地址)都在程序存储空间拥有独立的程序向量。中断都有自己的中断控制位,与状态寄存器中的全局中断允许位一起开启中断。在引导锁定熔丝位 BLB02 或 BLB12 编程后(置为"0"),根据 PC(程序计数器,指一般存储下条指令的地址)的值,中断可以自动禁止,以提高软件的安全。

根据中断的来源不同,MCU 要转到不同地址空间去执行对应的中断服务程序,这需要一张映射表(即中断向量表:存储中断源与对应中断服务程序的入口地址等信息)来实现中断服务过程。ATmega8A 默认的复位和中断向量表(从程序存储空间的最低地址 0x00 开始)如表 1.2.9 所示,中断号较小的中断源具有较高的优先级(即 MCU 优先处理的顺序),比如 RESET 优先级最高,然后是 INT0 次之等等。也可以通过设置全局中断控制寄存器 GICR 的中断向量选择位 IVSEL 以及 BOOTRST 熔丝位,改变复位和中断向量表的起始地址,如表 1.2.10 所示。如没有开启任何中断,则中断向量表就没有用处了,对应的地址空间可以存放程序代码。

表 1.2.9　ATmega8A 默认的复位和中断向量表

中断号	入口地址	中断源	中断说明
1	0x000	RESET	外部、上电、掉电或看门狗复位
2	0x001	INT0	外部中断请求 0
3	0x002	INT1	外部中断请求 1
4	0x003	TIMER2 COMP	定时器/计数器 2 比较匹配
5	0x004	TIMER2 OVF	定时器/计数器 2 溢出
6	0x005	TIMER1 CAPT	定时器/计数器 1 捕获事件
7	0x006	TIMER1 COMPA	定时器/计数器 1 比较匹配 A
8	0x007	TIMER1 COMPB	定时器/计数器 1 比较匹配 A

中断号	入口地址	中断源	中断说明
9	0x008	TIMER1 OVF	定时器/计数器 1 溢出
10	0x009	TIMER0 OVF	定时器/计数器 0 溢出
11	0x00A	SPI, STC	串行传输结束
12	0x00B	USART, RXC	USART, Rx 接收结束
13	0x00C	USART, UDRE	USART 数据寄存器空
14	0x00D	USART, TXC	USART, Tx 发送结束
15	0x00E	ADC	ADC 转换结束
16	0x00F	EE_RDY	EEPROM 准备好
17	0x010	ANA_COMP	模拟比较器
18	0x011	TWI	两线串行接口
19	0x012	SPM_RDY	保存程序存储器准备好

表 1.2.10　复位和中断向量表存储位置设置

BOOTRST	IVSEL	复位地址	中断向量表起始地址
1	0	0x000	0x001
1	1	0x000	启动复位地址 + 1
0	0	启动复位地址	0x001
0	1	启动复位地址	启动复位地址 + 1

　　ATmega8A 有两种基本类型的中断:第一种中断是由事件设置中断标志位触发的中断,一旦出现这种中断,PC 计数器直接装入实际中断向量去执行中断处理程序,并由硬件清除相应的中断标志位,或者由程序向相应的标志位写"1"来清除中断标志位。当一个中断条件满足时而相应的中断没有允许,则会保留中断标志位直到允许中断或者通过软件清除中断标志位。同样的,如果一个或多个中断条件满足时,而全局中断没有开启,相应的中断标志位会保留到允许全局中断,才会按照中断优先级执行中断服务程序。而第二种中断只要中断条件满足就会触发,不需要中断标志位,允许中断前中断条件消失将不会触发中断。

　　中断发生时,清除全局中断允许位并禁止使用中断,然后进入中断服务程序,如果中断服务程序中又开启了全局中断,则可以实现中断嵌套。当从中断服务程序返回时会自动恢复全局中断允许位。当从中断返回时,ATmega8A 要执行一条以上指令后才去执行中断后的指令。另外在进入中断服务程序时,不会自动保存状态寄存器的值,在中断返回时也不会自动恢复,必须通过软件进行处理。

　　外部中断是由 INT0 和 INT1 管脚触发的,只要允许了外部中断,即使将 INT0 和 INT1 管脚设置为输出依然会触发外部中断。外部中断可以通过设置 MCU 控制寄存器 MCUCR,选择外部中断触发的类型:上升沿、下降沿或电平触发。当允许外部中断并设置低电平触发时,只要 INT0 或 INT1 管脚保存低电平就会触发外部中断,这是异步检测的,不需要时钟,其至睡眠模式都可以工作。当外部中断设置为边沿(上升沿和下降沿)触发时,需要 I/O 时钟,不然无法工作。

与中断有关的寄存器有 MCU 控制寄存器(MCUCR)、通用中断控制寄存器(GICR)和通用中断标志寄存器(GIFR),相关的中断寄存器控制位和作用如下。

MCU 控制控制寄存器(MCUCR)是 8 位的 I/O 寄存器,偏移地址是 0x35,芯片复位后其值为 0x00。MCUCR 寄存器每一位的定义如下:

Bit	7	6	5	4	3	2	1	0
	SE	SM2	SM1	SM0	ISC11	ISC10	ISC01	ISC00
Access	R/W	R/W	R/W	R/W	R/W	R/W	R/W	R/W
Reset	0	0	0	0	0	0	0	0

MCUCR 寄存器中的低四位用于设置 INT0 和 INT1 外部中断的触发类型,如表 1.2.11所示。

表 1.2.11　INT0 和 INT1 触发类型设置

ISC01	ISC00	说明	ISC11	ISC10	说明
0	0	INT0 低电平触发	0	0	INT1 低电平触发
0	1	INT0 任意电平变换触发	0	1	INT1 任意电平变换触发
1	0	INT0 下降沿触发	1	0	INT1 下降沿触发
1	1	INT0 上升沿触发	1	1	INT1 上升沿触发

通用中断控制寄存器(GICR)是 8 位的 I/O 寄存器,偏移地址是 0x3b,芯片复位后其值为 0x00。GICR 寄存器每一位的定义如下:

Bit	7	6	5	4	3	2	1	0
	INT1	INT0					IVSEL	IVCE
Access	R/W	R/W					R/W	R/W
Reset	0	0					0	0

GICR 寄存器中的最高两位分别是 INT1 和 INT0 的中断使能位,当状态寄存器 SREG 中的 I 位和 GICR 寄存器中的 INT0 或 INT1 位为"1"时,就允许相应的 INT0 或 INT1 外部中断。GICR 寄存器中的最低两位是用于控制中断向量表的起始地址的,不过要改变 1-IVSEL 位的值,须先给位 0-IVCE 写入"1"。

通用中断标志寄存器(GIFR)是 8 位的 I/O 寄存器,偏移地址是 0x3a,芯片复位后其值为 0x00。GICR 寄存器每一位的定义如下:

Bit	7	6	5	4	3	2	1	0
	INTF1	INTF0						
Access	R/W	R/W						
Reset	0	0						

GIFR 寄存器中的最高两位分别是 INT0 和 INT1 外部中断的中断标志位,当 INT0 或 INT1 管脚上出现中断请求时,对应的 INTF0 或 INTF1 位就为"1"。当 SREG 寄存器的 I 位和 GICR 寄存器的 INT0 或 INT1 都是"1"时,MCU 就会转到对应的中断向量处执行。进入中断服务程序后就复位中断标志位 INTF0 或 INTF1。

【中断实例】　将一块 TTP223 触摸板的输出开关信号连接到 ATmega8A(DIP28 封装)芯片的 4 管脚(INT0/PD2),同时将 ATmega8A 芯片的 15 管脚(PB1/OC1A)连接到发光二极管(LED)的正极;另外 TTP223 触摸板正常加电,LED 的负极连接到电源负极(地)。然后通过 MCU 的中断功能对触摸板的开关次数进行统计,满足一定次数后点亮或熄灭 LED,在 ATMEL studio 7 软件环境下实现此功能的代码和解释如下:

```
# include <avr/io.h>
# include <avr/interrupt.h>    //中断相关定义,声明与函数
int main(void)
{    DDRB |= (1<<PB1);  //设置 PB1 管脚(PIN15)为输出模式
     MCUCR = (1<<ISC01)|(1<<ISC00);   //INT0 为上升沿触发
     GICR = (1<<INT0);  //允许 INT0 中断
     sei();
     while (1)   { }}
ISR(INT0_vect)   //INT0 中断服务过程函数
{   static int counter = 0;  //统计变量
    counter ++ ;   //统计 INT0 中断次数
    if(counter == 5)
         PORTB |= (1<<PB1);   //点亮 LED
    else if(counter == 10)
    {    PORTB &= ~(1<<PB1);   //熄灭 LED
         counter = 0;   //归零
    }
}
```

1.2.9　I/O 端口

ATmega8A I/O 端口作为通用数字 I/O 口是具有真正的读、修改、写功能,也意味着改变一个端口管脚的方向(输入或输出)、输出值(当管脚配置为输出模式时)、上拉电阻(管脚配置为输入模式时)不会无意中改变其他端口管脚的对应设置。每个 I/O 管脚具有对称的输出电路,可以直接驱动 LED,同时有双向保护二极管和可配置的固定值上拉电阻,如图 1.2.8所示。

习惯上用 PORTXn 来表示 X 端口的第 n 位,如 PORTB1 表示 B 端口的第 1 位。每个 I/O 端口有 3 个寄存器(I/O 存储器地址空间),分别是数据寄存器 PORTX(X 表示端口 B、C 或 D,下同)、数据方向寄存器 DDRX 和端口管脚输入寄存器 PINX(只读),另在特殊功能 I/O 寄存器 SFIOR 里还有禁止使用上拉电阻的 PUD 位,一旦设置将禁用所有端口所有管脚的上拉电阻。

ATmega8A I/O 端口作为通用数字 I/O 是可配置管脚内部上拉电阻的双向 I/O 端口。每个端口管脚通过 3 个不同寄存器（PORTX、DDRX 和 PINX）的对应寄存器位 PORTXn、DDXn 和 PINXn 来设置和访问。

DDRX 寄存器中的位 DDXn 用来设置端口 X 第 n 位的方向（输入或输出），如果 DDXn 为"1"则其对应的管脚 PXn 设置为输出模式，反之则将 PXn 设置为输入模式。

如果一个管脚通过 DDXn 设置为输入模式，紧接着再设置 PORTXn 为"1"，则相应管脚上的上拉电阻起作用，反之则不使用上拉电阻；如果一个管脚通过 DDXn 设置为输出，紧接着再设置 PORTXn 为"0"或"1"

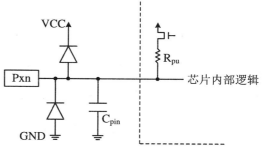

图 1.2.8　I/O 管脚等效电路

会直在对应管脚上输出低或高电平，此时上拉电阻无效。复位或无工作时钟时，端口管脚呈现"三态"（高阻）。表 1.2.12 给出了 I/O 端口管脚的配置情况。

表 1.2.12　I/O 端口管脚的配置

DDXn	PORTXn	PUD(SFIOR)	I/O	上拉	备注
0	0	X	输入	否	三态（高阻）
0	1	0	输入	是	外部拉低时输出电流（拉电流）
0	1	1	输入	否	三态（高阻）
1	0	X	输出	否	输出低电平（灌电流）
1	1	X	输出	否	输出高电平（拉电流）

当端口管脚在三态（{DDXn，PORTXn} = 0b00）和输出高电平（{DDXn，PORTXn} = 0b11）间切换时，会出现中间状态（{DDXn，PORTXn} = 0b01）或（{DDXn，PORTXn} = 0b10）；同样当端口管脚在上拉（{DDXn，PORTXn} = 0b01）和输出低电平（{DDXn，PORTXn} = 0b10）间切换时，会出现中间状态（{DDXn，PORTXn} = 0b00）或（{DDXn，PORTXn} = 0b11）。

无论管脚的方向寄存器 DDXn 如何设置（PXn 为输入还是输出），都可通过 PINXn 读取端口管脚的电平。ATmega8A 在硬件上具有锁存同步电路，以避免管脚在内部时钟边沿附近改变时产生亚稳态，不过这会增加管脚访问的延时，如图 1.2.9 所示。

在图 1.2.9 中，从第一个系统时钟下降沿开始，在时钟的低电平，锁存器关闭（锁存），在时钟的高电平，锁存器的输出跟随输入变化，如图 1.2.9 中同步锁存信号的阴影部分。当时钟再次回到低电平时，锁存器锁存信号，并在接下来的时钟上升沿将锁存器的输出送到 PINXn 寄存器中。如图 1.2.9 中所示一个管脚信号的传递需要最短半个时钟周期，最长一个半时钟周期的延时。

如果将输出到管脚的电平值再读回来，需要在读取前等待一个时钟周期，如图 1.2.10 所示。

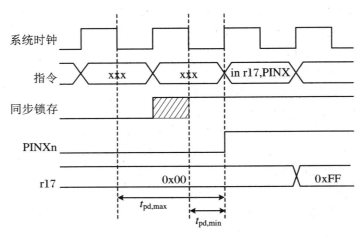

图 1.2.9　读取管脚外部状态时的同步过程

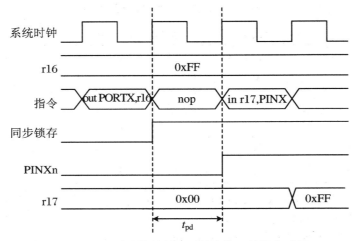

图 1.2.10　读取软件输出到管脚电平的同步过程

【**IO 管脚控制实例**】　设置端口 B 的第 0 和第 1 位为高电平,第 2 和第 3 位为低电平;另外设置第 4~7 位为输入,且第 6 和第 7 位启用内部上拉电阻。然后将端口 B 管脚的状态再读回来送给 PORTD 进行测试。下面是 ATMEL studio 7 软件环境下 I/O 端口访问的 C 语言代码:

```
♯include <avr/cpufunc.h> /*特定 CPU 函数*/
......
DDRD=0xff; /*PORTD 端口管脚均为输出*/
PORTB=(1<<PB7)|(1<<PB6)|(1<<PB1)|(1<<PB0); /*设置上拉电阻和输出
    高电平*/
DDRB=(1<<DDB3)|(1<<DDB2)|(1<<DDB1)|(1<<DDB0); /*设置端口管脚模
    式*/
_NOP(); /*为同步电路加入等待*/
```

PORTD= PINB;/＊读回 PORTB 端口管脚电平并送到 PORTD 端口＊/

端口管脚除了基本的数字 I/O 功能外,还具有复用的专用功能。表 1.2.13、表 1.2.14 和表 1.2.15 分别是端口 B、C 和 D 的管脚复用说明列表。

表 1.2.13　端口 B 的复用功能

管脚	复用功能说明
PB7	XTAL2:芯片时钟振荡器管脚 2; TOSC2:定时器振荡器管脚 2(作为时钟管脚时就不能作为通用 I/O 管脚)
PB6	XTAL1:芯片时钟振荡器管脚 1 或外部时钟输入; TOSC1:定时器振荡器管脚 1(作为时钟管脚时就不能作为通用 I/O 管脚)
PB5	SCK:SPI 总线时钟:主机时钟输出,从机时钟输入(上拉电阻可用)
PB4	MISO:SPI 总线主机数据输入(上拉电阻可用),从机数据输出
PB3	MOSI:SPI 总线主机数据输出,从机数据输入(上拉电阻可用); OC2:定时器/计数器 2 比较匹配输出
PB2	/SS:SPI 总线主从选择,SPI 从机为输入,低电平有效; OC1B:定时器/计数器 1 比较匹配 B 输出
PB1	OC1A:定时器/计数器 1 比较匹配 A 输出,也是 PWM 模式定时器功能输出管脚
PB0	ICP1:定时器/计数器 1 输入捕获管脚

表 1.2.14　端口 C 的复用功能

管脚	复用功能说明
PC6	/RESET:复位管脚,RSTDISBL 熔丝位为 0,此管脚为通用 I/O,复位将依靠上电和掉电复位;RSTDISBL 熔丝位为 1,就作为专用复位管脚
PC5	ADC5:ADC 输入通道 5,作为 ADC 输入时,使用数字电源供电; SCL:两线串行总线时钟线,TWCR 寄存器的位 TWEN 为"1"时,作为串行总线时钟,此时会连接到一个窄带滤波器以滤除脉冲宽度小于 50 ns 毛刺
PC4	ADC4:ADC 输入通道 4,作为 ADC 输入时,使用数字电源供电; SDA:两线串行总线数据输入/输出线,TWCR 寄存器的位 TWEN 为"1"时,作为串行总线数据 I/O,此时会连接到一个窄带滤波器以滤除脉冲宽度小于 50 ns 的毛刺
PC3	ADC3:ADC 输入通道 3,作为 ADC 输入时,使用模拟电源供电
PC2	ADC2:ADC 输入通道 2,作为 ADC 输入时,使用模拟电源供电
PC1	ADC1:ADC 输入通道 1,作为 ADC 输入时,使用模拟电源供电
PC0	ADC0:ADC 输入通道 0,作为 ADC 输入时,使用模拟电源供电

表 1.2.15　端口 D 的复用功能

管脚	复用功能说明
PD7	AIN1:模拟比较器输入负极,此时,要关闭内部上拉以免模拟比较器干扰数字电路
PD6	AIN0:模拟比较器输入正极,此时,要关闭内部上拉以免模拟比较器干扰数字电路
PD5	T1:定时器/计数器 1 外部计数器输入,定时器/计数器 1 计数器源
PD4	XCK:USART 外部时钟输入/输出; T0:定时器/计数器 0 外部计数器输入,定时器/计数器 0 计数器源
PD3	INT1:外部中断 1 输入,外部中断源为 1
PD2	INT0:外部中断 0 输入,外部中断源为 0
PD1	TXD:USART 输出管脚,使用 USART 发送器时,此管脚用于输出数据
PD0	RXD:USART 输入管脚,使用 USART 接收器时,此管脚作为数据输入

与 I/O 端口有关的寄存器有特殊功能 I/O 寄存器(SFIOR)、端口数据寄存器(PORTX)、端口数据方向寄存器(DDRX)以及端口输入管脚寄存器(PINX),简明的寄存器控制位和作用如下:

特殊功能 I/O 寄存器(SFIOR)是 8 位的 I/O 寄存器,偏移地址是 0x30,芯片复位后其值为 0x00。SFIOR 寄存器每一位的定义如下:

Bit	7	6	5	4	3	2	1	0
					ACME	PUD	PSR2	PSR10
Access					R/W	R/W	R/W	R/W
Reset					0	0	0	0

SFIOR 寄存器的第 2 位是禁用上拉电阻位(pull-up disable,PUD),写入"1"时,禁止所有端口管脚使用内部上拉电阻,即使在 DDXn 和 PORTXn 寄存器也已经允许了。

端口 B/C/D 数据寄存器(PORTB/C/D)是 8 位(端口 C 为 7 位)可读写寄存器,用于端口 B/C/D 的数据输出和输入模式时启用内部弱上拉电阻。访问偏移地址分别为 0x18,0x15,0x12,如果把 I/O 寄存器作为数据空间访问,偏移地址要加 0x20。芯片复位后的值均为 0。

Bit	7	6	5	4	3	2	1	0
	PORT[B/D]7	PORT[B/C/D][6:0]						
Access	R/W	R/W	R/W	R/W	R/W	R/W	R/W	R/W
Reset	0	0	0	0	0	0	0	0

端口 B/C/D 数据方向寄存器(DDRB/C/D)是 8 位(端口 C 为 7 位)可读写寄存器,用于端口 B/C/D 方向控制,当某一位写入"1"时,对应于端口 B/C/D 的管脚为输出模式,相反写入"0"时为输入模式。访问偏移地址分别为 0x17,0x14,0x11,如果把 I/O 寄存器作为数据空间访问,偏移地址要加 0x20。芯片复位后的值均为 0。

Bit	7	6	5	4	3	2	1	0
	DDR[B/D]7	DDR[B/C/D][6:0]						
Access	R/W	R/W	R/W	R/W	R/W	R/W	R/W	R/W
Reset	0	0	0	0	0	0	0	0

端口 B/C/D 输入管脚地址寄存器(PINB/C/D) 是 8 位(端口 C 为 7 位)只读寄存器,当端口设置为输入模式时,用于读取端口的输入电平状态。"0"为低电平,"1"为高电平。访问偏移地址分别为 0x16,0x13,0x10,如果把 I/O 寄存器作为数据空间访问时,偏移地址要加 0x20。芯片复位后的值均为 0。

Bit	7	6	5	4	3	2	1	0
	PIN[B/D]7	PIN[B/C/D][6:0]						
Access	R/W	R/W	R/W	R/W	R/W	R/W	R/W	R/W
Reset	0	0	0	0	0	0	0	0

1.2.10　定时器/计数器

1.2.10.1　8 位定时器/计数器 0

定时器/计数器 0 是通用、单通道、8 位定时器/计数器模块,其简化结构如图 1.2.11 所示。在图中,对于定时器/计数器 0 的 TCNT0 是个 8 位寄存器,中断请求 TOV0 信号会反馈到定时器中断标志寄存器(TIFR),同时所有的中断都是通过定时器中断屏蔽寄存器 TIMSK(图中未给出)单独屏蔽的。

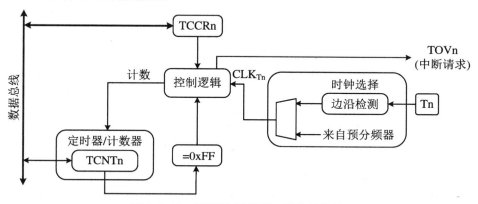

图 1.2.11　定时器/计数器 0 精简结构图
小写 n 表示不同定时器/计数器的编号,如 0,1 等

定时器/计数器可由经过预分频器的内部时钟驱动,也可由 T0 管脚上的外部时钟源驱动,时钟选择模块用来选择哪个时钟源和边沿进行定时/计数,由定时器/计数器控制寄存器(TCCR0)的 2:0 位(CS02:0)设置。如果没有选择时钟源,定时器/计数器不能工作。

8 位定时器/计数器的关键部分是可编程计数器单元,图 1.2.12 给出了其结构和外围组成。

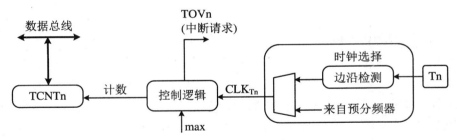

图 1.2.12　计数器单元的结构

小写 n 表示不同定时器/计数器的编号,如 0,1 等;计数表示 TCNT0 加 1,CLK_{Tn} 表示定时器/计数器时钟,本节都是 CLK_{T0};max 表示 TCNT0 达到最大值 0xFF

　　计数器是加计数,即在每一个定时器时钟(CLK_{T0})周期递增(+1),如果没有通过 CS02:0 选择时钟源,计数器不工作。计数器没有清零操作,而是靠溢出清零,即计数达到最大值 0xFF 后从 0x00 重新开始。正常工作时,定时器/计数器溢出标志位 TOV0 在 TCNT0 变为 0 时置位(设为"1")。TOV0 标志相当于计数器 TCNT0 的第九位,只置位不清零,但可以用定时器溢出中断来自动清除 TOV0 标志位。另外也可以通过软件增加定时器的位数。CPU 可以在任何情况下读取 TCNT0 的值,或写入新的计数器值。用与不用预分频器时定时器/计数器的工作时序如图 1.2.13 所示。

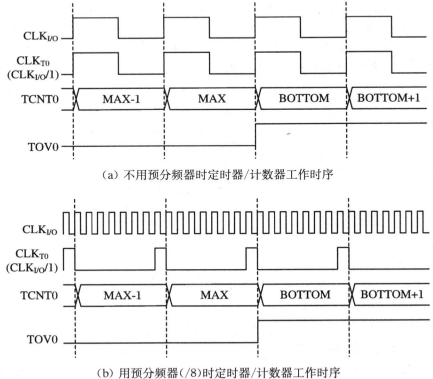

(a) 不用预分频器时定时器/计数器工作时序

(b) 用预分频器(/8)时定时器/计数器工作时序

图 1.2.13　定时器/计数器的工作时序

当 CSn2:0 为"001"时,定时器/计数器直接由系统时钟(CLK$_{I/O}$)驱动,此时定时器/计数器工作在最高时钟频率 f$_{CLK\_I/O}$;当 CSn2:0 为"010""011""100"或"101"时,选择预分频器输出作为定时器/计数器的时钟源,此时定时器/计数器工作频率分别为:f$_{CLK_{I/O}}$/8,f$_{CLK_{I/O}}$/64,f$_{CLK_{I/O}}$/256,f$_{CLK_{I/O}}$/1024。

在 ATmega8A 内部,定时器/计数器 0 和 1 用同一预分频器模块,不过它们可以有不一样的设置。因为预分频器是独立运行的,只是通过不同的选择器选择不同的时钟给定时器/计数器 0 或 1,如图 1.2.14 所示。预分频器可以通过特殊功能寄存器 SFIOR 的位 0(PSR10)进行复位。

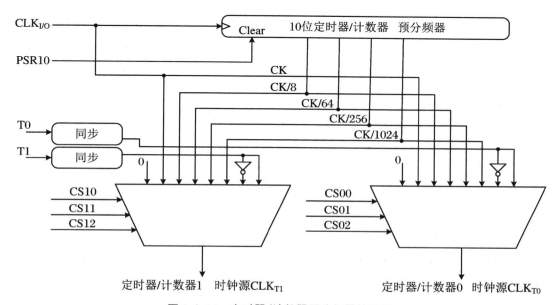

图 1.2.14　定时器/计数器预分频器的结构

与 8 位定时器/计数器 0 有关的寄存器有特殊功能 I/O 寄存器(SFIOR)、定时器/计数器控制寄存器(TCCR0)、定时器/计数器 0 寄存器(TCNT0)、定时器/计数器中断屏蔽寄存器(TIMSK)以及定时器/计数器中断标志寄存器(TIFR),简明的寄存器控制位和作用如下:

特殊功能 I/O 寄存器(SFIOR) 是 8 位的 I/O 寄存器,偏移地址是 0x30,芯片复位后其值为 0x00。SFIOR 寄存器每一位的定义如下:

Bit	7	6	5	4	3	2	1	0
					ACME	PUD	PSR2	PSR10
Access					R/W	R/W	R/W	R/W
Reset					0	0	0	0

SFIOR 寄存器的第 0 位是预分频器复位(PSR10:PreScaler Reset),写入"1"时,预分频器复位,同时由硬件清零;写入"0"时没有影响(无操作)。

定时器/计数器控制寄存器 0(TCCR0) 是 8 位的 I/O 寄存器,偏移地址是 0x33,芯片复位后其值为 0x00。TCCR0 寄存器每一位的定义如下:

Bit	7	6	5	4	3	2	1	0
						CS02	CS01	CS00
Access						R/W	R/W	R/W
Reset						0	0	0

TCCR0 寄存器的低三位用来选择定时器/计数器的工作时钟,如表 1.2.16 所示。

表 1.2.16　定时器/计数器 0 的时钟源设置

CS02	CS01	CS00	说明	CS02	CS01	CS00	说明
0	0	0	无时钟源(定时器停止)	1	0	0	$CLK_{I/O}$/256(用预分频)
0	0	1	$CLK_{I/O}$(没用预分频)	1	0	1	$CLK_{I/O}$/1024(用预分频)
0	1	0	$CLK_{I/O}$/8(用预分频)	1	1	0	外部时钟源 T0,下降沿
0	1	1	$CLK_{I/O}$/64(用预分频)	1	1	1	外部时钟源 T0,上升沿

定时器/计数器 0 寄存器(TCNT0)是 8 位的可读写寄存器,用于定时器/计数器的计数。其访问偏移地址为 0x32,芯片复位后的值为 0x00。TCNT0 寄存器每一位的定义如下:

Bit	7	6	5	4	3	2	1	0
				TCNT0[7:0]				
Access	R/W	R/W	R/W	R/W	R/W	R/W	R/W	R/W
Reset	0	0	0	0	0	0	0	0

定时器/计数器中断屏蔽寄存器(TIMSK)是 8 位的 I/O 寄存器,偏移地址是 0x39,芯片复位后其值为 0x00。TIMSK 寄存器每一位的定义如下:

Bit	7	6	5	4	3	2	1	0
	OCIE2	TOIE2	TICIE1	OCIE1A	OCIE1B	TOIE1		TOIE0
Access	R/W	R/W	R/W	R/W	R/W	R/W		R/W
Reset	0	0	0	0	0	0		0

当 TIMSK 的第 0 位(TOIE0)与状态寄存器 SREG 的第七位(I)均为"1"时,允许定时器/计数器 0 溢出中断。

定时器/计数器中断标志寄存器(TIFR)是 8 位的 I/O 寄存器,偏移地址是 0x38,芯片复位后其值为 0x00。TIMSK 寄存器每一位的定义如下:

Bit	7	6	5	4	3	2	1	0
	OCF2	TOV2	ICF1	OCF1A	OCF1B	TOV1		TOV0
Access	R/W	R/W	R/W	R/W	R/W	R/W		R/W
Reset	0	0	0	0	0	0		0

TIFR 寄存器的位 0 是定时器/计数器 0 的溢出标志位 TOV0,发生定时器/计数器 0 溢出中断时此位为"1"。一旦执行相应的中断处理过程由硬件清零,也可由软件向此位写入

"1"清零。当 SREG 的位 I, TOIE0, TOV0 都是"1"时,就执行定时器/计数器 0 溢出中断。

1.2.10.2 16 位定时器/计数器 1

ATmega8A 定时器/计数器 1 是真正的 16 位设计(如,允许 16PWM),还具有两个独立输出比较单元、双缓冲输出比较寄存器、一个输入捕获单元、输入捕获噪声抑制器、比较匹配时清除定时器(自动重载)、周期可调相位校正脉宽调制器(PWM)、频率产生器、外部事件计数器以及四个独立中断源(TOV1, OCF1A, OCF1B, ICF1)等特性。定时器/计数器 1 的简化结构如图 1.2.15 所示。

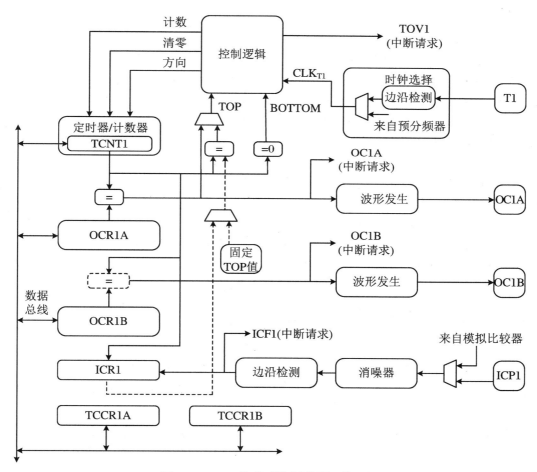

图 1.2.15 16 位定时器/计数器 1 的结构

在图 1.2.15 中,定时器/计数器 1(TCNT1)、输出比较寄存器(OCR1A/B)和输入捕获寄存器 ICR1 均是 16 位的寄存器;定时器/计数器控制寄存器(TCCR1A/B)是 8 位的寄存器,没有 CPU 访问限制;中断请求信号(TOV1)在定时器中断标志寄存器(TIFR)里可见;所有中断均通过定时器中断屏蔽寄存器(TIMSK)单独进行屏蔽。因为与其他定时器共用,图中没有给出 TIFR 和 TIMSK 寄存器。

定时器/计数器 1 可由经过内部预分频器的时钟驱动,也可由 T1 管脚上的外部时钟驱动。时钟选择模块用来选择时钟源和边沿进行计数，由定时器/计数器控制寄存器 1B（TCCR1B）的位 2:0(CS12:10)设置，如表 1.2.17 所示。如不选择时钟源，定时器/计数器则不能工作。

表 1.2.17　定时器/计数器 1 的时钟源选择

CS12	CS11	CS10	说明	CS12	CS11	CS10	说明
0	0	0	无时钟源（定时器停止）	1	0	0	$CLK_{I/O}/256$（用预分频）
0	0	1	$CLK_{I/O}$（没用预分频）	1	0	1	$CLK_{I/O}/1024$（用预分频）
0	1	0	$CLK_{I/O}/8$（用预分频）	1	1	0	外部时钟源 T1，下降沿
0	1	1	$CLK_{I/O}/64$（用预分频）	1	1	1	外部时钟源 T1，上升沿

双缓冲比较寄存器（OCR1A/B）一直与定时器/计数器的值作比较，比较结果用于产生 PWM(pulse width modulation)波形或者在输出比较管脚（OC1A/B）输出可变频率信号。比较匹配事件也会置位比较匹配标志位（OCF1A/B）用于产生输出比较中断请求。

当输入捕获管脚（ICP1）或模拟比较器管脚出现已知的外部事件时，输入捕获寄存器就能捕获定时器/寄存器的值。输入捕获单元拥有一个数字滤波器（噪声抑制）用于减少噪声捕获。

定时器/计数器 1 的最大值（0xFFFF）在不同操作模式下可以由 OCR1A 和 ICR1 寄存器设置为不同值或者固定值。如果 OCR1A 作为 PWM 模式的最大值，OCR1A 寄存器就不能用于产生 PWM 输出。此时最大值是经过双缓冲的，且允许在运行时修改。如果是固定的最大值可以用 ICR1 寄存器，以留出 OCR1A 寄存器产生 PWM 输出。

ATmega8A 的 16 位寄存器访问需遵从特定的步骤。ATmega8A CPU 是 8 位的数据总线，要经过两次 8 位的读或写才能实现 16 位寄存器的访问。对于 16 位定时器 1 有个 8 位的临时寄存器用于 16 位访问时存储其高字节。在写低字节时，先把高字节存储在临时寄存器中，这样在写低字节时会将高字节一起写到 16 位的寄存器中；当读 16 位寄存器的低字节时，其高字节会同时存储到临时寄存器。只访问 16 位寄存器的低字节时也是 16 位的读或写操作。当然不是所有的 16 位访问都用临时寄存器，如读 OCR1A/B 16 位寄存器。

使用 AVR 汇编语言访问 16 位寄存器时要遵循上述步骤，而用 C 语言访问 16 位的寄存器时，由于 C 编译器的处理，相对要简单，如下所示：

```
♯include <avr/io.h> //默认 ATmega8A 头文件，包含相关寄存器、函数声明定义等
......
unsigned int iR;
TCNT1 = 0x01FF; /* 设置 TCNT1 为 0x01FF */ iR = TCNT1; /* 读取 TCNT1 到 iR 变
    量中 */
```

访问 16 位寄存器是一个整体操作，如在访问 16 位寄存器的两条指令（汇编语言）间发生了中断，且中断更新了要访问的 16 位寄存器或临时寄存器，就会导致 16 位寄存器的访问不正确。因此在访问（读写）16 位寄存器前要先禁止中断（一般清除全局中断），C 语言代码如下：

```
♯include ＜avr/io.h＞ //默认 ATmega8A 头文件,包含相关寄存器、函数声明定义等
……
unsigned int TIM16_ReadTCNT1(void);
{
    unsigned char sreg;
    unsigned int iR;
    sreg = SREG;    /* 保存全局中断标志 */
    _CLI( );   /* 禁止中断 */
    //TCNT1 = 0x01FF;   /* 设置 TCNT1 为 0x01FF */
    iR = TCNT1;    /* 读取 TCNT1 到 iR 变量中 */
    SREG = sreg;   /* 恢复全局中断标志 */
    return iR;
}
```

在连续写两个以上的 16 位寄存器时,如果高字节相同,可以仅设置一次临时寄存器。

1. 计数器单元

16 位定时器/计数器的关键部分是可编程 16 位双向**计数单元**,图 1.2.16 给出了其结构和外围情况。

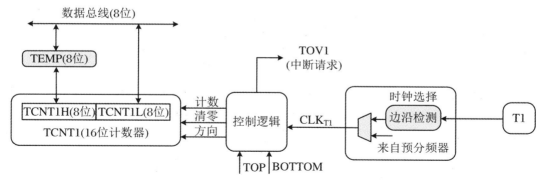

图 1.2.16　计数单元的结构

计数表示 TCNT1 加或减 1;方向表示递增和递减;清零表示复位 TCNT1(设置为全"0");CLK_{T1} 表示定时器/计数器时钟;TOP(max)表示 TCNT1 到达了最大值 0xFFFF;BOTTOM(min)表示 TCNT1 到达了最小值 0x0000

在图 1.2.16 中 16 位的计数器(TCNT1)映射成了两个 8 位 I/O 空间:高 8 位 TCNT1H 和低 8 位 TCNT1L,以方便通过 8 位的数据总线访问。TCNT1L 可以直接访问,而 TCNT1H 则要通过一个 8 位的临时寄存器(TEMP)来访问,具体的访问步骤前面已有说明。

不同模式下,计数器可在每个定时器时钟(CLK_{T1})的驱动下递增、递减或清零。CLK_{T1} 由时钟选择位(CS12:10)进行选择外部(T1)或内部预分频器输出的时钟源。CPU 在任何时候都可以访问 TCNT1 的值,而且 CPU 写操作会覆盖计数器清零或计数操作。

计数顺序由定时器/计数器控制寄存器 A 和 B(TCCR1A,TCCR1B)的波形生成模式位(WGM13:10)确定。计数器如何计数与如何在 OC1x 上产生波形紧密关联。定时器/计数器 1 的溢出标志位(TOV1)根据 WGM13:10 位选择的操作模式进行设置,以产生 CPU 中断。

2. 输入捕获单元

定时器/计数器 1 利用**输入捕获单元**捕获外部事件并附上时间戳以表明发生时间。指示一个或多个事件的外部信号通过 ICP1 管脚或模拟比较单元进行输入。时间戳可用来计算频率、占空比(脉冲一周期内高电平宽度与周期之比)或信号的其他特征,也可创建事件的日志。输入捕获单元的结构图如图 1.2.17 所示,图中不直接属于输入捕获单元的用灰色背影表示。

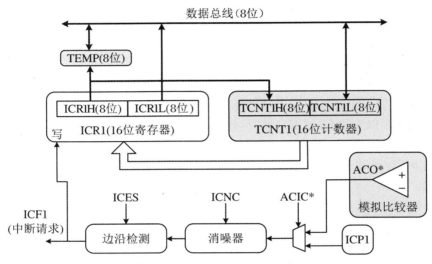

图 1.2.17　输入捕获单元的结构

当输入捕获管脚 ICP1 或模拟比较器输出的逻辑电平出现改变(事件发生),且一旦被边沿检测器确认,就会触发捕获,计数器 TCNT1 的 16 位值就被写入输入捕获寄存器 ICR1,同时设置输入捕获标志 ICF1 为"1"。如果允许中断(TICIE1 = 1),输入捕获标志就产生一个输入捕获中断,且中断一执行就自动清除 ICF1 标志。

ICR1 是 16 位的寄存器,读写 ICR1 与之前 16 位寄存器的读写步骤一样。在用 ICR1 寄存器定义计数器 TOP 值的波形产生模式时,ICR1 寄存器是只写的。这时波形产生模式位 WGM13:10 必须在 TOP 值写入 ICR1 寄存器前设置。在写 ICR1 寄存器时,高字节要先写入 ICR1H,再写入低字节到 ICR1L。

输入捕获单元的主要触发源是 ICP1 管脚,次要触发源是模拟比较器的输出。选择模拟比较器作为触发源是要设置模拟比较器控制和状态寄存器(ACSR)的模拟比较器输入捕获位(ACIC)。注意改变触发源会触发捕获,故在改变触发源后须清除输入捕获标志。

输入捕获可以由软件控制 ICP1 管脚的端口来触发。

噪声抑制器使用一个简单的数字滤波器来提高噪声抑制能力,需要通过设置定时器/控制器寄存器 1B(TCCR1B)的输入捕获噪声抑制器位 ICNC1 来开启。

使用输入捕获单元的主要挑战是分配足够的处理器资源来处理输入事件,两事件间的时间是关键,如果处理器在下一次事件出现前没能读取 ICR1 的值,ICR1 就会被新值覆盖,从而无法得到正确的捕获结果。

使用输入捕获中断时,中断处理程序应尽可能早地读取 ICR1 寄存器。尽管输入捕获中断优先级相对较高,但最大中断响应时间还取决于处理其他中断请求的最大时钟周期数。

在任何工作模式下使用输入捕获单元都不推荐在操作过程中改变 TOP 值。

测量外部信号的周期时要求每次捕获后都要改变触发沿。因此读取 ICR1 后必须尽快改变检测边沿。改变边沿后,输入捕获标志位(ICF1)须由软件清零(在对应的 I/O 地址写入"1")。若仅测量频率,则无须对 ICF1 进行软件清零(如果使用了中断处理器)。

3. 输出比较单元

16 位的比较器不停地比较 TCNT1 与输出比较寄存器(OCR1x),如发现它们相等,就产生一个匹配信号。然后在下一定时器时钟周期设置输出比较标志位(OCF1x)为"1"。此时如果中断使能(即 OCIE1x = 1),输出比较标志将产生输出比较中断。一旦执行中断,OCF1x 标志位自动清零,也可通过软件在其 I/O 地址写入"1"清零。波形产生器利用匹配信号产生与 WGM13:10 与 COM1x1:1x0 设置模式一致的输出。波形产生器利用 TOP 和 BOTTOM 信号处理特定模式下的极值情况。

输出比较单元 A 有个特性就是允许定义定时器/计数器的 TOP 值(如计数器分辨率)。此外,TOP 值还用来定义波形产生器产生波形的周期。输出比较单元的结构如图 1.2.18 所示,图中不直接属于输出比较单元的用灰色背影表示。

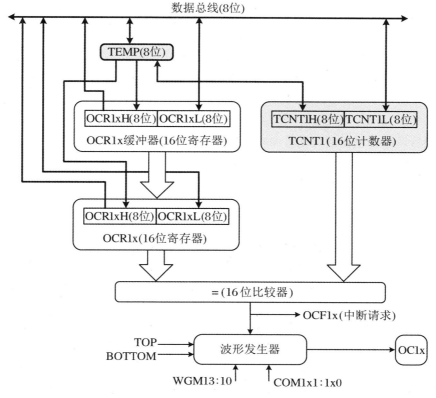

图 1.2.18　输出比较单元的结构

处在 12 种 PWM 模式之一时,OCR1x 寄存器为双缓冲的,而在 Normal(普通)和 CTC(比较清除定时器)模式时是禁止双缓冲的。双缓冲可同步实现 OCR1x 寄存器更新 TOP 或 BOTTOM 值,防止产生不对称的 PWM 波形,消除毛刺。

访问 OCR1x 寄存器似乎复杂,其实不然。使用双缓冲时,CPU 访问的是 OCR1x 缓冲寄存器,不用双缓冲时 CPU 则直接访问 OCR1x。OCR1x(缓冲或比较)寄存器的内容仅通过写操作来改变(定时器/计数器不会自动将此寄存器更新为 TCNT1 或 ICR1 的内容)。OCR1x 虽不用通过 TEMP 读取,但像访问其他 16 位寄存器一样先读取低字节是一个好习惯;由于比较是连续进行的,故须通过 TEMP 寄存器去写 OCR1x 寄存器。要先写入高字节 OCR1xH,在 CPU 将数据写入高字节 I/O 地址时,其实是将高字节更新到 TEMP 寄存器,接着写低字节 OCR1xL 的同时,将 TEMP 寄存器复制到 OCR1x 缓冲器或比较寄存器的高字节数据。

在非 PWM 模式时,可以对强制输出比较位(FOC1x)写"1"来强制产生比较匹配。强制比较匹配不会置 OCF1x 为"1",也不重载/清除定时器。但如发生了真的比较匹配,OC1x 管脚将被更新(COM1x1:1x0 决定 OC1x 是置位、清零或交替变化)。

如 CPU 写 TCNT1 寄存器,即使定时器停止也会阻止下一个定时器时钟出现比较匹配,此特性可用于 OCR1x 初始化为 TCNT1 相同的值而不触发中断(已开启定时器/计数器的时钟)。

不管定时器/计数器是否工作,在任意模式下写 TCNT1 将在下一定时器时钟周期里阻止比较匹配,所以在使用输出比较通道时改变 TCNT1 的值就存在风险。即若写入 TCNT1 的值等于 OCR1x,比较匹配会错过,从而导致产生错误的波形。在 TOP 值可变的 PWM 模式,不要写入与 TOP 相等 TCNT1 的值,否则会忽略在 TOP 值的比较匹配并且计数器会一直计数到 0xFFFF。类似地,在计数器向下计数时不要对 TCNT1 写入与 BOTTOM 相同的数据。

应在设置管脚为输出的数据方向寄存器(DDR)之前完成 OC1x 的设置。设置 OC1x 最简单的方法是在普通模式下利用强制输出比较位(FOC1x)。注意即使改变波形产生模式,OC1x 寄存器也会保持原来的值。另外,COM1x1:1x0 与比较值都不是双缓冲的,即改变 COM1x1:1x0 位会立即生效。

4. 比较匹配输出单元

比较输出模式位(COM1x1:1x0)有两个功能:① 波形产生器用来定义在下次比较匹配时的输出比较(OC1x)状态;② 用于控制 OC1x 引脚的输出源。图 1.2.19 为受 COM1x1:1x0 设置影响的简化逻辑原理图。图中只给出了受 COM1x1:1x0 位影响的通用 I/O 端口控制寄存器(DDR 和 PORT)。至于 OC1x 状态是指内部 OC1x 寄存器,而不是 OC1x 引脚的状态。系统复位时 OC1x 寄存器全部为"0"。

如果 COM1x1:1x0 不全为"0",波形产生器的输出比较 OC1x 就会取代通用 I/O 口功能。但是 OC1x 引脚的方向(输入或输出)仍由数据方向寄存器(DDR)控制。在输出到 OC1x 引脚之前必须通过数据方向寄存器位(DDR_OC1x)将此引脚设置为输出。一般端口复用功能独立于波形产生模式,但也有一些例外,详见下一节"操作模式"。

输出使能前初始化 OC1x 状态。注意特定的操作模式下某些 COM1x1:1x0 设置是保留的,另外 COM1x1:1x0 不影响输入捕获单元。

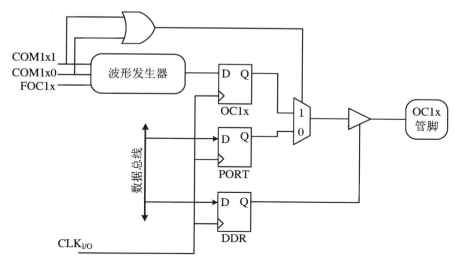

图 1.2.19　比较匹配输出单元原理图

COM1x1:1x0 位在不同模式(Normal、CTC 及 PWM)下对波形产生器来说意义是不完全一样的。对所有的模式,COM1x1:1x0 = 0 告诉波形产生器在下次比较匹配时不需要对 OC1x 寄存器作任何操作;其他的情况请参见"操作模式"和 COM1x1:1x0 寄存器的设置。

改变 COM1x1:1x0 位将影响其后的第一次比较匹配。对于非 PWM 模式,可以用 FOC1x 位来使操作立即生效。

5. 操作模式

根据 WGM13:10 的不同设置,16 位定时器/计数器 1 有 4 种模式:Normal、快速 PWM、相位校正 PWM 和相位与频率校正 PWM,如表 1.2.18 所示。不同模式下 COM1x1:1x0 不同又控制着 OC1A/OC1B 的输出,如表 1.2.19～1.2.21 所示。下面对每种模式简单做个说明。

表 1.2.18　定时器/计数器 1 波形产生模式位的设置

模式	WGM[13:10]				操作模式	TOP	OCR1x 更新点	TOV1 置位点
0	0	0	0	0	Normal	0xFFFF	立即	MAX
1	0	0	0	1	相位校正 PWM,8 位	0x00FF	TOP	BOTTOM
2	0	0	1	0	相位校正 PWM,9 位	0x01FF	TOP	BOTTOM
3	0	0	1	1	相位校正 PWM,10 位	0x03FF	TOP	BOTTOM
4	0	1	0	0	CTC	OCR1A	立即	MAX
5	0	1	0	1	快速 PWM,8 位	0x00FF	BOTTOM	TOP
6	0	1	1	0	快速 PWM,9 位	0x01FF	BOTTOM	TOP
7	0	1	1	1	快速 PWM,10 位	0x03FF	BOTTOM	TOP
8	1	0	0	0	相位与频率校正 PWM	ICR1	BOTTOM	BOTTOM

续表

模式	WGM[13:10]				操作模式	TOP	OCR1x 更新点	TOV1 置位点
9	1	0	0	1	相位与频率校正 PWM	OCR1A	BOTTOM	BOTTOM
10	1	0	1	0	相位校正 PWM	ICR1	TOP	BOTTOM
11	1	0	1	1	相位校正 PWM	OCR1A	TOP	BOTTOM
12	1	1	0	0	CTC	ICR1	立即	MAX
13	1	1	0	1	保留	—	—	—
14	1	1	1	0	快速 PWM	ICR1	BOTTOM	TOP
15	1	1	1	1	快速 PWM	OCR1A	BOTTOM	TOP

表 1.2.19 非 PWM 时(Normal 或 CTC 模式),比较输出模式

COM1A1/COM1B1	COM1A0/COM1B0	说明
0	0	普通端口操作,OC1A/OC1B 断开
0	1	比较匹配时 OC1A/OC1B 翻转切换
1	0	比较匹配时 OC1A/OC1B 清零(低电平)
1	1	比较匹配时 OC1A/OC1B 置位(高电平)

表 1.2.20 快速 PWM 时,比较输出模式

COM1A1/COM1B1	COM1A0/COM1B0	说明
0	0	普通端口操作,OC1A/OC1B 断开
0	1	WGM[13:10] = 15:比较匹配时 OC1A 翻转,OC1B 断开。其他 WGM1 设置为普通操作模式
1	0	比较匹配时 OC1A/OC1B 清零,在 BOTTOM 置位 OC1A/OC1B(非反向模式)
1	1	比较匹配时 OC1A/OC1B 置位,在 BOTTOM 清零 OC1A/OC1B(反向模式)

表 1.2.21 相位校正和相位与频率校正 PWM 时,比较输出模式

COM1A1/COM1B1	COM1A0/COM1B0	说明
0	0	普通端口操作,OC1A/OC1B 断开
0	1	WGM[13:10] = 9/14:比较匹配时 OC1A 翻转,OC1B 断开。其他 WGM1,普通操作
1	0	加计数比较匹配时 OC1A/OC1B 清零,减计数比较匹配时 OC1A/OC1B 置位。
1	1	加计数比较匹配时 OC1A/OC1B 置位,减计数比较匹配时 OC1A/OC1B 清零

（1）WGM13：10 = 0 时，为 Normal 模式，也是最简单的操作模式，此时计数器只能是递增计数而且没有清零操作，只能让计数器计到最大值 0xFFFF 时自动溢出后再从 0x0000 重新开始。定时器/计数器溢出标志位 TOV1 在 TCNT1 变成"0"的同一时钟周期置"1"，此时 TOV1 有点像 TCNT1 的第 17 位，但仅置位无清零。当然可以在定时器溢出中断过程中自动清除 TOV1 标志位，以软件方式增加定时器的计数范围。Normal 模式下可在任何时刻更新计数器的值。

在 Normal 模式下输入捕获单元的使用比较简单，只是外部事件的最大间隔不能超过计数器的范围。如果事件间隔太大，需要用定时器溢出中断或预分频器增加定时器范围以适应捕获单元。虽然输出比较单元可以在指定时间产生中断，却不推荐用输出比较产生波形，因为此时会占用太多的 CPU 时间。

（2）WGM13：10 = 4 或 12 时，为比较匹配时清除定时器（CTC）模式，当计数器匹配 OCR1A（WGM13：10 = 4）或 ICR1（WGM13：10 = 12）时清除 TCNT1 为"0"。计数器的范围由 OCR1A 或 ICR1 寄存器设定，即设定计数器的最大值。此模式下可以更好地控制比较输出的频率，也简化了外部事件的统计。如图 1.2.20 所示，计数器值 TCNT1 递增一直到比较匹配 OCR1A 或 ICR1，并且 TCNT1 清零。

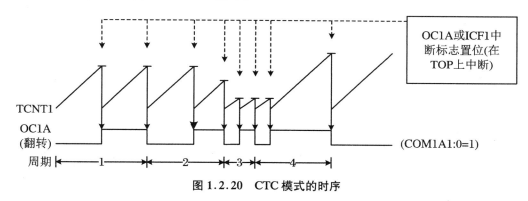

图 1.2.20　CTC 模式的时序

每当计数器值计到 TOP 值时可以用 OCF1A 或 ICF1 标志产生中断，如果允许中断，则可在中断处理过程更新 TOP 值。在计数器没有用预分频器或用较低预分频器运行时，如更新 TOP 值接近 BOTTOM 值，需要谨慎处理，因为 CTC 模式没有双缓冲。当更新 OCR1A 或 ICR1 的值小于 TCNT1 值时，计数器会错过一次比较匹配，计数器会计到最大值 0xFFFF 后再从 0x0000 开始计数直到匹配新值。这种情况常常不是我们想要的，改变这一不足可以采用双缓冲快速 PWM 模式 WGM13：10 = 15。

要在 CTC 模式产生输出波形，每次比较匹配切换 OC1A 输出逻辑需设置输出模式位 COM1A1：COM1A0 = 1。在输出 OC1A 前还要设置管脚为输出，即 DDR_OC1A = 1。当 OCR1A 设置为"0"时，输出波形的频率最高，即 $f_{OC1A} = f_{CLK\_I/O}/2$，输出波形的频率一般由下式确定：

$$f_{OC1A} = \frac{f_{CLK\_I/O}}{2 \times N \times (1 + OCR1A)}$$

式中，N 为预分频因子（1，8，64，256 或 1024）。

普通操作模式下,定时器计数器溢出标志(TOV1)在计数器从最大值变到 0x0000 时置位。

(3) WGM13:10 = 5/6/7/14/15 时,为快速脉冲宽度调制(fast PWM,FPWM)模式,此模式提供了高频 PWM 波形的产生,与其他 PWM 模式不同,快速 PWM 模式是单斜坡操作,计数器从 BOTTOM 计到 TOP 然后再重新从 BOTTOM 开始。在非反向比较输出模式,TCNT1 和 OCR1x 比较匹配时输出比较(OC1x)清零,在 BOTTOM 置"1";在反向比较输出模式,比较匹配时输出"1",在 BOTTOM 输出"0"。因为单斜坡操作,快速 PWM 的工作频率比双斜坡的相位校正和相位与频率校正 PWM 模式高一倍。这种高频率使得快速 PWM 模式更好地应用于电源调整和整流以及 DAC,还可减小外部元件(电感,电容)尺寸降低系统成本。

快速 PWM 的位数可以固定为 8 位、9 位或 10 位,或者由 ICR1 及 OCR1A 定义。最小位数为 2 位(ICR1 或 OCR1A 设置为 0x0003),最大位数是 16 位(ICR1 或 OCR1A 设置为 MAX),PWM 的位数可由下式计算:

$$R_{FPWM} = \frac{\log(TOP + 1)}{\log(2)}$$

在快速 PWM 模式,计数器递增到固定值 0x00FF、0x01FF 或 0x03FF(WGM13:10 = 5/6/7),ICR1 值(WGM13:10 = 14),或 OCR1A 值(WGM13:10 = 15),然后在下一个定时器时钟清零。图 1.2.21 为快速 PWM 的时序图,图中给出了用 OCR1A 或 ICR1 设置 TOP 时的快速 PWM,用柱状 TCNT1 的值说明单斜坡操作,另外给出了非反向和反向 PWM 输出。TCNT1 斜坡上的短水平线表示 OCR1x 和 TCNT1 比较匹配,此时设置 OC1x 中断标志为"1"。

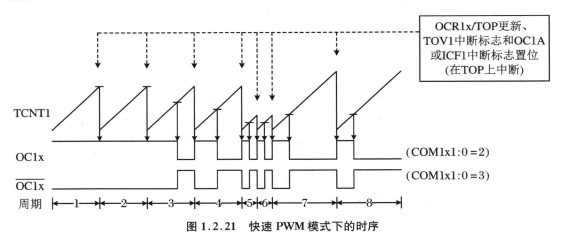

图 1.2.21　快速 PWM 模式下的时序

每次计数器到达 TOP 时 TOV1 就置"1",如果用 OCR1A 或 ICR1 定义 TOP 值,会同时将 OCF1A 或 ICF1 也置"1",如果允许中断,则可在中断处理过程中更新 TOP 和比较值。在改变 TOP 值时,要保证新的 TOP 值不小于任一比较寄存器。如果 TOP 低于任一比较寄存器,在 TCNT1 和 OCR1x 间比较永不会匹配。

用于定义 TOP 值时,更新 ICR1 的过程与更新 OCR1A 不同。因 ICR1 寄存器不是双缓冲的,计数器不用预分频器或用低预分频器运行时,更新 ICR1 的值低于 TCNT1 的值会有一个风险:计数器将会错过下一次 TOP 值的比较匹配,不得不计到 MAX(0xFFFF)然后从 0x0000 重新开始计数以后才能比较匹配。OCR1A 寄存器是双缓冲的,可在任意时间写它,写入 OCR1A 的值先存入 OCR1A 缓冲寄存器,然后在下一次匹配时将缓冲寄存器里的值更新到 OCR1A 比较寄存器,并在更新的同一时钟周期清除 TCNT1 并置 TOV1 为"1"。用 ICR1 设置固定 TOP 值时,可解放 OCR1A 寄存器用于产生 PWM 在 OC1A 输出,这样双缓冲的 OCR1A 更适应不断变换 PWM 频率(改变 TOP 值)的情况。

快速 PWM 模式下,比较单元允许在 OC1x 管脚产生 PWM 波形,设置 COM1x1:1x0 为 2 时产生非反向 PWM;设置 COM1x1:1x0 为 3 时,产生反向 PWM。在 OC1x 输出前要设置其管脚为输出(DDR_OC1x = 1)。PWM 波形由 OCR1x 和 TCNT1 比较匹配时置位(或复位)OC1X,以及计数器清零时(TOP 变为 BOTTOM)复位(或置位)OC1x 产生。PWM 频率由下式确定:

$$f_{OCnxPWM} = \frac{f_{CLK\_I/O}}{N \times (1 + TOP)}$$

式中,N 表示预分频因子(1,8,64,256 或 1024)。

在快速 PWM 模式时产生 PWM 波形,OCR1x 寄存器的极值是特殊情况。比如 OCR1x 等于 BOTTOM(0x0000),输出是周期为 TOP + 1 的窄脉冲;OCR1x 等于 TOP,输出固定的高或低电平(取决于 COM1x1:COM1x0 的设置)。在每个比较匹配(COM1A1:COM1A0 = 1)设置 OC1A 切换逻辑电平可以获得 50% 占空比的频率波形输出,仅适于用 OCR1A 定义 TOP 值时(WGM13:10 = 15)。OCR1A 为 0x0000 时,输出波形频率最高($f_{CLK\_I/O}/2$),这与 CTC 模式时 OC1A 的切换类似,不同的是快速 PWM 模式下输出比较单元是双缓冲的。

(4) WGM13:10 = 1/2/3/10/11 时,为相位校正 PWM 模式,它基于双斜坡操作提供高精度相位校正 PWM 波形产生方案,即计数器从 BOTTOM 计到 TOP 然后再从 TOP 计到 BOTTOM,循环往复。在非反向比较输出模式,在向上计数时当 TCNT1 和 OCR1x 匹配时输出比较(OC1x)清零,向下计数匹配时置"1";反向输出模式时,正好相反。双斜坡操作的最大工作频率比单斜坡要低,但双斜坡 PWM 的对称性比较适合于电机控制方面的应用。

相位校正 PWM 模式的位数可固定为 8、9 或 10 位,也可以由 ICR1 或 OCR1A 设定,最小可以是 2 位(ICR1 或 OCR1A 设置为 0x0003),最大为 16 位(ICR1 或 OCR1A 设置为 MAX),可由下式计算:

$$R_{PCPWM} = \frac{\lg (TOP + 1)}{\lg (2)}$$

在相位校正 PWM 模式,计数器先递增到固定值 0x00FF、0x01FF 或 0x03FF(WGM13:10 = 1/2/3)、ICR1 值(WGM13:10 = 10)、或 OCR1A 值(WGM13:10 = 11),即先计到 TOP(仅持续一个定时器时钟周期),然后改变计数器的方向开始向下计数到 BOTTOM,循环往复。图 1.2.22 为相位校正 PWM 的时序图,图中给出了用 OCR1A 或 ICR1 设置 TOP 时的相位校正 PWM 模式,用柱状 TCNT1 的值说明双斜坡操作,另外给出了非反向和反向 PWM 输出。TCNT1 斜坡上的短水平线表示 OCR1x 和 TCNT1 比较匹配,此时置 OC1x 中断标志为"1"。

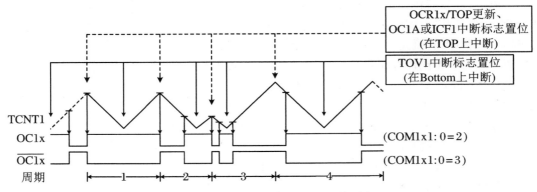

图 1.2.22　相位校正 PWM 模式的时序

每次定时器/计数器到达 BOTTOM 时 TOV1 就置"1",如果用 OCR1A 或 ICR1 定义 TOP 值,会同时(与用双缓冲值更新 OCR1x 寄存器同一时钟周期)将 OCF1A 或 ICF1 也置"1",中断标志可用于计数器每次到达 TOP 或 BOTTOM 时产生中断。

在改变 TOP 值时,要保证新的 TOP 值不小于任一比较寄存器。如果 TOP 低于任一比较寄存器,在 TCNT1 和 OCR1x 间比较永不会匹配。如果使用固定 TOP 值,在写任一 OCR1x 寄存器时不用的位都是 0。在上述时序图的第 3 个周期,当定时器/计数器工作在相位校正模式时去改变 TOP 值会导致不对称的输出,因更新 OCR1x 寄存器的时间在 TOP,PWM 周期开始和终止也都在 TOP。这表示下降斜坡的长度由前一个 TOP 值确定,而上升斜坡的长度由新的 TOP 值决定,这两个值不同就会导致两个斜坡的长度不同,从而输出不对称波形。

所以如果在定时器/计数器运行时更新 TOP 值,建议使用相位与频率校正模式替代相位校正模式。

相位校正 PWM 模式下,比较单元允许在 OC1x 管脚产生 PWM 波形,设置 COM1x1:1x0 为 2 时产生非反向 PWM,设置 COM1x1:1x0 为 3 时,产生反向 PWM。在 OC1x 输出前要设置其管脚为输出(DDR_OC1x)。PWM 波形的产生有两种情况:在递增计数时当 OCR1x 和 TCNT1 比较匹配时置位(或复位)OC1X 寄存器;在递减计数时当 OCR1x 和 TCNT1 比较匹配时复位(或置位)OC1x。相位校正 PWM 的频率由下式确定:

$$f_{OCnxPCPWM} = \frac{f_{CLK\_I/O}}{2 \times N \times TOP}$$

式中,N 表示预分频因子(1,8,64,256 或 1024)。

在相位校正 PWM 模式时产生 PWM 波形,OCR1x 寄存器的极值是特殊情况。比如 OCR1x 等于 BOTTOM(0x0000),输出是持续的低电平;OCR1x 等于 TOP,持续输出高(非反向 PWM 模式)或低电平(反向 PWM 模式)。如果用 OCR1A 定义 TOP 值(WGM13:10 = 11)并且 COM1A1:COM1A0 = 1,OC1A 输出波形占空比为 50%。

(5) WGM13:10 = 8/9 时,为相位和频率校正 PWM 模式,它基于双斜坡操作以提供高精度相位和频率校正 PWM 波形产生方案,即计数器从 BOTTOM(0x0000)计到 TOP 然后再从 TOP 计到 BOTTOM,循环往复。在非反向比较输出模式,在向上计数且 TCNT1 和 OCR1x 匹配时输出比较(OC1x)清零,向下计数匹配时置"1";反向输出模式时,正好相反。双斜坡操作的最大工作频率比单斜坡要低,但双斜坡 PWM 的对称性比较适合于电机控制方面的应用。与相位校正 PWM 的主要不同是 OCR1x 缓冲寄存器更新的时间。

相位与频率校正 PWM 模式的位数可由 ICR1 或 OCR1A 设定,最小可以是 2 位(ICR1 或 OCR1A 设置为 0x0003),最多为 16 位(ICR1 或 OCR1A 设置为 MAX),可由下式计算:

$$R_{PFCPWM} = \frac{\log (TOP + 1)}{\log (2)}$$

在相位与频率校正 PWM 模式,计数器先递增到 ICR1 值(WGM13:10 = 8)或 OCR1A 值(WGM13:10 = 9),即先计到 TOP(仅持续一个定时器时钟周期),然后改变计数器的方向开始向下计数到 BOTTOM,循环往复。图 1.2.23 为相位与频率校正 PWM 模式下的时序图,图中给出了用 OCR1A 或 ICR1 设置 TOP 时的相位和频率校正 PWM 模式,用柱状 TCNT1的值说明双斜坡操作,另外给出了非反向和反向 PWM 输出。TCNT1 斜坡上的短水平线表示 OCR1x 和 TCNT1 比较匹配,此时置 OC1x 中断标志为"1"。

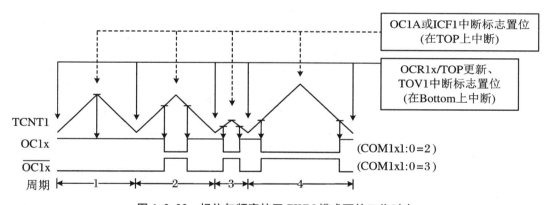

图 1.2.23　相位与频率校正 PWM 模式下的工作时序

在 BOTTOM 时 OCR1x 寄存器由双缓冲值更新的同时设置 TOV1 为"1",如果用 OCR1A 或 ICR1 设定 TOP 值,当 TCNT1 计到 TOP 时将 OCF1A 或 ICF1 也置"1",中断标志可用于计数器每次到达 TOP 或 BOTTOM 时产生中断。

在改变 TOP 值时,程序要保证新的 TOP 值不小于任一比较寄存器。如果 TOP 低于任一比较寄存器,在 TCNT1 和 OCR1x 间比较永不会匹配。与相位校正模式相比,相位与频率校正模式产生的输出波形在每个周期都是对称的,因为更新 OCR1x 寄存器的时间是在 BOTTOM,上升和下降斜坡的长度相同,输出脉冲是对称的而且频率校正。

使用 ICR1 寄存器定义固定 TOP 值可以很好地工作,且此时 OCR1A 寄存器可以空出来产生 PWM 输出到 OC1A 管脚。如果通过改变 TOP 值去改变 PWM 的频率,使用双缓冲的 OCR1A 设置 TOP 值是更好的选择。

相位和频率校正 PWM 模式下,比较单元允许在 OC1x 管脚产生 PWM 波形,设置 COM1x1:1x0 为 2 时产生非反向 PWM,设置 COM1x1:1x0 为 3 时,产生反向 PWM。在

OC1x 输出前要设置其管脚为输出（DDR_OC1x）。PWM 波形的产生有两种情况：在递增计数时，当 OCR1x 和 TCNT1 比较匹配时置位（或复位）OC1X 寄存器；在递减计数时，当 OCR1x 和 TCNT1 比较匹配时复位（或置位）OC1x。相位与频率校正 PWM 的频率由下式确定：

$$f_{OCnxPCPWM} = \frac{f_{CLK\_I/O}}{2 \times N \times TOP}$$

式中，N 表示预分频因子（1，8，64，256 或 1024）。

在相位与频率校正 PWM 模式时产生 PWM 波形，OCR1x 寄存器的极值是特殊情况。比如 OCR1x 等于 BOTTOM，输出是持续的低电平；OCR1x 等于 TOP，持续输出高或低电平（取决于 COM1x1：COM1x0 的设置）。如果用 OCR1A 定义 TOP 值（WGM13：10 = 9）并且 COM1A1：COM1A0 = 1，OC1A 输出波形占空比为 50%。

6. 定时器/计数器的时序

定时器/计数器是同步设计，定时器的时钟（CLK$_{T1}$）在图 1.2.24～图 1.2.27 所示的时序图中作为时钟的使能信号，同时图中还含有中断标志置位和 OCR1x 寄存器利用缓冲值（仅使用双缓冲的模式）更新等信息。

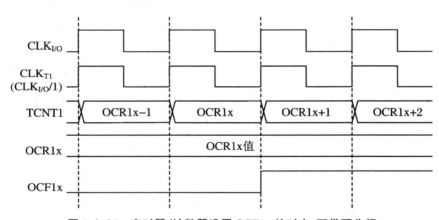

图 1.2.24　定时器/计数器设置 OCF1x 的时序，不带预分频

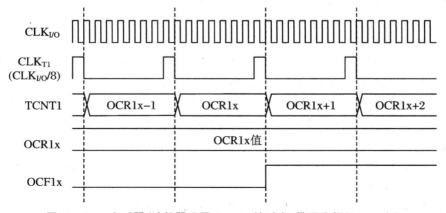

图 1.2.25　定时器/计数器设置 OCF1x 的时序，带预分频（$f_{CLK\_I/O}/8$）

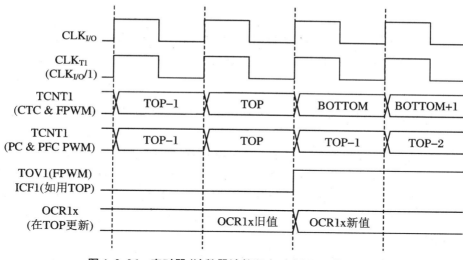

图 1.2.26　定时器/计数器计数顺序时序图,不带预分频

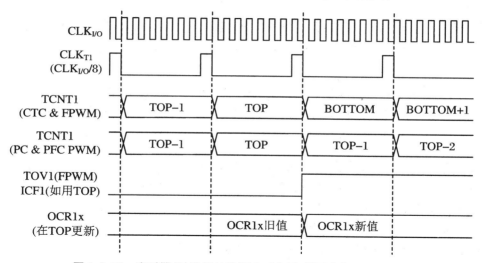

图 1.2.27　定时器/计数器计数顺序时序图,带预分频($f_{CLK\_I/O}/8$)

7. 寄存器

与 16 位定时器/计数器 1 有关的寄存器有特殊功能 I/O 寄存器(SFIOR)、定时器/计数器控制寄存器 A/B(TCCR1A/B)、定时器/计数器 1 寄存器(TCNT1H/L)、输出比较寄存器 1A(OCR1AH/L)、输出比较寄存器 1B(OCR1BH/L)、输入捕获寄存器 1(ICR1L/H)、定时器/计数器中断寄存器(TIMSK)以及定时器/计数器中断标志寄存器(TIFR)。简明的寄存器控制位和作用如下:

定时器/计数器 1 控制寄存器 A(TCCR1A)是 8 位的 I/O 寄存器,偏移地址是 0x2F,芯片复位后其值为 0x00。TCCR1A 寄存器每一位的定义如下:

Bit	7	6	5	4	3	2	1	0
	COM1A1	COM1A0	COM1B1	COM1B0	FOC1A	FOC1B	WGM11	WGM10
Access	R/W	R/W	R/W	R/W	W	W	R/W	R/W
Reset	0	0	0	0	0	0	0	0

Bit 7~4：通道 A/B 比较输出模式设置，表 1.2.19 已经根据 WGM 的模式设置给出比较输出方式。

Bit 3~2：通道 A/B 强制输出比较，仅在 WGM13：10 设置为非 PWM 模式有效；在 PWM 模式写 TCCR1A 时这两位只能为"0"。FOC1A/FOC1B 类似选通，当写为"1"时，会在波形产生单元立即强制比较匹配，OC1A/OC1B 输出根据 COM1x1：1x0 设置不同而改变。FOC1A/FOC1B 选通不会产生任何中断，也不会在用 OCR1A 作为 TOP 值的 CTC 模式清零定时器。

Bit 1~0：与 TCCR1B 的位 4~3（WGM13：12）一起设置定时器/计数器的工作模式，如表 1.2.18。

定时器/计数器 1 控制寄存器 B（TCCR1B）是 8 位的 I/O 寄存器，偏移地址是 0x2E，芯片复位后其值为 0x00。TCCR1B 寄存器每一位的定义如下：

Bit	7	6	5	4	3	2	1	0
	ICNC1	ICES1		WGM13	WGM12	CS12	CS11	CS10
Access	R/W	R/W		R/W	R/W	R/W	R/W	R/W
Reset	0	0		0	0	0	0	0

Bit 7 为 ICNC1：输入捕获噪声消除器，此位为"1"时启用。

Bit 6 为 ICES1：输入捕获边沿选择，此位为"0"时下降沿触发，为"1"时上升沿触发。

Bit 4 为 WGM13：波形生成模式。

Bit 3 为 WGM12：波形生成模式。

Bit 2~0 为 CS12：CS10：时钟源选择，参见表 1.2.17。

定时器/计数器 1 低字节/高字节（TCNT1L/H）是 8 位的 I/O 寄存器，偏移地址是 0x2C/0x2D，芯片复位后其值为 0x00。TCNT1L/H 寄存器每一位的定义如下：

Bit	7	6	5	4	3	2	1	0
	TCNT1L[7:0]							
Access	R/W	R/W	R/W	R/W	R/W	R/W	R/W	R/W
Reset	0	0	0	0	0	0	0	0

Bit	7	6	5	4	3	2	1	0
	TCNT1H[7:0]							
Access	R/W	R/W	R/W	R/W	R/W	R/W	R/W	R/W
Reset	0	0	0	0	0	0	0	0

两个定时器/计数器 I/O 地址(TCNT1H 与 TCNT1L 合并为 TCNT1)用于直接访问定时器/计数器的 16 位计数器。为确保 CPU 能同时访问此寄存器的高/低字节,需要用一个 8 位的临时寄存器(TEMP)完成高字节的临时存储。此临时寄存器同样用于其他 16 位寄存器的访问。

输出比较寄存器 1A 低字节/高字节(OCR1AL/H)是 8 位的 I/O 寄存器,偏移地址是 0x2A/0x2B,芯片复位后其值为 0x00。OCR1AL/H 寄存器每一位的定义如下:

Bit	7	6	5	4	3	2	1	0
	OCR1AL[7:0]							
Access	R/W	R/W	R/W	R/W	R/W	R/W	R/W	R/W
Reset	0	0	0	0	0	0	0	0

Bit	7	6	5	4	3	2	1	0
	OCR1AH[7:0]							
Access	R/W	R/W	R/W	R/W	R/W	R/W	R/W	R/W
Reset	0	0	0	0	0	0	0	0

输出比较寄存器(OCR1A)为 16 位,可与计数值(TCNT1)连续做比较。比较匹配可以产生输出比较中断,或者产生波形在 OC1x 管脚进行输出。

输出比较寄存器 1B 低字节/高字节(OCR1BL/H)是 8 位的 I/O 寄存器,偏移地址是 0x28/0x29,芯片复位后其值为 0x00。OCR1BL/H 寄存器每一位的定义如下:

Bit	7	6	5	4	3	2	1	0
	OCR1BL[7:0]							
Access	R/W	R/W	R/W	R/W	R/W	R/W	R/W	R/W
Reset	0	0	0	0	0	0	0	0
Bit	7	6	5	4	3	2	1	0
	OCR1BH[7:0]							
Access	R/W	R/W	R/W	R/W	R/W	R/W	R/W	R/W
Reset	0	0	0	0	0	0	0	0

输入捕获寄存器 1 低字节/高字节(ICR1L/H)是 8 位的 I/O 寄存器,偏移地址是 0x26/0x27,芯片复位后其值为 0x00。ICR1L/H 寄存器每一位的定义如下:

Bit	7	6	5	4	3	2	1	0
	ICR1L[7:0]							
Access	R/W	R/W	R/W	R/W	R/W	R/W	R/W	R/W
Reset	0	0	0	0	0	0	0	0

Bit	7	6	5	4	3	2	1	0
				ICR1H[7:0]				
Access	R/W	R/W	R/W	R/W	R/W	R/W	R/W	R/W
Reset	0	0	0	0	0	0	0	0

每当在 ICP1 管脚发生事件(或在定时器/计数器 1 的模拟比较器输出)时,就用 TCNT1 的值更新输入捕获。输入捕获可用于定义计算器的 TOP 值。

定时器/计数器中断屏蔽寄存器(TIMSK)是 8 位的 I/O 寄存器,偏移地址是 0x39,芯片复位后其值为 0x00。TIMSK 寄存器每一位的定义如下:

Bit	7	6	5	4	3	2	1	0
	OCIE2	TOIE2	TICIE1	OCIE1A	OCIE1B	TOIE1		TOIE0
Access	R/W	R/W	R/W	R/W	R/W	R/W		R/W
Reset	0	0	0	0	0	0		0

Bit 5 为 TICIE1:定时器/计数器 1,输入捕获中断允许。

Bit 4 为 OCIE1A:定时器/计数器 1,输出比较 A 匹配中断允许。

Bit 3 为 OCIE1B:定时器/计数器 1,输出比较 B 匹配中断允许。

Bit 2 为 TOIE1:定时器/计数器 1,溢出中断允许。

定时器/计数器中断标志寄存器(TIFR)是 8 位的 I/O 寄存器,偏移地址是 0x38,芯片复位后其值为 0x00。TIFR 寄存器每一位的定义如下:

Bit	7	6	5	4	3	2	1	0
	OCF2	TOV2	ICF1	OCF1A	OCF1B	TOV1		TOV0
Access	R/W	R/W	R/W	R/W	R/W	R/W		R/W
Reset	0	0	0	0	0	0		0

Bit 5 为 ICF1:定时器/计数器 1,输入捕获标志。

Bit 4 为 OCF1A:定时器/计数器 1,输出比较 A 匹配标志。

Bit 3 为 OCF1B:定时器/计数器 1,输出比较 B 匹配标志。

Bit 2 为 TOV1:定时器/计数器 1,溢出标志。

1.2.10.3　8 位定时器/计数器 2:带 PWM 和异步操作

定时器/计数器 2 是通用、单通道、8 位的定时器/计数器模块,具有比较匹配清除定时器(自动重载)、相位校正 PWM、频率产生、10 位时钟预分频、溢出和比较匹配中断源(TOV2 和 OCF2)等特性,图 1.2.28 为其简化的结构图。

图 1.2.28 中的定时器/计数器 TCNT2 和输出比较寄存器 OCR2 都是 8 位的,中断请求信号(TOV2)在定时器中断标志寄存器(TIFR)里可见,所有的中断都是通过定时器中断屏蔽寄存器(TIMSK)单独屏蔽。

　　定时器/计数器可由经过预分频器的内部时钟驱动,也可通过设置异步状态寄存器 ASSR 的位 AS2 为"1"由 TOSC1/2 管脚异步驱动。时钟选择逻辑选哪个时钟源用于定时器/计数器递增或递减计数。如果不选时钟源,定时器/计数器不工作。时钟选择逻辑的输出为定时器时钟 CLK_{T2}。

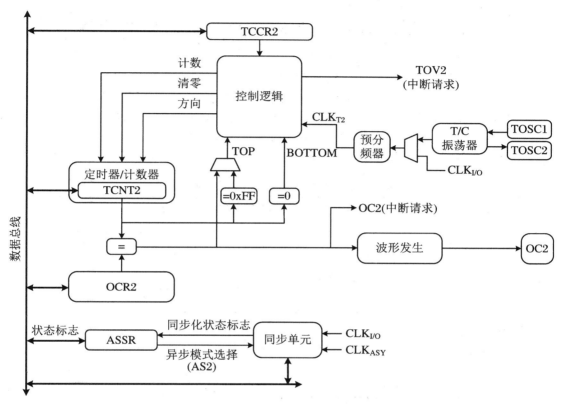

图 1.2.28　8 位定时器/计数器 2 的简化结构图

　　双缓冲输出比较寄存器(OCR2)一直与定时器/计数器 2 的值比较,比较结果用于产生 PWM 波形或者在输出比较管脚(OC2)输出可变频率信号。比较匹配事件也会置位比较标志(OCF2)用来产生输出比较中断请求。

1. 计数器单元

　　8 位定时器/计数器的关键部分是可编程双向**计数器单元**,图 1.2.29 是其结构和外围情况。

　　根据所用操作模式,计数器在 CLK_{T2} 驱动下清零、递增或递减。CLK_{T2} 由时钟选择位(CS22:20)选择内部或外部时钟源,如表 1.2.22 所示,CS22:20 = 0 无时钟源,定时器停止。但不管有无 CLK_{T2},CPU 都能访问 TCNT2。CPU 写操作(优先级高)比计数器清零或计数操作优先。

　　计数顺序由定时器/计数器控制寄存器(TCCR2)的位 WGM21 和 WGM20 确定。计数器计数与在输出比较管脚(OC2)输出生成的波形联系紧密。

　　定时器/计数器溢出标志位 TOV2 是根据 WGM21:20 选择的操作模式进行置位,

TOV2 也可用于产生 CPU 中断。

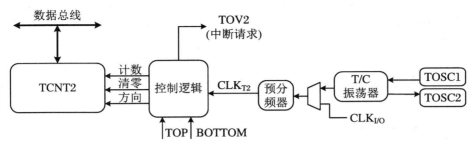

图 1.2.29　计数器 2 的单元结构

计数表示 TCNT2 加或减 1;方向表示递增和递减;清零表示复位 TCNT2(设置为全"0");
CLK$_{T2}$表示定时器/计数器时钟;TOP(max)表示 TCNT2 到达了最大值 0xFF;BOTTOM
(min)表示 TCNT2 到达了最小值 0x00

表 1.2.22　定时器/计数器 2 的时钟源设置

CS22	CS21	CS20	说明	CS22	CS21	CS20	说明
0	0	0	无时钟源(定时器停止)	1	0	0	CLK$_{I/O}$/64(用预分频)
0	0	1	CLK$_{I/O}$(没用预分频)	1	0	1	CLK$_{I/O}$/128(用预分频)
0	1	0	CLK$_{I/O}$/8(用预分频)	1	1	0	CLK$_{I/O}$/256(用预分频)
0	1	1	CLK$_{I/O}$/32(用预分频)	1	1	1	CLK$_{I/O}$/1024(用预分频)

2. 输出比较单元

8 位比较器不断地将 TCNT2 和输出比较寄存器(OCR2)进行比较,一旦发现两者相同,比较器就给出匹配信号,并在下个定时器时钟周期设置输出比较标志(OCF2)为"1"。若 OCIE2=1 输出比较标志将引发输出比较中断,中断一执行 OCF2 将自动清零,也可以通过软件向 OCF2 的 IO 位地址写"1"进行清零。波形产生器利用匹配信号产生与 WGM21:20 和 COM21:20 设置模式一致的输出。波形产生器利用 MAX 和 BOTTOM 信号处理特定模式下的极值情况。图 1.2.30 为输出比较单元的结构图。

在任一 PWM 模式时,OCR2 寄存器为双缓冲的,而在 Normal 模式和 CTC 模式是禁止双缓冲的。双缓冲可同步实现 OCR2 寄存器更新 TOP 或 BOTTOM 值,防止产生不对称的

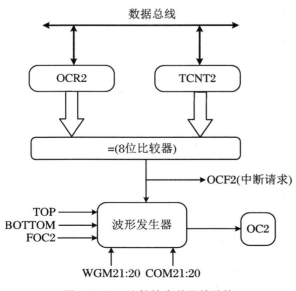

图 1.2.30　比较输出单元的结构

PWM 波形,消除毛刺。

访问 OCR2 寄存器似乎复杂,其实不然。使用双缓冲时,CPU 访问的是 OCR2 缓冲寄存器,不用双缓冲时 CPU 则直接访问 OCR2。

在非 PWM 模式时,可以对强制输出比较位(FOC2)写"1",来强制产生比较器匹配输出。强制比较匹配不会置 OCF2 为"1",也不重载/清除定时器,但 OC2 管脚将被更新,就像发生了真的比较匹配一样(COM21:20 决定 OC2 是置位、清零或交替变化)。

CPU 写 TCNT2 寄存器,即使定时器停止也会阻止在下一定时器时钟周期发生比较匹配。此特性可用于选择定时器/计数器时钟时,OCR2 初始化为 TCNT2 相同的值而不触发中断。

因在任意模式下写 TCNT2 将在下一定时器时钟周期里阻止比较匹配,不管定时器/计数器是否运行,在使用输出比较通道时改变 TCNT2 的值都有风险。若写入 TCNT2 的值等于 OCR2,比较匹配会错过,从而导致产生错误的波形。类似地,在计数器向下计数时不要对 TCNT2 写入等于 BOTTOM 的值。

设置 OC2 应在设置管脚为输出的数据方向寄存器之前完成。设置 OC2 最简单的方法是在普通模式下利用强制输出比较位(FOC2)。在改变波形产生模式时 OC2 寄存器也会保持它的值。另外,COM21:20 与比较值都不是双缓冲的,即改变 COM21:20 位会立即生效。

3. 比较匹配输出单元

比较输出模式位(COM21:20)有两个作用:一是波形产生器通过 COM21:20 位定义在下次比较匹配时的输出比较(OC2)状态;二是 COM21:20 位还控制 OC2 引脚的输出源。图 1.2.31 为受 COM21:20 位设置影响的简化逻辑原理图,I/O 寄存器、I/O 位和 I/O 引脚以粗体表示,图中只给出了受 COM21:20 位影响的通用 I/O 端口控制寄存器(DDR 和 PORT)。至于 OC2 状态是指内部 OC2 寄存器,而不是 OC2 引脚的状态。系统复位时 OC2x 寄存器全部为"0"。

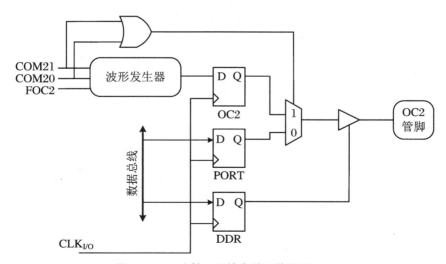

图 1.2.31　比较匹配输出单元简化原理图

如果 COM21:20 不全为零,波形产生器的输出比较(OC2)就会取代其通用 I/O 口功能。但是 OC2 引脚的方向(输入或输出)仍由数据方向寄存器(DDR)控制。在 OC2 的值输出到其引脚前必须通过数据方向寄存器位（DDR_OC2）将此引脚设置为输出。

输出比较管脚逻辑的设计允许输出使能前初始化 OC2 状态。注意特定的操作模式下某些 COM21:20 设置是保留的。

COM21:20 位在不同模式（Normal、CTC 及 PWM）下对波形产生器来说意义是不一样的。对所有的模式，COM21:20＝0 告诉波形产生器在下次比较匹配时不需要对 OC2 寄存器作任何操作；其他的情况请参见"操作模式"和 COM21:20 寄存器的设置。

改变 COM21:20 位将影响其后的第一次比较匹配。对于非 PWM 模式，可以用 FOC2 位来使操作立即生效。

4. 操作模式

根据 WGM21:20 的不同设置，8 位定时器/计数器 2 有 4 种模式：Normal、CTC、快速 PWM 和相位校正 PWM，如表 1.2.23 所示。不同模式下 COM21:20 不同又控制着 OC2 的输出，如表 1.2.24 所示。下面对每种模式简单做个说明。

表 1.2.23　定时器/计数器 2 波形产生模式位的设置

模式	WGM21	WGM20	工作模式	TOP	OCR2 更新点	TOV2 置位点
0	0	0	Normal	0xFF	立即	MAX
1	0	1	PWM，相位校正	0xFF	TOP	BOTTOM
2	1	0	CTC	OCR2	立即	MAX
3	1	1	快速 PWM	0xFF	BOTTOM	MAX

表 1.2.24　比较输出模式

COM21	COM20	说明
0	0	任何模式下，普通的端口操作，OC2 断开
非 PWM 模式（Normal 或 CTC 模式）		
0	1	比较匹配时 OC2 翻转
1	0	比较匹配时 OC2 清零
1	1	比较匹配时 OC2 置位（1）
快速 PWM 模式		
0	1	保留
1	0	非反向模式，比较匹配时 OC2 清零，在 BOTTOM 置位
1	1	反向模式，比较匹配时 OC2 置位，在 BOTTOM 清零
相位校正 PWM 模式		
0	1	保留
1	0	加计数，匹配时 OC2 清零；减计数，匹配时置位 OC2
1	1	加计数，匹配时 OC2 置位；减计数，匹配时 OC2 清零

（1）WGM21:20＝0 时，为 **Normal 模式**，即最简单的操作模式，此时计数器只能是递增计数而且没有清零操作，仅当计数器计到最大值（0xFF）时自动溢出后再从 0x00 重新开始。

定时器/计数器溢出标志位 TOV2 在 TCNT2 变成"0"的同时置"1",此时 TOV2 就像 TCNT2 的第 9 位,但仅置位(计数)无清零。也可在定时器溢出中断过程中自动清除 TOV2 标志位,以软件方式增加定时器的计数范围。Normal 模式下无特殊情况,可在任何时候更新计数器的值。

虽然输出比较单元可以在指定时间产生中断,却不推荐用输出比较产生波形,因为此时会占用太多的 CPU 时间。

(2) WGM21:20 = 2 时,为**比较匹配时清除定时器(CTC)模式**,当计数值(TCNT2)匹配 OCR2 时清零 TCNT2。计数器的范围由 OCR2 寄存器设定,即设定计数器的最大值。此模式下可以更好地控制比较输出频率,也简化了外部事件的统计。图 1.2.32 为 CTC 模式的时序图,计数器值(TCNT2)递增直到 TCNT2 匹配 OCR2,然后 TCNT2 清零。

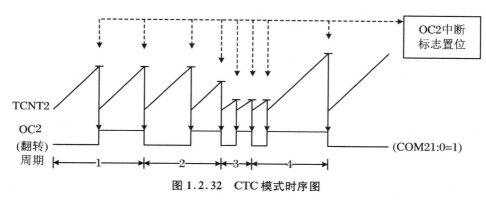

图 1.2.32　CTC 模式时序图

每当计数器值计到最大值时可用 OCF2 标志产生中断,如果允许中断,则可在中断处理过程更新 TOP 值。计数器工作在无或低预分频器时,如更新 TOP 值比较接近 BOTTOM 值时,需要谨慎处理,因为 CTC 模式没有双缓冲。当更新 OCR2 的值小于 TCNT2 值时,计数器会错过比较匹配,计数器会计到最大值(0xFF)后再从 0x00 开始计数才能匹配新值。

在 CTC 模式产生输出波形,需设置输出模式位 COM21:COM20 = 1 来实现每次比较匹配翻转 OC2 输出逻辑。在 OC2 输出到管脚前还要设置管脚为输出模式,即 DDR_OC2 = 1。当 OCR2 设置为"0"时,输出波形的频率最高,即 $f_{OC2} = f_{CLK_{I/O}}/2$。输出波形的频率一般由下式确定:

$$f_{OC2} = \frac{f_{CLK_{I/O}}}{2 \times N \times (1 + OCR2)}$$

式中,N 为预分频因子(1,8,32,64,128,256 或 1024)。

正常操作模式下,定时器计数器溢出标志(TOV2)在计数器从最大值变到 0x00 时置位。

(3) WGM21:20 = 3 时,为**快速脉冲宽度调制(fast PWM)模式**,它提供了高频 PWM 波形产生的方式,而且是单斜坡操作,计数器从 BOTTOM 计到 TOP 然后再重新从 BOTTOM 开始。在非反向比较输出模式,TCNT2 与 OCR2 比较匹配时输出比较(OC2)清零,在 BOTTOM 置"1";在反向比较输出模式,比较匹配时输出"1",在 BOTTOM 输出"0"。因为单斜坡操作,快速 PWM 的工作频率比双斜坡的相位校正 PWM 模式高一倍。这种高频率使得快速 PWM 模式能更好地应用于电源调整和整流以及 DAC,还能减小外部元件(电感、电容)尺寸降低系统成本。

　　在快速 PWM 模式,计数器一直增递增到 MAX,然后在下一个时钟周期清零。快速
PWM 的工作时序如图 1.2.33 所示,用柱状 TCNT2 的值说明单斜坡操作,另外还给出了非
反向和反向 PWM 输出,TCNT2 斜坡上的短水平线表示 OCR2 和 TCNT2 比较匹配。

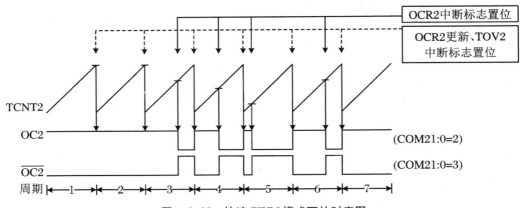

图 1.2.33　快速 PWM 模式下的时序图

　　计数器每计到 MAX 时 TOV2 就置"1",如果允许中断,则可在中断处理过程更新比较
值。在快速 PWM 模式,比较单元允许在 OC2 管脚产生 PWM 波形。设置 COM21:20 为 2
时产生非反向 PWM,设置 COM21:20 为 3 时,产生反向 PWM。只有设置端口管脚为输出
才能将 OC2 值输出到管脚上。由 OCR2 和 TCNT2 比较匹配时置位(或复位)OC2 寄存器,
以及计数器清零时(MAX 变为 BOTTOM)复位(或置位)OC2 来产生 PWM 波形,其 PWM
频率由下式确定:

$$f_{OCnPWM} = \frac{f_{CLK_{I/O}}}{N \times 256}$$

式中,N 表示预分频因子(1,8,32,64,128,256 或 1024)。

　　在快速 PWM 模式时产生 PWM 波形,OCR2 寄存器的极值是特殊情况。比如 OCR2
等于 BOTTOM(0x00),则每 MAX + 1 定时器时钟周期输出一个窄脉冲;如 OCR2 等于
MAX,输出高或低电平(取决于 COM21:COM20 的设置)。在每次比较匹配(COM21:
COM20 = 1)切换 OC2 的逻辑电平可以获得 50% 占空比的频率波形。当 OCR2 为 0x00 时,
输出波形频率最高($f_{CLK_{I/O}}/2$),这与 CTC 模式时 OC2 的切换类似,不同的是快速 PWM 模
式下输出比较单元是双缓冲的。

　　(4) WGM21:20 = 1 时,为**相位校正脉冲宽度调制(相位校正 PWM)模式**,它基于双斜坡
操作提供高精度相位校正 PWM 波形产生方案,即计数器从 BOTTOM 计到 MAX 然后再从
MAX 计到 BOTTOM,循环往复。在非反向比较输出模式,输出比较(OC2)在向上计数且
TCNT2 和 OCR2 匹配时清零,向下计数匹配时置"1";在反向输出模式时,正好相反。双斜
坡操作的最大工作频率比单斜坡要低。双斜坡 PWM 的对称性比较适合于电机控制方面的
应用。

　　相位校正 PWM 模式的位数固定为 8 位,在相位校正 PWM 模式,计数器先递增到

MAX,然后改变计数器的方向开始向下计数,TCNT2 处于 MAX 的时间为一个定时器时钟周期。图 1.2.34 为相位校正 PWM 的时序图,图中用柱状 TCNT2 的值说明双斜坡操作,另外给出了非反向和反向 PWM 输出。TCNT2 斜坡上的短水平线表示 OCR2 和 TCNT2 比较匹配。

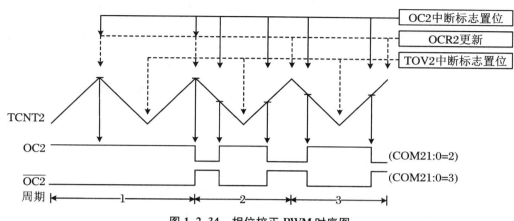

图 1.2.34 相位校正 PWM 时序图

每当定时器/计数器计到 BOTTOM 时 TOV2 就置位,也就可用中断标志产生中断。在相位校正 PWM 模式下,比较单元允许在 OC2 管脚产生 PWM 波形,设置 COM21:20 = 2 时产生非反向 PWM,设置 COM21:20 = 3 时,产生反向 PWM。仅当端口管脚设置为输出后才能将 OC2 值输出到其管脚上。通过计数器递增时 OCR2 与 TCNT2 比较匹配就复位(或置位)OC2 寄存器,和计数器递减时 OCR2 与 TCNT2 比较匹配就置位(或复位)OC2 寄存器来产生 PWM 波形。其 PWM 频率由下式确定:

$$f_{OCnPCPWM} = \frac{f_{CLK_{I/O}}}{N \times 510}$$

式中,N 表示预分频因子(1,8,32,64,128,256 或 1024)。

在相位校正 PWM 模式时产生 PWM 波形时,OCR2 寄存器的极值是特殊情况。如 OCR2 等于 BOTTOM(0x00),输出是持续的低电平;如 OCR2 等于 MAX,持续输出高或低电平(取决于 COM21:COM20 的设置)。

在上面的时序图中第 2 个周期的一开始,OC2 在没有比较匹配时从高电平变到了低电平,是为了保证在 BOTTOM 附近波形的对称,在没有匹配时发生电平转换有两种情况:

① 如图 1.2.34 所示,从 MAX 改变 OCR2 的值,当 OCR2 值为 MAX 时,引脚 OC2 的值应与向下计数比较匹配的结果相同。为保证波形在 BOTTOM 两侧的对称,OC2 在 MAX 的值应与向上计数比较匹配的结果一致。

② 定时器从一个比 OCR2 大的值开始计数,从而丢失了一次比较匹配,就引入了没有比较匹配发生 OC2 却仍然有跳变的现象。

5. 定时器/计数器 2 的工作时序

将定时器的时钟(CLK$_{T2}$)作为时钟的使能信号,图 1.2.35～图 1.2.38 给出了同步模式下的定时器/计数器的工作时序。在异步模式,CLK$_{I/O}$ 被定时器/计数器振荡器时钟代替。

图中还含有中断标志置位信息,以及定时器/计数器基本操作的时序数据。同时图中给出了除相位校正 PWM 模式以外在 MAX 值附近的计数顺序。

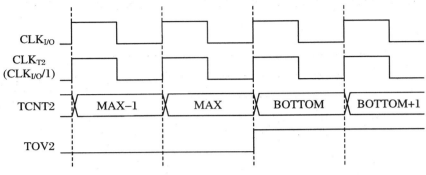

图 1.2.35　定时器/计数器不用预分频的时序

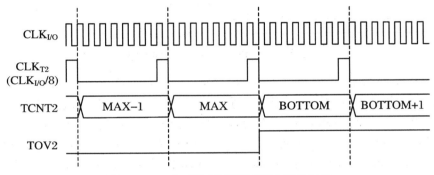

图 1.2.36　定时器/计数器用预分频的时序

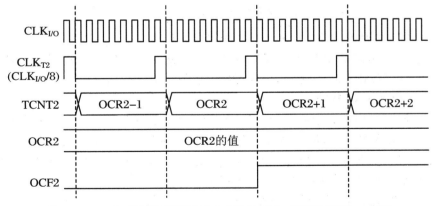

图 1.2.37　定时器/计数器设置 OCF2 的时序,带预分频$(f_{CLK_{I/O}}/8)$

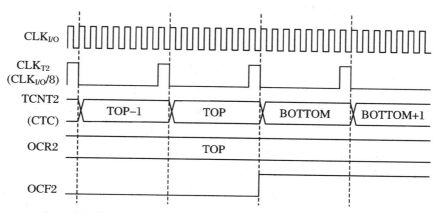

图 1.2.38　定时器/计数器 CTC 模式设置 OCF2 和清除 TCNT2 的时序，带预分频（$f_{CLK_{I/O}}/8$）

6. 定时器/计数器 2 的异步操作

定时器/计数器 2 异步操作时需要考虑以下几点：

（1）定时器/计数器 2 在同步和异步时钟之间的转换可能会造成定时器寄存器 TCNT2、OCR2 和 TCCR2 崩溃。安全的转换步骤如下：

① 清除 OCIE2 和 TOIE2 以禁止定时器/计数器 2 的中断。

② 设置 AS2 以选择合适的时钟源。

③ 将新的值写入 TCNT2、OCR2 和 TCCR2。

④ 切换到异步模式：等待 TCN2UB、OCR2UB 和 TCR2UB。

⑤ 清除定时器/计数器 2 的中断标志。

⑥ 根据需要开启中断。

（2）振荡器是为 32.768 kHz 手表晶体做优化的。给 TOSC1 提供外部时钟，会造成错误的定时器/计数器 2 操作。CPU 主时钟频率必须高于 4 倍的振荡器频率。

（3）在写 TCNT2、OCR2 或 TCCR2 寄存器时，数据要先送入临时寄存器，并过两个 TOSC1 正沿后锁存。同时在临时寄存器中的数据送入目的寄存器之前不能再写入新的数据。这 3 个寄存器都有各自的临时寄存器，比如写 TCNT2 并不会打断正在进行的 OCR2 写操作。异步状态寄存器（ASSR）可用来检查数据是否已经写入到目的寄存器。

（4）在写 TCNT2、OCR2 或 TCCR2 后进入省电模式，如用定时器/计数器 2 来唤醒器件，一定要等待寄存器完成更新，否则 MCU 可能会在定时器/计数器 2 设置生效之前进入休眠模式。这对用输出比较 2 中断来唤醒器件尤其重要，因在写 OCR2 或 TCNT2 时是禁止输出比较功能的。如果写周期没有完成，MCU 在 OCR2UB 位回到 0 前就进入了睡眠模式，那么器件就接收不到比较匹配中断，MCU 也不会被唤醒。

（5）如果要用定时器/计数器 2 作为省电模式或扩展待机模式的唤醒条件，如想再次进入这些模式必须注意：中断逻辑需要一个 TOSC1 周期进行复位。如果从唤醒到再次进入睡眠模式的时间小于一个 TOSC1 周期，将不会发生中断，也无法唤醒器件。如果不确信这一时间是否充足，可以采取如下方法：

① 写入一个数到 TCCR2、TCNT2 或 OCR2。

② 等待 ASSR 中相应的更新忙标志位清零。

③ 进入省电或扩展待机模式。

（6）一旦选择异步操作模式，除非进入掉电和待机模式，定时器/计数器 2 的 32.768 kHz 振荡器将一直运行。在上电复位或从掉电与待机模式唤醒后，要注意此振荡器的稳定时间可能长达 1 s。因此建议在器件上电，或从掉电/待机模式唤醒后等待至少 1 s 再使用定时器/计数器 2。不论是使用振荡器还是 TOSC1 管脚上的时钟信号，鉴于启动过程时钟的不稳定，在从掉电或待机模式唤醒后，可认为定时器/计数器 2 所有寄存器的数据都丢失了。

（7）异步操作时定时器从省电或扩展待机模式唤醒的说明：中断条件满足后，在后续定时器时钟周期启动唤醒过程，也就说，定时器总是先于 MCU 读计数值至少一个周期；唤醒后 MCU 停止 4 个时钟用来执行中断服务程序，服务程序结束后从 SLEEP 语句之后开始执行。

（8）从省电模式唤醒之后的短时间内读取 TCNT2 可返回不正确的数据。因为 TCNT2 是由异步 TOSC 时钟驱动的，读取 TCNT2 还要通过一个寄存器才同步到内部 I/O 时钟域，而同步是在 TOSC1 上升沿完成的。从省电模式唤醒后到 I/O 时钟（CLK$_{I/O}$）重新生效，以及到下一个 TOSC1 上升沿，读到的 TCNT2 值为进入睡眠前的值。从省电模式唤醒后 TOSC1 的相位是完全不可预测的，而且与唤醒时间有关。因此，读取 TCNT2 的推荐过程如下：

① 任写一个数到 OCR2 或 TCCR2。

② 等待相应的更新忙标志位清零。

③ 读 TCNT2。

（9）在异步操作期间，中断标志的同步需要 3 个处理器周期外加一个定时器周期。因中断标志的设置，定时器要先于 MCU 读计数值至少一个周期。在定时器时钟改变输出比较管脚，而不是同步于处理器时钟。

7. 定时器/计数器的预分频器

图 1.2.39 为定时器/计数器 2 的预分频器结构图，图中定时器/计数器 2 的时钟源称为 CLK$_{T2S}$，默认连接到主系统时钟 CLK$_{I/O}$。设置 ASSR 寄存器的位 AS2，定时器/计数器 2 可由 TOSC1 管脚异步驱动，这样可把定时器/计数器 2 当作实时时钟 RTC。若 AS2 设为"1"，TOSC1 和 TOSC2 管脚就从端口 B 断开，然后在 TOSC1 和 TOSC2 管脚间接一个晶体作为定时器/计数器 2 专门的时钟源，内部的振荡器专门为 32.768 kHz 晶体做了优化。不推荐只在 TOSC1 接外部时钟源。

对于定时器/计数器 2，有 7 种预分频可选择：CLK$_{T2S}$/8，CLK$_{T2S}$/32，CLK$_{T2S}$/64，CLK$_{T2S}$/128，CLK$_{T2S}$/256，CLK$_{T2S}$/1024，另外不通过预分频器就选择 0（即停止）。设置 SFIOR 寄存器的 PSR2 位为"1"可以复位预分频器，这就允许在可预料的预分频器下进行操作。

8. 寄存器

与定时器/计数器 2 有关的寄存器有特殊功能 I/O 寄存器（SFIOR）、定时器/计数器控制寄存器（TCCR2）、定时器/计数器 2 寄存器（TCNT2）、输出比较寄存器（OCR2）、异步状态寄存器（ASSR）、定时器/计数器中断寄存器（TIMSK）以及定时器/计数器中断标志寄存器（TIFR），简明的寄存器控制位和作用如下：

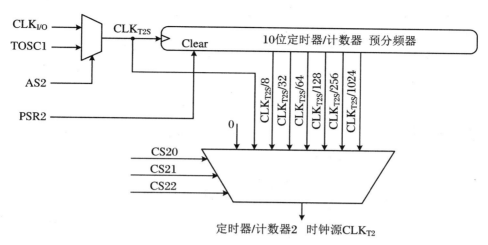

图 1.2.39　定时器/计数器 2 的预分频器

特殊功能 I/O 寄存器(SFIOR)是 8 位的 I/O 寄存器,偏移地址是 0x30,芯片复位后其值为 0x00。SFIOR 寄存器每一位的定义如下:

Bit	7	6	5	4	3	2	1	0
					ACME	PUD	PSR2	PSR10
Access					R/W	R/W	R/W	R/W
Reset					0	0	0	0

SFIOR 寄存器的第 1 位是预分频器复位定时器/计数器 2 位(PSR2 Prescaler Reset Timer/Counter2),写入"1"时,复位定时器/计数器 2 预分频器,复位完成后由硬件自动清零。对此位写"0"没有作用,如定时器/计数器 2 由内部 CPU 时钟驱动,则读此位的值也总是"0"。当定时器/计数器 2 工作在异步模式时写此位,将一直保持为"1"直到预分频器完成复位。

定时器/计数器 2 控制寄存器(TCCR2)是 8 位的 I/O 寄存器,偏移地址是 0x25,芯片复位后其值为 0x00。TCCR2 寄存器每一位的定义如下:

Bit	7	6	5	4	3	2	1	0
	FOC2	WGM20	COM21	COM20	WGM21	CS22	CS21	CS20
Access	W	R/W	R/W	R/W	R/W	R/W	R/W	R/W
Reset	0	0	0	0	0	0	0	0

Bit 7 为 FOC2:强制输出比较。

Bit 6 为 WGM20:波形产生模式,参见表 1.2.23。

Bit 5:4 为 COM21:20:比较匹配输出模式,参见表 1.2.24。

Bit 3 为 WGM21:波形产生模式,参见表 1.2.23。

Bit 2:0 为 CS22:CS20:时钟选择,参见表 1.2.22。

定时器/计数器 2 寄存器(TCNT2)是 8 位的 I/O 寄存器,偏移地址是 0x24,芯片复位后其值为 0x00。TCNT2 寄存器每一位的定义如下：

Bit	7	6	5	4	3	2	1	0
	\multicolumn{8}{c}{TCNT2[7:0]}							
Access	R/W	R/W	R/W	R/W	W	W	R/W	R/W
Reset	0	0	0	0	0	0	0	0

输出比较寄存器(OCR2) 是 8 位的 I/O 寄存器,偏移地址是 0x23,芯片复位后其值为 0x00。OCR2 寄存器每一位的定义如下：

Bit	7	6	5	4	3	2	1	0
	\multicolumn{8}{c}{OCR2[7:0]}							
Access	R/W	R/W	R/W	R/W	W	W	R/W	R/W
Reset	0	0	0	0	0	0	0	0

异步状态寄存器(ASSR) 是 8 位的 I/O 寄存器,偏移地址是 0x22,芯片复位后其值为 0x00。ASSR 寄存器每一位的定义如下：

Bit	7	6	5	4	3	2	1	0
					AS2	TCN2UB	OCR2UB	TCR2UB
Access					R/W	R	R	R
Reset					0	0	0	0

Bit 3 为 AS2:异步定时器/计数器 2。AS2 为"0"时定时器/计数器 2 使用 I/O 时钟,为"1"时使用连接到定时器振荡器 1(TOSC1)管脚的晶体振荡器。

Bit 2 为 TCN2UB:定时器/计数器 2 更新忙。当定时器/计数器 2 异步工作且写了 TCNT2,此位为"1";当 TCNT2 从临时寄存器更新了,此位由硬件清零。此位为"0"表示 TCNT2 可更新。

Bit 1 为 OCR2UB:输出比较寄存器 2 更新忙。当定时器/计数器 2 异步工作且写了 OCR2,此位置位,当 OCR2 从临时寄存器更新了,此位由硬件清零。此位为"0"表示 OCR2 可更新。

Bit 0 为 TCR2UB:定时器/计数器控制寄存器 2 更新忙。当定时器/计数器 2 异步工作且写了 TCCR2,此位为"1",当 TCCR2 从临时寄存器更新后,此位由硬件清零。此位为"0"表示 TCCR2 可更新。

定时器/计数器中断屏蔽寄存器(TIMSK) 是 8 位的 I/O 寄存器,偏移地址是 0x39,芯片复位后其值为 0x00。TIMSK 寄存器每一位的定义如下：

Bit	7	6	5	4	3	2	1	0
	OCIE2	TOIE2	TICIE1	OCIE1A	OCIE1B	TOIE1		TOIE0
Access	R/W	R/W	R/W	R/W	R/W	R/W		R/W
Reset	0	0	0	0	0	0		0

Bit 7 为 OCIE2：定时器/计数器 2 输出比较匹配中断允许位。此位为"1"且状态寄存器的 I 位也为"1"，就允许定时器/计数器 2 比较匹配中断。

Bit 6 为 TOIE2：定时器/计数器 2 溢出中断允许位，此位为"1"且状态寄存器的 I 位也为"1"，就允许定时器/计数器 2 溢出中断。

定时器/计数器中断标志寄存器（TIFR）是 8 位的 I/O 寄存器，偏移地址是 0x38，芯片复位后其值为 0x00。TIFR 寄存器每一位的定义如下：

Bit	7	6	5	4	3	2	1	0
	OCF2	TOV2	ICF1	OCF1A	OCF1B	TOV1		TOV0
Access	R/W	R/W	R/W	R/W	R/W	R/W		R/W
Reset	0	0	0	0	0	0		0

Bit 7 为 OCF2：输出比较标志 2。当 TCNT2 和 OCR2 比较匹配时，此位为"1"，当相应的中断处理向量执行时由硬件清零。

Bit 6 为 TOV2：定时器/计数器 2 溢出标志。当定时器/计数器 2 发生溢出时，此位为"1"，当相应的中断处理向量执行时由硬件清零。

1.2.11　SPI——串行外设接口

SPI（serial peripheral interface）是全双工、三线（MISO，MOSI，SCK）同步数据传输接口，同时分主机或从机操作，操作灵活可设置，如最低位（LSB）先传输或最高位（MSB）先传输、可编程传输速率、写冲突标志保护等等。SPI 可以在 ATmega8A 和外部设备间进行高速同步数据传输，也可以在 MCU 间传输。图 1.2.40 是 SPI 的结构框图。

主/从机间通过 SPI 简化互连方式如图 1.2.41 所示，系统由两个移位寄存器和一个主机时钟发生器组成。SPI 主机将与之通信的从机选择管脚$\overline{SS}$拉低，开启通信周期。主/从机将要发送的数据放入各自的移位寄存器，接着主机在 SCK 管脚上产生需要的时钟脉冲用以交换数据。数据总是在 MOSI（主机输出，从机输入）线上由主机移到从机，同时在 MISO（主机输入，从机输出）线上由从机移到主机。数据传输完成，主机通过拉高从机选择线$\overline{SS}$同步从机。

作为主机，其 SPI 接口不自动控制$\overline{SS}$线，须在通信开始前由用户软件来处理，然后往 SPI 数据寄存器写入一字节同时启动 SPI 时钟发生器，接着硬件会将 8 位数据移入从机。移动完一个字节后 SPI 时钟发生器停止，设置传输结束标志位（SPIF）为"1"。如此时 SPCR 寄存器的 SPI 中断使能位（SPIE）为"1"，就会发出中断请求。主机可以继续往 SPDR 写入数据以传输下一字节，或将从机选择线/SS 拉高以结束数据发送。最后传输的数据将保存在缓冲寄存器里备用。

作为从机，只要/SS 为高电平，SPI 接口将保持睡眠状态，且 MISO 管脚呈三态高阻。在此状态下软件可以更新 SPI 数据寄存器（SPDR）的内容，但是数据不会在 SCK 引脚时钟的作用下移出去，除非/SS 被拉低。在一个字节完全移出之后，传输结束标志（SPIF）置"1"。如此时 SPCR 寄存器的 SPI 中断使能位（SPIE）为"1"，就会发出中断请求。在读取移入的数据之前从机可以继续往 SPDR 写入新数据。最后进来的数据将保存在缓冲寄存器里备用。

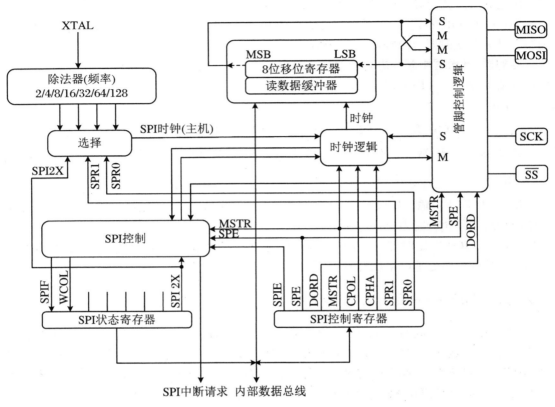

图 1.2.40　SPI 的结构

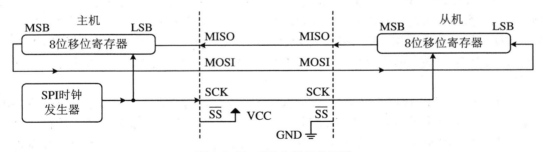

图 1.2.41　SPI 主从机的互联

SPI 系统的发送方只有一个缓冲器,而接收方有两个缓冲器。这意味着,发送方在一个字节没有完全移出去之前是不能往 SPI 数据寄存器写的;在接收数据时,必须在下一个字符完全移入之前从 SPI 数据寄存器读取当前接收到的字符,不然将丢失第一个字节。

在 SPI 从机模式,控制逻辑对 SCK 管脚的输入信号进行采样,为保证对时钟信号的正确采样,SCK 管脚的信号要满足高/低电平都大于 2 个 CPU 时钟周期。

如开启 ATmega8A 的 SPI 功能,其 MOSI,MISO,SCK 和/SS 管脚的数据方向将按照表 1.2.25 进行处理。

表 1.2.25 SPI 管脚方向的覆盖设置

管脚	方向,SPI 主机	方向,SPI 从机
MOSI	用户定义	输入
MISO	输入	用户定义
SCK	用户定义	输入
/SS	用户定义	输入

【实例 1.1】 下面的 C 语言代码给出了 ATmega8A 如何初始化其 SPI 为主机,及如何实现简单的数据发送。

```
♯include <avr/io.h> //默认 ATmega8A 头文件,包含相关寄存器、函数声明定义等
……
void SPI_MasterInit(void)
{
    DDRB = (1<<DDRB3)|(1<<DDRB5)|(DDRB2);/* 设置 MOSI,SCK,/SS 管脚
        为输出 */
    SPCR = (1<<SPE)|(1<<MSTR)|(1<<SPR0);/* 开启 SPI,主机,sck = fck/
        16 */
}
void SPI_MasterTransmit(char cData)
{
    SPDR = cData;/* 开始发送数据 */
    while(!(SPSR & (1<<SPIF)));/* 等待传输完成 */}
```

【实例 1.2】 下面的 C 语言代码给出了 ATmega8A 如何初始化其 SPI 为从机,及如何实现简单的数据接收。

```
♯include <avr/io.h> //默认 ATmega8A 头文件,包含相关寄存器、函数声明定义等
……
void SPI_SlaveInit(void)
{    DDRB = (1<<DDRB4);/* 设置 MISO 管脚为输出,其他为输入 */
    SPCR = (1<<SPE);/* 开启 SPI,从机 */        }
char SPI_SlaveReceive(void)
{    while(!(SPSR & (1<<SPIF)));/* 等待接收完成 */
    return SPDR;/* 返回接收数据 */                }
```

对于 SPI 从机,其/SS 管脚为输入,如保持低电平,就激活 SPI 从机,MISO 由用户设置为输出,其他管脚为输入;如为高电平,SPI 逻辑会复位,且所有管脚均为输入,SPI 无效,即不接收输入数据。/SS 管脚在包/字节同步时用于保持从机位计数器与主机时钟发生器的同步。

对于 SPI 主机,用户可以决定/SS 管脚的方向。如设置/SS 为输出,仅为普通输出管脚不影响 SPI 系统,一般用于驱动 SPI 从机的/SS 管脚;如设置/SS 为输入,须保持其为高电平

以保证 SPI 主机操作,如由外部电路拉低,SPI 系统理解为其他主机选择此 SPI 为从机并开始发送数据,为避免总线冲突,SPI 系统需要遵从以下操作:

① 清除 SPCR 寄存器的 MSTR 位以使 SPI 系统变成从机,同时 MOSI 和 SCK 管脚也变成输入。

② SPSR 寄存器的 SPIF 位置"1",如允许 SPI 中断且 SREG 的 I 位为"1",将执行中断过程。

如在 SPI 主机采用中断驱动 SPI 传输,可能存在这样的情况:/SS 被拉低,中断要一直检测 MSTR 位为"1",如果 MSTR 被从机选择清零,须由用户置为"1"以重新置为 SPI 主机模式。

对于串行数据,SCK 相位和极性有四种不同的组合,这由 CPHA 和 CPOL 控制位确定,如表 1.2.26 所示。SPI 数据传输格式如图 1.2.42 和图 1.2.43 所示,数据位的移出和锁存需在 SCK 信号的相反边沿,以保证充足时间稳定数据信号。

表 1.2.26　CPOL 和 CPHA 功能

SPI 模式	条件	起始沿	终止沿
0	CPOL＝0,CPHA＝0	Sample(Rising)	Setup(Falling)
1	CPOL＝0,CPHA＝1	Setup(Rising)	Sample(Falling)
2	CPOL＝1,CPHA＝0	Sample(Falling)	Setup(Rising)
3	CPOL＝1,CPHA＝1	Setup(Falling)	Sample(Rising)

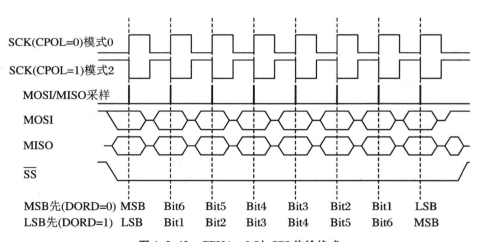

图 1.2.42　CPHA＝0 时,SPI 传输格式

与 SPI 接口有关的寄存器有 SPI 控制寄存器(SPCR)、SPI 状态寄存器(SPSR)和 SPI 数据寄存器(SPDR),简明的寄存器控制位和作用如下:

SPI 控制寄存器(SPCR) 是 8 位的 I/O 寄存器,偏移地址是 0x0D,芯片复位后其值为 0x00。SPCR 寄存器每一位的定义如下:

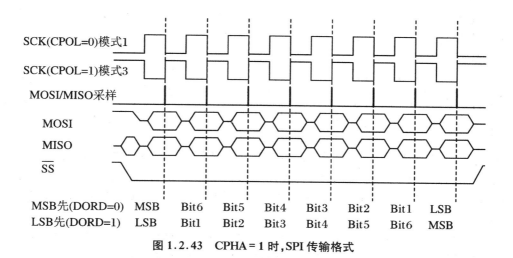

图 1.2.43　CPHA = 1 时,SPI 传输格式

Bit	7	6	5	4	3	2	1	0
	SPIE	SPE	DORD	MSTR	CPOL	CPHA	SPR1	SPR0
Access	R/W	R/W	R/W	R/W	R/W	R/W	R/W	R/W
Reset	0	0	0	0	0	0	0	0

Bit 7 为 SPIE:SPI 中断允许位,此位为"1"且 SREG 的 I 位为"1"执行 SPI 中断。

Bit 6 为 SPE:SPI 允许位,此位为"1"时,允许使用 SPI。

Bit 5 为 DORD:数据传输顺序,此位为"1"时先传输数据最低位(LSB),为"0"时先传输数据最高位(MSB)。

Bit 4 为 MSTR:主/从选择位,此位为"1"选择 SPI 主机模式,为"0"选择 SPI 从机模式。在 MSTR 为"1"时,如/SS 管脚为输入且被拉低,会清除 MSTR,同时 SPIF 置位"1",用户要置位 MSTR 才能重新开启 SPI 主机模式。

Bit 3 为 CPOL:时钟极性控制位,此位写"1",空闲时 SCK 为高电平,写"0"时,空闲时 SCK 为低电平。详细见表 1.2.26。

Bit 2 为 CPHA:时钟相位控制位,详细见表 1.2.26。

Bit 1:0 为 SPR[1:0]:SPI 时钟速率选择位,此 2 位用于控制主机 SCK 的速率,不影响从机。SCK 和振荡器时钟频率 f_{osc} 的关系如表 1.2.27 所示。

表 1.2.27　SCK 和振荡器时钟频率 f_{osc} 的关系

SPI2X	SPR1	SPR0	SCK 频率	SPI2X	SPR1	SPR0	SCK 频率
0	0	0	$f_{osc}/4$	1	0	0	$f_{osc}/2$
0	0	1	$f_{osc}/16$	1	0	1	$f_{osc}/8$
0	1	0	$f_{osc}/64$	1	1	0	$f_{osc}/32$
0	1	1	$f_{osc}/128$	1	1	1	$f_{osc}/64$

SPI 状态寄存器(SPSR) 是 8 位的 I/O 寄存器,偏移地址是 0x0E,芯片复位后其值为 0x00。SPSR 每一位的定义如下:

Bit	7	6	5	4	3	2	1	0
	SPIF	WCOL						SPI2X
Access	R	R						R/W
Reset	0	0						0

Bit 7 为 SPIF:SPI 中断标志位,在一次串行传输完成时,SPIF 置"1",如允许 SPI 中断和全局中断,就发生 SPI 中断。在 SPI 主机模式,如/SS 为输入且被拉低,SPIF 将置"1"。进入中断服务程序后 SPIF 由硬件自动清零,或者在 SPIF 为"1"时先读 SPSR,再读 SPDR 来清零 SPIF。

Bit 6 为 WCOL:写冲突标志位,在数据传输期间再写 SPDR 就会将 WCOL 置"1"。如 WCOL 为"1",可通过先读 SPSR,再访问 SPDR 来清除 WCOL。

Bit 0 为 SPI2X:SPI 倍速位,SPI 为主机模式时,此位写"1",SPI 的速度(SCK 频率)加倍,见表 1.2.27。若 SPI 为从机模式时,只能保证工作速度在 $f_{osc}/4$ 及以下。

ATmega8A 的 SPI 接口还用来编程实现存储器和 EEPROM。详细见后续章节"存储器编程中的串行下载"。

SPI 数据寄存器(SPDR) 是 8 位的 I/O 寄存器,偏移地址是 0x0F,芯片复位后其值为 0xXX。SPDR 每一位的定义如下:

Bit	7	6	5	4	3	2	1	0
	SPID7	SPID6	SPID5	SPID4	SPID3	SPID2	SPID1	SPID0
Access	R/W	R/W	R/W	R/W	R/W	R/W	R/W	R/W
Reset	x	x	x	x	x	x	x	x

SPID7 为最高位(MSB),SPID0 为最低位(LSB)。

1.2.12　USART——通用同步和异步串行收发器

USART 是非常灵活的串行通信设备,可以全双工操作(具有独立的串行收、发寄存器)、异步或同步操作、主或从同步时钟驱动工作。它包含高精度波特率发生器、奇偶校验、数据过速检测、帧错误检测、噪声滤波,支持 5/6/7/8/9 位串行帧数据位及 1/2 个停止位,另外还有 3 个分立的中断(TX 完成、TX 数据寄存器空和 RX 完成),还可工作在多处理器通信和双倍速异步通信模式。

图 1.2.44 为 USART 的简化结构图,CPU 可访问的 I/O 寄存器和管脚用粗体表示。图中的虚线框隔开了 USART 的 3 个主要模块:时钟发生器、发送器和接收器,而控制寄存器(UCSRA/B/C)则是所有模块共用。时钟发生逻辑器由外部时钟输入同步逻辑和波特率生成器组成,XCK(传输时钟)管脚仅在同步传输模式使用;发送器由一个写缓冲器、一个串行移位寄存器、奇偶生成器和处理不同串行帧格式的控制逻辑组成。写缓冲器允许帧间无延时的连续数据发送;接收器是 USART 最复杂的模块,主要组成包括:用于异步数据接收

的时钟和数据恢复单元、奇偶检测、控制逻辑、1 个移位寄存器和 1 个两级的接收缓冲器（UDR），接收器支持与发送器相同的帧格式，并能检测帧错误、数据失速和奇偶错误。

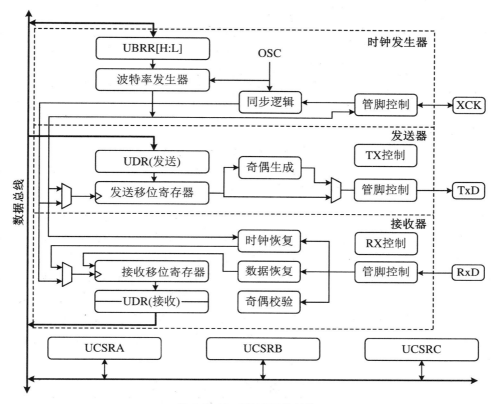

图 1.2.44　USART 的结构

USART 与 UART 在以下几个方面完全兼容：

在所有 USART 寄存器的位定位、波特率产生、发送器操作、发送缓冲器功能以及接收操作。

不过，接收缓冲器有两个改进可能在某些方面影响兼容性。另外控制位的名称变了，不过功能和所在寄存器位置没变：CHR9 变为 UCSZ2；OR 变为 DOR。

1.2.12.1　时钟产生

时钟产生逻辑用于产生发送器和接收器的基本时钟，USART 支持 4 种时钟操作模式：普通异步、倍速异步、主机同步和从机同步模式。USART 控制与状态寄存器 C（UCSRC）的位，UMSEL 用来选择异步或同步操作模式，UCSRA 寄存器的位 U2X 用来控制异步模式的倍速；同步模式时（UMSEL = 1），XCK 管脚的数据方向寄存器 DDR_XCK 用来控制时钟源为内部（主机模式）或外部（从机模式），XCK 管脚仅在同步模式下可用。图 1.2.45 为USART时钟产生模块的结构图。

1. 内部时钟产生（波特率发生器）

内部时钟产生用于异步和同步主机操作模式，本节将结合图 1.2.45 介绍内部时钟的产生。

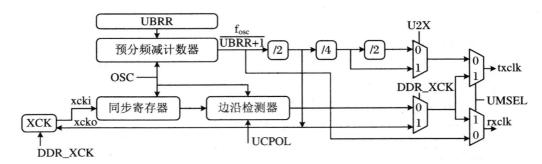

图 1.2.45　USART 时钟产生模块的结构图

txclk 为发送器时钟（内部信号）；rxclko 为接收器时钟（内部信号）；xcki 为从 XCK 管脚输入（内部信号），用于同步从机操作；xcko 为时钟输出到 XCK 管脚（内部信号），用于同步主机操作；f_{osc} 为 XTAL 管脚频率（系统时钟）

USART 的波特率寄存器 UBRR 和减计数器一起作为可编程的预分频器或波特率发生器。减计数器在系统时钟运行，每当计数器计到 0 或更新 UBRRL 寄存器时，就载入 UBRR 值重新计数。每当减计数器计到 0 时，就产生 1 个时钟，也即波特率发生器时钟输出（$= f_{osc}/(UBRR+1)$）。发送器在不同模式下再将波特率发生器输出时钟 2、8 或 16 分频后使用；而接收器时钟和数据恢复单元则直接使用波特率发生器输出的时钟。不过，恢复单元用了一个 2、8 或 16 状态的状态机，这取决于 UMSEL、U2X 和 DDR_XCK 位设置的模式。表 1.2.28 给出了波特率（每秒多少 bit）的计算，以及使用内生时钟源时每个模式下 UBRR 值的计算。

表 1.2.28　波特率寄存器设置的计算

操作模式	计算波特率	计算 UBRR 值
异步普通模式（U2X = 0）	BAUD = $f_{osc}/(UBRR+1)/16$	UBRR = $f_{osc}/16/BAUD-1$
异步倍速模式（U2X = 1）	BAUD = $f_{osc}/(UBRR+1)/8$	UBRR = $f_{osc}/8/BAUD-1$
同步主机模式	BAUD = $f_{osc}/(UBRR+1)/2$	UBRR = $f_{osc}/2/BAUD-1$

注：BAUD 波特率在这里指每秒钟传输多少 bit，即 bps；f_{osc} 指系统振荡器的时钟频率；UBRR 指 UBRRH 和 UBRRL 寄存器的值（0～4095）。

2. 倍速操作（U2X）

异步操作时，通过设置 UCSRA 的位 U2X 为"1"可对传输速率进行加倍；同步操作时要设置 U2X 为"0"。设置 U2X 为"1"会将波特率除法因子从 16 降到 8，也就是将异步通信的传输速率加快了一倍。但是在这种情况下，接收器仅用了采样数的一半进行数据采样和时钟恢复，因此需要更高精度的波特率设置和系统时钟。发送器则没有这一问题。

3. 外部时钟

同步从机操作模式使用外部的时钟源。外部时钟源从 XCK 管脚输入，并经过同步寄存器采样以最小化亚稳态的出现。在同步寄存器的输出被收发器使用前还要经过一个边沿检测器。这一过程将引入 2 个 CPU 时钟周期的延时，因此外部 XCK 的时钟频率受以下等式限制：

$$f_{XCK} < \frac{f_{OSC}}{4}$$

f_{OSC}的稳定性依赖于系统时钟源，需要增加一些余量以避免频率变化（波动）时发生数据丢失。

4. 同步时钟操作

如用同步模式（UMSEL＝1），XCK 管脚将用于时钟输入（从机）或输出（主机）。数据采样或数据改变对时钟边沿的要求是一样的，即对输入数据（在 RxD 上）的采样要在数据输出（TxD）改变边沿相反的 XCK 时钟边沿进行，如图 1.2.46 所示。

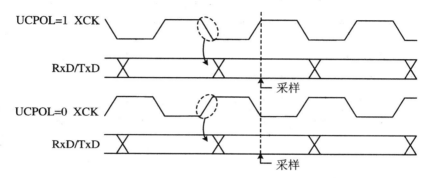

图 1.2.46　同步模式的 XCK 时序

UCSRC 寄存器 UCPOL 位用于选哪个 XCK 时钟沿做数据采样、哪个改变数据，如表 1.2.29 所示。

表 1.2.29　UPCOL 位的设置

UCPOL	发送数据改变（TxD 管脚输出）	接收数据采样（RxD 管脚输入）
0	XCK 上升沿	XCK 下降沿
1	XCK 下降沿	XCK 上升沿

1.2.12.2　帧格式

一个串行帧定义为这样一个字符：数据位＋同步位（起、停位）＋用于错误检测的奇偶位［可选］。通过以下帧域的组合，USART 具有 30 种有效帧格式：

① 1 位起始位；

② 5,6,7,8 或 9 位数据位；

③ 无、偶或奇校验位；

④ 1 或 2 位停止位。

一帧从起始位开始，紧接着是数据位的最低位（LSB），然后是次低位，直到最高位（MSB），如果有校验位，要紧跟着数据位 MSB 后，最后是停止位。一帧发送完成，可紧接着另一个帧，或者设置通信线路为空闲状态（高电平），图 1.2.47 为帧格式的可能组合，括号里的位为可选。

　　帧格式由 UCSRB 和 UCSRC 中的 UCSZ2:0、UPM1:0 与 USBS 位设置:USART 字符长度位(UCSZ2:0)用于选择帧中数据的位数(见表 1.2.30)、奇偶校验位(UPM1:0)用于允许和设置奇偶校验类型,如表 1.2.31 所示、USART 停止位(USBS)用于选择 1 或 2 位停止位,如表 1.2.32 所示,接收器会忽略第 2 个停止位,如第 1 个停止位为"0"就会检测到帧错误(FE)。接收器和发送器使用相同的设置,但如在数据传输期间改变这些设置位,就会破坏正在进行的通信。

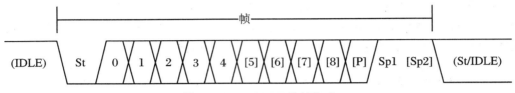

图 1.2.47　USART 的帧格式

　　St 指起始位,总是低电平;(n)数据位(0~8);P 指校验位,可为奇或偶校验;Sp 指停止位,总是高电平;IDLE 指通信线路(RxD 或 TxD)上没有数据传输,必须为高电平

表 1.2.30　USART 字符长度选择位 UCSZ 的设置

UCSZ2	UCSZ1	UCSZ0	字符位数	UCSZ2	UCSZ1	UCSZ0	字符位数
0	0	0	5 位	1	0	0	保留
0	0	1	6 位	1	0	1	保留
0	1	0	7 位	1	1	0	保留
0	1	1	8 位	1	1	1	9 位

表 1.2.31　USART 奇偶校验位 UPM 的设置

UPM1	UPM0	奇偶模式	UPM1	UPM0	奇偶模式
0	0	禁用	1	0	允许,偶校验
0	1	保留	1	1	允许,奇校验

表 1.2.32　USART 停止位 USBS 的设置

USBS	停止位	USBS	停止位
0	1 位	1	2 位

　　奇偶校验位的计算是对所有的数据异或,如果是奇校验,还要对异或的结果取反。

1.2.12.3　初始化 USART

　　USART 在通信开始前需要初始化,包括设置波特率、帧格式以及根据使用情况开启发送器或接收器等。对于中断方式的 USART 操作,初始化时要禁止全局中断。

　　在改变波特率或帧格式的再次初始化之前,一定要确保改变寄存器期间没有进行数据传输。TXC 标志可检查发送器是否完成所有传输,RXC 标志可检查接收缓冲器有没有要读的数据。注意 TXC 标志在做此用途时,一定要在每次发送前(写 UDR 前)清除 TXC 标志。

【USART 初始化实例】　本例中使用的是异步操作、查询方式(不用中断)以及固定的帧格式,波特率作为初始化函数的参数。在将设置写入 UCSRC 寄存器时,URSEL 位须设置为"1"以便 UBRRH 和 UCSRC 寄存器共享 I/O 存储器地址。下面是在 ATMEL studio 7 软件环境下 USART 初始化的 C 语言代码。

```
#include <avr/io.h>
#define FOSC 1843200    /* CPU 时钟频率 */
#define BAUD 9600      /* 指定 USART 数据传输速率 */
#define MYUBRR FOSC/16/BAUD-1   /* 计算 UBRR 寄存器的值 */
void main( void )
{     ...
      USART_Init(MYUBRR);   /* USART 初始化函数调用 */
      ...}
void USART_Init( unsigned int ubrr )   /* USART 初始化函数定义 */
{     UBRRH = (unsigned char)(ubrr>>8);   /* 设置波特率高字节 */
      UBRRL = (unsigned char)ubrr;   /* 设置波特率低字节 */
      UCSRB = (1<<RXEN)|(1<<TXEN);   /* 开启 USART 的接收器和发送器 */
      UCSRC = (1<<URSEL)|(1<<USBS)|(3<<UCSZ0);   /* 设置帧格式:8 位
数据,2 个停止位 */
}
```

1.2.12.4　数据发送(USART 发送器)

USART 发送器需要通过设置 UCSRB 寄存器的 TXEN 位为"1"来开启,此时 TxD 管脚的常规操作被 USART 取代并作为其发送器的串行输出。在传输前须设置波特率、操作模式和帧格式。如使用同步操作,XCK 管脚将用于发送时钟信号。

1. 5～8 位数据帧的发送

将要发送的数据加载到发送缓冲器以开启数据的传输,CPU 通过写 UDR I/O 地址来加载发送缓冲器。当移位寄存器准备好发送新的帧时,发送缓冲器里的缓冲数据会被移到移位寄存器中。当发送器处在空闲状态(无数据传输)或上一帧的最后停止位发出后,移位寄存器就加载新的数据,并以指定的速率完成新帧的传输。

【USART 发送数据实例 1】　示例给出了基于数据寄存器空标志(UDRE)查询方式的 USART 发送功能,当帧小于 8 位时,写入 UDR 的最高位将被忽略。下面是在 ATMEL studio 7 软件环境下 USART 发送数据的 C 语言函数代码。

```
void USART_Transmit( unsigned char data )   /* USART 发送数据函数定义 */
{
      while (! ( UCSRA & (1<<UDRE)));   /* 等待发送缓冲器空 */
      UDR = data;   /* 将数据载入缓冲器,发送数据 */
}
```

2. 9 位数据帧的发送

如使用 9 位的字符帧(UCSZ=7),在将其低 8 位写入 UDR 前,必须先将其第 9 位写入

UCSRB 寄存器的 TXB8 位。

【**USART 发送数据实例 2**】　下面是在 ATMEL studio 7 软件环境下 USART 发送 9 位字符的 C 语言函数代码示例。

```
void USART_Transmit( unsigned int data )
{
    while（!（UCSRA &（1<<UDRE）））;　/* 等待发送缓冲器空 */
    UCSRB &= ~(1<<TXB8);　/* TXB8 位清零 */
    if（data & 0x0100）UCSRB |= (1<<TXB8);　/* 第 9 位写入 TXB8 */
    UDR = data;　/* 将低 8 位写入缓冲器、发送数据 */
}
```

3. 发送器的标志和中断

USART 发送器有 2 个状态标志:数据寄存器空(UDRE)和发送完成(TXC),2 个标志都可用于产生中断。UDRE = 1 表明发送缓冲器为空,即准备好接收新的数据;如果 UDR 含有要发送的数据还没有移到移位寄存器 UDRE = 0,考虑到兼容性的问题,建议在写 UCSRA寄存器时设置 UDRE 为“0”。如设置 UCSRB 寄存器中的数据寄存器空中断开启位(UDRIE)为“1”(同时使能全局中断),一旦 UDRE = 1 将执行 USART 数据寄存器空中断。利用写 UDR 清零 UDRE。在中断驱动的数据传输中,中断服务过程中须向 UDR 写入新数据以清除 UDRE 或者禁止数据寄存器空中断,否则中断过程一旦结束又会产生新的中断。

如果发送移位寄存器里的整个帧全部移出并且发送缓冲器里没有新的数据,发送完成标志位(TXC)置“1”,一旦执行发送完成中断就会自动清除 TXC 标志位,也可以往 TXC 写“1”清除 TXC。TXC 标志在半双工通信接口(如 RS485)应用中很有用,如发送完成后发送程序要进入接收模式及释放通信总线等。设置 UCSRB 寄存器的发送完成中断允许位 TXCIE = 1(同时使能全局中断),TXC = 1 时就会执行 USART 发送完成中断。一旦执行发送完成中断,会自动清除 TXC 标志,不需要专门清除 TXC。

4. 奇偶校验产生器

奇偶校验产生器用于计算串行帧数据的校验位,当使用校验位(UPM1 = 1)时,发送器控制逻辑会在最后一数据位和第一个停止位间插入校验位后发送出去。

5. 停止发送器

设置 TXEN = 0 需要等待正发送和未发送数据发送完成(发送移位寄存器和发送缓冲寄存器不含要发送的数据)才能禁止发送器。发送器停止后将不再占用 TxD 管脚。

1.2.12.5　数据接收(USART 接收器)

USART 接收器需要通过设置 UCSRB 寄存器的 RXEN 位为“1”来开启,此时 RxD 管脚的常规操作被 USART 取代并作为其接收器的串行输入。在接收串行数据前须设置波特率、操作模式和帧格式。如使用同步操作,XCK 管脚将用于传输时钟信号。

1. 5~8 位数据帧的接收

一旦接收器检测到有效起始位就开始数据的接收,即在波特率或 XCK 时钟驱动下采样开始位后的每一位,并移入到接收移位寄存器直到帧的第一个停止位,接收器会忽略第 2 个停止位。收到第 1 个停止位时(一个完整的串行帧已移到接收移位寄存器),移位寄存器的内容就被移入到接收缓冲器,再通过读 UDR I/O 地址空间读取接收缓冲器。

　　【USART 接收数据实例 1】　示例采用查询 RXC 标志位实现接收数据功能。如果帧格式中数据位小于 8 位,读取 UDR 的最高位将为"0"。接收数据前需要初始化 USART。下面是在 ATMEL studio 7 软件环境下 USART 接收数据的 C 语言函数代码。

```
unsigned char USART_Receive( void )
{
    /* 在此初始化 USART */
    while ( ! (UCSRA & (1<<RXC)) );/* 等待接收数据 */
    return UDR;/* 获取并返回接收缓冲器数据 */
}
```

2. 9 位数据帧的接收

　　如果用 9 位的字符(UCSZ = 7),在从 UDR 读取低 8 位前,先要从 UCSRB 寄存器的 RXB8 位读取第 9 位。此规则适于 FE、DOR 和 PE 状态标志,先从 UCSRA 读状态,再从 UDR 读数据。读取 UDR I/O 地址空间会改变接收器缓冲器 FIFO 以及相关位:TXB8、FE、DOR 和 PE。

　　【USART 接收数据实例 2】　示例为 USART 接收 9 位字符数据,接收数据前需要初始化 USART。下面是在 ATMEL studio 7 软件环境下 USART 接收数据的 C 语言函数代码。

```
unsigned int USART_Receive( void )
{
    unsigned char status, resh, resl;
    while ( ! (UCSRA & (1<<RXC)) );/* 等待接收数据 */
    status = UCSRA;/* 获取状态 */
    resh = UCSRB;/* 获取第 9 位 */
    resl = UDR;/* 获取低 8 位数据 */
    if (status & (1<<FE)|(1<<DOR)|(1<<PE))/* 出错返回 -1 */
        return  -1;
    resh = (resh >> 1) & 0x01;/* 处理 9 位数据并返回 */
    return ((resh << 8) | resl);
}
```

3. 接收完成标志和中断

　　USART 接收器有一个接收状态指示标志:接收完成标志位(RXC)。在接收缓冲器里有未读的数据时,RXC = 1,接收器缓冲器空时 RXC = 0。如果 RXEN = 0,将清空接收缓冲器并且 RXC = 0。如果设置 UCSRB 寄存器中的接收完成中断使能位(RXCIE)为"1"(全局中断也开启了),RXC = 1 时就执行 USART 接收完成中断。使用中断接收数据时,接收完成中断过程须从 UDR 读取接收数据以清除 RXC 标志,否则中断过程一结束就要开始新的中断。

4. 接收器错误标志

　　USART 接收器有 3 个错误标志:帧错误(FE)、数据溢出(DOR)和校验错误(PE),它们都在 UCSRA 寄存器中,用于指示错误状态。由于错误标志的缓冲,读 UDR I/O 地址是会改变这些缓冲标志位,因此在读 UDR 前要先读取 UCSRA。另外,错误标志位不能通过软件写标志位去改变,也不能产生中断。

帧错误标志(FE)指示接收缓冲器中下个可读帧的第一个停止位的状态,停止位正确时,FE 为"0",否则为"1"。设置 UCSRC 寄存器的 USBS 位不影响 FE 标志,因为接收器会忽略除第一位以外的停止位。

数据溢出标志位(DOR)指示接收缓冲器满引起的数据丢失,即接收缓冲器满时(2 个字符)或者说接收移位寄存器里已有一个新字符,又检测到一个新的起始位,就发生数据溢出。从另一个角度看,DOR=1 表示从 UDR 读取的最后一帧和下一帧间丢失了一个或以上的串行帧。在接收到的帧成功从移位寄存器移到接收缓冲器时清除 DOR 标志位。

奇偶校验错误标志(PF)指示接收缓冲器里的下一帧在接收时出现奇偶校验错。若没有开启奇偶检测,则 PE 位一直为"0"。

5. 奇偶校验器

当 USART 奇偶模式位高位 UPM1=1 时,奇偶校验器有效,奇偶校验类型(奇或偶)由 UPM0 位选择。奇偶校验器计算接收帧所有数据位的奇偶性,并与串行帧里的校验位做比较,比较结果和接收数据及停止位一起存储在接收缓冲器里。PE 位可由软件读取以判断数据帧是否存在奇偶校验错。读取 UDR 时清除 PE 位。

6. 停止接收器

与发送器不同,停止接收器会立即生效,正在接收的数据将会丢失。RXEN=0 接收器停止,同时将不再占用 RxD 管脚,并会清空接收器缓冲 FIFO。

7. 清除接收缓冲器

停止接收器会清空接收器缓冲 FIFO(即缓冲器为空),没有读取的数据会丢失。正常操作时因出现错误不得不清空缓冲器,需要一直读 UDR I/O 地址直到 RXC 标志为零。下面是清空接收缓冲器的代码示例。

```
void USART_Flush( void )
{
    unsigned char dummy;
    while ( UCSRA & (1<<RXC) ) dummy = UDR;
}
```

1.2.12.6　异步数据接收

USART 用时钟和数据恢复单元来处理异步数据的接收。时钟恢复逻辑用来同步内部波特率时钟与 RxD 管脚的异步串行输入数据。数据恢复逻辑采样并滤波每一位输入,以提高接收器抗干扰性能。异步接收操作范围依赖于内部波特率时钟的精度、输入帧的速率以及帧的位数。

1. 异步时钟恢复

时钟恢复逻辑同步内部时钟与输入串行帧,图 1.2.48 给出了输入帧起始位的采样处理。采样速率是正常模式波特率的 16 倍,是 2 倍速模式波特率的 8 倍。水平箭头表明采样过程同步化的调整,在倍速模式操作时调整时间更大。RxD 线路空闲时采样值为"0"。

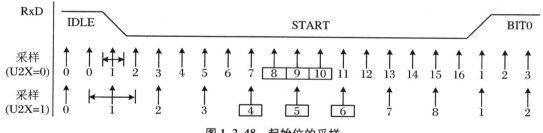

图 1.2.48 起始位的采样

当时钟恢复逻辑检测到 RxD 线路从高电平(idle)跳变到低电平(start),就开启起始位检测。图中采样点 1 代表第一个"0"采样,时钟恢复逻辑在普通模式下使用采样点 8、9 和 10,在倍速模式下使用采样点 4、5 和 6 来判断接收到的起始位是否有效。如果三个采样点中有 2 个或 3 个为高电平,起始位被认为是噪声而放弃,接收器开始寻找下一次"1"到"0"跳变。如果检测到有效的起始位,同步时钟恢复逻辑并启动数据恢复。同步过程对每个起始位不停地重复。

2. 异步数据恢复

接收器时钟同步到起始位,就开始数据恢复。数据恢复单元使用状态机恢复数据位,普通模式时状态机每位有 16 个状态时,倍速模式时有 8 个状态。图 1.2.49 给出了数据位和奇偶校验位的采样(每个采样点编一个号与恢复单元的状态一致)。

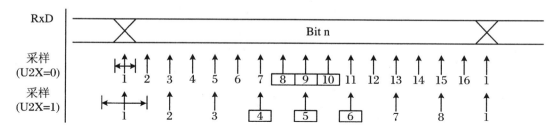

图 1.2.49 数据和奇偶校验位的采样

接收位的逻辑电平判决由 3 个中间采样点的多数电平决定,在图中用于判决的 3 个采样点用方框圈起来了。多数表决过程是:若 2 个或 3 个采样点为高电平,接收位为"1";若 2 个或 3 个采样点为低电平,接收位为"0"。多数表决过程对于 RxD 管脚输入的信号好比一个低通滤波器。恢复过程不断重复到一帧完整接收下来,包括第 1 个停止位。

图 1.2.50 给出了停止位和下一帧最早起始位的采样。停止位的恢复同样用多数表决的方式。但如果停止位为逻辑"0",FE 标志位将置"1"。

代表新帧起始位的高到低电平的跳变可以紧接在最后一位多数表决位后。对于普通模式,第 1 个低电平采样点可以在图 1.2.50 的位置(A);对于倍速模式,必须延迟到位置(B)。位置(C)表示完整的停止位。早期起始位检测会影响接收器的操作范围。

3. 异步操作范围

接收器的可操作范围取决于接收的位率和内部产生的波特率间的不匹配。如果发送器发送帧的位率太快或太慢,或者接收器内部产生的波特率没有表 1.2.33 和表 1.2.34 所示的基频,接收器无法同步到帧的起始位。

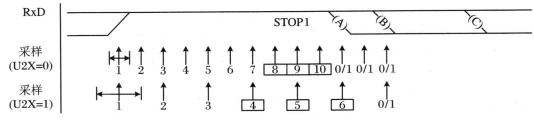

图 1.2.50 停止位和下一个起始位的采样

下面的等式用于计算输入数据速率与内部接收器波特率的比值:

$$R_{slow} = \frac{(D+1) \times S}{S - 1 + D \times S + S_F}, \quad R_{fast} = \frac{(D+2) \times S}{(D+1) \times S + S_M}$$

其中,D 为字符位数 + 奇偶校验位数,即 5 到 10 位;S 为每位采样点数,正常速度模式 S = 16,倍速模式 S = 8;S_F 为多数表决时第一个采样点编号,正常速度模式 $S_F = 8$,倍速模式 $S_F = 4$;S_M 为多数表决时中间采样点编号,正常速度模式 $S_F = 9$、倍速模式 $S_F = 5$;R_{slow} 为可接受的、**最慢**的输入数据速率与接收器波特率间的比率;R_{fast} 为可接受的、**最快**的输入数据速率与接收器波特率间的比率。

表 1.2.33 和表 1.2.34 为可承受的最大接收器波特率误差,正常速度模式具有较高的波特率波动范围。

表 1.2.33 正常速度模式(U2X = 0)推荐的最大接收器波特率误差

D	R_{slow}	R_{fast}	最大总误差	推荐最大接收器误差
5	93.20%	106.67%	+6.67%/−6.8%	±3.0%
6	94.12%	105.79%	+5.79%/−5.88%	±2.5%
7	94.81%	105.11%	+5.11%/−5.19%	±2.0%
8	95.36%	104.58%	+4.58%/−4.54%	±2.0%
9	95.81%	104.14%	+4.14%/−4.19%	±1.5%
10	96.17%	103.78%	+3.78%/−3.83%	±1.5%

表 1.2.34 倍速模式(U2X = 1)推荐的最大接收器波特率误差

D	R_{slow}	R_{fast}	最大总误差	推荐最大接收器误差
5	94.12%	105.66%	+5.66%/−5.88%	±2.5%
6	94.92%	104.92%	+4.92%/−5.08%	±2.0%
7	95.52%	104.35%	+4.35%/−4.48%	±1.5%
8	96.00%	103.90%	+3.90%/−4.00%	±1.5%
9	96.39%	103.53%	+3.53%/−3.61%	±1.5%
10	96.70%	103.23%	+3.23%/−3.30%	±1.0%

上述表格里推荐的最大接收器波特率误差是假定接收器和发送器等分最大总误差条件下给出的。

接收器波特率误差有两种可能来源：一是接收器系统时钟（XTAL）在供电电压和温度范围经常出现一些较小的不稳定性。当使用晶体来产生系统时钟时，问题不大，但对于谐振器系统时钟因其容限范围会有超过 2% 的差异。二是误差来源相对好控制些。波特率发生器不是总能完成对系统频率的准确分频来获得需要的波特率。此时可以通过设置 UBRR 寄存器获得可接受的低误差。

1.2.12.7　多处理器通信模式

设置 UCSRA 寄存器的多处理器通信模式位 MPCM = 1 启用由 USART 接收器接收输入帧的过滤功能。不含地址信息的帧会被忽略且不存入接收缓冲器。这在通过相同串行总线的多 MCU 系统中，可有效地降低 CPU 处理输入帧的数量。MPCM = 1 不影响发送器，但在多处理器通信模式系统时，用法略有不同。

若设置接收器接收包含 5 至 8 位数据位的帧，则第一个停止位指示此帧是否含有数据或地址信息；若设置接收器接收 9 位数据位的帧，则第 9 位 RXB8 用于识别地址或数据帧。当帧类型位（第一个停止位或第 9 位数据）为"1"，则此帧包含地址；若帧类型位为"0"，则此帧是数据帧。

对于主 MCU，可以使用 9 位的字符帧格式（UCSZ = 7）。发送地址帧时，第 9 位 TXB8 要置为"1"，发送数据帧时需设置 TXB8 = 0。此时从 MCU 也要设置为 9 位字符帧格式。

多处理器通信模式下数据的交换需按以下过程进行：

① 所有从 MCU 要工作在多处理器通信模式下，MPCM = 1；

② 主 MCU 发送一个地址帧，所有从 MCU 接收并读取此帧。在从 MCU，UCSRA 的 RXC 标志位可正常设置；

③ 每个从 MCU 读取 UDR 寄存器并判断本身是否被选中，若被选中就会清除 UCSRA 的 MPCM 位，否则就等待下一地址字节并保持 MPCM = 1。

④ 被寻址的 MCU 将接收所有的数据帧直到接收到新的地址帧，未被选中的从 MCU 仍然保持 MPCM = 1 并忽略数据帧；

⑤ 在最后一个数据帧被选中的 MCU 收到时，选中的 MCU 设置 MPCM = 1 并等待主机发送新的地址帧。然后从第 2 步重复此过程。

使用 5~8 位的字符帧格式是可能的，但不现实，因为接收器必须在 n 和 n + 1 位字符帧格式间切换，这会因同步发送器和接收器使用相同的字符位数而增加全双工操作的困难。如果使用 5~8 位字符帧，发送器必须使用 2 位停止位，因为第 1 个停止位已用于指示帧的类型了。另外注意，不要使用"读-修改-写"指令（SBI 和 CBI）去设置或清除 MPCM 位，因为 MPCM 位与 TXC 标志共享 I/O 地址，在使用 SBI 或 CBI 指令时可能会意外清除 TXC。

1.2.12.8　访问 UBRRH/UCSRC 寄存器

因 UBRRH 寄存器与 UCSRC 寄存器共享 I/O 地址，在访问此 I/O 地址时需要特殊处理。在写此 I/O 地址时,写入数据的最高位,即 USART 寄存器选择位(URSEL)控制着写两个寄存器中的哪一个。若 URSEL = 0,将写入 UBRRH;若 URSEL = 1,将写入 UCSRC。如下面例子:

```
UBRRH = 0x02;/* 设置 UBRRH = 2 */
UCSRC = (1<<URSEL)|(1<<USBS)|(1<<UCSZ1);/* 设置 USBS 和 UCSZ1 为 1,
    其他为 0 */
```

在读取 UBRRH 或 UCSRC 寄存器时稍微有点复杂,不过,大多数应用中很少读这两个寄存器。读访问由一个定时过程控制,读 I/O 地址一次返回 UBRRH 寄存器的内容;若上一个系统时钟周期读了此寄存器地址,则当前时钟周期读取寄存器将返回 UCSRC 的内容。注意读取 UCSRC 的定时过程是个原子操作,因此在读操作期间要控制中断:禁止全局中断。下面的示例为读取 UCSRC 寄存器。

```
unsigned char USART_ReadUCSRC( void )
{
    unsigned char ucsrc;
    /* 读取 UCSRC */
    ucsrc = UBRRH;
    ucsrc = UCSRC;
    return ucsrc;
}
```

1.2.12.9　寄存器

与 USART 接口有关的寄存器有 USART I/O 数据寄存器(UDR)、USART 控制和状态寄存器 A(UCSRA)、USART 控制和状态寄存器 B(UCSRB)、USART 控制和状态寄存器 C(UCSRC)、USART 波特率寄存器低位(UBRRL)和 USART 波特率寄存器高位(UBRRH)。简明的寄存器控制位和作用如下。

USART IO 数据寄存器(UDR) 是 8 位的 I/O 寄存器,偏移地址是 0x0C,芯片复位后其值为 0x00。UDR 每一位的定义如下:

Bit	7	6	5	4	3	2	1	0
	TXB/RXB[7:0]							
Access	R/W	R/W	R/W	R/W	R/W	R/W	R/W	R/W
Reset	0	0	0	0	0	0	0	0

Bit 7:0 为 TXB/RXB[7:0]:USART 发送/接收数据缓冲器,发送和接收共享 I/O 地址 UDR,写数据会写入 TXB,读 UDR 将返回 RXB 的内容。若 UDRE = 1,可写发送器缓冲器 UDR(TXB),若 UDRE = 0,写 UDR,将被 USART 发送器忽略。接收缓冲器由两级 FIFO 组成,在访问接收缓冲器时,FIFO 的状态会改变。因此不要使用"读-修改-写"指令访问此地址,不然会改变 FIFO 的状态。

USART 控制与状态寄存器 A(UCSRA) 是 8 位的 I/O 寄存器,偏移地址是 0x0B,芯片复位后其值为 0x20。UCSRA 每一位的定义如下：

Bit	7	6	5	4	3	2	1	0
	RXC	TXC	UDRE	FE	DOR	PE	U2X	MPCM
Access	R	R/W	R	R	R	R	R/W	R/W
Reset	0	0	1	0	0	0	0	0

Bit 7 为 RXC：USART 接收完成指示，若接收器缓冲器有未读数据，则 RXC＝1，否则 RXC＝0。

Bit 6 为 TXC：USART 发送完成指示，当发送移位寄存器中的整个帧都移出并且发送缓冲器 UDR 里没有新的数据时，TXC＝1，在执行发送完成中断时，自动清除 TXC 标志位，或往 TXC 位地址写"1"进行清零。

Bit 5 为 UDRE：USART 数据寄存器空，指示发送缓冲器 UDR 准备好接收新数据，UDRE＝1 表示缓冲器空，可以写入数据。

Bit 4 为 FE：帧错误，接收缓冲器里的下一个字符在接收时出现帧错误，FE＝1，读取接收缓冲器时，FE＝0。当接收数据的停止位为"1"时 FE＝0。在写 UCSRA 时，FE 始终设为"0"。

Bit 3 为 DOR：数据溢出，检测到数据溢出时 DOR＝1。

Bit 2 为 PE：奇偶校验错，当奇偶校验检测开启时（UPM1＝1），接收缓冲器中所接收到的下一个字符有奇偶校验错误，UPE＝1。

Bit 1 为 U2X：USART 传输速度加倍。

Bit 0 为 MPCM：多处理器通信模式。

USART 控制与状态寄存器 B(UCSRB) 是 8 位的 I/O 寄存器，偏移地址是 0x0A，芯片复位后其值为 0x00。UCSRB 器每一位的定义如下：

Bit	7	6	5	4	3	2	1	0
	RXCIE	TXCIE	UDRIE	RXEN	TXEN	UCSZ2	RXB8	TXB8
Access	R/W	R/W	R/W	R/W	R/W	R/W	R	R/W
Reset	0	0	0	0	0	0	0	0

Bit 7 为 RXCIE：RX 完成中断使能。

Bit 6 为 TXCIE：TX 完成中断使能。

Bit 5 为 UDRIE：USART 数据寄存器空中断使能。

Bit 4 为 RXEN：接收器使能。

Bit 3 为 TXEN：发送器使能。

Bit 2 为 UCSZ2：字符大小，见表 1.2.28。

Bit 1 为 RXB8：接收数据位 8。

Bit 0 为 TXB8：发送数据位 8。

USART 控制与状态寄存器 C(UCSRC) 是 8 位的 I/O 寄存器，偏移地址是 0x20，芯片复位后其值为 0x86。UCSRC 每一位的定义如下：

Bit	7	6	5	4	3	2	1	0
	URSEL	UMSEL	UPM1	UPM0	USBS	UCSZ1	UCSZ0	UCPOL
Access	R/W	R/W	R/W	R/W	R/W	R/W	R/W	R/W
Reset	1	0	0	0	0	1	1	0

Bit 7 为 URSEL:寄存器选择,用于选择访问 UCSRC 或 UBRRH,写 UCSRC 时, URSEL 须为 1。

Bit 6 为 UMSEl:同步和异步模式选择,UMSEL=0:异步操作,UMSEL=1:同步操作。

Bit 5:4 为 UPM[1:0]:奇偶校验模式,00:不用,10:偶校验,11:奇检验,见表 1.2.29。

Bit 3 为 USBS:停止位选择,0:1 位,1:2 位,见表 1.2.30。

Bit 2:1 为 UCSZ[1:0]:字符位数,见表 1.2.28。

Bit 0 为 UCPOL,时钟极性选择,见表 1.2.27。

USART 波特率寄存器低字节(UBRRL)是 8 位的 I/O 寄存器,偏移地址是 0x09,芯片复位后其值为 0x00。UBRRL 每一位的定义如下:

Bit	7	6	5	4	3	2	1	0
				UBRR[7:0]				
Access	R/W	R/W	R/W	R/W	R/W	R/W	R/W	R/W
Reset	0	0	0	0	0	0	0	0

Bit 7:0 为 UBRR[7:0]:USART 波特率寄存器。

USART 波特率寄存器高字节(UBRRH)是 8 位的 I/O 寄存器,偏移地址是 0x20,芯片复位后其值为 0x00。UBRRH 每一位的定义如下:

Bit	7	6	5	4	3	2	1	0
	URSEL					UBRR[3:0]		
Access	R/W				R/W	R/W	R/W	R/W
Reset	0				0	0	0	0

Bit 7 为 URSEL:寄存器选择位。

Bit 3:0 为 UBRR[3:0]:USART 波特率寄存器高位。

1.2.12.10　波特率设置示例

对于标准晶体和谐振器频率,异步操作时大多数常用波特率可使用 UBRR 设置产生, 如表 1.2.34 所示。UBRR 值产生的实际波特率与目标波特率差别小于 0.5%,如下表粗体所示。再高一些的误差率可以接受,不过此时接收器具有较低的噪声衰减能力,特别是在大的串行帧时。误差可用下式计算:

$$\text{Error}(\%) = \left(\frac{\text{BaudRate}_{\text{Closet Match}}}{\text{BaudRate}} - 1 \right) \times 100\%$$

表 1.2.34　通用振荡器频率 UBRR 的设置示例

波特率 (bps)	$f_{osc} = 1.0000\,MHz$						$f_{osc} = 1.8432\,MHz$						$f_{osc} = 2.0000\,MHz$					
	U2X = 0		U2X = 1		U2X = 0		U2X = 1		U2X = 0		U2X = 1	
	UBRR	误差	UBRR	误差	UBRR	误差	UBRR	误差	UBRR	误差	UBRR	误差
2400	25	0.2%	51	0.2%	47	0.0%	95	0.0%	51	0.2%	103	0.2%
4800	12	0.2%	25	0.2%	23	0.0%	47	0.0%	25	0.2%	51	0.2%
9600	6	−7.0%	12	−0.2%	11	0.0%	23	0.0%	12	0.2%	25	0.2%
14.4×10^3	3	8.5%	8	−3.5%	7	0.0%	15	0.0%	8	−3.5%	16	2.1%
19.2×10^3	2	8.5%	6	−7.0%	5	0.0%	11	0.0%	6	−7.0%	12	0.2%
28.8×10^3	1	8.5%	3	8.5%	3	0.0%	7	0.0%	3	8.5%	8	−3.5%
38.4×10^3	1	−18.6%	2	8.5%	2	0.0%	5	0.0%	2	8.5%	6	−7.0%
57.6×10^3	0	8.5%	1	8.5%	1	0.0%	3	0.0%	1	8.5%	3	8.5%
76.8×10^3	—	—	1	−18.6%	1	−25.0%	2	0.0%	1	−18.6%	2	8.5%
115.2×10^3	—	—	0	8.5%	0	0.0%	1	0.0%	0	8.5%	1	8.5%
230.4×10^3	—	—	—	—	—	—	—	—	—	—	0	0.0%
250×10^3	—	—	—	—	—	—	—	—	—	—	0	0.0%
Max	62.5 kbps		125 kbps		115.2 kbps		230.4 kbps		125 kbps		250 kbps	

波特率 (bps)	$f_{osc} = 3.6864\,MHz$						$f_{osc} = 4.0000\,MHz$						$f_{osc} = 7.3728\,MHz$					
	U2X = 0		U2X = 1		U2X = 0		U2X = 1		U2X = 0		U2X = 1	
	UBRR	误差	UBRR	误差	UBRR	误差	UBRR	误差	UBRR	误差	UBRR	误差
2400	95	0.0%	191	0.0%	103	0.2%	207	0.2%	191	0.2%	383	0.0%
4800	47	0.0%	95	0.0%	51	0.2%	103	0.2%	95	0.2%	191	0.0%
9600	23	0.0%	47	0.0%	25	0.2%	51	0.2%	47	0.2%	95	0.0%
14.4×10^3	15	0.0%	31	0.0%	16	2.1%	25	−0.8%	31	−3.5%	63	0.0%
19.2×10^3	11	0.0%	23	0.0%	12	0.2%	11	0.2%	23	−7.0%	47	0.0%
28.8×10^3	7	0.0%	15	0.0%	8	−3.5%	16	2.1%	15	0.0%	31	0.0%
38.4×10^3	5	0.0%	11	0.0%	6	−7.0%	12	0.2%	11	0.0%	23	0.0%
57.6×10^3	3	0.0%	7	0.0%	3	8.5%	8	−3.5%	7	0.0%	15	0.0%
76.8×10^3	2	0.0%	5	0.0%	2	8.5%	6	−7.0%	5	0.0%	11	0.0%
115.2×10^3	1	0.0%	3	0.0%	1	8.5%	3	8.5%	3	0.0%	7	0.0%
230.4×10^3	0	0.0%	1	0.0%	0	8.5%	1	8.5%	1	0.0%	3	0.0%
250×10^3	0	−7.8%	1	−7.8%	0	0.0%	1	0.0%	1	−7.8%	3	−7.8%
0.5×10^6	—	—	0	−7.8%	—	—	0	0.0%	0	−7.8%	1	−7.8%
1×10^6	—	—	—	—	—	—	—	—	—	—	0	−7.8%
Max	230.4 kbps		460.8 kbps		250 kbps		0.5 Mbps		460.8 kbps		921.6 kbps	

波特率 （bps）	$f_{osc} = 8.0000\,MHz$				$f_{osc} = 11.0592\,MHz$				$f_{osc} = 14.7456\,MHz$			
	U2X = 0		U2X = 1		U2X = 0		U2X = 1		U2X = 0		U2X = 1	
	UBRR	误差	UBRR	误差	UBRR	误差	UBRR	误差	UBRR	误差	UBRR	误差
2400	207	0.2%	416	−0.1%	287	0.0%	575	0.0%	383	0.0%	767	0.0%
4800	103	0.2%	207	0.2%	143	0.0%	287	0.0%	191	0.0%	383	0.0%
9600	51	0.2%	103	0.2%	71	0.0%	143	0.0%	95	0.0%	191	0.0%
14.4×10^3	34	−0.8%	68	0.6%	47	0.0%	95	0.0%	63	0.0%	127	0.0%
19.2×10^3	25	0.2%	51	0.2%	35	0.0%	71	0.0%	47	0.0%	95	0.0%
28.8×10^3	16	2.1%	34	−0.8%	23	0.0%	47	0.0%	31	0.0%	63	0.0%
38.4×10^3	12	0.2%	25	0.2%	17	0.0%	35	0.0%	23	0.0%	47	0.0%
57.6×10^3	8	−3.5%	16	2.1%	11	0.0%	23	0.0%	15	0.0%	31	0.0%
76.8×10^3	6	−7.0%	12	0.2%	8	0.0%	17	0.0%	11	0.0%	23	0.0%
115.2×10^3	3	8.5%	8	−3.5%	5	0.0%	11	0.0%	7	0.0%	15	0.0%
230.4×10^3	1	8.5%	3	8.5%	2	0.0%	5	0.0%	3	0.0%	7	0.0%
250×10^3	1	0.0%	3	0.0%	2	−7.8%	5	−7.8%	3	−7.8%	6	5.3%
0.5×10^6	0	0.0%	1	0.0%	—	—	2	−7.8%	1	−7.8%	3	−7.8%
1×10^6	—	—	0	0.0%	—	—	—	—	0	−7.8%	1	−7.8%
Max	0.5 Mbps		1 Mbps		691.2 kbps		1.3824 Mbps		921.6 kbps		1.8432 Mbps	

波特率 （bps）	$f_{osc} = 16.0000\,MHz$				$f_{osc} = 18.4320\,MHz$				$f_{osc} = 20.0000\,MHz$			
	U2X = 0		U2X = 1		U2X = 0		U2X = 1		U2X = 0		U2X = 1	
	UBRR	误差	UBRR	误差	UBRR	误差	UBRR	误差	UBRR	误差	UBRR	误差
2400	416	−0.1%	832	0.0%	479	0.0%	959	0.0%	520	0.0%	1041	0.0%
4800	207	0.2%	416	−0.1%	239	0.0%	479	0.0%	259	0.2%	520	0.0%
9600	103	0.2%	207	0.2%	119	0.0%	239	0.0%	129	0.2%	259	0.2%
14.4×10^3	68	0.6%	138	−0.1%	79	0.0%	159	0.0%	86	−0.2%	173	−0.2%
19.2×10^3	51	0.2%	103	0.2%	59	0.0%	119	0.0%	64	0.2%	129	0.2%
28.8×10^3	34	−0.8%	68	0.6%	39	0.0%	79	0.0%	42	0.9%	86	−0.2%
38.4×10^3	25	0.2%	51	0.2%	29	0.0%	59	0.0%	32	−1.4%	64	0.2%
57.6×10^3	16	2.1%	34	−0.8%	19	0.0%	39	0.0%	21	−1.4%	42	0.9%
76.8×10^3	12	0.2%	25	0.2%	14	0.0%	29	0.0%	15	1.7%	32	−1.4%
115.2×10^3	8	−3.5%	16	2.1%	9	0.0%	19	0.0%	10	−1.4%	21	−1.4%
230.4×10^3	3	8.5%	8	−3.5%	4	0.0%	9	0.0%	4	8.5%	10	−1.4%
250×10^3	3	0.0%	7	0.0%	4	−7.8%	8	2.4%	4	0.0%	9	0.0%

续表

波特率 （bps）	$f_{osc} = 16.0000\,MHz$				$f_{osc} = 18.4320\,MHz$				$f_{osc} = 20.0000\,MHz$			
	U2X = 0		U2X = 1		U2X = 0		U2X = 1		U2X = 0		U2X = 1	
	UBRR	误差	UBRR	误差	UBRR	误差	UBRR	误差	UBRR	误差	UBRR	误差
0.5×10^6	1	0.0%	3	0.0%	—	—	4	−7.8%	—	—	4	0.0%
1×10^6	0	0.0%	1	0.0%	—	—	—	—	—	—	—	—
Max	1 Mbps		2 Mbps		1.152 Mbps		2.304 Mbps		1.25 Mbps		2.5 Mbps	

注：MAX 时的 UBRR 为"0"，误差也为"0"。

1.2.13　TWI(两线串行接口)

ATmega8A 的 TWI 是一个简单、强大、灵活的通信接口，支持主、从机操作且都具有发送器和接收器，7 位的地址空间支持多达 128 个从机且支持多主机仲裁，还具有最高 400 kHz 的数据传输速度。TWI 模速块由 7 个子模块组成，如图 1.2.51 所示，图中可以通过 AVR 数据总线访问的寄存器以粗线框表示。

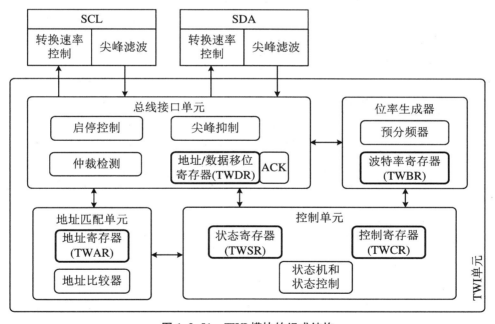

图 1.2.51　TWI 模块的组成结构

SCL 和 SDA 是 TWI 接口连接其他设备的外部管脚，即两线通信方式。输出时经过一个转换速率限制器以符合 TWI 规范，输入时经过一个尖脉冲抑制单元以去除小于 50 ns 的尖脉冲。管脚的内部上拉可以通过设置对应 SDA 和 SCL 的端口位启用，这样可以省掉外部上拉电阻了。

位率生成器单元(bit rate generator)控制主机 SCL 的周期，即通过设置 TWI 位率寄存器(TWBR)以及 TWI 状态寄存器(TWSR)的预分频位实现。从机操作不依赖 TWBR 和

TWSR 的预分频位设置,但要求 CPU 时钟频率要高于 16 倍 SCL 频率。从机可以延长 SCL 低电平时间,从而降低 TWI 总线平均时钟周期。产生 SCL 的频率可由下面等式确定:

$$SCL\ 频率 = \frac{CPU\ 时钟频率}{16 + 2 \times TWBR \times Prescaler\ Value}$$

其中,TWBR 为 TWI 位率寄存器值,Prescaler Value 为预分频器值。

　　总线接口单元(bus interface unit)包含数据和地址移位寄存器(TWDR)、启停控制器和仲裁检测电路。TWDR 包含要发送或接收的地址与数据字节。另外总线接口单元还有一个发送或接收器应答位(NACK/ACK)寄存器,但此位不能由应用软件直接访问。在接收时,可通过操作 TWCR 寄存器置"1"或清零,发送时可由 TWSR 值确定接收到的(N)ACK 值。启停控制器负责产生和检测 START,REPEATED START,STOP 条件。若 TWI 作为主机进行传输,仲裁检测电路会持续监听总线以确定能否以仲裁方式获得总线控制权。如果 TWI 失去仲裁,会通知控制单元采取正确动作并产生合适的状态码。

　　地址匹配单元(adress match unit)检查接收到的地址字节与 TWI 地址寄存器(TWAR)的 7 位地址是否一致。如果 TWAR 寄存器里的 TWI 广播应答识别使能位(TWGCE)置位,所有输入的地址都要与广播应答地址比较,一旦地址匹配,就通知控制单元正确响应。TWI 根据 TWCR 的设置决定是否响应其地址。地址匹配单元在 MCU 睡眠模式时依然可以比较地址,若被主机寻址就唤醒 MCU。若在掉电地址匹配和唤醒 CPU 期间发生其他中断,TWI 会忽略此中断并回到空闲状态。如避免这个问题,可在进入掉电时确保只容许 TWI 地址匹配中断。

　　控制单元(control unit)监听 TWI 总线并产生与 TWI 控制寄存器(TWCR)设置相符的响应。当 TWI 总线上出现要应用程序干预处理的事件时,TWI 中断标志位(TWINT)置"1"。在下个时钟周期,用标识这个事件的状态码更新 TWI 状态寄存器(TWSR)。在 TWI 中断标志置"1"时,TWSR 仅包含关联状态信息,在其他时间里,TWSR 含有特殊状态码以表明没有有效的相关状态信息。一旦 TWINT 标志位置"1",时钟线(SCL)保持低电平,这允许暂停 TWI 总线上的数据传输,让程序软件完成任务。在下列情况下 TWINT 标志为"1":

　　① 在 TWI 发送 START/REPEATED START 信号后。
　　② 在 TWI 发送 SLA + R/W(从机地址 + 读/写)后。
　　③ 在 TWI 发送地址字节后。
　　④ 在 TWI 失去仲裁后。
　　⑤ 在 TWI 被自身从机地址或广播应答寻址后。
　　⑥ 在 TWI 接收到一个数据字节后。
　　⑦ 在作为从机收到 STOP 或 REPEATED STRT 信号后。
　　⑧ 在非法的 START 或 STOP 信号出现总线错误后。

1.2.13.1　两线串行接口总线(TWI)的定义

　　TWI 可很好地适应于典型的微控制器应用,其协议允许系统设计师仅使用两条双向总线(时钟线:SCL,数据线:SDA)互连多达 128 个不同的器件,而外部电路仅需要在 SCL 和

SDA 线路上各接一个上拉电阻,如图 1.2.52 所示。所有连接到总线的器件都有自己的地址,同时 TWI 协议还具有处理总线冲突的机制。

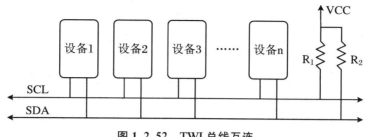

图 1.2.52　TWI 总线互连

TWI 相关术语如表 1.2.35 所示。

表 1.2.35　TWI 术语

术语	说明
Master	发起和结束传输的器件,同时会产生 SCL 时钟
Slave	被 Master 寻址的器件
Transmitter	把数据送到总线上的器件
Receiver	从总线上获取数据的器件

之所以要在总线 SCL 和 SDA 上接电阻到电源正极(上拉),是因为 TWI 规范的器件在 SCL 和 SDA 驱动都是“漏极开路”或“集电极开路”的,这也是 TWI 接口实现“线与”功能的根本所在。在 TWI 总线上有一个或多个器件输出“0”,那么总线就为低电平;在所有 TWI 器件三态输出或由上拉电阻连到高电平,那么总线才为高电平。

可连接到 TWI 总线的器件数量受限于 400 pF 总线容性负载和 7 位从机地址空间。

1.2.13.2　数据传输和帧格式

1. 传输位

TWI 总线每传输一位数据都要有一个时钟脉冲同步,且在时钟线 SCL 为高电平时,数据线必须保持稳定,见图 1.2.53,唯一的例外是在产生 START 和 STOP 信号时。

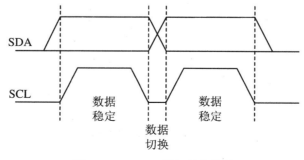

图 1.2.53　TWI 数据的有效性

2. START 和 STOP 信号

主机在总线上发布 START 信号时，开启传输过程，在发布 STOP 信号后就结束了传输，在 START 和 STOP 信号之间总线忙，且没有其他主机试图抢占总线控制权。在 START 和 STOP 信号间会出现一种特殊情况：发布新的 START 信号（REPEATED START 信号），主要用于主机不想放弃总线控制权而开启新的传输过程。出现 REPEATED START 信号后，总线会一直忙到下一个 STOP 信号。REPEATED START 与 START 的作用相同，所以今后统一使用 START 描述。图 1.2.54 给出了 START 和 STOP 信号在 SCL 为高电平时 SDA 的变化。

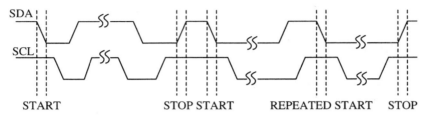

图 1.2.54　START、REPEATED START 和 STOP 信号

3. 地址包格式

TWI 总线上传输的所有地址包的长度都是 9 位：7 位地址，1 个读/写控制位和 1 个应答位。如读/写位为"1"，执行读操作，否则执行写操作。当从机识别到寻址地址时，应该在第 9 个 SCL 周期拉低 SDA 作为应答。如果被寻址的从机忙，或因其他原因不能处理主机的请求，从机应当在应答时钟周期保持 SDA 的高电平。主机可发送 STOP 信号或 REPEATED START 信号以开启新的传输过程。由从机地址和一个读/写位构成的地址包可分别称为 SLA + R 或 SLA + W。

地址字节的最高位（MSB）先发送，从机地址可由设计师自行确定，但 000 0000 地址是保留的广播地址。在广播时，所有从机都应在 ACK 周期拉低 SDA 进行应答。当主机打算发送相同的信息给多个从机时可用广播地址形式。在总线上发送广播地址紧接着 WRITE 位时，所有的从机都应在应答周期拉低 SDA 来应答广播包，然后所有应答的从机开始接收下面的数据包。发送广播地址紧接着 READ 位无意义，因为若多个从机一起发送不同的数据会导致冲突。图 1.2.55 为地址包的格式。

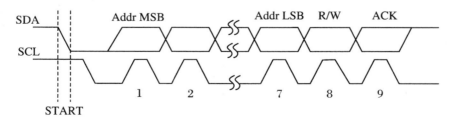

图 1.2.55　地址包的格式

4. 数据包格式

TWI 总线上发送的数据包都是 9 位：1 个数据字节和 1 个应答位。在数据传输时，主机产生时钟和 START 与 STOP 信号,接收器负责给出应答信号。应答(ACK)由接收器在第9个 SCL 周期拉低 SDA 完成,如果接收器保留 SDA 为高电平,就是无应答(NACK)。接收器在接收最后一个字节后,由于某些原因不能再接收数据时,要发送 NACK 以通知发送器。数据字节的最高位先发送,如图 1.2.56 所示。

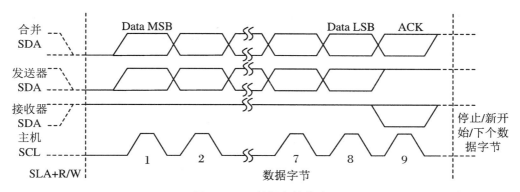

图 1.2.56　数据包的格式

5. 地址与数据包一起发送

一次传输一般包括 START 信号、SLA + R/W、一个或多个数据包以及 STOP 信号。空信息,即 START 紧接着 STOP 信号是非法的。SCL 的"线与"可用于实现主、从机间的握手,从机可以拉低 SCL 以扩展 SCL 低电平周期,这对主机设置的时钟相对从机来说太快或从机需要额外的处理数据时间时非常有用。从机扩展 SCL 低电平周期不影响由主机决定的 SCL 高电平周期,从而降低 TWI 数据传输速度。

图 1.2.57 描述了一个典型的 TWI 数据传输,根据应用软件的使用协议,可在 SLA + R/W 和 STOP 信号间传输多个数据字节。

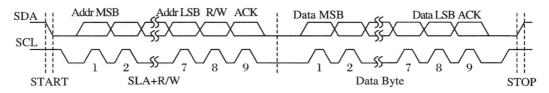

图 1.2.57　TWI 总线典型的数据传输

1.2.13.3　多主机总线系统、仲裁与同步

TWI 协议允许总线系统有多个主机,但为确保传输正常,在两个或以上主机同时发起传输时要特别对待,多主机系统会引起以下两个问题:

① 实现算法仅允许一个主机完成传输,其他主机在发现失去选择权后应停止传输。这个选择处理权就是仲裁。一旦冲突中的主机发现自己失去仲裁控制,应立即切换到从机模式并检查是否被胜出的主机寻址。实际上多主机同时传输不应被从机发现,即不应破坏总线上传输的数据。

② 不同主机可用不同的 SCL 频率,因此须设计一个方案用于同步所有主机的串行时

钟,从而使传输过程紧密可行,也使仲裁处理相对容易。

总线的"线与"可用于解决以上问题。从所有主机发出的串行时钟通过"线与",产生复合的时钟,其高电平周期与主机时钟高电平周期最短的相同。所有主机监听 SCL 线路,并在复合 SCL 变高或低电平时,有效地计算各自 SCL 高、低电平时间。如图 1.2.58 所示。

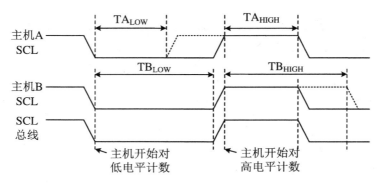

图 1.2.58　多主机间 SCL 的同步

输出数据后所有主机都不停地监听 SDA 线路来实现仲裁,如果从 SDA 线路上读回的值与主机输出的值不匹配,就失去仲裁。一个主机当它在 SDA 输出高电平而其他主机输出低电平时才失去仲裁。失败主机要立即回到从机模式,并检测是否被获胜的主机寻址。失败主机要保持 SDA 线路为高电平,不过在当前数据或地址包结束前仍可以产生时钟信号。仲裁要持续到只剩下一个主机,而这要占用不少位。如果多个主机试图寻址同一个从机,仲裁将继续进入数据包。图 1.2.59 为两个主机间的仲裁。

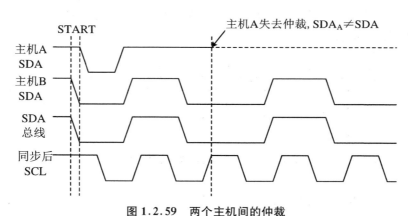

图 1.2.59　两个主机间的仲裁

注意以下几种情况禁止仲裁:

① 1 个 REPEATED START 信号和 1 个数据位;

② 1 个 STOP 信号和 1 个数据位;

③ 1 个 REPEATED START 和 1 个 STOP 信号。

以上情况需要用户软件负责确保这些非法的仲裁永不发生,这也暗示多主机系统中,所有数据传输须用相同的 SLA + R/W 和数据包组合。换而言之,所有传输须包含相同数量的数据包,否则仲裁结果无效。

1.2.13.4　使用 TWI

　　TWI 是面向字节且基于中断的。所有总线事件后产生中断,就像接收 1 个字节或发送 START 信号。因为 TWI 基于中断,所以在 TWI 字节传输期间,应用软件可以加载其他操作。全局中断使能位和 TWCR 寄存器中的 TWI 中断使能位(TWIE)一起允许应用程序决定 TWINT 标志有效时是否产生中断请求。如果 TWIE 为零,应用程序须查询 TWINT 标志位以检测 TWI 总线的活动。

　　当 TWINT 标志有效时,TWI 结束操作并等待应用程序响应。此时,TWI 状态寄存器(TWSR)包含指示 TWI 总线当前状态的值。然后应用软件通过操作 TWCR 和 TWDR 寄存器控制 TWI 在下个 TWI 总线周期如何动作。

　　图 1.2.60 是应用程序连接到 TWI 硬件的一个示例,例子里一个主机打算发送一个字节数据到从机,此处的描述比较抽象,更详细的信息及代码后面会呈现。

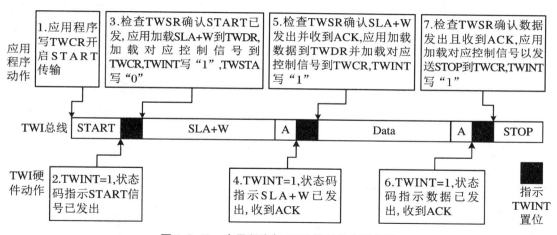

图 1.2.60　应用程序与 TWI 接口的典型传输

　　(1) TWI 传输的第一步是发送 START 信号,这需要写一个特殊值(稍后会给出写入的是什么值)到 TWCR,指示 TWI 硬件发送一个 START 信号。另外,写入时 TWINT 为"1"很重要,TWINT 写"1"清除标志位。TWCR 里的 TWINT 为"1",TWI 就不开始任何操作。应用程序一清除 TWINT,TWI 马上开启 START 信号的传输。

　　(2) 一发出 START 信号,TWCR 中的 TWINT 标志置"1",并用指示 START 信号成功发出的状态码更新 TWSR。

　　(3) 应用软件此时应检测 TWSR 的值,确保 START 信号成功发送。如果 TWSR 指示其他状态,应用软件需要采取特殊措施,比如调用错误过程等。如果状态码正确,应用程序须加载 SLA + W 到 TWDR(注意 TWDR 可用于地址和数据)。在 TWDR 加载 SLA + W 后,需要向 TWCR 写入一个特殊值(稍后会给出写入的是什么值),指示 TWI 硬件发送 TWDR 里的 SLA + W。另外,写入时 TWINT 为"1"很重要,TWINT 写"1"清除标志位。TWCR 里的 TWINT 为"1",TWI 就不开始任何操作。应用程序一清除 TWINT,TWI 马上开启地址包的传输。

（4）在发出地址包后，TWCR 里的 TWINT 置"1"，并用指示地址包成功发出的状态码更新 TWSR。状态码也反映了从机是否响应发出的包。

（5）应用软件此时应检测 TWSR 的值，以确保地址包成功发送，以及 ACK 位值是否为期望的。如 TWSR 指示其他状态，应用软件需采取特殊措施，比如调用错误过程等。如果状态码正确，应用程序须加载数据包到 TWDR，接下来将特殊值（稍后会给出其值）写入 TWCR，指示 TWI 硬件发送在 TWDR 里的数据包。另外，写入时 TWINT 为"1"很重要，TWINT 写"1"清除标志位。TWCR 里的 TWINT 为"1"，TWI 就不开始任何操作。应用程序一清除 TWINT，TWI 马上开启数据包的传输。

（6）在发出数据包时 TWCR 里的 TWINT 置"1"，用指示数据包成功发出的状态码更新 TWSR。状态码也反映了从机是否响应发出的包。

（7）应用软件此时应检测 TWSR 的值，确保数据包成功发送，并且 ACK 位为期望的值。如 TWSR 指示其他状态，应用软件要采取特殊措施，比如调用错误过程等。如果状态码正确，应用程序须将特殊值（稍后会给出其值）写入 TWCR，指示 TWI 硬件发送 STOP 信号。另外，写入时 TWINT 为"1"很重要，TWINT 写 1 清除标志位。TWCR 里的 TWINT 为"1"，TWI 就不开始任何操作。应用程序一清除 TWINT，TWI 马上开启 STOP 信号的传输。最后注意在 STOP 信号发送后 TWINT 不再置"1"。

虽然这个示例比较简单，但也给出了 TWI 传输的所有规则，总结如下：

（1）当 TWI 结束一个操作并等待应用响应时，TWINT 标志置"1"，只有 TWINT 清零，SCL 线路才拉低。

（2）当 TWINT 标志为"1"时，用户要用下个 TWI 总线周期相关的设置值更新所有的 TWI 寄存器。比如，TWDR 加载下一个总线周期要发送的数据。

（3）在所有 TWI 寄存器更新和其他挂起的应用软件任务完成后，才写 TWCR。在写 TWCR 时，TWINT 应置"1"，TWINT 写"1"清零此标志。然后 TWI 开始执行由 TWCR 设置的指定操作。

表 1.2.36 给出了示例的 C 语言实现代码，代码里假定一些量已定义，如头文件。

表 1.2.36　TWI 发送数据 C 语言示例

序号	C 代码	说明
1	TWCR ＝(1＜＜TWINT)｜(1＜＜TWSTA)｜(1＜＜TWEN)；	发送 START 信号
2	while（！(TWCR＆(1＜＜TWINT)))；	等 TWINT 置"1"，即指 START 信号已发送
3	if((TWSR＆0xF8)！＝START) ERROR()；	检查 TWSR(屏蔽预分频器位)如条件成立，转错误过程
	TWDR＝SLA_W；TWCR ＝(1＜＜TWINT)｜(1＜＜TWEN)；	加载 SLA_W 到 TWDR，清除 TWINT 位开始发送地址
4	while（！(TWCR＆(1＜＜TWINT)))；	等 TWINT 置"1"，即 SLA＋W 已发送，ACK/NACK 已接收

序号	C 代码	说明
5	if((TWSR&0xF8)！＝MT_SLA_ACK) ERROR()；	检查 TWSR(屏蔽预分频器位)如条件成立,执行错误过程
	TWDR＝DATA；TWCR ＝(1＜＜TWINT)｜(1＜＜TWEN)；	加载数据到 TWDR,清除 TWINT 开始发送数据
6	while (!(TWCR &(1＜＜TWINT)))；	等待 TWINT 置 1,表示数据已发送,ACK/NACK 已接收
7	if((TWSR&0xF8)！＝MT_DATA_ACK) ERROR()；	检测 TWSR(屏蔽预分频器位)如条件成立,执行错误过程
	TWCR＝(1＜＜TWINT)｜(1＜＜TWEN)｜(1＜＜TWSTO)；	发送 STOP 信号

1. 传输模式

TWI 可以工作在以下四种主模式之一:主机发送器(MT)、主机接收器(MR)、从机发送器(ST)和从机接收器(SR)。一个应用可以用几种模式,比如 TWI 可用 MT 模式写数据到 TWI EEPROM,用 MR 模式再从 EEPROM 读回数据。如系统有其他主机,可能会向 TWI 发送数据,此时就要用 SR 模式。具体使用类型模式由应用软件决定。后面几节会详细介绍这些模式,也会介绍每种模式下可能的状态码与详细的数据传输图,图中会使用表 1.2.37 列出的常用缩写。

表 1.2.37　TWI 传输时常用缩写

缩写	说明	缩写	说明	缩写	说明
S	START 信号	W	写位(SDA 为低电平)	Data	8 位数据字节
Rs	REPEATED START 信号	A	应答位(SDA 为低电平)	P	STOP 信号
R	读位(SDA 为高电平)	/A	无应答(SDA 为高电平)	SLA	从机地址

另外,图中的圆圈用于指示 TWINT 标志置位,圆圈里的数字表示 TWSR 里的状态码(用"0"屏蔽了预分频器位)。在以上缩写和圆圈总线关键点上,应用程序须采取措施以继续或完成 TWI 传输。在 TWINT 标志位不为"0"时,TWI 传输挂起。

在 TWINT 为"1"时,TWSR 中的状态码用于测定对应软件的动作,在每种模式下都会以表格的形式给出每个状态码以及所需的软件动作和详细说明,其中预分频器位会被"0"屏蔽。

2. 主机发送器模式

在主机发送器(MT)模式,要发送许多数据字节到从机接收器,如图 1.2.61 所示。要进入主机模式,必须发送 START 信号。接下来的地址包格式决定进入 MT 还是 MR 模式:若发送的是 SLA＋W,则进入 MT 模式;若发送的是 SLA＋R,则进入 MR 模式。

往 TWCR 寄存器写入形如 1x10x10x 的数据以发送 START 信号:

① TWI 使能位(TWCR.TWEN)必须写入"1"开启 2 线串行接口;

② TWI 开始信号位（TWCR. TWSTA）必须写入"1"以发送 START 信号；
③ TWI 中断标志位（TWCR. TWINT）必须写入"1"以清除其标志。

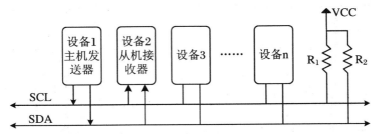

图 1.2.61　主机发送器模式的数据传输

　　然后 TWI 测试 2 线串行总线并在总线一空闲就发送 START 信号。START 信号发送以后，硬件设置 TWINT 标志为"1"，而且 TWSR 中的状态码应为 0x08（请看下面的状态码表）。为进入 MT 模式，必须发送 SLA + W，即往 TWDR 写入 SLA + W。随后 TWCR. TWINT 标志需要清除（往里写"1"）以继续进行传输，这通过往 TWCR 里写入 1x00x10x 来实现。

　　当 SLA + W 发出并接收到响应，TWINT 再次置"1"，TWSR 状态码有多种可能：0x18，0x20，0x38。对于不同的状态码采取相应的动作，如表 1.2.38 所示。

　　当 SLA + W 成功发送，接着应该发送数据包，这通过往 TWDR 写入数据字节来实现。而且只能在 TWINT 为"1"时写 TWDR，如果不是，访问被取消且 TWCR 里的写冲突位（TWWC）置"1"。更新 TWDR 后，TWCR. TWINT 标志需要清除（往里写"1"）以继续进行传输，这通过再次往 TWCR 里写入 1x00x10x 实现。

　　上面的过程一直重复到最后字节发送，然后结束传输，最后发送 STOP 或 REPEATED START 信号。发送 REPEATED START 信号通过写 TWCR 为 1x10x10x 实现，发送 STOP 信号通过写 TWCR 为 1x01x10x 实现。

　　在 REPEATED START 信号（状态码 0x10）后，两线串行接口可以再次访问同一从机，或者没有发送 STOP 信号时别的从机。在不失去总线控制权，REPEATED START 信号可使主机在从机/主机发送器模式与主机接收器模式间切换。主机发送器模式下的格式与状态如图 1.2.62 所示。

3. 主机接收模式

　　在主机接收器 MR 模式下，要从一个从机发送器接收许多数据字节，如图 1.2.63 所示。要进入主机模式，必须发送 START 信号。接下来的地址包格式决定进入 MT 还是 MR 模式：若发送的是 SLA + W，则进入 MT 模式，若发送的是 SLA + R，则进入 MR 模式。

　　往 TWCR 寄存器写入形如 1x10x10x 的值以发送 START 信号：
① TWI 使能位（TWCR. TWEN）必须写入"1"以开启 2 线串行接口；
② TWI 开始信号位（TWCR. TWSTA）必须写入"1"以发送 START 信号；
③ TWI 中断标志位（TWCR. TWINT）必须写入"1"以清除其标志。

表 1.2.38 主机发送器模式的状态码

TWSR 状态码，预分频器位都为 0	2线串总线状态及其接口硬件	应用软件响应 To/from TWDR	STA	STO	TWINT	TWEA	TWI 硬件的下一个动作
0x08	START 已发	加载 SLA+W	0	0	1	x	SLA+W 将发，ACK/NACK 将收到
0x10	REPEATED START 已发	加载 SLA+W 或	0	0	1	x	SLA+W 将发，ACK/NACK 将收到
		或 SLA+R	0	0	1	x	SLA+R 将发，切换到 MR 模式
0x18	SLA+W 已发；ACK 已收到	加载数据或	0	0	1	x	数据将发，ACK/NACK 将收到
		无 TWDR 活动或	1	0	1	x	将发 RS
		无 TWDR 活动或	0	1	1	x	STOP 将发，TWSTO 将复位
		无 TWDR 活动	1	1	1	x	STOP 后接着 START 将发，TWSTO 将复位
0x20	SLA+W 已发；NACK 已收到	加载数据或	0	0	1	x	数据将发，ACK/NACK 将收到
		无 TWDR 活动或	1	0	1	x	将发 RS
		无 TWDR 活动或	0	1	1	x	STOP 将发，TWSTO 将复位
		无 TWDR 活动	1	1	1	x	STOP 后接着 START 将发，TWSTO 将复位
0x28	数据字节已发；ACK 已收到	加载数据或	0	0	1	x	数据将发，ACK/NACK 将收到
		无 TWDR 活动或	1	0	1	x	将发 RS
		无 TWDR 活动或	0	1	1	x	STOP 将发，TWSTO 将复位
		无 TWDR 活动	1	1	1	x	STOP 后接着 START 将发，TWSTO 将复位
0x30	数据字节已发；NACK 已收到	加载数据或	0	0	1	x	数据将发，ACK/NACK 将收到
		无 TWDR 活动或	1	0	1	x	将发 RS
		无 TWDR 活动或	0	1	1	x	STOP 将发，TWSTO 将复位
		无 TWDR 活动	1	1	1	x	STOP 后接着 START 将发，TWSTO 将复位
0x38	在 SLA+W 或数据字节失去仲裁	无 TWDR 活动或	0	0	1	x	释放 TWI 总线并进入无寻址从机模式
		无 TWDR 活动	1	0	1	x	总线空闲时将发送 START 信号

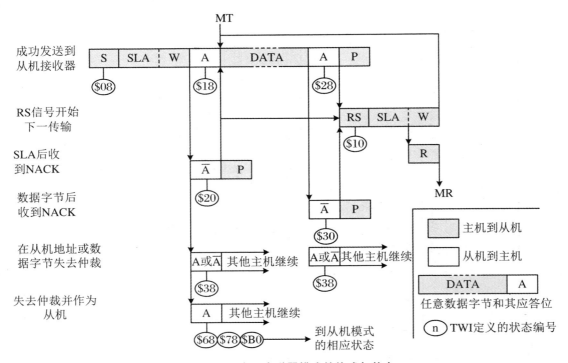

图 1.2.62　主机发送器模式的格式与状态

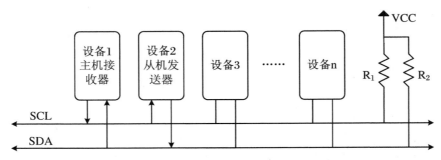

图 1.2.63　主机接收器模式下的数据传输

　　然后 TWI 测试 2 线串行总线并在总线一空闲就产生 START 信号。发送 START 信号后,硬件设置 TWINT 标志为"1",而且 TWSR 中的状态码应为 0x08(请看下面的状态码表)。为进入 MR 模式,必须发送 SLA + R,即往 TWDR 写入 SLA + R。随后 TWCR. TWINT 标志需要清除(往里写"1")以继续进行传输,这通过往 TWCR 里写入 1x00x10x 来实现。

　　当 SLA + R 发出并接收到响应,TWINT 再次置"1",TWSR 状态码有多种可能:0x38, 0x40,0x48。对于不同的状态码及相应的动作如表 1.2.39 所示。当 TWINT 由硬件置"1"时可通过读取 TWDR 寄存器获得接收到的数据。上面的过程一直重复直至接收到最后一个字节,此时 MR 应该发送 NACK 以通知 ST(从机发送器),最后由 STOP 或 REPEATED START 信号结束传输。往 TWCR 写入 1x10x10x 发送 REPEATED START 信号,往 TWCR 写入 1xx01x10x 产生 STOP 信号。

表 1.2.39　主机接收器模式的状态码

TWSR 状态码	TWI 总线状态及其接口硬件	应用软件响应					TWI 硬件的下一个动作
		To/from TWDR	STA	STO	TWINT	TWEA	
0x08	START 已发	加载 SLA+R	0	0	1	x	SLA+R 将发,ACK/NACK 将收到
0x10	REPEATED START 已发	加载 SLA+R 或 SLA+W	0 0	0 0	1 1	x x	SLA+R 将发,ACK/NACK 将收到 SLA+W 将发,切换到 MT 模式
0x38	在 SLA+R 失去仲裁或无 ACK 位	无 TWDR 活动或 无 TWDR 活动	0 1	0 0	1 1	x x	将释放总线,进入无寻址从机模式 总线空闲时将发送 START 信号
0x40	SLA+R 已发; ACK 已收到	无 TWDR 活动或 无 TWDR 活动	0 0	0 0	1 1	0 1	数据字节将收到,NACK 将返回 数据字节将收到,ACK 将返回
0x48	SLA+R 已发; NACK 已收到	无 TWDR 活动或 无 TWDR 活动或 无 TWDR 活动	1 0 1	0 1 1	1 1 1	x x x	将发 RS STOP 将发,TWSTO 将复位 STOP 后接着 START 将发,TWSTO 将复位
0x50	数据字节已收; ACK 已返回	读数据字节或 读数据字节	0 0	0 0	1 1	0 1	数据字节将收到,NACK 将返回 数据字节将收到,ACK 将返回
0x58	数据字节已收到; NACK 已返回	读数据字节或 读数据字节或 读数据字节	1 0 1	0 1 1	1 1 1	x x x	将发 RS STOP 将发,TWSTO 将复位 STOP 后跟 START 将发,TWSTO 将复位

在 REPEATED START 信号（状态码 0x10）后，两线串行接口可以再次访问同一从机，或者没有发送 STOP 信号时别的从机。在不失去总线控制权，REPEATED START 信号可使主机在从机/主机发送器模式与主机接收器模式间切换。主机接收器模式下的格式与状态如图 1.2.64 所示。

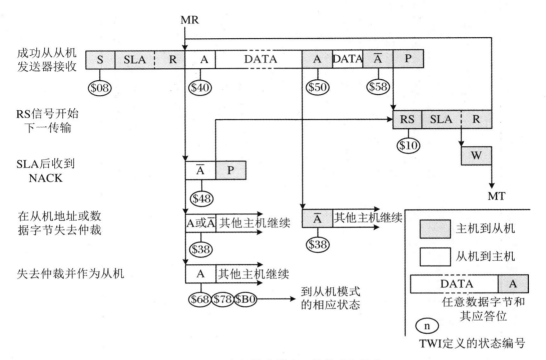

图 1.2.64　主机接收模式下的格式与状态

4. 从机接收模式

在从机接收器 SR 模式，要从一个主机发送器接收许多数据字节，如图 1.2.65 所示。本节提到的所有状态码都假设预分频器位为 0 或屏蔽到 0。

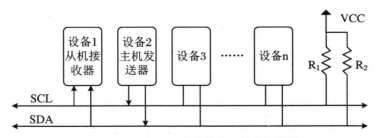

图 1.2.65　从机接收器模式下的数据传输

要开启 SR 模式，TWI 从机地址寄存器 TWAR 和 TWI 控制寄存器 TWCR 必须按照下面方式进行初始化：

TWAR 的高 7 位是由主机（TWAR.TWA[6:0]）寻址时二线串口响应的 TWI 接口地址，若 TWAR 的 LSB 为"1"（TWAR.TWGCE=1），则 TWI 接口响应广播地址 0x00，否则忽略广播地址。

　　TWCR 的值必须形如 0100010x：即 TWCR.TWEN 须为"1"以开启 TWI，TWCR.TWEA 须为"1"以允许对设备自身从机地址和广播地址的响应，TWCR.TWSTA 和 TWSTO须为"0"。

　　初始化 TWAR 和 TWCR 之后，TWI 接口即开始等待，直到本身从机地址（或广播地址）出现在主机寻址当中，并且在寻址地址后的数据方向位为 0，即 TWI 工作在 SR 模式。然后 TWINT 标志置位，TWSR 则包含了相应的状态码。对于不同的状态码及相应的动作如表 1.2.40 所示。当 TWI 接口处于主机模式（状态 0x68 或 0x78）并发生仲裁失败时 CPU 将进入从机接收模式。

　　如传输期间 TWEA 复位，则 TWI 在接收下一个字节后会向 SDA 返回"NACK"，这常用来指示从机不能再接收数据。当 TWEA 为 0 时 TWI 不再响应从机本身的地址，但是会继续监视总线，一旦 TWEA 置位就可恢复地址识别。也就是说，用 TWEA 可临时将 TWI 从总线隔离。从机接收器模式下的格式与状态见图 1.2.66。

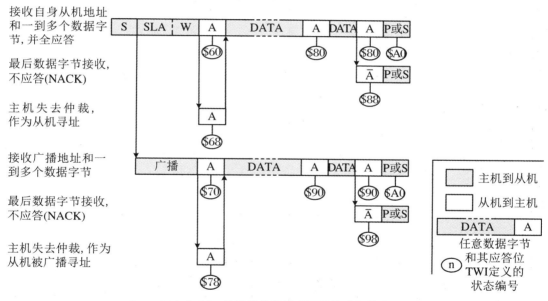

图 1.2.66　从机接收器模式下的格式与状态

　　除空闲模式以外的所有休眠模式，TWI 的时钟系统是关闭的。若 TWEA＝1，接口依然可用两线总线时钟响应本身的从机地址或广播地址。地址匹配将唤醒 CPU，并在唤醒期间 TWI 保持 SCL 为低电平，直至 TWINT 标志清零。在 AVR 时钟恢复正常运行后，TWI 可以接收更多的数据。显然如果 AVR 设置为长启动时间，时钟线 SCL 可能会长时间保持低电平，阻塞其他数据的传送。

　　注意在从这些休眠模式唤醒时，TWDR 寄存器并不反映总线上出现的最后一个字节。

表 1.2.40　从机接收器模式的状态码

TWSR 状态码	2线串行总线状态及 TWI 硬件	应用软件响应					TWI 硬件的下一个动作
		To/from TWDR	To TWCR				
			STA	STO	TWINT	TWEA	
0x60	自身 SLA+W 已接收；ACK 已返回	无 TWDR 活动或	x	0	1	0	数据字节将收到，NACK 将返回
		无 TWDR 活动	x	0	1	1	数据字节将收到，ACK 将返回
0x68	主机在 SLA+R/W 失去仲裁；自身 SLA+W 已收；ACK 已返回	无 TWDR 活动或	x	0	1	0	数据字节将收到，NACK 将返回
		无 TWDR 活动	x	0	1	1	数据字节将收到，ACK 将返回
0x70	广播地址已接收；ACK 已返回	无 TWDR 活动或	x	0	1	0	数据字节将收到，NACK 将返回
		无 TWDR 活动	x	0	1	1	数据字节将收到，ACK 将返回
0x78	主机在 SLA+R/W 失去仲裁；广播地址已收；ACK 已返回	无 TWDR 活动或	x	0	1	0	数据字节将收到，NACK 将返回
		无 TWDR 活动	x	0	1	1	数据字节将收到，ACK 将返回
0x80	先被自身 SLA+W 寻址；数据已收；ACK 已返回	读数据字节或	x	0	1	0	数据字节将收到，NACK 将返回
		读数据字节	x	0	1	1	数据字节将收到，ACK 将返回
0x88	先被自身 SLA+W 寻址；数据已收；NACK 已返回	读数据字节或	0	0	1	0	切到无寻址从机模式；(1 不识别自身 SLA 或 GCA
		读数据字节或	0	0	1	1	2 识别自身 SLA；TWGCE=1 识别 GCA
		读数据字节或	1	0	1	0	3 不识别自身 SLA；GCA；总线空闲发送 START 信号
		读数据字节	1	0	1	1	4 识别自身 SLA；GCA；TWGCE=1 识别 GCA；总线空闲将发送 START 信号
0x90	先被广播地址寻址；数据已收；NACK 已返回	读数据字节或	x	0	1	0	数据字节将收到，NACK 将返回
		读数据字节	x	0	1	1	数据字节将收到，ACK 将返回
0x98	先被广播地址寻址；数据已接收；NACK 已返回	读数据字节或	0	0	1	0	切到无寻址从机模式：1 不识别自身 SLA 或 GCA
		读数据字节或	0	0	1	1	2 识别自身 SLA；TWGCE=1 识别 GCA
		读数据字节或	1	0	1	0	3 不识别自身 SLA；GCA；总线空闲发送 START 信号
		读数据字节	1	0	1	1	4 识别自身 SLA；TWGCE=1 识别 GCA；总线空闲时将发送 START 信号
0xA0	作从机寻址时收到 STOP 或 REPEATED START 信号	无活动	0	0	1	0	切到无寻址从机模式：1 不识别自身 SLA 或 GCA
			0	0	1	1	2 识别自身 SLA；TWGCE=1 识别 GCA
			1	0	1	0	3 不识别自身 SLA；GCA；总线将发送 START 信号
			1	0	1	1	4 识别自身 SLA；TWGCE=1 识别 GCA；总线空闲将发送 START 信号

5. 从机发送模式

在从机发送器 ST 模式下,要向主机接收器发送许多数据字节,如图 1.2.67 所示。本节提到的所有状态码都假设预分频器位为 0 或屏蔽到 0。

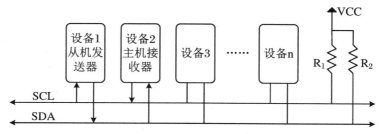

图 1.2.67　从机发送器模式下的数据传输

要开启 ST 模式,TWI 从机地址寄存器(TWAR)和控制寄存器(TWCR)须按如下方式初始化:

TWAR 的高 7 位是主机(TWAR.TWA[6:0])寻址时从机响应的 TWI 接口地址,若 TWAR 的 LSB 为"1"(TWAR.TWGCE＝1),则 TWI 接口响应广播地址 0x00,否则忽略广播地址。

TWCR 的值必须形如 0100010x:即 TWCR.TWEN 须为"1"以开启 TWI,TWCR.TWEA 须为"1"以允许对设备自身从机地址和广播地址的响应,TWCR.TWSTA 和 TWSTO 须为"0"。

初始化 TWAR 和 TWCR 之后,TWI 接口开始等待,直到自身的从机地址(或广播地址)出现在主机寻址地址当中,且接在地址后的数据方向位为 1,即 TWI 工作在 ST 模式。然后 TWINT 标志置位,TWSR 则包含了相应的状态码。对于不同的状态码及相应的动作如表 1.2.41 所示。当 TWI 接口处于主机模式(状态 0xB0)并发生仲裁失败时,CPU 将进入从机发送器模式。

如传输期间 TWEA 复位,则 TWI 将发送最后一个要传输的字节,然后根据主机接收器发送 NACK 还是 ACK 确定是进入 0xC0 状态还是 0xC8 状态。TWI 切换到无寻址从机模式,将忽略主机接下来的传输,即主机接收器收到的全为"1"。如主机要求更多的数据字节(发送 ACK),即使从机已经发送了最后字节(TWEA 为 0 且期待主机发送 NACK),都会进入 0xC8 状态。当 TWEA 为 0 时 TWI 不再响应从机本身的地址,但是会继续监视总线,一旦 TWEA 置位就可恢复地址识别。也就是说,用 TWEA 可临时将 TWI 从总线隔离。

除空闲模式外的所有休眠模式,TWI 时钟系统是关闭的。若 TWEA＝1,接口依然可用总线时钟响应自身从机地址或广播地址。地址匹配将唤醒 CPU,在唤醒期间 TWI 将保持 SCL 为低电平,直至 TWINT 标志清零(向其写入"1")。在 AVR 时钟恢复正常运行后 TWI 可接收更多的数据。显然如果 AVR 设置为长启动时间,时钟线 SCL 可能会长时间保持低电平,阻塞其他数据的传送。

注意在从这些休眠模式唤醒时,TWDR 寄存器并不反映总线上出现的最后一个字节。

表 1.2.41　从机发送器模式的状态码

TWSR 状态码	2线串行总线状态及其接口硬件	应用软件响应						TWI 硬件的下一个动作
		To/from TWDR	To TWCR					
			STA	STO	TWINT	TWEA		
0xA8	自身 SLA + W 已收;ACK 已返回	加载数据字节或	x	0	1	0		最后数据字节将发送,NACK 将收到
		加载数据字节	x	0	1	1		数据字节将发送, ACK 将收到
0xB0	主机在 SLA + R/W 失去仲裁;自身 SLA + R 已收;ACK 已返回	加载数据字节或	x	0	1	0		最后数据字节将发送,NACK 将收到
		加载数据字节	x	0	1	1		数据字节将发送, ACK 将收到
0xB8	TWDR 里数据字节已发;ACK 已收到	加载数据字节或	x	0	1	0		最后数据字节将发送,NACK 将收到
		加载数据字节	x	0	1	1		数据字节将发送, ACK 将收到
0xC0	TWDR 里数据字节已发;NACK 已收到	无 TWDR 活动或	0	0	1	0		切到无寻址从机模式;1 不识别自身 SLA 或 GCA
		无 TWDR 活动或	0	0	1	1		2 识别自身 SLA;TWGCE = 1 识别 GCA
		无 TWDR 活动或	1	0	1	0		3 不识别自身 SLA,GCA;总线空闲发送 START 信号
		无 TWDR 活动	1	0	1	1		4 识别自身 SLA;TWGCE = 1 识别 GCA;总线空闲时发送 START 信号
0xC8	TWDR 里的最后数据字节已发(TWEA = 0);ACK 已收到	无 TWDR 活动或	0	0	1	0		切到无寻址从机模式;1 不识别自身 SLA 或 GCA
		无 TWDR 活动或	0	0	1	1		2 识别自身 SLA;TWGCE = 1 识别 GCA
		无 TWDR 活动或	1	0	1	0		3 不识别自身 SLA,GCA;总线空闲发送 START 信号
		无 TWDR 活动	1	0	1	1		4 识别自身 SLA;TWGCE = 1 识别 GCA;总线空闲时发送 START 信号

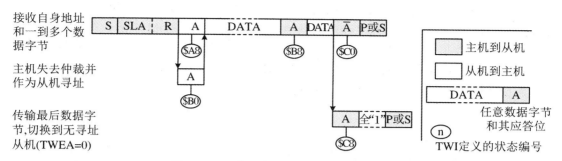

图 1.2.68　从机发送器模式下的数据传输

6. 其他状态

有 2 种状态码没有定义对应的 TWI 状态，如表 1.2.42 所示。

表 1.2.42　其他状态码

TWSR 状态码	2 线串行总线状态及其接口硬件	应用软件响应					TWI 硬件的下一个动作
		To/from TWDR	To TWCR				
			STA	STO	TWINT	TWEA	
0xF8	无相关状态信息有效；TWINT = 0	无 TWDR 活动	无 TWCR 活动				等待或继续当前传输
0x00	由于非法的 START 或 STOP 信号出现总线错误	无 TWDR 活动	0	1	1	x	只影响内部硬件，总线上没有发送 STOP 信号。在所有情况，释放总线并清除 TWSTO

状态 0xF8 表明没有相关有效信息，因为 TWINT 标志为"0"，此状态出现其他状态间且 TWI 接口没有参与串行传输。

状态 0x00 表明在 2 线串行总线传输期间发生总线错误，比如 START 或 STOP 信号出现在格式帧的不正确位置，此时 TWINT 为"1"。从总线错误恢复，TWSTO 标志须置"1"，且 TWINT 须清零，这会导致 TWI 进入无寻址从机模式并清除 TWSTO 标志（不影响 TWCR 其他位）。SDA 和 SCL 线路释放，并且不发送 STOP 信号。

7. 合并多个 TWI 模式

很多情况下，须结合几种 TWI 模式去完成期望的工作。如从串行 EEPROM 读取数据，一般情况下此传输包含以下步骤：

① 初始化传输；

② 须告诉 EEPROM 要读取的地址；

③ 须完成读操作；

④ 须结束传输。

数据可从主机传到从机，反之亦可。首先，主机必须告诉从机要读取的位置，因此需要用 MT 模式；其次，数据必须由从机读出，即需要使用 MR 模式，但传送方向必须改变。在上述步骤中,主机必须保持对总线的控制,且以上各步骤应该整体进行。如果在多主机系统中违反这一规则,即在第 2 步与第 3 步之间其他主机可改变 EEPROM 中的数据指针,则主机将读取错误的数据位置。传送方向改变是通过在发送地址字节与接收数据之间发送 REPEATED START 信号来实现的。在发送 REPEATED START 信号后,主机继续保持总线的控制权。图 1.2.69 给出传送的流程图。

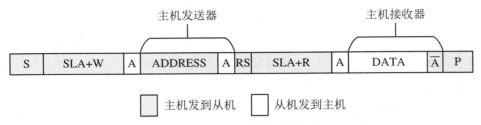

图 1.2.69　组合几种 TWI 模式访问串行 EEPROM

1.2.13.5　多主机系统与仲裁

如有多个主机连接到相同总线上,其中一个或多个主机会同时开始数据传送。TWI 标准确保在这种情况下,通过一个仲裁过程,允许其中的一个主机进行传送而不会丢失数据。总线仲裁的例子如下所述(图 1.2.70),该例中有两个主机试图向同一个从机接收器发送数据。

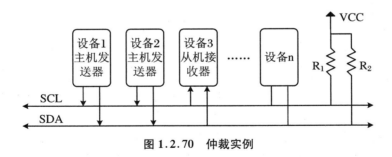

图 1.2.70　仲裁实例

仲裁期间会出现以下几种情况:

① 2 个或更多主机与同一从机实现相同的通信,此时从机及所有主机都不知道总线冲突。

② 2 个或更多主机访问同一从机的不同数据或方向位,此时在 READ/WRITE 位或数据位会发生仲裁。当主机尝试在 SDA 上发送"1"而其他主机发送"0"时,失去仲裁。根据软件操作,失去仲裁的主机会进入无寻址从机模式或等待总线空闲发送新的 START 信号。

③ 2 个或更多主机访问不同从机,此时在 SLA 位会出现仲裁。当主机尝试在 SDA 上发送"1"而其他主机发送"0"时,失去仲裁。失去仲裁的主机会切换到从机模式并检测是否被获胜主机寻址。如果被寻址,将根据 READ/WRITE 位的值切换到 SR 或 ST 模式。如未被寻址,根据软件操作,将进入无寻址从机模式或等待总线空闲发送新的 START 信号。

图 1.2.71 总结了多主机的仲裁情况,圆圈里是可能的状态值。

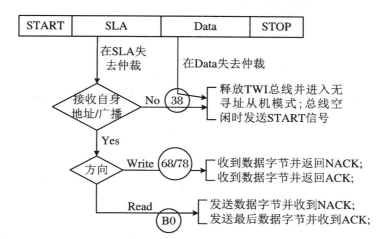

图 1.2.71　仲裁过程可能出现的状态码

1.2.13.6　寄存器

与 TWI 接口有关的寄存器有 TWI 位率寄存器(TWBR)、TWI 控制寄存器(TWCR)、TWI 状态寄存器(TWSR)和 TWI 数据寄存器(TWDR)、TWI 地址寄存器(TWAR),简明的寄存器控制位和作用如下:

TWI 位率寄存器(TWBR)是 8 位的 I/O 寄存器,偏移地址是 0x00,芯片复位后其值为 0x00。TWBR 每一位的定义如下:

Bit	7	6	5	4	3	2	1	0
	TWBR7	TWBR6	TWBR5	TWBR4	TWBR3	TWBR2	TWBR1	TWBR0
Access	R/W	R/W	R/W	R/W	R/W	R/W	R/W	R/W
Reset	0	0	0	0	0	0	0	0

Bit 7:0 为 TWBRn:为位率发送器选择除法因子。

TWI 控制寄存器(TWCR)是 8 位的 I/O 寄存器,偏移地址是 0x36,芯片复位后其值为 0x00。TWCR 每一位的定义如下:

Bit	7	6	5	4	3	2	1	0
	TWINT	TWEA	TWSTA	TWSTO	TWWC	TWEN		TWIE
Access	R/W	R/W	R/W	R/W	R	R/W		R/W
Reset	0	0	0	0	0	0		0

Bit 7 为 TWINT:TWI 中断标志位。当 TWI 完成当前工作并且期待应用软件响应时,由硬件置位。如 SREG 的 I 位与 TWCR 的 TWIE 都为"1",MCU 将跳转到 TWI 中断向量。如 TWINT 为"1",则 SCL 低电平周期会展宽。软件向 TWINT 写入"1"将清除此位。另外,注意在执行中断过程时,硬件不会自动清除 TWINT。清除此位开始 TWI 操作,所以在清除前要完成 TWAR、TWSR 和 TWDR 的访问。

Bit 6 为 TWEA：TWI 使能应答。此位控制应答脉冲的产生，如 TWEA＝1，在遇到以下情况时会在 TWI 总线产生 ACK 脉冲：

（1）收到器件自身的从机地址；

（2）收到广播地址，且 TWGCE＝1；

（3）在主机接收器或从机接收器模式收到数据字节。

如 TWEA 设为"0"，可临时将器件从 2 线串行总线断开；TWEA 设为"1"时重新开始地址识别。

Bit 5 为 TWSTA：TWI START 控制位。在想成为 2 线串行总线上的主机时软件往 TWSTA 位写入"1"。TWI 硬件检查总线是否有效，总线空闲时就产生 START 信号。如总线忙，TWI 等到检测出 STOP 信号，然后产生新 START 信号声明总线主机状态。在 START 发送后软件须清除 TWSTA。

Bit 4 为 TWSTO：TWI STOP 控制位。在主机模式，如果 TWSTO 写"1"，TWI 接口将在总线上产生 STOP 信号，然后 TWSTO 自动清零。在从机模式，TWSTO 写"1"可以使接口从错误状态恢复到未被寻址的状态。此时总线上不会有 STOP 信号产生，但 TWI 回到一个定义好的未被寻址的从机模式且释放 SCL 与 SDA 为高阻态。

Bit 3 为 TWWC：TWI 写冲突标志位。当 TWINT 为低时写数据寄存器（TWDR）将置位 TWWC；当 TWINT 为高时，写 TWDR 清楚此标志。

Bit 2 为 TWEN：TWI 使能位。TWEN 位用于使能 TWI 操作与激活 TWI 接口。当 TWEN＝1 时，TWI 引脚将 I/O 引脚切换到 SCL 与 SDA 引脚，开启波形速率限制器与尖峰滤波器。如果该位清零，TWI 接口模块将被关闭，所有 TWI 传输将被终止。

Bit 0 为 TWIE：TWI 中断使能，当全局 I 位和 TWIE 为"1"，且 TWINT 为"1"，就激活 TWI 中断。

TWI 状态寄存器（TWSR）是 8 位的 I/O 寄存器，偏移地址是 0x01，芯片复位后其值为 0xF8。TWSR 每一位的定义如下：

Bit	7	6	5	4	3	2	1	0
	TWS4	TWS3	TWS2	TWS1	TWS0		TWPS1	TWPS0
Access	R	R	R	R	R		R/W	R/W
Reset	0	0	0	0	1		0	0

Bit 7:3 为 TWSn：TWI 状态位。这 5 位用来反映 TWI 逻辑和总线的状态。注意从 TWSR 读出的值包括 5 位状态值与 2 位预分频值。检测状态位时设计者应屏蔽预分频位为 0。这使状态检测独立于预分频器设置。

Bit 1:0 为 TWPSn：TWI 预分频器位。可读写，用于控制位率预分频器，如表 1.2.43 所示。

表 1.2.43   TWI 位率预分频器

TWPS1	TWPS0	预分频值	TWPS1	TWPS0	预分频值
0	0	1	1	0	16
0	1	4	1	1	64

位率的计算请见本节开始时的计算公式。

TWI 数据寄存器(TWDR) 是 8 位的 I/O 寄存器,偏移地址是 0x03,芯片复位后其值为 0xFF。TWDR 每一位的定义如下:

Bit	7	6	5	4	3	2	1	0
	TWD7	TWD6	TWD5	TWD4	TWD3	TWD2	TWD1	TWD0
Access	R/W	R/W	R/W	R/W	R/W	R/W	R/W	R/W
Reset	0	0	0	0	0	0	0	1

Bit 7:1 为 TWAn:TWI 数据。

TWI 地址寄存器(TWAR) 是 8 位的 I/O 寄存器,偏移地址是 0x02,芯片复位后其值为 0x7F。TWAR 每一位的定义如下:

Bit	7	6	5	4	3	2	1	0
	TWA6	TWA5	TWA4	TWA3	TWA2	TWA1	TWA0	TWGCE
Access	R/W	R/W	R/W	R/W	R/W	R/W	R/W	R/W
Reset	0	0	0	0	0	0	1	0

Bit 7:1 为 TWD[6:0]:TWI 地址。

Bit 0 为 TWI:广播识别使能位。

1.2.14　模拟比较器

模拟比较器对正极 AIN0 与负极 AIN1 管脚的输入值进行比较。当正极 AIN0 管脚上的电压高于负极 AIN1 管脚上的电压时,模拟比较器的输出 ACO 为"1"。比较器的输出可用来触发定时器/计数器 1 的输入捕捉功能。此外,比较器还可触发自己专有的、独立的中断。用户可以选择比较器输出是上升沿、下降沿或电平切换来触发中断。图 1.2.72 为比较器及其外围电路。

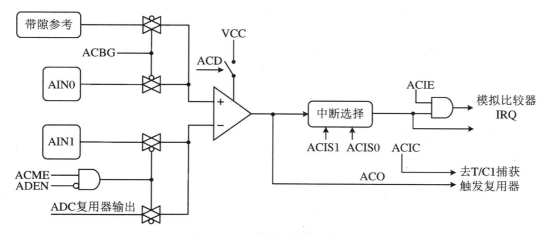

图 1.2.72　模拟比较器的结构图

可从 ADC[7:0]管脚中选择任意一个来代替模拟比较器的负极输入端,ADC 多路复用器用来选择此输入,当然在用这个功能时必须要关闭 ADC。如果模拟比较器多路复用器使能位(SFIOR 中的 ACME)置"1",且 ADC 也已关闭(ADCSRA 中的 ADEN 为"0"),则可通过 ADMUX 寄存器的 MUX2:0 来选择替代模拟比较器负极输入的管脚,如表 1.2.44 所示。如果 ACME 清零或 ADEN 置"1",则模拟比较器的负极输入为 AIN1。

表 1.2.44　模拟比较器多路输入

ACME	ADEN	MUX2:0	模拟比较器负输入	ACME	ADEN	MUX2:0	模拟比较器负输入
0	x	xxx	AIN1	1	0	011	ADC3
1	1	xxx	AIN1	1	0	100	ADC4
1	0	000	ADC0	1	0	101	ADC5
1	0	001	ADC1	1	0	110	ADC6
1	0	010	ADC2	1	0	111	ADC7

与模拟比较器有关的寄存器有特殊功能 I/O 寄存器(SFIOR)、模拟比较器控制与状态寄存器(ACSR),简明的寄存器控制位和作用如下:

特殊功能 I/O 寄存器(SFIOR)是 8 位的 I/O 寄存器,偏移地址是 0x30,芯片复位后其值为 0x00。SFIOR 每一位的定义如下:

Bit	7	6	5	4	3	2	1	0
					ACME	PUD	PSR2	PSR10
Access					R/W	R/W	R/W	R/W
Reset					0	0	0	0

Bit 3 为 ACME:模拟比较器多路复用器允许位。此位写"1",ADC 关闭(ADEN = 0),ADC 多路复用器选择模拟比较器的负输入端;此位写"0",AIN1 为模拟比较器的负极输入端。

模拟比较器控制与状态寄存器(ACSR)是 8 位的 I/O 寄存器,偏移地址是 0x08,芯片复位后其值为 N/A。ACSR 每一位的定义如下:

Bit	7	6	5	4	3	2	1	0
	ACD	ACBG	ACO	ACI	ACIE	ACIC	ACIS1	ACIS0
Access	R/W	R/W	R	R/W	R/W	R/W	R/W	R/W
Reset	0	0	a	0	0	0	0	0

Bit 7 为 ACD:模拟比较器禁止位。ACD = 1,模拟比较器的供电关闭,可在任何时候关闭模拟比较器电源,以降低功耗。

Bit 6 为 ACBG:模拟比较器带隙选择。ACBG = 1,模拟比较器的正极输入被固定能隙参考电压所取代;ACBG = 0,AIN0 连接到模拟比较器的正极输入。

Bit 5 为 ACO:模拟比较器输出。模拟比较器的输出经过同步后直接连到 ACO。同步机制引入了 1~2 个时钟周期的延时。

Bit 4 为 ACI:模拟比较器中断标志。当比较器的输出事件触发了由 ACIS1 及 ACIS0 定义的中断模式时,ACI 由硬件置"1"。如果 ACIE 和 SREG 寄存器的 I 位都为"1",就执行模拟比较器中断服务程序,同时 ACI 被硬件清零。也可通过往 ACI 写"1"来清除。

Bit 3 为 ACIE:模拟比较器中断使能。ACIE=1,且状态寄存器中的 I 位也为"1"时,激活模拟比较器中断;ACIE=0 中断被禁止。

Bit 2 为 ACIC:模拟比较器输入捕获使能。ACIC=1,允许通过模拟比较器来触发定时器/计数器"1"的输入捕捉功能。此时比较器的输出被直接连接到输入捕捉的前端逻辑,从而使得比较器可以利用定时器/计数器 1 输入捕捉中断逻辑的噪声抑制器及触发沿选择功能。ACIC=0,模拟比较器及输入捕捉功能之间没有任何联系。为了使比较器可以触发定时器/计数器 1 的输入捕捉中断,定时器中断屏蔽寄存器 TIMSK 的 ICIE1 必须置位。

Bit 1:0 为 ACIS[1:0]:模拟比较器中断模式选择,用于选择哪个比较器事件去触发模拟比较器中断,如表 1.2.45 所示。

表 1.2.45　ACIS[1:0]的设置

ACIS1	ACIS0	中断模式	ACIS1	ACIS0	中断模式
0	0	输出变化时比较器中断	1	0	输出下降沿时比较器中断
0	1	保留	1	1	输出上升沿时比较器中断

在改变 ACIS1/ACIS0 时,必须清零 ACSR 寄存器的中断使能位来禁止模拟比较器中断。否则有可能在改变这两位时产生中断。

1.2.15　ADC:模拟/数字转换器

1.2.15.1　概述

ATmega8A 有一个 10 位逐次逼近型 ADC,与一个 8 通道的模拟多路复用器连接,能对来自端口 C 的 8 路单端输入电压进行采样。单端电压输入以 0 V(GND)为基准。ADC 的特点还有 0.5LSB 积分非线性、±2LSB 绝对精度、13 为 260 μs 转换时间、最大精度时高达 15 kSPS 采样速度、ADC 结果可选左调整、0～VCC 输入电压范围、可选 2.56 V 参考电压、连续与单次转换模式、转换完成中断、睡眠模式噪声削减器等。

ADC 含有一个采样保持电路,以确保在转换过程中输入到 ADC 的电压保持不变。ADC 的框图如图 1.2.73 所示。ADC 由 AVCC 管脚单独提供电源且与 VCC 之间的偏差不能超过±0.3 V。标称值 2.56 V 或 AVCC 的内部参考电压均片上提供。基准电压可以通过在 AREF 引脚上加一个电容进行解耦,以更好地抑制噪声。

ADC 通过逐次逼近的方法将输入的模拟电压转换成一个 10 位的数字量。最小值代表 GND,最大值代表 AREF 引脚上的电压再减去 1 LSB。通过写 ADMUX 寄存器的 REFS[1:0]可把 AVCC 或内部 2.56 V 的参考电压连接到 AREF 引脚。在 AREF 上外加电容可以对片内参考电压进行解耦以提高噪声抑制性能。

模拟输入通道可以通过写 ADMUX 寄存器的 MUX[3:0]来选择。任一 ADC 输入引脚,以及 GND、固定能隙参考电压,都可选作 ADC 的单端输入。通过设置 ADCSRA 寄存器的 ADEN 即可开启 ADC。只有当 ADEN＝1 时参考电压及输入通道选择才生效。ADEN＝0 时 ADC 并不耗电,因此建议在进入节能睡眠模式之前关闭 ADC。

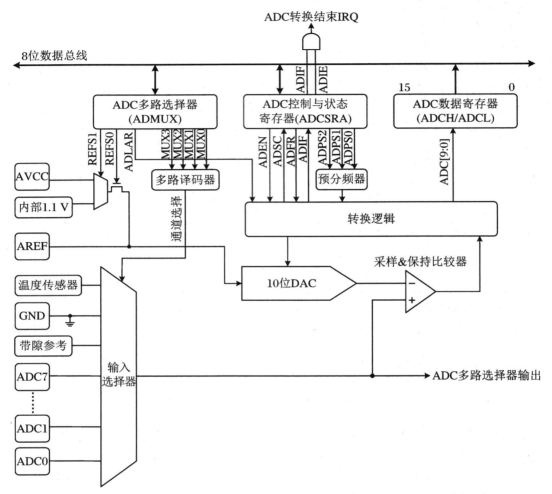

图 1.2.73　ADC 操作原理结构图

ADC 转换结果为 10 位,存放于 ADC 数据寄存器 ADCH 及 ADCL 中。默认情况下转换结果为右调整,但可通过设置 ADMUX 寄存器的 ADLAR 变为左调整。

如转换结果为左调整,且最高只需 8 位的转换精度,那么只要读取 ADCH 就足够了。否则要先读 ADCL,再读 ADCH,以保证数据寄存器中的内容是同一次转换的结果。一旦读出 ADCL,就阻止了 ADC 对数据寄存器的访问。也就是说,读取 ADCL 之后,即使在读 ADCH 之前又有一次 ADC 转换结束,数据寄存器的数据也不会更新,从而保证了转换结果不丢失。ADCH 被读出后,ADC 即可再次访问 ADCH 和 ADCL 寄存器。

ADC 转换结束可以触发中断。当 ADC 访问数据寄存器在读取 ADCH 与 ADCL 间被禁止,即使丢失了转换数据,仍将触发中断。

1.2.15.2　开启转换

　　向 ADC 启动转换位 ADSC 写"1"可启动单次转换。在转换过程中此位保持为高电平，转换结束，就会被硬件清零。如果在转换过程中选择了另一个通道，那么 ADC 会在改变通道前完成这一次转换。

　　在连续转换模式，ADC 不断地进行采样并更新 ADC 数据寄存器。往 ADCSRA 寄存器的 ADFR 位写"1"可选择连续转换模式，第一次转换必须通过向 ADCSRA 寄存器的 ADSC 写"1"来启动。在此模式下，后续的 ADC 转换不依赖于 ADC 中断标志 ADIF 是否清零。

1.2.15.3　预分频与转换时序

　　ADC 的时钟预分频器结构如图 1.2.74 所示。

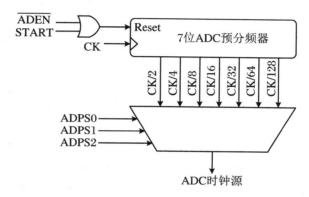

图 1.2.74　ADC 预分频器

　　默认情况下，逐次逼近电路需要一个从 50 kHz 到 200 kHz 的输入时钟以获得最大分辨率。如果所需的转换位数低于 10 位，那么输入时钟频率可高于 200 kHz，以获得更高的采样率。

　　ADC 模块包括一个预分频器，用来从 100 kHz 以上的 CPU 时钟产生可接收的 ADC 时钟。预分频器通过 ADCSRA 寄存器的 ADPS 位进行设置。设置 ADCSRA 寄存器的 ADEN 位开启 ADC 时，预分频器开始计数。只要 ADEN 为 1，预分频器就持续计数，ADEN ＝0 时复位。

　　当设置 ADCSRA 寄存器的 ADSC 置位开启单次转换时，转换会在下一个 ADC 时钟周期的上升沿开始。正常转换要 13 个 ADC 时钟周期。为初始化模拟电路，ADC 使能（ADCSRA 寄存器的 ADEN 置位）后的第一次转换需要 25 个 ADC 时钟周期。

　　在普通的 ADC 转换开始后，采样保持需要 1.5 个 ADC 时钟周期；而在第一次转换开始后需要 13.5 个 ADC 时钟周期。转换结束后，其结果被写入 ADC 数据寄存器，且 ADIF 置位。在单次转换模式，会同时清零 ADSC。之后软件会再次置位 ADSC，从而在 ADC 时钟的第一个上升沿启动一次新的转换。在连续转换模式下，在 ADSC 保持高电平时，只要转换一结束，下一次转换马上开始。转换时序与时钟周期如图 1.2.75～图 1.2.77

和表 1.2.46 所示。

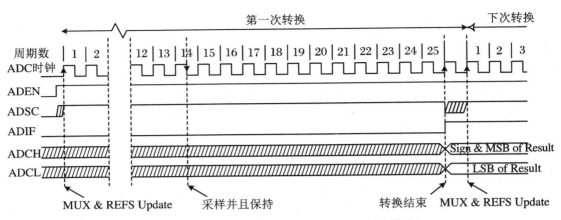

图 1.2.75　ADC 时序图：第一次转换（单次转换模式）

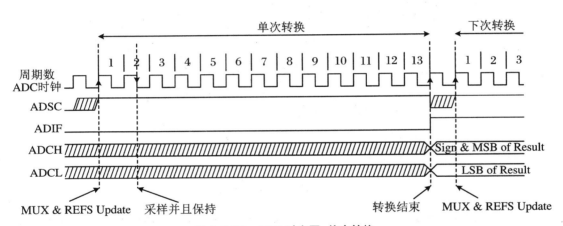

图 1.2.76　ADC 时序图：单次转换

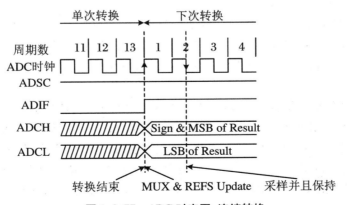

图 1.2.77　ADC 时序图：连续转换

表 1.2.46　ADC 转换时间

条件	采样 & 保持:从转换开始的周期数	转换时间(周期数)
扩展转换(第 1 次)	13.5	25
正常转换,单端	1.5	13

1.2.15.4　改变通道或参考源

ADMUX 寄存器中的 MUX[3:0] 及 REFS1:0 通过临时寄存器实现了单缓冲,CPU 也通过临时寄存器随机访问这些位。这保证了转换过程中通道和参考源的切换在安全节点进行。在转换启动之前通道及基准源的选择可随时进行。一旦转换开始就不允许再改变通道和参考源,以保证 ADC 有充足的采样时间。在转换完成(ADCSRA 寄存器的 ADIF 置位)前的最后一个时钟周期,通道和参考源的选择又可以重新开始。在 ADSC 置位后的时钟上升沿开始进行转换,因此建议用户在置位 ADSC 之后的一个 ADC 时钟周期里,不要更新 ADMUX 去选择新的通道或参考源。

若 ADFR 及 ADEN 都写"1",则中断事件可以在任意时刻发生。如果在此期间改变 ADMUX 寄存器,那么用户就无法判别下一次转换是基于旧的参数还是新的。在以下时间可安全地对 ADMUX 进行更新:

① ADFR 或 ADEN 为"0"。

② 转换期间,在触发事件后至少一个 ADC 时钟周期。

③ 转换结束后,在中断标志作为触发源清零之前。

在上面提到的任一种情况下更新 ADMUX,那么新设置将在下一次 ADC 转换时生效。

1. ADC 输入通道

选择模拟通道时,为确保选择正确的通道,应遵守以下指导原则:

① 在单次转换模式下,总是在启动转换之前选定通道。在置位 ADSC 至少一个 ADC 时钟周期后可改变通道选择。但最简单的办法是等待转换结束后再改变通道。

② 在连续转换模式下,总是在第一次转换开始之前选定通道。在置位 ADSC 至少一个 ADC 时钟周期后可改变通道选择。但最简单的办法是等待转换结束后再改变通道。然而,此时下次转换已自动开始,下一结果反映的是之前选定的通道。以后的转换才是针对新通道的。建议用户不要在连续转换模式期间改变通道或参考源。

2. ADC 电压参考

ADC 的参考电压源(V_{REF})反映了 ADC 的转换范围。若单端通道电平超过 V_{REF},将导致转换码接近 0x3FF。V_{REF} 可以是 AVCC、内部 2.56 V 参考源或外接于 AREF 引脚的参考电压源。

AVCC 通过一个无源开关与 ADC 相连。片内的 2.56 V 参考电压由能隙基准源(V_{BG})通过内部放大器产生。无论是哪种情况,外部 AREF 管脚都直接与 ADC 相连,通过在 AREF 与地之间外加电容可以提高参考电压的抗噪性。V_{REF} 可通过高阻的电压表在 AREF 引脚测得。由于 V_{REF} 的阻抗很高,因此只能连接容性负载。

如将一个固定电源接到 AREF 引脚,就不能选择其他的基准源了,因为这会导致片内基准源与外部参考源的短路。如果 AREF 引脚没有连接任何外部参考源，用户可以选择 AVCC 或 2.56 V 作为基准源。参考源改变后的第一次 ADC 转换结果可能不准确，建议用户不要使用这一次的转换结果。

1.2.15.5　ADC 噪声抑制器

ADC 的噪声抑制器使其可以在睡眠模式下进行转换，从而降低 CPU 及外围 I/O 设备的噪声。噪声抑制器可在 ADC 降噪模式及空闲模式下使用。为了使用这一特性，应采用如下步骤：

① 确定 ADC 已经开启，且不在转换。选择单次转换方式，且在 ADC 转换结束允许中断。

② 进入 ADC 降噪模式（或空闲模式）。一旦 CPU 停止，ADC 便开始转换。

③ 如果在 ADC 转换结束之前没有其他中断产生，那么 ADC 中断将唤醒 CPU 并执行 ADC 转换结束中断服务程序。如果在 ADC 转换结束之前有其他的中断源唤醒了 CPU，对应的中断服务程序得到执行，ADC 转换结束后产生 ADC 转换结束中断请求。CPU 将保持活动直到执行新的休眠指令。

进入除空闲模式及 ADC 降噪模式之外的其他休眠模式时，ADC 不会自动关闭。在进入这些休眠模式时，建议将 ADEN 清零以降低功耗。

1. 模拟输入电路

单端通道的模拟输入电路如图 1.2.78 所示。不论是否用作 ADC 的输入通道，输入到 ADCn 的模拟信号都受到引脚电容及输入泄漏的影响。用作 ADC 的输入通道时，模拟信号源必须通过一个串联电阻（输入通道的组合电阻）驱动采样保持 S/H 电容。

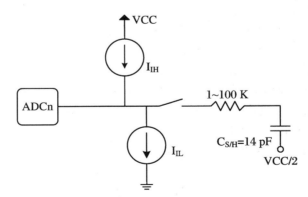

图 1.2.78　模拟输入电路

ADC 针对那些输出阻抗接近于 10 kΩ 或更小的模拟信号做了优化。对于这样的信号采样时间可以忽略不计。若信号具有更高的阻抗，则采样时间取决于对 S/H 电容充电的时间。这个时间可能变化很大。建议用户使用输出阻抗低且变化缓慢的模拟信号，因为这可以减少对 S/H 电容的电荷传输。

对高于奈奎斯特频率（$f_{ADC}/2$）的信号源不要用于任一个通道，以避免不可预知的信号卷积失真。在把信号输入到 ADC 之前最好使用一个低通滤波器来滤掉高频信号。

2. 模拟噪声抑制技术

设备内部及外部的数字电路都会产生电磁干扰（EMI），从而影响模拟测量的精度。如果转换精度要求较高，那么可以通过以下方法来减少噪声：

① 模拟通路越短越好。确保模拟线位于模拟地平面上，并远离高速变化的数字信号线。

② 如图 1.2.79 所示，AVCC 应通过一个 LC 网络再与数字电压源 VCC 连接。

③ 使用 ADC 噪声抑制器以降低来自 CPU 的噪声。

④ 如果有 ADC[3..0]端口被用作数字输出，在转换过程中不让它们发生电平切换。而使用两线接口（ADC4 与 ADC5）将仅影响 ADC4 与 ADC5 的转换，不影响其他 ADC 通道。

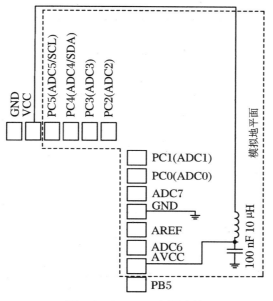

图 1.2.79　ADC 电源连接

3. ADC 精度定义

一个 n 位的单端 ADC 将 GND 与 V_{REF} 之间的线性电压转换成 2^n 级（LSBs），最小的转换码为 0，最大的转换码为 $2^n - 1$。

以下几个参数描述了与理想情况之间的偏差：

① 偏移：第 1 次转换（0x000 到 0x001）与理想转换（在 0.5 LSB）之间的偏差。理想值为：0LSB。如图 1.2.80 所示。

② 增益误差：调整偏移误差之后，最后一次转换（0x3FE 到 0x3FF）与理想情况（最大值以下 1.5 LSB）之间的偏差即为增益误差。理想值为 0 LSB。如图 1.2.81 所示。

③ 积分非线性（INL）：调整偏移及增益误差之后，所有实际转换与理想转换之间的最大误差即为 INL。理想值为 0 LSB。如图 1.2.82 所示。

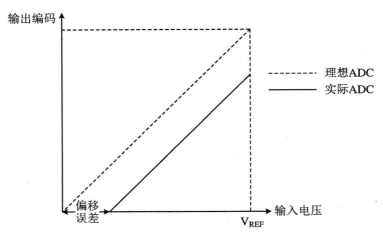

图 1.2.80　偏移误差

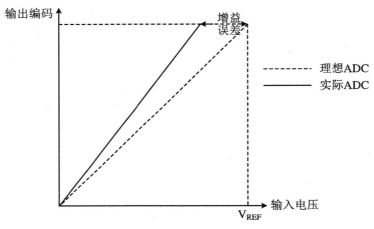

图 1.2.81　增益误差

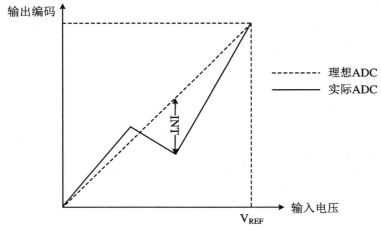

图 1.2.82　积分非线性误差

④ 差分非线性(DNL):实际码宽(两个邻近转换之间的间隔)与理论码宽(1 LSB)之间的偏差。理论值为 0 LSB。如图 1.2.83 所示。

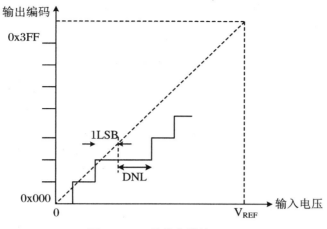

图 1.2.83　差分非线性 DNL

⑤ 量化误差:由于输入电压被量化成有限位的编码,某个范围的输入电压(1 LSB)被转换为相同的编码。量化误差总是为 ±0.5 LSB。

⑥ 绝对精度:所有实际转换(未经调整)与理论转换之间的最大偏差。由偏移、增益误差、差分误差、非线性及量化误差构成。理想值为 ±0.5 LSB。

1.2.15.6　ADC 转换结果

转换结束(ADIF 为 1),其结果被存入 ADC 数据寄存器(ADCL/ADCH)。单端转换的结果为

$$\text{ADC} = \frac{V_{\text{IN}} \times 1024}{V_{\text{REF}}}$$

式中,V_{IN} 为被选中引脚的输入电压,V_{REF} 为参考电压。0x000 代表模拟地,0x3FF 代表所选参考电压的数值减去 1 LSB。

1.2.15.7　寄存器

与 ADC 有关的寄存器有 ADC 多路选择寄存器(ADMUX)、ADC 控制与状态寄存器 A(ADCSRA)、ADC 数据寄存器低字节(ADCL)和 ADC 数据寄存器高字节(ADCH),简明的寄存器控制位和作用如下。

ADC 多路选择寄存器(ADMUX)是 8 位的 I/O 寄存器,偏移地址是 0x07,芯片复位后其值为 0x00。ADMUX 每一位的定义如下:

Bit	7	6	5	4	3	2	1	0
	REFS1	REFS0	ADLAR		MUX3	MUX2	MUX1	MUX0
Access	R/W	R/W	R/W		R/W	R/W	R/W	R/W
Reset	0	0	0		0	0	0	0

Bit 7:6 为 REFSn:参考源选择[n=1:0],如表 1.2.47 所示,通过这 2 位可以选择参考电压。如果在转换过程中改变了它们的设置,只有等到当前转换结束(ADCSRA 寄存器的 ADIF 置位)之后改变才会起作用。如果 AREF 引脚上施加了外部参考电压,内部参考电压就不能被选用了。

表 1.2.47　ADC 参考电压选择

REFS1:0	参考电压选择	REFS1:0	参考电压选择
00	AREF,内部 V_{ref} 关闭	10	保留
01	AVCC,AREF 管脚外接电容	11	内部 2.56 V 参考电压,AREF 管脚外接电容

Bit 5 为 ADLAR:ADC 结果左对齐,ADLAR 影响 ADC 转换结果在 ADC 数据寄存器中的存放形式。ADLAR 置位时转换结果为左对齐,否则为右对齐。不论是否有转换正在进行,改变 ADLAR 将立即影响 ADC 数据寄存器的内容。

Bit 3:0 为 MUXn:模拟通道选择[n=3:0],通过这几位的设置,可以对连接到 ADC 的模拟输入进行选择,详见表 1.2.48。如果在转换过程中改变这几位的值,那么只有到转换结束(ADCSRA 寄存器的 ADIF 置位)后新的设置才有效。

表 1.2.48　输入通道选择

MUX[3:0]	单端输入	MUX[3:0]	单端输入	MUX[3:0]	单端输入	MUX[3:0]	单端输入
0000	ADC0	0100	ADC4	1000	保留	1100	保留
0001	ADC1	0101	ADC5	1001	保留	1101	保留
0010	ADC2	0110	ADC6	1010	保留	1110	1.30 V(V_{BG})
0011	ADC3	0111	ADC7	1011	保留	1111	0 V(GND)

ADC 控制与状态寄存器 A(ADCSRA) 是 8 位的 I/O 寄存器,偏移地址是 0x06,芯片复位后其值为 0x00。ADCSRA 每一位的定义如下:

Bit	7	6	5	4	3	2	1	0
	ADEN	ADSC	ADFR	ADIF	ADIE	ADPS2	ADPS1	ADPS0
Access	R/W	R/W	R/W	R/W	R/W	R/W	R/W	R/W
Reset	0	0	0	0	0	0	0	0

Bit 7 为 ADEN:ADC 使能。ADEN 置位即启动 ADC,否则 ADC 功能关闭。在转换过程中关闭 ADC 将立即终止正在进行的转换。

Bit 6 为 ADSC:ADC 开始转换。在单次转换模式下,ADSC 置位将启动每次 ADC 转换。在连续转换模式下,ADSC 置位将启动首次转换。第一次转换(在 ADC 启动之后置位 ADSC,或者在使能 ADC 的同时置位 ADSC)需要 25 个 ADC 时钟周期,而不是正常情况下的 13 个周期。第一次转换执行 ADC 初始化的工作。在转换进行过程中读取 ADSC 的返回值为 1,转换结束返回值为 0。ADSC 写"0"不产生任何动作。

Bit 5 为 ADFR:ADC 连续转换选择。ADFR=1,ADC 工作在连续转换模式,此时 ADC 不停地采样并更新数据寄存器。ADFR=0,停止连续转换模式。

Bit 4 为 ADIF：ADC 中断标志。在 ADC 转换结束 ADIF 置位，且更新数据寄存器。如果 ADIE 及 SREG 中的 I 位都置位，ADC 转换结束即执行中断服务程序，同时 ADIF 由硬件清零。此外，还可以通过向此标志写"1"来清除 ADIF。注意，如果对 ADCSRA 进行"读-修改-写"操作，那么待处理的中断会被禁止。

Bit 3 为 ADIE：ADC 中断使能。

Bit 2：0 为 ADPSn：ADC 预分频器选择[n＝2：0]。由这几位来确定 XTAL 与 ADC 输入时钟之间的分频因子。如表 1.2.49 所示。

表 1.2.49　ADC 预分频器选择

ADPS[2：0]	除法因子	ADPS[2：0]	除法因子	ADPS[2：0]	除法因子	ADPS[2：0]	除法因子
000	2	010	4	100	16	110	64
001	2	011	8	101	32	111	128

ADC 数据寄存器低字节(ADLAR＝0)(ADCL) 是 8 位的 I/O 寄存器，偏移地址是 0x04，芯片复位后其值为 0x00。ADCL 每一位的定义如下：

Bit	7	6	5	4	3	2	1	0
	ADC7	ADC6	ADC5	ADC4	ADC3	ADC2	ADC1	ADC0
Access	R	R	R	R	R	R	R	R
Reset	0	0	0	0	0	0	0	0

Bit 7：0 为 ADCn：ADC 转换结果[n＝7：0]。

ADC 数据寄存器高字节(ADLAR＝0)(ADCH) 是 8 位的 I/O 寄存器，偏移地址是 0x05，芯片复位后其值为 0x00。ADCH 每一位的定义如下：

Bit	7	6	5	4	3	2	1	0
							ADC9	ADC8
Access							R	R
Reset							0	0

Bit 1：0 为 ADCn：ADC 转换结果[n＝9：8]。

ADC 数据寄存器低字节(ADLAR＝1)(ADCL) 是 8 位的 I/O 寄存器，偏移地址是 0x04，芯片复位后其值为 0x00。ADCL 每一位的定义如下：

Bit	7	6	5	4	3	2	1	0
	ADC1	ADC0						
Access	R	R						
Reset	0	0						

Bit 7：6 为 ADCn：ADC 转换结果[n＝1：0]。

ADC 数据寄存器高字节(ADLAR＝1)(ADCH) 是 8 位的 I/O 寄存器，偏移地址是 0x05，芯片复位后其值为 0x00。ADCH 每一位的定义如下：

Bit	7	6	5	4	3	2	1	0
	ADC9	ADC8	ADC7	ADC6	ADC5	ADC4	ADC3	ADC2
Access	R	R	R	R	R	R	R	R
Reset	0	0	0	0	0	0	0	0

Bit 7:0 为 ADCn：ADC 转换结果[n = 9:8]。

1.2.16　Boot Loader 支持——边读边写自编程

1.2.16.1　概述

在 ATmega8A，Boot Loader（启动加载器）为 MCU 本身来下载和上载程序代码提供了一个真正的**边读边写**（read-while-write，RWW）**自编程机制**。此特点可使系统在 MCU 的控制下，通过驻留于程序 Flash 的 Boot Loader，灵活地进行应用软件升级。Boot Loader 可以用任何有效的数据接口和相关的协议读取代码并把代码写入（编程）Flash 存储器，或者从程序存储器读取代码。Boot Loader 区的程序代码可以写整个 Flash，包括 Boot Loader 区本身。因此 Boot Loader 可以对其自身进行修改，甚至将自己擦除（如果不再需要时）。Boot Loader 存储器空间的大小可以通过熔丝位进行配置，Boot Loader 具有两套程序加密位，各自可以独立设置，给用户提供了灵活的保护级别的选择。

1.2.16.2　应用于 Boot Loader Flash 区

Flash 存储器由两个主要区构成：应用区和 Boot Loader 区。两个区的存储空间大小由 BOOTSZ 熔丝位配置。因为两个区使用不同的锁定位，所以具有不同的保护级别。

1. 应用区

应用区是用于存储应用代码的 Flash 区域。应用区的保护级别通过应用 Boot 锁定位（Boot 锁定位 0）确定。因为 SPM 指令禁止在应用区执行，所以应用区不能用来存储 Boot Loader 代码。

2. Boot Loader 区（BLS）

应用区用于存储应用代码，而 Boot Loader 软件必须保存在 BLS，因为只有在 BLS 运行时 SPM 指令才开启编程。SPM 指令可以访问整个 Flash，包括 BLS 本身。Boot Loader 区的保护级别通过 Boot Loader 锁定位（Boot 锁定位 1）确定。

1.2.16.3　边读边写与非边读边写 Flash 区

CPU 支持 RWW 还是在 Boot Loader 软件更新时停止，取决于被编程的地址。除了前面所述的通过 BOOTSZ 熔丝位配置的两个区之外，Flash 还可以分成两个固定的区：RWW 区和非 RWW（NRWW）区。两个区的主要区别有：

① 对 RWW 区内的页进行擦除或写操作时，可以读 NRWW 区。

② 对非 RWW 区内的页进行擦除或写操作时，CPU 停止。

在 Boot Loader 软件工作时，用户软件不能读取位于 RWW 区内的任何代码。RWW

区是指被编程（擦除或写）的那个存储区，而不是 Boot Loader 软件更新过程中实际被读取的那个区。

1. RWW（边读边写区）

如果 Boot Loader 软件正对 RWW 区内的某一页进行编程，那么可能从 Flash 中读取代码，但只限于 NRWW 区内的代码。在 Flash 编程期间，用户软件必须确保不读 RWW 区。如果用户软件在编程过程中试图读取位于 RWW 区的代码（如通过 call/jmp/lpm 指令或中断），软件可能会终止于一个未知状态。为了避免这种情况的发生，需要禁止中断或将其转移到 Boot Loader 区。Boot Loader 区总位于 NRWW 区。只要 RWW 区禁止读，存储程序存储器控制和状态寄存器（SPMCSR）的 RWW 区忙，标志位 RWWSB 为 1。编程结束后，要在读取位于 RWW 区的代码之前通过软件清除 RWWSB。

2. NRWW（非 RWW 区）

在 Boot Loader 软件更新 RWW 区的某一页时，可以读取位于 NRWW 区的代码。当 Boot Loader 代码更新 NRWW 区时，在整个页擦除或写操作过程中 CPU 被挂起（表 1.2.50、图 1.2.84）。

表 1.2.50　RWW 特性

编程期间 Z 指针寻址哪个区	编程期间哪个区可读	CPU 停止？	支持 RWW？
RWW 区	NRWW 区	否	是
NRWW 区	无	是	否

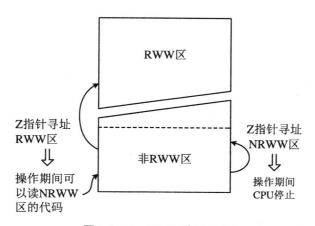

图 1.2.84　RWW 对 NRWW

1.2.16.4　Boot Loader 上锁位

如果不需要 Boot Loader 功能，则整个 Flash 都可用于应用代码。Boot Loader 具有两套可以独立设置的 Boot 锁定位。用户可以灵活地选择不同的代码保护级别：

① 保护整个 Flash 区不让 MCU 通过软件更新；

② 只保护 Boot Loader Flash 区不让 MCU 通过软件更新；

③ 只保护应用 Flash 区不让 MCU 通过软件更新；

④ 允许软件更新整个 Flash 区。

Boot 上锁位可以通过软件、串行或并行编程模式进行设置,但只能通过芯片擦除命令清除。通用的写锁定位(锁定位模式 2)不限制通过 SPM 指令对 Flash 进行编程。与此类似,通用的读/写锁定位(锁定位模式 1)也不限制通过 LPM/SPM 指令对 Flash 进行读/写访问。见图 1.2.85 及表 1.2.51、表 1.2.52。

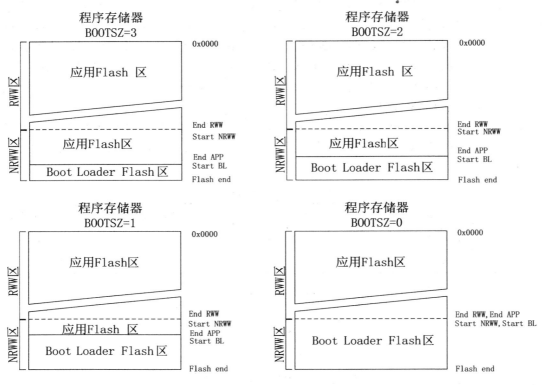

图 1.2.85　存储器区

表 1.2.51　Boot 上锁位 0 保护模式(应用区)

BLB0 模式	BLB02	BLB01	保　　护
1	1	1	不限制 SPM 或 LPM 访问应用区
2	1	0	不允许 SPM 写应用区
3	0	0	不允许 SPM 写应用区,也不允许 Boot Loader 区执行 LPM 读应用区。若中断向量放在 Boot Loader 区,则从应用区执行时中断是禁止的
4	0	1	不允许 Boot Loader 区执行 LPM 指令从应用区读取数据。若中断向量放在 Boot Loader 区,则从应用区执行时中断是禁止的

注:"1"表示未编程,"0"表示已编程。

表 1.2.52　Boot 上锁位 1 保护模式(Boot Loader 区)

BLB1 模式	BLB12	BLB11	保护
1	1	1	不限制 SPM 或 LPM 访问 Boot Loader 区
2	1	0	不允许 SPM 写 Boot Loader 区
3	0	0	不允许 SPM 写 Boot Loader 区,也不允许从应用区执行 LPM 读 Boot Loader 区。若中断向量放在应用区,则从 Boot Loader 区执行时中断是禁止的
4	0	1	不允许从应用区执行 LPM 指令读 Boot Loader 区数据。若中断向量放在应用区,则从 Boot Loader 区执行时中断是禁止的

注:"1"表示未编程,"0"表示已编程。

1.2.16.5　进入 Boot Loader 程序

从应用程序 jump 或 call 指令可以进入 Boot Loader。这些操作可以由一些触发信号启动,比如通过 USART 或 SPI 接口接收到了相关的命令。另外,可以通过编程 Boot 复位熔丝位使得复位向量指向 Boot 区的起始地址。这样,复位后就会启动 Boot Loader。加载应用代码后,程序开始执行应用代码。MCU 本身不能改变熔丝位的设置(表 1.2.53)。也就是说,一旦 Boot 复位熔丝位被编程,复位向量将一直指向 Boot 区的起始地址。熔丝位只能通过串行或并行编程接口去改变。

表 1.2.53　Boot Reset 熔丝

BOOTRST	复位地址
1	复位向量 = 应用复位(地址 0x0000)
0	复位向量 = Boot Loader 复位

注:"1"表示未编程,"0"表示已编程。

1.2.16.6　自编程期间寻址 Flash

Z 指针用于 SPM 指令的寻址:

Bit	15	14	13	12	11	10	9	8
ZH(R31)	Z15	Z14	Z13	Z12	Z11	Z10	Z9	Z8
ZH(R31)	Z7	Z6	Z5	Z4	Z3	Z2	Z1	Z0
Bit	7	6	5	4	3	2	1	0

由于 Flash 存储器是以页的形式组织起来的,程序计数器 PC 可看作由两个部分构成:低位地址实现页内寻址和高位地址实现页寻址,如图 1.2.86 所示。由于页擦除和页写操作的寻址是相互独立的,因此保证 Boot Loader 软件在页擦除和页写操作时寻址相同的页是最重要的。一旦编程操作开始,地址就被锁存,然后 Z 指针可以用作其他用途。

唯一不使用 Z 指针的 SPM 操作是设置 Boot Loader 上锁位,Z 指针的内容被忽略且不影响操作。LPM 指令也使用 Z 指针来保存地址。由于这个指令的寻址逐字节地进行，因此 Z 指针的 LSB 位（位 Z0）也使用到了。

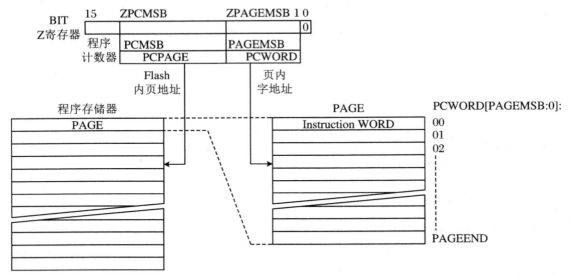

图 1.2.86　SPM 指令期间寻址 Flash

1.2.16.7　自编程 Flash

程序存储器是一页一页更新的。在用临时页缓冲器的数据对一页编程前，要将这一页擦除。SPM 指令以一次一个字的方式将数据写入。临时页缓冲器用 SPM 指令一次填充一个字，缓冲器可在页擦除命令之前填充，或在页擦除与页写操作之间填充：

方案 1　在页擦除前填充缓冲器：

① 填充临时页缓冲器。

② 完成页擦除操作。

③ 完成页写操作。

方案 2　在页擦除后填充缓冲器：

① 完成页擦除操作。

② 填充临时页缓冲器。

③ 完成页写操作。

如果只改变页的一部分，则在页擦除之前必须将页中其他部分存储起来（如保存于临时页缓冲区中），然后再写回 Flash。使用方案 1 时，Boot Loader 提供了一个有效的"读-修改-写"特性，允许用户软件首先读取页中的内容，然后对内容做必要的改变，接着把修改后的数据写回 Flash。如果使用方案 2，则无法读取旧数据，因为页已经被擦除了。临时页缓冲区可以随机访问。关键是在页擦除和页写操作中要寻址相同的页。

1. 通过 SPM 完成页擦除

要执行页擦除，要在 Z 指针设置地址，将"x0000011"写入 SPMCSR，并在其后的四个时钟周期内执行 SPM 指令。R1 和 R0 中的数据被忽略。页地址必须写入 Z 寄存器的

PCPAGE。Z 指针的其他位被忽略。

①擦除 RWW 区的页：在页擦除过程中可以读取 NRWW 区。

②擦除 NRWW 区的页：在操作过程中 CPU 停止。

2. 填充临时缓冲器（加载页）

写一个指令字，要在 Z 指针设置地址，将数据设置到 R1：R0，再将"00000001"写入 SPMCSR，并在其后的四个时钟周期内执行 SPM 指令。Z 寄存器中 PCWORD 的内容用来寻址临时缓冲区。在页写操作或写 SPMCSR 寄存器的 RWWSRE 后将自动擦除临时缓冲区。系统复位也会擦除临时缓冲区。但是如果不擦除临时缓冲区就只能对每个地址进行一次写操作。

注意：如果在 SPM 页加载中进行 EEPROM 写操作，所有加载的数据将丢失。

3. 执行页写操作

执行页写操作，要在 Z 指针设置地址，然后将"X0000101"写入 SPMCSR，并在其后的四个时钟周期内执行 SPM 指令。R1 和 R0 中的数据被忽略。页地址必须写入 Z 寄存器的 PCPAGE。此操作期间，Z 指针的其他位必须写入"0"。

①写 RWW 区的页：在页写过程中可以读取 NRWW 区。

②写 NRWW 区的页：在页写过程中 CPU 停止。

注意：因为不能保证在操作的四个时钟周期内不发生中断，所以在写 SPMCSR 前要禁止中断。

4. 使用 SPM 中断

如果开启 SPM 中断，那么 SPMCSR 寄存器的 SPMEN 清零将产生中断。这意味着用中断来代替软件对 SPMCSR 寄存器的查询。使用 SPM 中断时，要将中断向量移到 BLS，以避免 RWW 区禁止读时中断程序却访问它。

5. 在更新 BLS 时的考虑

如果 Boot 锁定位 BLB11 未编程时允许用户更新 BLS 需要特别小心。意外写 Boot Loader 本身会破坏整个 Boot Loader，造成后面软件无法更新。如果程序不需要改变 Boot Loader，建议对 BLB11 编程，以防止内部软件不小心修改 Boot Loader。

6. 在自编程期间阻止读 RWW 区

自编程期间（页擦除或页写），禁止读 RWW 区，用户软件要避免此类情况发生。RWW 区忙，将置 SPMCSR 寄存器的 RWWSB 位为 1。在自编程时，中断向量表应该移到 BLS 中，否则必须禁止中断。编程结束后，在寻址 RWW 区之前用户软件必须写 RWWSRE 来清零 RWWSB。

7. 通过 SPM 设置 Boot Loader 上锁位

要设置 Boot Loader 锁定位，先将要写的数据写入 R0，然后将"x0001001"写入 SPMCSR 寄存器，并在紧接着的四个时钟周期内执行 SPM 指令。仅可访问 Boot 锁定位（BLB）。利用这个锁定位可以阻止 MCU 对应用程序和 Boot Loader 区进行软件更新。

Bit	7	6	5	4	3	2	1	0
Rd	1	1	BLB12	BLB11	BLB02	BLB01	1	1

不同的 Boot Loader 锁定位设置对 Flash 访问的影响请参见表 1.2.51 与表 1.2.52。

如 R0 的位 5:2 为均 0,并在 SPMCSR 寄存器的 BLBSET 和 SPMEN 置位之后的四个周期内执行了 SPM 指令,相应的 BLB 将被编程。此操作不使用 Z 指针,但出于兼容性的考虑,建议将 Z 指针赋值为 0x0001(与读 Lock 位的操作相同)。同样出于兼容性的考虑,建议在写锁定位时将 R0 中的 7、6、1 和第 0 位置"1"。在编程锁定位的过程中可以自由访问整个 Flash 区。

8. 写 EEPROM 阻止写 SPMCR

EEPROM 写操作会阻止对 Flash 的软件编程,也阻止对熔丝位和锁定位的读操作。建议用户在对 SPMCR 寄存器进行写操作之前首先检查 EECR 寄存器的状态位 EEWE,确保此位已被清除。

9. 软件读取熔丝和上锁位

熔丝位和锁定位可以通过软件读取。读锁定位时,需要将 0x0001 给 Z 指针并且置位 SPMCSR 寄存器的 BLBSET 和 SPMEN。在 BLBSET 和 SPMEN 置位后的三个 CPU 周期内,执行 LPM 指令将把锁定位的值加载到目的寄存器。读锁定位操作结束,或在三个 CPU 周期内没有执行 LPM 指令,或在四个 CPU 周期内没有执行 SPM 指令,BLBSET 和 SPMEN 位将自动清零。BLBSET 和 SPMEN 清零后,LPM 将按照指令手册中所描述的那样工作。

Bit	7	6	5	4	3	2	1	0
Rd	–	–	BLB12	BLB11	BLB02	BLB01	LB2	LB1

读取熔丝位低字节的算法和上述读取锁定位的算法类似。要读取熔丝位低字节,需要将 0x0000 赋给 Z 指针并且置位 SPMCR 寄存器的 BLBSET 和 SPMEN。在 SPMCSR 操作之后的三个 CPU 周期内执行的 LPM 指令将把熔丝位低位字节的值(FLB)加载到目的寄存器。

Bit	7	6	5	4	3	2	1	0
Rd	FLB7	FLB6	FLB5	FLB4	FLB3	FLB2	FLB1	FLB0

类似地,读取熔丝位高位字节时,需要将 0x0003 赋给 Z 指针并且置位 SPMCR 寄存器的 BLBSET 和 SPMEN。在 SPMCSR 操作之后的三个 CPU 周期内执行的 LPM 指令将把熔丝位高位字节的值(FHB)加载到目的寄存器。

Bit	7	6	5	4	3	2	1	0
Rd	FHB7	FHB6	FHB5	FHB4	FHB3	FHB2	FHB1	FHB0

被编程的熔丝位和锁定位的读回值为"0"。未被编程的熔丝位和锁定位的读回值为"1"。

10. 防止 Flash 崩溃

低 VCC 工作电压期间,CPU 和 Flash 无法正常工作,Flash 的内容可能受到破坏。这个问题对于应用于板级系统的独立 Flash 一样存在。所以也要采用同样的解决方案。

电压太低时有两种情况会破坏 Flash 内容。第一,常规的 Flash 写过程需要一个最低电压。第二,电压太低时 CPU 本身会错误地执行指令。

遵循以下设计建议可以避免 Flash 被破坏(采用其中之一即可)：

① 如果系统不需要更新 Boot Loader，建议编程 Boot Loader 锁定位以防止 Boot Loader 软件更新。

② 电源电压不足期间，保持 AVR RESET 为低。如果工作电压与检测电平相匹配，可以使用内部掉电检测(BOD)功能；否则可以使用外部低电压复位保护电路。如果在写操作进行中发生了复位，只要电源电压足够，写操作还会完成。

③ 低电压期间保持 AVR 内核处于掉电休眠模式。这样可以防止 CPU 解码并执行指令，有效地保护 SPMCR 寄存器，从而防止无意地写 Flash。

11. 使用 SPM 时 Flash 的编程时间

校正 RC 振荡器为 Flash 访问提供时钟，表 1.2.54 给出了 CPU 访问 Flash 的典型编程时间。

表 1.2.54　SPM 编程时间

符　号	最小编程时间	最大编程时间
Flash 写(用 SPM 删除页，写页以及写上锁位)	3.7 ms	4.5 ms

12. Boot Loader 简单汇编代码示例

```
; − the routine writes one page of data from RAM to Flash
; the first data location in RAM is pointed to by the Y pointer
; the first data location in Flash is pointed to by the Z − pointer
; − error handling is not included
; − the routine must be placed inside the boot space
; (at least the Do_spm sub routine). Only code inside NRWW section can
; be read during self − programming (page erase and page write).
; − registers used：r0, r1, temp1 (r16), temp2 (r17), looplo (r24),
; loophi (r25), spmcrval (r20)
; storing and restoring of registers is not included in the routine
; register usage can be optimized at the expense of code size
; − It is assumed that either the interrupt table is moved to the Boot
; loader section or that the interrupts are disabled.
.equ PAGESIZEB = PAGESIZE * 2 ;PAGESIZEB is page size in BYTES, not words
.org SMALLBOOTSTART
Write_page：
; Page Erase
ldi spmcrval，(1<<PGERS) | (1<<SPMEN)
rcall Do_spm
; re − enable the RWW section
ldi spmcrval，(1<<RWWSRE) | (1<<SPMEN)
rcall Do_spm
; transfer data from RAM to Flash page buffer
```

```
ldi looplo, low(PAGESIZEB) ;init loop variable
ldi loophi, high(PAGESIZEB) ;not required for PAGESIZEB<=256
Wrloop:
ld r0, Y+
ld r1, Y+
ldi spmcrval, (1<<SPMEN)
rcall Do_spm
adiw ZH:ZL, 2
sbiw loophi:looplo, 2 ;use subi for PAGESIZEB<=256
brne Wrloop
; execute Page Write
subi ZL, low(PAGESIZEB) ;restore pointer
sbci ZH, high(PAGESIZEB) ;not required for PAGESIZEB<=256
ldi spmcrval, (1<<PGWRT) | (1<<SPMEN)
rcall Do_spm
; re-enable the RWW section
ldi spmcrval, (1<<RWWSRE) | (1<<SPMEN)
rcall Do_spm
; read back and check, optional
ldi looplo, low(PAGESIZEB) ;init loop variable
ldi loophi, high(PAGESIZEB) ;not required for PAGESIZEB<=256
subi YL, low(PAGESIZEB) ;restore pointer
sbci YH, high(PAGESIZEB)
Rdloop:
lpm r0, Z+
ld r1, Y+
cpse r0, r1
rjmp Error
sbiw loophi:looplo, 1 ;use subi for PAGESIZEB<=256
brne Rdloop
; return to RWW section
; verify that RWW section is safe to read
Return:
in temp1, SPMCR
sbrs temp1, RWWSB ; If RWWSB is set, the RWW section is not ready yet
ret
; re-enable the RWW section
ldi spmcrval, (1<<RWWSRE) | (1<<SPMEN)
rcall Do_spm
rjmp Return
Do_spm:
; check for previous SPM complete
```

```
Wait_spm：
in temp1，SPMCR
sbrc temp1，SPMEN
rjmp Wait_spm
; input：spmcrval determines SPM action
; disable interrupts if enabled，store status
in temp2，SREG
cli
; check that no EEPROM write access is present
Wait_ee：
sbic EECR，EEWE
rjmp Wait_ee
; SPM timed sequence
out SPMCR，spmcrval
spm
; restore SREG (to enable interrupts if originally enabled)
out SREG，temp2
ret
```

13. ATmega8A Boot Loader 参数

表格 1.2.55～表 1.2.57 给出了自编程使用的参数。

表 1.2.55　ATmega8A Boot 大小配置

BOOTSZ1	BOOTSZ0	Boot 大小	页	应用 Flash 区	Boot Loader Flash 区	应用区结束	Boot 复位地址
1	1	128 字	4	0x000～0xF7F	0xF80～0xFFF	0xF7F	0xF80
1	0	256 字	8	0x000～0xEFF	0xF00～0xFFF	0xEFF	0xF00
0	1	512 字	16	0x000～0xDFF	0xE00～0xFFF	0xDFF	0xE00
0	0	1024 字	32	0x000～0xBFF	0xC00～0xFFF	0xBFF	0xC00

表 1.2.56　ATmega8A 边读边写 RWW 限制

区	页	地址
RWW 区	96	0x000～0xBFF
NRWW 区	32	0xC00～0xFFF

表 1.2.57　上图中使用变量的解释及 Z 指针的映射

变量		对应 Z 值	说明
PCMSB	11		PC 的最高位(PC 是 12 位的：PC[11：0])
PAGEMSB	4		页内字地址的最高位(1 页 32 字需要 5 位 PC[4：0])
ZPCMSB		Z12	映射到 PCMSB 的 Z 寄存器位。因 Z0 不用，ZPCMSB = PCMSB + 1
ZPAGEMSB		Z5	映射到 PAGEMSB 的 Z 寄存器位。因 Z0 不用，ZPAGEMSB = PAGEMSB + 1
PCPAGE	PC[11：5]	Z12：Z6	PC 页地址：页选择，用于页擦除和写
PCWORD	PC[4：0]	Z5：Z1	PC 字地址：字选择，用于填充临时缓冲器(在页写操作时须为"0")

注：Z15：Z13 一直被忽略；对所有 SPM 命令，字节选择的 LPM 指令，Z0 应为"0"。

1.2.16.8　寄存器

与 Boot Loader 有关的寄存器主要是有存储程序存储器控制寄存器(SPMCR)，简明的寄存器控制位和作用如下。

存储程序存储器控制寄存器(SPMCR) 是 8 位的 I/O 寄存器，包含控制 Boot Loader 操作的控制位，偏移地址是 0x37，芯片复位后其值为 0x00。ADMUX 每一位的定义如下：

Bit	7	6	5	4	3	2	1	0
	SPMIE	RWWSB		RWWSRE	BLBSET	PGWRT	PGERS	SPMEN
Access	R/W	R		R/W	R/W	R/W	R/W	R/W
Reset	0	0		0	0	0	0	0

Bit 7 为 SPMIE：SPM 中断允许。当 SPMIE 置位，且状态寄存器的 I 位也置位，开启 SPM 准备好中断。SPMCSR 寄存器的 SPMEN 一清零就执行 SPM 准备好中断。

Bit 6 为 RWWSB：RWW 区忙。在启动 RWW 区的自编程(页擦除或写)操作时，RWWSB 将被硬件置"1"。RWWSB 置位时不能访问 RWW 区。自编程操作完成后，如果 RWWSRE 写"1"，RWWSB 位将被清除。另外，启动页加载操作将使 RWWSB 位自动清零。

Bit 4 为 RWWSRE：RWW 区读使能。在 RWW 区编程(页擦除或写)时，禁止 RWW 区的读操作(RWWSB 被硬件置"1")。用户软件必须等到编程结束(SPMEN 清零)才能重新使能 RWW 区。如果 RWWSRE 位和 SPMEN 同时被写入"1"，那么在紧接着的四个时钟周期内的 SPM 指令将再次使能 RWW 区。如果 Flash 忙于页擦除或页写入(SPMEN 置位)，RWW 区不能被重新使能。如果 Flash 加载时写 RWWSRE 位，那么 Flash 加载操作终止，加载的数据亦将丢失。

Bit 3 为 BLBSET：Boot 上锁位设置。如果此位与 SPMEN 同时置"1"，紧接着的四个时钟周期内的 SPM 指令会根据 R0 中的数据设置 Boot 锁定位。R1 中的数据和 Z 指针的地

址信息被忽略。锁定位设置完成,或在四个时钟周期内没有 SPM 指令被执行时,BLBSET
自动清零。

在 SPMCSR 寄存器的 BLBSET 和 SPMEN 置位后的三个周期内运行的 LPM 指令将读
取锁定位或熔丝位(取决于 Z 指针的 Z0)并送到目的寄存器。

Bit 2 为 PGWRT:页写。如果此位和 SPMEN 同时置"1",紧接着的四个时钟周期内的
SPM 指令执行页写功能,即将临时缓冲器中存储的数据写到 Flash,页地址取自 Z 指针的高
位部分。R1 和 R0 的数据则被忽略。页写操作完成,或在四个时钟周期内没有 SPM 指令被
执行时,PGWRT 自动清零。如果页写对象为 NRWW 区,在整个页写操作过程中 CPU
停止。

Bit 1 为 PGERS:页删除。如果此位与 SPMEN 同时置"1",紧接着的四个时钟周期内的
SPM 指令执行页擦除功能。页地址取自 Z 指针的高位部分,R1 和 R0 的数据则被忽略。页
擦除操作完成,或在四个时钟周期内没有 SPM 指令被执行时,PGERS 自动清零。如果页写
对象为 NRWW 区,在整个页擦除操作过程中 CPU 停止。

Bit 0 为 SPMEN:开启存储程序存储器。此位在紧接着的四个时钟周期内开启 SPM 指
令。如果此位与 RWWSRE、BLBSET、PGWRT 或 PGERS 之一同时置"1",如上所述,接下
来的 SPM 指令将有特殊的含义。如果只有 SPMEN 置位,那么接下来的 SPM 指令将把
R1:R0 中的数据存储到由 Z 指针确定的临时页缓冲器。Z 指针的 LSB 被忽略。SPM 指令
完成,或在四个时钟周期内无 SPM 指令被执行时,SPMEN 自动清零。在页擦除和页写期间
SPMEN 保持为"1"直到操作完成。

低五位写入除"10001""01001""00101""00011"或"00001"外的任何组合都无效。

1.2.17　存储器编程

1.2.17.1　程序和数据存储器上锁位

ATmega8A 提供了六个上锁位,根据其被编程("0")还是没有被编程("1")的情况可以
获得表 1.2.58 列出的附加性能。上锁位只能通过芯片擦除命令擦写为"1"。上锁位的保护
模式见表 1.2.59。

表 1.2.58　上锁位字节

上锁位字节	位号	说明	默认值	上锁位字节	位号	说明	默认值
	7	—	1:未编程	BLB02	3	Boot 上锁位	1:未编程
	6	—	1:未编程	BLB01	2	Boot 上锁位	1:未编程
BLB12	5	Boot 上锁位	1:未编程	LB2	1	上锁位	1:未编程
BLB11	4	Boot 上锁位	1:未编程	LB1	0	上锁位	1:未编程

表 1.2.59　上锁位保护模式

存储器上锁位			保护类型
LB 模式	LB2	LB1	
1	1	1	存储器上锁特性没有开启
2	1	0	在并行和串行编程模式 Flash 和 EEPROM 编程被禁止,熔丝位上锁
3	0	0	在并行和串行编程模式 Flash 和 EEPROM 编程和验证被禁止,熔丝位上锁
BLB0	BLB02	BLB01	
1	1	1	SPM 和 LPM 对应用区的访问没有限制
2	1	0	SPM 不允许写应用区
3	0	0	SPM 不允许写应用区,从 Boot Loader 区执行 LPM 不允许读取应用区,若中断放在 Boot Loader 区,从应用区执行时禁止中断
4	0	1	从 Boot Loader 区执行 LPM 不允许从应用区读,如中断向量放在 Boot Loader 区,从应用区执行时禁止中断
BLB1	BLB12	BLB11	
1	1	1	SPM 和 LPM 对 Boot Loader 区的访问没有限制
2	1	0	SPM 不允许写 Boot Loader 区
3	0	0	SPM 不允许写 Boot Loader 区,从应用区执行 LPM 时不允许读取 Boot Loader 区,若中断放在应用区,从 Boot Loader 区执行时禁止中断
4	0	1	从应用区执行 LPM 时不允许从 Boot Loader 区读,如中断向量放在应用区,从 Boot Loader 区执行时禁止中断

注:编程上锁位前先编程熔丝位;"1"代表未编程,"0"代表已编程。

1.2.17.2　熔丝位

ATmega8A 有两个熔丝位字节。表 1.2.60 和表 1.2.61 简单地描述了所有熔丝位的功能以及如何映射到熔丝字节的。如果读熔丝位返回"0",表示此位已编程。

表 1.2.60　熔丝高字节

名称	位	说明	默认值	名称	位	说明	默认值
RSTDISBL	7	PC6 选 I/O:RESET	1 - PC6:RESET	EESAVE	3	擦除芯片保留 EEPROM	1,不保留
WDTON	6	WDT 常开	1 - WDTCR 开启	BOOTSZ1	2	选择 Boot 大小	0
SPIEN	5	开启串行编程	0 - 开启 SPI 编程	BOOTSZ0	1	选择 Boot 大小	0
CKOPT	4	振荡器选项	1	BOOTRST	0	选择复位向量	1

注:串行编程模式 SPIEN 熔丝不可访问;CKOPT 熔丝功能依靠 CKSEL 位的设置;默认 BOOTSZ1:0 为最大 Boot 尺寸;当编程 RSTDISBL 熔丝时,改变熔丝或后期编程须用并行编程。

表 1.2.61　熔丝低字节

名称	位	说明	默认值	名称	位	说明	默认值
BODLEVEL	7	BOD 触发电平	1	CKSEL3	3	选择时钟源	0
BODEN	6	BOD 开启	1:禁止 BOD	CKSEL2	2	选择时钟源	0
SUT1	5	选择启动时间	1	CKSEL1	1	选择时钟源	0
SUT0	4	选择启动时间	0	CKSEL0	0	选择时钟源	1

注:默认 SUT1:0 为最大的启动时间;默认 CKSEL3:0 用 1 MHz 片内 RC 振荡器。

芯片擦除不影响熔丝位的状态。如果锁定位 1(LB1)被编程,那么熔丝位被锁定。在编程锁定位前先编程熔丝位。

芯片进入编程模式时熔丝位的值被锁存,其间熔丝位值的改变不会生效,除非器件退出编程模式。不过这不适用于 EESAVE 熔丝位,因为它一旦被编程立即起作用。在正常工作模式上电时熔丝位也被锁存。

1.2.17.3　签名字节

所有的 Atmel 微控制器都具有一个三字节的标识(签名)代码用来区分器件型号。这个代码可以通过串行和并行模式读取,即使芯片被锁定了。这三个字节分别存储于三个独立的地址空间。对于 ATmega8A 的签名字节如表 1.2.62 所示。

表 1.2.62　ATmega8A 器件 ID

器件型号	签名字节地址		
	0x000	0x001	0x002
ATmega8A	0x1E	0x93	0x07

1.2.17.4　校正字节

ATmega8A 内部 RC 振荡器存储了四个不同的校准值,位于签名行的高字节,地址为 0x0000,0x0001,0x0002,0x0003,并分别对应 1 MHz,2 MHz,4 MHz,8 MHz。在复位期间,1 MHz 的标定值被自动载入 OSCCAL 寄存器。若需用其他频率标定值,则需手动载入。

1.2.17.5　页大小

Flash 和 EEPROM 中的负数与每页字数分别见表 1.2.63、表 1.2.64。

表 1.2.63　Flash 中的页数与每页字数

器件	Flash 大小	页大小	PCWORD	页数	PCPAGE	PCMSB
ATmega8A	4 K 字/8 K 字节	32 字	PC[4:0]	128	PC[11:5]	11

表 1.2.64　　EEPROM 中的页数与每页字数

器件	EEPROM 大小	页大小	PCWORD	页数	PCPAGE	EEAMSB
ATmega8A	512 字节	4 字	EEA[1:0]	128	EEA[8:2]	8

1.2.17.6　并行编程参数、管脚映射与命令

本节介绍如何并行编程和校验 ATmega8A 的 Flash 程序存储器、EEPROM 数据存储器、存储锁定位及熔丝位。除非另有说明，脉冲宽度至少为 250 ns。

ATmega8A 的相关引脚以并行编程信号的名称进行引用，如图 1.2.87 和表 1.2.65 所示。表中没有的引脚沿用原来的称谓。进入编程模式的管脚值见表 1.2.66。

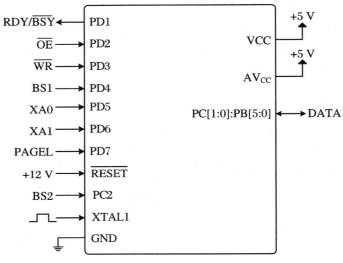

图 1.2.87　并行编程

表 1.2.65　管脚名映射/对照

信号名	管脚名	I/O	功能	信号名	管脚名	I/O	功能
RDY/$\overline{\text{BSY}}$	PD1	O	0:芯片忙编程， 1:芯片等新命令	XA1	PD6	I	XTAL 动作位 1
$\overline{\text{OE}}$	PD2	I	输出使能，低有效	PAGEL	PD7	I	程序存储器和 EEPROM 数据页加载
$\overline{\text{WR}}$	PD3	I	写信号，低有效	BS2	PC2	I	字节选择 2： 0-低字节,1-高字节
BS1	PD4	I	字节选择 1： 0-低字节,1-高字节	DATA	{PC[1:0], PB[5:0]}	I/O	双向数据总线$\overline{\text{OE}}=0$ 输出
XA0	PD5	I	XTAL 动作位 0				

表 1.2.66　进入编程模式的管脚值

管脚	符号	值	管脚	符号	值
PAGEL	Prog_enable[3]	0	XA0	Prog_enable[1]	0
XA1	Prog_enable[2]	0	BS1	Prog_enable[0]	0

在给 XTAL1 管脚一个正脉冲，XA1/XA0 决定要执行的操作。具体编码请见表1.2.67。

表 1.2.67　XA1 和 XA0 编码

XA1	XA0	XTAL1 有脉冲时的动作	XA1	XA0	XTAL1 有脉冲时的动作
0	0	加载 Flash 或 EEPROM 地址 （由 BS1 确定高/低地址字节）	1	0	加载命令
0	1	加载数据 （由 BS1 确定 Flash 高/低数据字节）	1	1	无动作,空闲

给/WR 或/OE 输入脉冲时所加载的命令决定了要执行的操作。具体命令请见表1.2.68。

表 1.2.68　命令字节位编码

命令字节	命令执行	命令字节	命令执行
1000 0000	芯片擦除	0000 1000	读签名字节和校正字节
0100 0000	写熔丝位	0000 0100	读熔丝位和上锁位
0010 0000	写上锁位	0000 0010	读 Flash
0001 0000	写 Flash	0000 0011	读 EEPROM
0001 0001	写 EEPROM		

1.2.17.7　并行编程

1. 进入编程模式

以下方法与步骤可使 ATmega8A 进入并行编程模式：

① 在 VCC 和 GND 间施加 4.5～5.5 V 的电压,并至少等待 100 μs。

② 设置$\overline{\text{RESET}}$为低电平,并至少切换 XTAL1 电平 6 次。

③ 设置表 1.2.66 列出的 Prog_enable 为"0000",并至少等待 100 ns。

④ 在$\overline{\text{RESET}}$管脚施加 11.5～12.5 V 的电压,之后 100 ns 内 Prog_enable 管脚上的任何动作,都会导致无法进入编程模式。

注意：如对 RSTDISBL 熔丝位的编程将$\overline{\text{RESET}}$引脚禁用,就不能按上述的方法；同样的,若选择外部晶体或外部 RC 配置,不能给 XTAL1 提供合格的脉冲。这时应采取如下方法：

① 设置表 1.2.66 列出的 Prog_enable 为"0000"。

② 在 VCC 和 GND 间施加 4.5～5.5 V 的电压,同时在$\overline{\text{RESET}}$管脚施加 11.5～12.5 V

的电压。

③ 等待 100 ns。

④ 对熔丝位重编程,保证外部时钟源作为系统时钟(CKSEL3:0 = 0b0000)并且 $\overline{\text{RESET}}$ 管脚激活(RSTDISBL = 1)。如果锁定位已编程,在改变熔丝前必须执行芯片擦除指令。

⑤ 关闭电源或置 $\overline{\text{RESET}}$ 引脚为 0,退出编程模式。

⑥ 用上面讲到初始方法再进入编程模式。

2. 高效编程细节

在编程期间,加载的命令及地址保持在器件内。为了实现高效的编程应考虑以下因素:

① 对多个存储单元进行读或写操作时,命令仅需加载一次。

② 跳过要写入 0xFF 的数据,因为这是执行芯片擦除后 Flash 及 EEPROM(除非 EESAVE 熔丝位被编程)的内容。

③ 只有在编程或新读取 256 字节 Flash 或 256 字节 EEPROM 前才需要加载地址高位字节。在读标识字节时也需考虑这一点。

3. 芯片擦除

芯片擦除会擦除 Flash 和 EEPROM 存储器及锁定位。程序存储器没有完全擦除之前锁定位不会复位。芯片擦除不影响熔丝位。在 Flash 与/或 EEPROM 再编程前,必须擦除芯片。

注意:如果 EESAVE 熔丝位被编程,那么在芯片擦除时 EEPRPOM 不受影响。

加载"芯片擦除"命令的过程如下:

① 设置 XA1 & XA0 为"10",启动命令加载。

② 设置 BS1 为"0"。

③ 设置 DATA 为"1000 0000"。这是芯片擦除命令。

④ 给 XTAL1 提供一个正脉冲,进行命令加载。

⑤ 给 $\overline{\text{WR}}$ 提供一个负脉冲,启动芯片擦除,RDY/$\overline{\text{BSY}}$ 变低。

⑥ 等待 RDY/$\overline{\text{BSY}}$ 变高,然后才能加载新命令。

4. 编程(烧写)Flash

Flash 是以页的形式组织起来的,如表 1.2.63 所示。编程 Flash 时,程序数据被锁存到页缓冲区中。这就允许一页程序数据同时进行编程(烧写)。如下步骤描述了如何对整个 Flash 进行编程:

步骤 A 加载"写 Flash"命令:

① 设置 XA1 & XA0 为"10",启动命令加载。

② 设置 BS1 为"0"。

③ 设置 DATA 为"0001 0000",这是写 Flash 命令。

④ 给 XTAL1 提供一个正脉冲以加载命令。

步骤 B 加载地址低字节:

① 设置 XA1 & XA0 为"00",启动地址加载。

② 设置 BS1 为"0",选择低位地址。

③ 设置 DATA 为地址低位字节（0x00～0xFF）。

④ 给 XTAL1 提供一个正脉冲，加载地址低位字节。

步骤 C　加载数据低位字节：

① 设置 XA1 & XA0 为"01"，启动数据加载。

② 设置 DATA 为数据低位字节（0x00～0xFF）。

③ 给 XTAL1 提供一个正脉冲，加载数据字节。

步骤 D　加载数据高位字节：

① 设置 BS1 为"1"，选择数据高位字节。

② 设置 XA1 & XA0 为"01"，启动数据加载。

③ 设置 DATA 为数据高位字节（0x00～0xFF）。

④ 给 XTAL1 提供一个正脉冲，进行数据字节加载。

步骤 E　锁存数据：

① 设置 BS1 为"1"，选择数据高位字节。

② 给 PAGEL 提供一个正脉冲，锁存数据字节（见图 1.2.88 信号波形）。

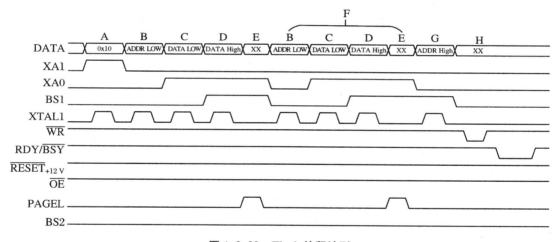

图 1.2.88　Flash 编程波形

"XX"不用关注；字母与之前的操作步骤对应

步骤 F　重复步骤 B 到 E，直到整个缓冲区填满或此页中所有的数据都已加载。

地址信息中的低位用于页内寻址，高位用于 Flash 页的寻址，详见图 1.2.89。如果页内寻址少于 8 位（页大小 < 256），那么进行页写操作时地址低字节中的高位用于页寻址。

步骤 G　加载地址高位字节：

① 设置 XA1 & XA0 为"00"，启动地址加载操作。

② 设置 BS1 为"1"，选择高位地址。

③ 设置 DATA 为地址高位字节（0x00～0xFF）。

④ 给 XTAL1 提供一个正脉冲，加载地址高位字节。

步骤 H　编程页：

① 设置 BS1 ＝0。

② 给 $\overline{\text{WR}}$ 提供一个负脉冲,对整页数据进行编程,RDY/$\overline{\text{BSY}}$ 变低。

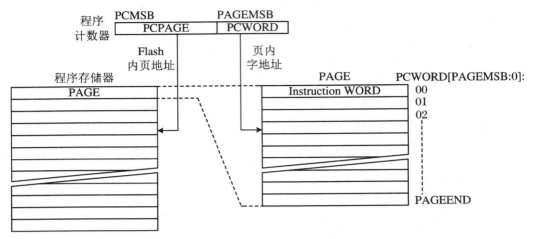

图 1.2.89 寻址 Flash(以页构成)

③ 等待 RDY/$\overline{\text{BSY}}$ 变高(见图 1.2.88 信号波形)。

步骤 I 重复步骤 B 到 H,直到整个 Flash 编程结束或者所有的数据都被编程。

步骤 J 结束页编程:

① 设置 XA1 & XA0 为"10",启动命令加载操作。

② 设置 DATA 为"0000 0000",这是空操作指令。

③ 给 XTAL1 提供一个正脉冲,加载命令,内部写信号复位。

5.编程 EEPROM

EEPROM 也以页为单位,如表 1.2.64 所示。编程 EEPROM 时,编程数据锁存于页缓冲区中。这样可以同时对一页数据进行编程。EEPROM 数据存储器编程方法如下(命令、地址及数据加载的细节请参见上节"编程 Flash")

步骤 A 加载命令"0001 0001"。

步骤 G 加载地址高位字节(0x00~0xFF)。

步骤 B 加载地址低位字节(0x00~0xFF)。

步骤 C 加载数据(0x00~0xFF)。

步骤 E 锁存数据(给 PAGEL 一个正脉冲)。

步骤 K 重复步骤 B、C、E,直到整个缓冲区填满。

步骤 L 对 EEPROM 页进行编程:

L.1:设置 BS1 为"0"。

L.2:给 $\overline{\text{WR}}$ 一个负脉冲,开始对 EEPROM 页进行编程,RDY/$\overline{\text{BSY}}$ 变低。

L.3:等到 RDY/$\overline{\text{BSY}}$ 变高再对下一页进行编程(图 1.2.90 信号波形)。

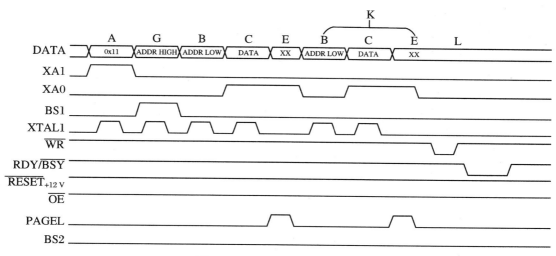

图 1.2.90　EEPROM 编程波形

6. 读取 Flash

读取 Flash 存储器的方法如下（对于命令和地址加载的细节请参见"编程 Flash"）：

步骤 A　加载命令"0000 0010"。

步骤 G　加载地址高位字节（0x00～0xFF）。

步骤 B　加载地址低位字节（0x00～0xFF）。

设置 $\overline{OE}$ 为"0"，BS1 为"0"，然后从 DATA 读出 Flash 字的低位字节。

设置 BS1 为"1"，然后从 DATA 读出 Flash 字的高位字节。

将 $\overline{OE}$ 置"1"。

7. 读取 EEPROM

读取 EEPROM 存储器的方法如下（对于命令和地址加载的细节请参见"编程 Flash"）：

步骤 A　加载命令"0000 0011"。

步骤 G　加载地址高位字节（0x00～0xFF）。

步骤 B　加载地址低位字节（0x00～0xFF）。

设置 $\overline{OE}$ 为"0"，BS1 为"0"，然后从 DATA 读出 EEPROM 数据字节。

将 $\overline{OE}$ 置"1"。

8. 编程熔丝低位

编程熔丝低位的方法如下（对于命令和地址加载的细节请参见"编程 Flash"）：

步骤 A　加载命令"0100 0000"。

步骤 C　加载数据低字节。Bitn＝0 编程，Bitn＝1 擦除熔丝位。

设置 BS1 和 BS2 为"0"。

给 $\overline{WR}$ 提供一个负脉冲，等待 RDY/$\overline{BSY}$ 变高。

9. 编程熔丝高位

编程熔丝高位的方法如下（对于命令和地址加载的细节请参见"编程 Flash"）：

步骤 A　加载命令"0100 0000"。

步骤 C　加载数据低字节。Bitn＝0 编程，Bitn＝1 擦除熔丝位。

设置 BS1 为"1"和 BS2 为"0"。选择高数据字节。

给$\overline{\text{WR}}$提供一个负脉冲，等待 RDY/$\overline{\text{BSY}}$变高。

设置 BS1 为"0"，选择低数据字节。

10. 编程上锁位

编程上锁位的方法如下（对于命令和地址加载的细节请参见"编程 Flash"）：

步骤 A　加载命令"0010 0000"。

步骤 C　加载数据低字节。Bitn＝0 编程上锁位。

给$\overline{\text{WR}}$提供一个负脉冲，等待 RDY/$\overline{\text{BSY}}$变高。

上锁位仅通过芯片擦除清除。

11. 读熔丝和上锁位

读取熔丝和上锁位的方法如下（对于命令和地址加载的细节请参见"编程 Flash"）：

步骤 A　加载命令"0000 0100"。

设置$\overline{\text{OE}}$为"0"，BS2 为"0"，BS1 为"0"，可通过 DATA 读取熔丝低位的状态。

设置$\overline{\text{OE}}$为"0"，BS2 为"1"，BS1 为"1"，可通过 DATA 读取熔丝高位的状态。

设置$\overline{\text{OE}}$为"0"，BS2 为"0"，BS1 为"1"，可通过 DATA 读取上锁位的状态。

设置$\overline{\text{OE}}$为"1"。读操作过程中 BS1、BS2 与熔丝位及上锁位的对应关系见图 1.2.91。

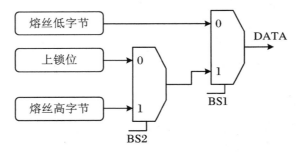

图 1.2.91　读操作过程中 BS1、BS2 与熔丝位及上锁位的对应关系

12. 读取签名字节

读取签名字节的方法如下（对于命令和地址加载的细节请参见"编程 Flash"）：

步骤 A　加载命令"0000 1000"。

步骤 B　加载地址低字节（0x00～0x02）。

设置$\overline{\text{OE}}$为"0"，BS1 为"0"，可通过 DATA 读取签名字节。

设置$\overline{\text{OE}}$为"1"。

13. 读取校正字节

读取校正字节的方法如下（对于命令和地址加载的细节请参见"编程 Flash"）：

步骤 A　加载命令"0000 1000"。

步骤 B　加载地址低字节（0x00～0x03）。

设置$\overline{\text{OE}}$为"0"，BS1 为"1"，可通过 DATA 读取校正字节。

设置$\overline{\text{OE}}$为"1"。

1.2.17.8　串行下载

当 $\overline{\text{RESET}}$ 为低电平时,可以通过串行 SPI 总线对 Flash 及 EEPROM 存储器阵列进行编程。串行接口包括 SCK、MOSI(输入)及 MISO(输出)。$\overline{\text{RESET}}$ 为低电平之后,应在执行编程/擦除操作之前执行编程使能指令。SPI 编程引脚的映射在下节给出。

1.2.17.9　串行编程管脚映射

串行编程管脚映射说明见表 1.2.69。

表 1.2.69　串行编程管脚映射

符号	管脚	I/O	说明
MOSI	PB3	I	串行数据输入
MISO	PB4	O	串行数据输出
SCK	PB5	I	串行时钟

如果由内部振荡器提供时钟,XTAL1 管脚可不接时钟源;VCC $-$ 0.3 $<$ AVCC $<$ VCC $+$ 0.3,且必须在 2.7~5.5 V 范围内。

在编程 EEPROM 时,MCU 在自定时的编程操作中会插入一个自动擦除周期,从而无需先执行芯片擦除命令。芯片擦除操作将 Flash 及 EEPROM 的内容都改为 0xFF。

根据 CKSEL 熔丝位,当前时钟必须有效。串行时钟(SCK)的最小低电平时间和最小高电平时间要满足如下要求:

低:f_{ck} $<$ 12 MHz 时要大于 2 个 CPU 时钟周期,f_{ck} $\geqslant$ 12 MHz 时要大于 3 个 CPU 时钟周期。

高:f_{ck} $<$ 12 MHz 时要大于 2 个 CPU 时钟周期,f_{ck} $\geqslant$ 12 MHz 时要大于 3 个 CPU 时钟周期。

1. 串行编程方法

在向 ATmega8A 写入串行数据时,数据在 SCK 的上升沿锁存写入。

在从 ATmega8A 读取数据时,数据在 SCK 的下降沿输出。时序细节见图 1.2.92。

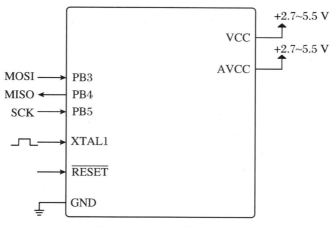

图 1.2.92　串行编程与校验

在串行编程模式下对 ATmega8A 进行编程及校验时,应遵循以下的步骤:

① 上电顺序:在 VCC 及 GND 加电时, RESET 及 SCK 要为"0"时,在一些系统中,编程器不能保证在上电时 SCK 为低电平。在这种情况下,SCK 拉低之后应在 $\overline{\text{RESET}}$ 加一正脉冲,而且这个脉冲至少要维持 2 个 CPU 时钟周期。

② 上电之后至少等待 20 ms,然后向 MOSI 引脚发送串行编程开启指令以启动串行编程。

③ 通信不同步将造成串行编程指令不工作。同步之后,在发送编程开始指令的第三个字节时,第二个字节的内容(0x53)将被反馈回来。不论反馈的内容正确与否,指令的 4 个字节必须全部传输。如果 0x53 未被反馈,那么需要向 RESET 提供一个正脉冲以开始新的编程使能指令。

④ Flash 的编程以一次一页的方式进行。存储器加载页一次一个字节,需与程序存储器页加载指令一起提供地址的低 5 位和数据。为保证页加载的正确性,应先向给定地址加载数据低字节,再加载高字节。程序存储器页通过高 7 位地址的写程序存储器页指令进行存储。如果不使用查询方式,那么在处理下一页数据之前应等待至少 $t_{\text{WD\_Flash}}$ 的时间(见表 1.2.70)。

⑤ 注意:在写操作(Flash,EEPROM,上锁位,熔丝)完成前对其进行除查询(读)以外的其他指令,会导致编程错误。

⑥ 对 EEPROM 阵列的编程是一次一个字节,需与相应的写指令一起提供地址和数据。EEPROM 存储单元总是在写入新数据之前自动擦除。如果不使用查询的方式,那么在操作下一字节数据之前应等待至少 $t_{\text{WD\_EEPROM}}$ 的时间(见表 1.2.70)。对于全片擦除之后的芯片,数据文件种不为 0xFF 的才编程。

⑦ 可通过读指令来校验任何一个存储单元的内容,数据从串行输出口 MISO 输出。

⑧ 编程结束后可将 $\overline{\text{RESET}}$ 拉高以开始正常操作。

⑨ 关电顺序(如果需要):将 $\overline{\text{RESET}}$ 置"1",切断 VCC。

2. Flash 数据轮询

当 Flash 某一页正在编程时,读取此页中的内容将得到 0xFF。在器件准备好下一页时,被编程的数据可以正确读出。通过这种方法可以确定何时写下一页。由于整个页是同时编程的,这一页中的任何一个地址都可以用来查询。Flash 数据查询不适用于数据 0xFF,因此,在编程 0xFF 时,用户至少要等待 $t_{\text{WD\_Flash}}$ 才能进行下一页的编程。因为全片擦除将所有的单元变为 0xFF,所以编程数据为 0xFF 时可以跳过这个操作。$t_{\text{WD\_Flash}}$ 的值见表1.2.70。

3. EEPROM 数据轮询

当写一个新字节并编程到 EEPROM 时,读取此地址将返回 0xFF。在器件准备好一个新字节时,被编程的数据可以正确读出。这一方法可用来判断何时可写下一个字节,但这对数据 0xFF 无效。用户应该考虑到,全片擦除将所有的单元改为 0xFF,所以编程数据为 0xFF 时可以跳过这个操作。不过这不适用于全片擦除时 EEPROM 内容被保留的情况。用户若在此时编程 0xFF,在进行下一字节编程之前至少等待 $t_{\text{WD\_EEPROM}}$ 的时间。$t_{\text{WD\_EEPROM}}$ 的值见表 1.2.70。

表 1.2.70　在写下个 Flash 或 EEPROM 地址前需要的最小等待延时

符号	最小等待延时(ms)	符号	最小等待延时(ms)
t_{WD_FUSE}	4.5	t_{WD_EEPROM}	9.0
t_{WD_Flash}	4.5	t_{WD_ERASE}	9.0

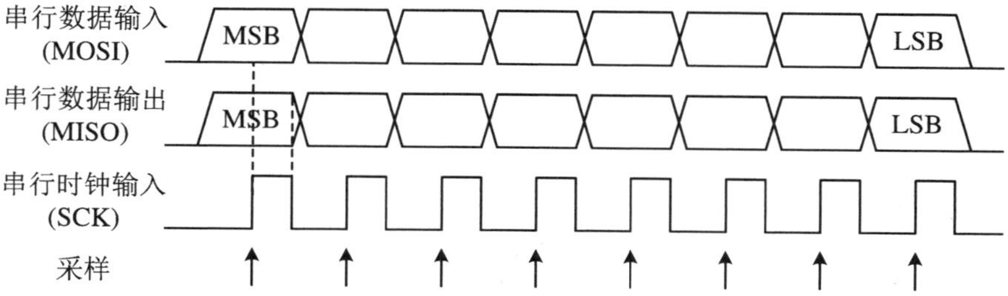

图 1.2.93　串行编程波形

各串行编程指令的操作说明见表 1.2.71。

表 1.2.71　串行编程指令集

指令	指令格式				操作
	字节 1	字节 2	字节 3	字节 4	
编程允许	1010 1100	0101 0011	xxxx xxxx	xxxx xxxx	在 $\overline{RESET}$ 变低后使能串行编程
芯片擦除	1010 1100	100x xxxx	xxxx xxxx	xxxx xxxx	EEPROM 和 Flash 片擦除
读程序存储器	0010 H000	0000 aaaa	bbbb bbbb	oooo oooo	从程序存储器字地址 a:b 读 H (高/低)数据 o
加载程序存储器页	0100 H000	0000 xxxx	xxxb bbbb	i iii iiii	向程序存储器字地址 b 写 H(高/低)数据 i。先低字节,后高字节
写程序存储器页	0100 1100	0000 aaaa	bbbx xxxx	xxxx xxxx	写程序存储器页地址 a:b
读 EEPROM 存储器	1010 0000	00xx xxxa	bbbb bbbb	oooo oooo	从 EEPROM 存储器地址 a:b 读数据 o
写 EEPROM 存储器	1100 0000	00xx xxxa	bbbb bbbb	iiii iiii	写数据 i 到 EEPROM 存储器地址 a:b
读上锁位	0101 1000	0000 0000	xxxx xxxx	xxoo oooo	读上锁位,0 为已编程,1 为未编程
写上锁位	1010 1100	111x xxxx	xxxx xxxx	11ii iiii	写上锁位,0 为编程上锁位
读签名字节	0011 0000	00xx xxxx	xxxx xxbb	oooo oooo	读地址 b 处的签名字节 o
写熔丝位	1010 1100	1010 0000	xxxx xxxx	iiii iiii	0 为编程,1 为去编程
写熔丝高位	1010 1100	1010 1000	xxxx xxxx	iiii iiii	0 为编程,1 为去编程
读熔丝位	0101 0000	0000 0000	xxxx xxxx	oooo oooo	读熔丝位,0 为已编程,1 为未编程
读熔丝高位	0101 1000	0000 1000	xxxx xxxx	oooo oooo	读熔丝高位,0 为已编程,1 为未编程
读校正字节	0011 1000	00xx xxxx	0000 00bb	oooo oooo	读校正字节

注:a=地址高位;b=地址低位;H=0 为低字节,1 为高字节;o=数据输出;i=数据输入;x=忽略。

1.3 常用电子仪器设备的使用

1.3.1 数字万用表的使用

数字万用表具有灵敏度高、准确度高、显示清晰、过载能力强、便于携带、使用简单等特点,数字万用表可以用来测量电流、电压、电阻、电容等常见电子电路与元器件的参数,因此学习和掌握数字万用表的使用是电子信息等初学者所必需的。

数字万用表有手持式和台式之分,另外万用表的重要计数指标是测量精度以及显示位数。常用手持数字万用表的面板和相关符号的含义如图 1.3.1 所示。

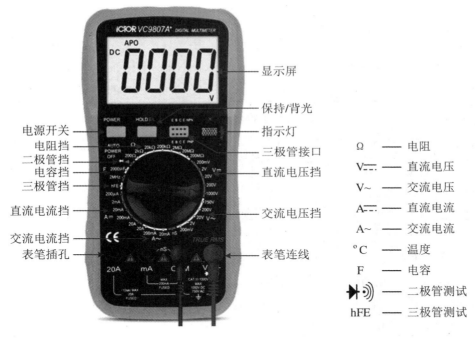

图 1.3.1　数字万用表的面板和符号含义

在图 1.3.1 中可以看到万用表有好几种挡位,每种测量挡位又有不同的量程,如电阻挡有 $200,2\times10^3,20\times10^3,200\times10^3,2\times10^6,20\times10^6,200\times10^6$ 七个量程;交流电压挡有 2 V,20 V,200 V,750 V 四个量程;直流电压挡有 200 mV,2 V,20 V,200 V,1000 V 五个量程;交流电流挡有 20 mA,200 mA,20 A 三个量程;直流电流挡有 200 μA,2 mA,20 mA,200 mA,20 A 五个量程等等。

在用数字万用表检测、测量前需要注意以下几点:

① 测量前先检查红、黑表笔连接的位置是否正确。根据测量参数的不同将红表笔插到对应的红色接孔或标有"＋"的插孔内,黑色表笔只能插到黑色或标有 COM 的插孔内。不能反接,否则在测量直流时会因正负极的反接而损坏万用表。

② 在表笔连接被测电路前,一定要检查所选挡位与测量对象参数是否相符,如果误用挡位和量程,不仅得不到测量结果反而会损坏万用表。

③ 测量时,手指不要触及表笔的金属部分和被测元器件。

④ 测量中如需转换量程,必须在表笔离开被测电路后才能进行,否则,量程旋钮转动产生的电弧易烧坏选择开关触点,造成接触不良的故障,还会损坏被测电路。

⑤ 在实际测量中,经常要测量多种参数,每次测量前要根据每次测量任务把量程开关转换到相应的挡位和量程。

⑥ 测电压、电流时如不知道其大小范围,要从高量程往下测,有了基本读数,再用接近的小量程测出准确值;测量电阻时,先用低量程去测,再用接近的大量程测量。

⑦ 测量完成,量程旋钮应置于交流电压最大挡量程或二极管挡,也可直接关闭电源。

1. 用数字万用表测量电阻

① 将量程旋钮置于 Ω 挡的适当量程上,黑表笔插 COM 孔,红表笔插入 V/Ω 孔。

② 打开万用表电源,将两只表笔连接在一起,通过显示屏判断万用表可用否。

③ 将两只表笔接到被测电阻两端(表笔不分正负),从显示屏读取电阻值。

④ 测量时需要注意:被测电阻不能处于带电电路中,被测电阻必须是孤立的。

2. 用数字万用表测量电流

① 将量程旋钮调节到 A～(交流)或 A --- (直流)挡的适当量程上;

② 黑表笔插 COM 孔,红表笔插入对应的 mA(最大测量电流 200 mA)或 20A 孔;

③ 断开电路,将万用表串接到被测电路中,被测线路中的电流从一端流入红表笔,经万用表黑表笔流出,再流入被测线路中;

④ 接通电路,从显示屏读取电流大小。

3. 用数字万用表测量电压

① 将量程旋钮调节到 V - (直流)或 V～(交流)挡的适当量程上;

② 黑表笔插入 COM 孔,红表笔插入 V/Ω 孔;

③ 将表笔接到被测电路(电源或电池等)两端,保持接触稳定;

④ 从显示屏读取电压大小,若显示为"1.",说明量程选小了,要加大量程后再测量。若在数值左边出现"-",说明表笔极性与实际被测电压极性相反,此时红表笔接的是负极(交流电压无正负之分)。

4. 用数字万用表测量二极管

黑表笔插入 COM 孔,红表笔插入 V/Ω 孔,量程旋钮调节到二极管挡。

将万用表的两只表笔分别接到二极管的两个管脚,读取显示屏上的数据,然后颠倒表笔再测一次。如果两次测量的结果是一次显示"1"字样,另一次显示零点几的数字。那么此二极管就是一个正常的二极管。显示屏上显示数字即是二极管的正向压降:硅材料为 0.6 V 左右,锗材料为 0.2 V 左右。根据二极管的特性,可以判断此时红表笔接的是二极管的正极,而黑表笔接的是二极管的负极(数字万用表的红表笔为正,黑表笔为负)。假如两次显示都相同的话,表明此二极管已经损坏。二极管在测量时需要与相关电路断开或隔离,否则测量不准确,甚至损坏二极管所在电路的其他器件。

5. 用数字万用表测量三极管

① 黑表笔插入 COM 孔,红表笔插入 V/Ω 孔,量程旋钮调节到二极管挡。

② 先假定一个管脚为基极(b),用黑表笔与该脚相接,红笔分别接到其他两个管脚,若两次读数均为 0.7 V 左右,接着再用红笔接假定的管脚,黑笔接其他两管脚;若均显示"1",则假定的管脚为基极,否则需要重新换一个管脚假定为基极再测量,直到发现基极,且此管为 PNP 管;若两次测量的读数颠倒过来,则为 NPN 管。

③ 如何判断发射极(e)和集电极(c):先将量程旋钮调节到"hFE"三极管挡,找到一排有 8 个小插孔的接口,其为测量三极管参数的接口,分为 PNP 和 NPN 管的测量。前面已经判断出管型,将基极插入对应管型"b"孔,其余两脚分别插到"c""e"孔,此时可以读取数值,即 β 值;再固定基极,其余两脚对调;比较两次读数,读数较大的管脚位置与面板上的"c""e"相对应。

6. 用数字万用表测量电容

① 将电容两端短接,对电容进行放电,确保数字万用表的安全;

② 将量程旋钮调节到电容"F"测量挡,并选择合适的量程;

③ 将电容的两个管脚插到万用表面板上测量电容的两个孔中,或用表笔连接到电容的两个管脚,注意区别极性电容。

④ 从显示屏读取电容量。

使用数字万用表时还需要注意:

① 测量超出量程时,仅最高位显示数字"1",其他位均消失,这时应选更高的量程。

② 测量电压时,应将数字万用表与被测电路并联。测电流时应与被测电路串联,测电流量时不必考虑正、负极性。

③ 当误用交流电压挡去测量直流电压或者误用直流电压挡去测量交流电时,显示屏将显示"000"或低位上的数字出现跳动。

④ 禁止在测量高电压(220 V 以上)或大电流(0.5 A 以上)时换量程,以防止产生电弧,烧毁开关触点等。

⑤ 当万用表的电池电量低时,显示屏左上角会有电池电量低提示。电量不足时进行测量,测量值会比实际值偏高。

1.3.2　直流稳压电源的使用

直流稳压电源是指能为负载供给稳定直流电源的电子设备。直流稳压电源的供电电源大都是交流电源,当交流供电电源的电压或负载电阻变化时,稳压器的直流输出电压都会保持稳定。

直流稳压电源种类很多,有提供单路电源、双路电源的,也有多路的,一般都具有以下的一些功能:

① 电源的输出电压值能够在额定输出电压值以下任意设定和正常作业。

② 电源的输出电流值能够在额定输出电流值以下任意设定和正常作业。

③ 直流稳压电源的稳压与稳流状况能够主动改换并有相应的状况指示。

④ 关于输出的电压值和电流值要求准确的显现和识别。

⑤ 关于输出电压值和电流值有精准要求的直流稳压电源，一般要用多圈电位器和电压电流微调电位器，或直接输入数字进行设置。

⑥ 直流稳压电源在输出端发生短路及异常作业状况时不会损坏，在异常情况消除后能当即正常作业。

比如，实验室使用的 GPD-3303S 型可编程直流电源，是一款高分辨率的可编程电源，具有 3 路独立输出通道：两组可调最高 30 V、3 A 输出和一组可选择固定 2.5 V/3.3 V/5 V、3 A 输出，支持最大 195 W 的输出功率；4 组 LED 显示，最小分辨率达 1 mV/1 mA，数字式模板，电压和电流的粗条与微调控制，可储存 4 组设置数据，同时还具有锁键功能、蜂鸣器报警、输出开关、过载保护、极性接反保护、追踪串并联模式等特点。其前面板和显示说明如图 1.3.2 和 1.3.3 所示、控制面板的说明如图 1.3.4 所示、接口和端子的说明如图 1.3.5 所示。

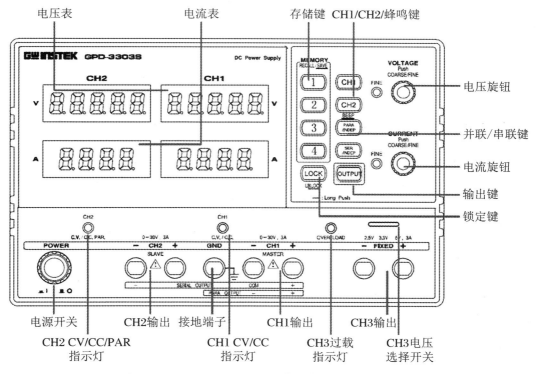

图 1.3.2　GPD-3303S 可编程直流电源的前面板说明

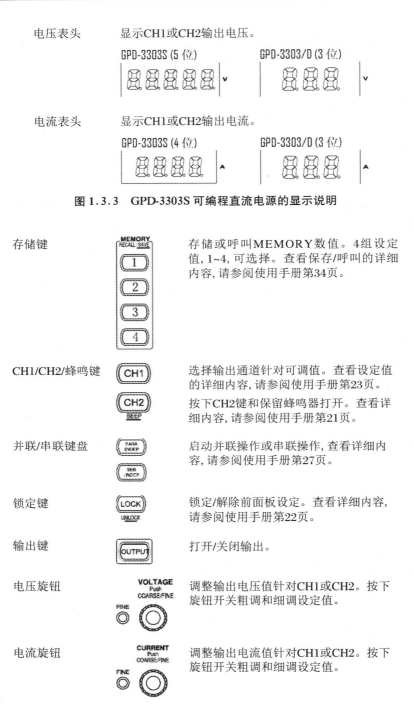

电压表头   显示CH1或CH2输出电压。

GPD-3303S (5 位)   GPD-3303/D (3 位)

电流表头   显示CH1或CH2输出电流。

GPD-3303S (4 位)   GPD-3303/D (3 位)

图 1.3.3   GPD-3303S 可编程直流电源的显示说明

存储键   存储或呼叫MEMORY数值。4组设定值, 1~4, 可选择。查看保存/呼叫的详细内容, 请参阅使用手册第34页。

CH1/CH2/蜂鸣键   选择输出通道针对可调值。查看设定值的详细内容, 请参阅使用手册第23页。

按下CH2键和保留蜂鸣器打开。查看详细内容, 请参阅使用手册第21页。

并联/串联键盘   启动并联操作或串联操作, 查看详细内容, 请参阅使用手册第27页。

锁定键   锁定/解除前面板设定。查看详细内容, 请参阅使用手册第22页。

输出键   打开/关闭输出。

电压旋钮   调整输出电压值针对CH1或CH2。按下旋钮开关粗调和细调设定值。

电流旋钮   调整输出电流值针对CH1或CH2。按下旋钮开关粗调和细调设定值。

图 1.3.4   GPD-3303S 可编程直流电源的控制面板说明

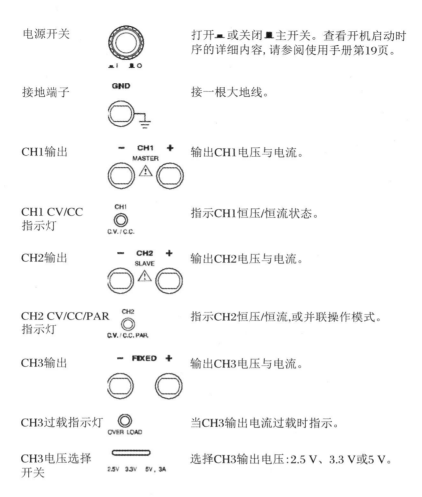

| 电源开关 | | 打开█或关闭█主开关。查看开机启动时序的详细内容,请参阅使用手册第19页。 |

| 接地端子 | GND | 接一根大地线。 |

| CH1输出 | − CH1 + MASTER | 输出CH1电压与电流。 |

| CH1 CV/CC 指示灯 | CH1 C.V./C.C. | 指示CH1恒压/恒流状态。 |

| CH2输出 | − CH2 + SLAVE | 输出CH2电压与电流。 |

| CH2 CV/CC/PAR 指示灯 | CH2 C.V./C.C./PAR. | 指示CH2恒压/恒流,或并联操作模式。 |

| CH3输出 | − FIXED + | 输出CH3电压与电流。 |

| CH3过载指示灯 | OVER LOAD | 当CH3输出电流过载时指示。 |

| CH3电压选择开关 | 2.5V 3.3V 5V, 3A | 选择CH3输出电压:2.5 V、3.3 V或5 V。 |

图 1.3.5　GPD-3303S 可编程直流电源的端子说明

GPD-3303S 可编程直流电源的使用过程如下:

① 使用直流稳压电源之前,要仔细阅读其使用手册。

② 将稳压电源连接上市电,其输入电压为交流 220 V。

③ 开启电源。按下电源总开关(POWER),显示屏显示初始化:显示机器的型号,然后显示最后一次的设定值。

④ 设置输出电压。通过通道和调节电压设定旋钮,使数字电压表显示出目标电压,完成电压设定。调节时要分清楚,调节电压的旋钮有"VOLTAGE"字样,且粗调和微调是同一个旋钮。

⑤ 设置负载电流。通过通道和调节电流设定旋钮,使电流数值达到预定水平。一般限流可设定在常用最高电流的 120%。调节时要分清楚,调节电流的旋钮有"CURRENT"字样,且粗调和微调是同一个旋钮。

⑥ 通过通道和"OUTPUT"按钮使设置好的通道输出,并利用万用表等仪器测量输出端子的电压是否与设置的一致,从而可以判断电源的好坏。

⑦ 确定设置没有问题后,再次按下"OUTPUT"按钮关闭电源的通道输出。

⑧ 连接设置好的电源通道到负载电路。

⑨ 第三次按下"OUTPUT"按钮打开通道输出给负载电路供电。注意观察电源的指示,出现故障时应及时地通过"OUTPUT"按钮切断电源供给。

⑩ 使用完毕后,关闭电源,并整理好连线和工作台面。

使用直流稳压电源时,要注意以下几点:

① 根据所需电压,先调整"粗调"旋钮,再逐渐调整"细调"旋钮,要做到正确配合。

② 调整到所需要的电压后,再接入负载。

③ 在使用过程中,如要调整"粗调"旋钮,应先断开负载,待输出电压调到所需要的值后,再接入负载。

④ 在使用过程中,因负载短路或过载引起保护时,应首先断开负载,然后按动"复原"按钮,也可重新开启电源,电压即可恢复正常工作,待排除故障后再接入负载。

⑤ 将额定电流不等的各路电源串联使用时,输出电流为其中额定值最小一路的额定值。

⑥ 每路电源有一个表头,在 A/V 不同状态时,分别指示本路的输出电流或者输出电压。

⑦ 每路都有红、黑两个输出端子,红端子表示"+",黑端子表示"−",面板中间带有接"大地"符号的端子,表示该端子接机壳,与每一路输出没有电气联系,仅作为安全线使用。经常有人想当然地认为"大地"符号表示接地,"+""−"表示正负两路电源输出去给双电源运放供电。

⑧ 两路电压可以串联使用。绝对不允许并联使用。电源是一种供给量仪器,因此不允许将输出端长期短路。

1.3.3　数字示波器的使用

示波器是显示电子信号波形的仪器,被誉为"电子工程师的眼睛":把被测信号的实际波形显示在屏幕上,电子工程师可以查找、定位问题或评估系统性能等等。示波器的发展从低速模拟时代,到了如今高速的数字时代。示波器不但可以观察各种不同信号幅度随时间变化的波形曲线,还可以测试各种不同电信号的参数,如电压、电流、频率、相位差等等。数字示波器主要的性能参数有:

① 带宽:指信号经过示波器/探头输入,幅度衰减至原幅度 −3 dB 点的信号频率值。−3 dB 是基于对数标度,换算过来大概 70.7%,−3 dB 即信号能量衰减至初始能量一半的点。例如,一个幅度为 1 V,频率为 100 MHz 的正弦信号输入到带宽 100 MHz 的示波器,经过示波器输入通道后,示波器接收到的信号幅度只有 0.707 V。带宽决定示波器对信号的基本测量能力。如果没有足够的带宽,示波器测量高频信号,幅度将出现失真,边缘将会消失,细节数据将被丢失;如果没有足够的带宽,得到信号的所有特性都毫无意义。

② 采样率:指示波器的器件(ADC)采样输入信号(模拟信号)的速率,与示波器带宽没有直接联系。采样率的单位是 Sa/S,表示每秒采样的次数。决定示波器采样率的是控制ADC 转换单元的时钟频率。采样率越高,采样的波形越完整,越容易捕捉到更丰富的波形信息。有的测量需要长时间观测波形信息,这时应该选择低采样率的示波器。

③ 存储深度:示波器每次采样的结果都必须保存在存储器中,存储深度代表示波器可

以保存采样点的最多数量。采样时间越长,采样率越高,则需要保存的采样点越多。更大的存储深度意味着可以以更高的分辨率重构信号,从而更容易捕捉到信号中的毛刺和异常。在数模混合信号和串行通信应用中,往往需要更大存储深度的示波器。

④ 另外,示波器一般还有通道数量、触发功能、自动测量等参数。

比如,实验室使用的型号为 MSOX2024A 数字示波器,它是一款 8.5 寸大屏幕数字示波器,具有 4 个通道、200 MHz 的带宽、2 GSa/s 的采样率和 50 kpts(kpts=1 千个采样点)的采样深度,以及 50 kwfms/s 的波形更新速率(利用这个速度,能观察到某段时间内的更多信号细节和偶发异常)等性能。其前面板说明如图 1.3.6 所示。

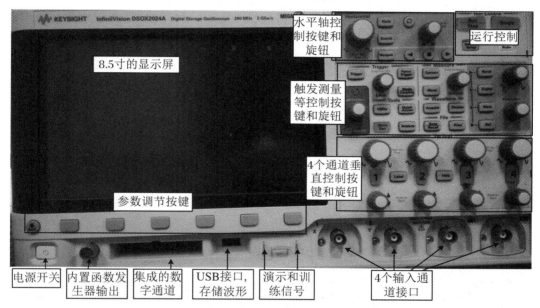

图 1.3.6 MSOX2024A 数字示波器的前面板说明

MSOX2024A 数字示波器使用的一般过程如下:

① 连接示波器的供电电源线(220 V),打开示波器(按下电源开关),等待示波器开机。

② 用示波器探头连接示波器和被测电路,示波器探头与示波器的连接是通过专用的接口,比如 Q9 接口,需要将接口对准后,稍微用力将接头按到底,紧接着顺时针旋转接头即可将示波器探头接到示波器上对应的通道接口上,如图 1.3.7 所示。将探头另一端小夹子连接被测系统的参考地(这里须特别注意:示波器探头上的夹子是与大地即三相插头上的地线直接连通的,如果被测系统的参考地与大地之间存在电压差的话,将会导致示波器或被测系统的损坏),探针接触被测点(探针的前端往里按下可以露出勾状探极或拔下探针的前端露出针状探极,以方便连接被测电路),这样示波器就可以采集到该点的电压波形了(普通的探头不能用来测量电流,要测电流得选择专门的电流探头)。

③ 打开被测电路的电源让其供电开始工作。

④ 调整示波器面板上的按钮,使被测波形以合适的大小显示在屏幕上了。一般按照信号的两大要素(幅值和周期)来调整示波器的参数即可。一般可以先通过按一下"Auto Scale"按钮让示波器自动调整参数,然后再通过垂直方向调节按键和旋钮调整示波器显示

的幅度比例,通过水平方向的按键和旋钮调整示波器显示的时间比例,以求方便、清晰地观察被测信号的波形。图 1.3.8 所示的是测量示波器 demo 2 的波形。

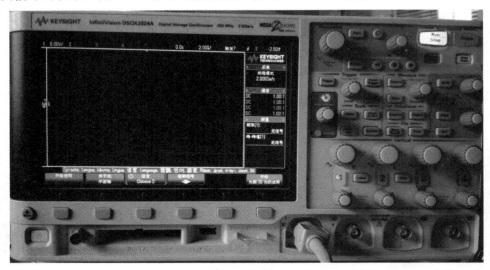

图 1.3.7　打开示波器、连接示波器探头

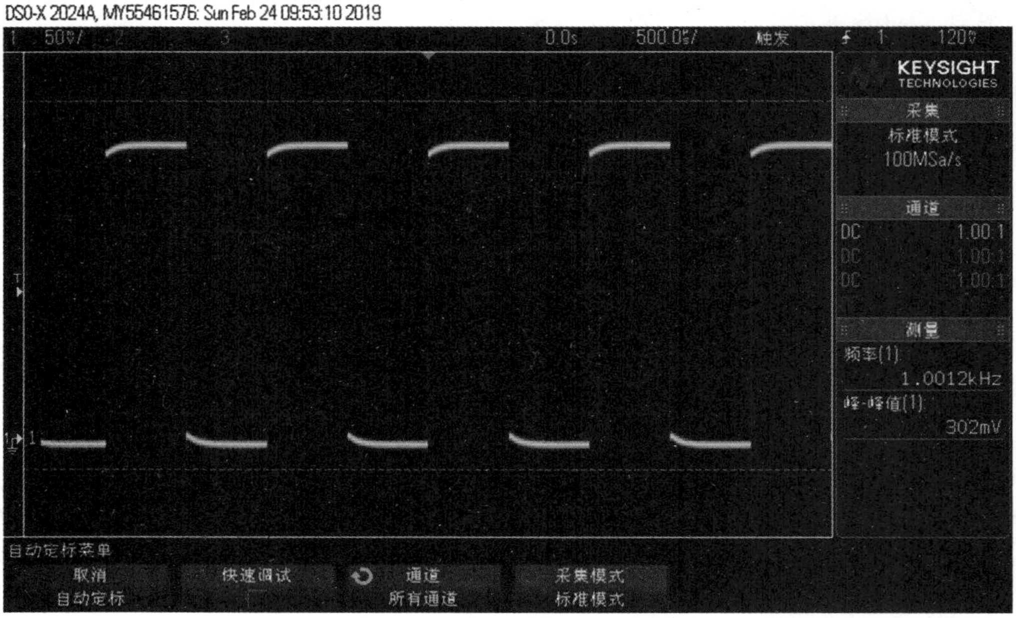

图 1.3.8　测量示波器 demo 2 的波形

⑤ 通过"Measure"控制模板的按钮和屏幕下方的按钮添加被测信号的参数测量,比如周期、频率、占空比等等。

⑥ 完成测量后,先断开被测电路的电源,然后拆除测量连接线,整理好探头,关闭示波器电源,将示波器、连线等放回原位以便下次使用。

MSOX2024A 数字示波器功能繁多,性能好,更详细的使用方法请参考 MSOX2024A 数字示波器的用户手册等。

1.3.4　信号源的使用

信号源也称信号发生器,是能够产生不同频率、幅度和规格电信号的仪器设备,广泛地应用于电子电路的检测和维修过程中。信号源的种类很多,比如模拟和数字信号源、低频和高频信号源、函数发生器和任意波形发生器等。信号源的主要性能参数有产生信号的最高频率、采样率、垂直分辨率、产生信号的种类等。

比如,实验室使用的型号为 SDG 5112 信号源,它具有 4.3 寸 TFT 屏幕,采用 DDS 技术、双通道、最高 110 MHz 输出信号频率,同时拥有 500 MSa/s 的采样率和 14 bit 垂直分辨率,及最大 512 kpts 的波形长度,可以产生正弦波、方波、三角波、脉冲波、高斯白噪声等。其前面板说明如图 1.3.9 所示。

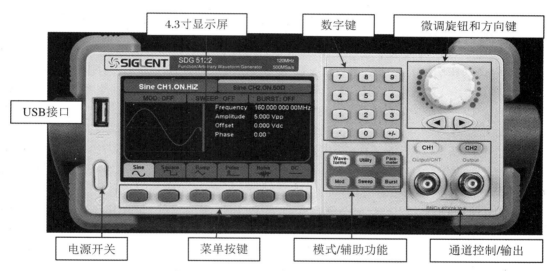

图 1.3.9　SDG5112 信号源前面板说明

SDG511 信号源的一般使用过程如下:

① 连接信号源的供电电源线(220 V),打开信号源(按下电源开关),等待信号源开机。

② 用信号源探头连接信号源输出到目标电路,信号源的探头与信号源的连接是通过专用的接口,比如 Q9 接口,需要将接口对准后,稍微用力将接头按到底,紧接着顺时针旋转接头即可将信号源探头接到信号源上对应的通道接口上。然后将探头另一端的黑夹子连接目标电路的参考地,红色夹子接到目标电路的信号输入点。这样信号源的输出信号就可以加载到目标电路了。

③ 通过"Wave-forms"按钮和显示屏下方的按钮选择产生信号的类型(如正弦波、方波等),再通过"Para-meter"和显示屏下方的按钮以及数字按钮和旋钮等设置输出波形的参数(如频率、幅度等)。

④ 通过"CH1"或"CH2"按钮将设置要产生的波形通过对应通道的 BNC 接口输出。

⑤ 给目标电路加电，并开始测试等。

⑥ 使用完信号源后，先断开目标电路的电源，然后拆除测量连接，整理好探头，关闭信号源电源，将信号源和连线等放归原位，以方便下次使用。

SDG 5112 信号源功能多，更详细的使用方法请参考 SDG5112 信号源的用户手册等。

1.3.5 电烙铁的使用

电烙铁是焊接电子电路元器件和导线的重要工具，也是电子制作和电器设备维修的必备工具。电烙铁按结构分为内热式和外热式电烙铁、按用途分为大功率和小功率电烙铁以及温度可调和不可调电烙铁等。

电烙铁依靠其内/外部电热丝产生的热量传递到烙铁头上，融化焊锡，在被焊接的两个铜质导体间形成焊点。焊点的好坏直接影响电路的工作状态，所以正确地使用电烙铁是非常关键的。

电烙铁使用的一般方法和注意事项如下：

① 选用合适的焊锡丝和助焊剂，焊锡丝应选焊接元器件的低熔点焊锡丝；助焊剂可选用 25% 松香与 75% 酒精的溶液，也可以选择成品焊锡膏或助焊剂溶液。

② 电烙铁在使用前要给烙铁头涂上锡，方法是：将电烙铁通电加热，待刚刚能熔化焊锡时，涂上助焊剂（对于含助焊剂的焊锡丝也可不涂），再用焊锡均匀地涂在烙铁头上，使烙铁头均匀地涂上一层锡。如果烙铁头上已经氧化，需要在打湿的耐高温海绵上擦拭掉氧化物后再涂上一层锡。

③ 焊接方法，把焊盘和元件的引脚用细砂纸打磨干净，涂上助焊剂（新的元器件和 PCB 可以跳过此项工作）。用烙铁头蘸取适量焊锡，接触焊点，待焊点上的焊锡全部熔化并浸没元件引线头后，电烙铁头沿着元器件的引脚轻轻往上一提离开焊点。

④ 焊接时间不宜过长，否则会烫坏元件和 PCB 焊盘，必要时可用镊子夹住管脚帮助散热。

⑤ 焊点应呈正弦波峰形状，表面应光亮圆滑，无锡刺，锡量适中。

⑥ 焊接完成后，要用酒精（或专用洗板水）把线路板上残余的助焊剂清洗干净，以防炭化后的助焊剂影响电路正常工作。对于免清洗助焊剂，直接擦拭掉即可。

⑦ 焊接集成电路时电烙铁要可靠接地，或断电后利用余热焊接。或者使用集成电路专用插座，焊好插座后再把集成电路安装上去。

⑧ 电烙铁应放在烙铁架上。

另外一种使用电烙铁焊接的过程为（如图 1.3.10 所示）：

① 准备焊接：左手拿焊丝，右手握烙铁，进入备焊状态。要求烙铁头保持干净，无焊渣等氧化物，并在表面镀有一层焊锡。

② 加热焊件：烙铁头靠在两焊件的连接处，加热焊件，时间为 1～2 s。对于在印制板上焊接元器件来说，要注意使烙铁头同时接触两个被焊接物。导线与接线柱、元器件引线与焊盘要同时均匀受热。

③ 送入焊丝：焊件的焊接面被加热到一定温度时，焊锡丝从烙铁对面接触焊件。也可以把焊锡丝送到烙铁头上，然后调整焊锡丝的位置，以便融化后的焊锡可以将焊接面很好地

连接起来。

④ 移开焊丝：当焊丝熔化一定量后，立即向左上 45°方向移开焊丝。

⑤ 移开烙铁：焊锡浸润焊盘和焊件的施焊部位以后，向右上 45°方向移开烙铁，结束焊接。从第三步开始到第五步结束，时间是 2～3 s。

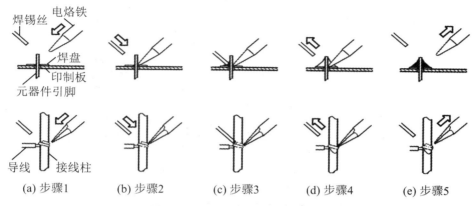

(a) 步骤1　　(b) 步骤2　　(c) 步骤3　　(d) 步骤4　　(e) 步骤5

图 1.3.10　使用电烙铁焊接的步骤

目前实验室一般配备的电烙铁都是台式温控的电烙铁，比如 L40800B 或 936 焊台等，如图 1.3.11 所示。

图 1.3.11　L40800B 焊台

在实验室进行焊接操作时，要注意以下事项：

① 焊接台面要整洁、宽敞，防止静电、灰尘和潮湿。

② 焊接时使用高温隔热垫（如图 1.3.12 所示），以防止烤坏桌面或设备而引发火灾。

③ 使用烙铁头擦洗海绵（如图 1.3.13 所示），以去除烙铁头污物或多余的焊锡。使用前将海绵浸水：以拿起后不滴水为准；使用后将海绵用清水清洗干净：不要用清洗剂清洗。

严禁在干海绵上擦拭烙铁头。

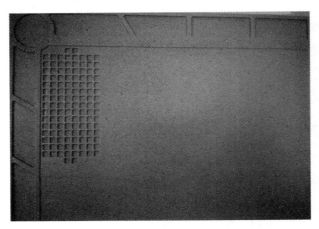

图1.3.12　焊接时使用的耐高温隔热垫

图1.3.13　焊接时使用的烙铁头擦拭海绵

④ 使用前烙铁头先加热到200 ℃,然后再加热到焊接温度:有铅焊锡丝在300 ℃左右,无铅焊锡丝在330 ℃左右(因烙铁使用久了后会出现温度控制不准确的情况,可以根据使用时烙铁头融化焊锡的情况适当调整烙铁的温度),烙铁头上锡后可在高温海绵上擦拭。

⑤ 在焊锡凝固之前切勿使焊件移动或受到振动,否则极易造成焊点结构疏松或虚焊。

⑥ 助焊剂用量要适中。过量使用松香焊剂,焊接以后势必需要擦除多余的焊剂,并且会延长加热时间,降低工作效率。当加热时间不足时,又容易形成"夹渣"的缺陷。

⑦ 不要用手去摸烙铁头,也不要使用烙铁头作为运送焊锡的工具(带锡焊),因为烙铁头的温度一般都在300 ℃以上。

⑧ 使用电烙铁结束后,需要关闭电烙铁电源,将烙铁头放在支架里,清理干净焊接台面,整理好所用物品和工具并放归原处以便下次使用。

第2章 电子系统硬件的设计实现

2.1 硬件平台的设计

2.1.1 硬件平台设计的一般流程、方法和步骤

2.1.1.1 硬件平台的设计流程

硬件平台设计的一般流程有以下四个方面：

（1）需求分析：根据需求，分析具体要做什么，要实现哪些功能，对性能和具体的指标有什么样的要求，以及平台的完成需要多长时间，如何规划等工作务必详尽。在充分地沟通与分析过程中，完成设计计划书或任务书，为平台的最终实现奠定基础。

（2）方案制订：在需求分析的基础上对硬件平台进行详细的模块划分，一一明确各个模块和总体的功能，对性能指标、技术指标以及成本等做出明确方案。

（3）方案实施：根据制订的方案对人员进行分工，明确各个部分的完成要求和进度，统筹协调人员之间、模块之间的问题和进度等。

（4）样品交付：严格按照制订的方案实施，在计划的时间内完成样品并交付。

最后要针对样品进行测试、评估和分析，如存在问题还须做进一步的调整与修改。

2.1.1.2 硬件平台的设计方法

硬件平台的设计方法有自顶向下（top-down）和自底向上（bottom-up）两种方法。

自顶向下设计方法的基本思路是将设计结构化、层次化和模块化。即从整体和宏观上对设计进行把握，再逐步细分细化成各个相对完整、不可再分且易于实现的小模块，力求模块间的组织/联系清晰明了，从而实现整个设计。

自底向上的设计方法则是从熟悉的小部件/器件开始，不断地通过搭积木的方式进行不断地组合，到了无法再组合时，就返回去换另一种方法重新再组合，如此不断地反复直到实现整个设计。

每种设计方法或方式都存在其局限性。一般建议设计者善于使用自顶向下设计方法，同时结合自底向上设计方法，取长补短，为整个设计的顺利完成灵活选择。

2.1.1.3 硬件平台的设计步骤

硬件平台的一般设计步骤从设计目标开始做需求分析,对要设计的目标清晰后,写成计划书。根据计划书查找功能、性能以及成本等满足要求的元器件、芯片或模块,通过分析、仿真以及测试等确定选用的元器件、芯片或模块,并完成电路的设计。接着绘制对应的原理图,并再次通过仿真等方法验证电路的设计。在确认设计电路可以实现设计要求后,根据电路图、设计的功能、接口、形状以及尺寸和性能进行电路板的绘制、检查与仿真验证等。最后进行电路板的加工制作与元器件的装配。经过最后的硬件测试后确认设计的完成。

当然在设计过程中出现任何问题都需要返回到之前步骤进行勘误和修正。

2.1.2 硬件实验平台的设计

课程实验时选用了 8 位的 MCU 芯片 ATmega8A ,以及 RGB LED、触摸开关、LCD1602 等各种独立的功能模块。在设计 MCU 硬件实验平台时,仅设计一个 MCU 最小系统就可以满足实验要求了。也就是设计的硬件平台只需要包含 MCU、电源供电接口、时钟电路、复位电路、程序烧写接口以及扩展接口。

2.1.2.1 兼容 Atmega328/p 的设计

因 ATmega8A 的片上存储空间只有 8 K 字节,对于一般的小设计足够了,但对于比较大的设计可能有些不够。这时可以考虑让硬件平台兼容一款片上存储空间更大的 MCU,如ATmega328。

硬件平台设计时,如兼容多款不同的 MCU 芯片,需要通过 MCU 芯片的手册确认它们在外形、管脚、功能以及外围相关电路可以兼容。

通过几种 MCU 的数据手册,可以发现 ATmega 8A 与 328(/P/PB)为相同的 8 位MEGAAVR MCU。其主要区别有程序存储空间的大小、工作电压范围、工作速度以及各种外设,比如接口数量、定时器数量、PWM 通道数量等。表 2.1.1 为硬件平台设计时的一些关键参数。

表 2.1.1 几种 MCU 的主要参数

	ATmega8A	ATmega328/P	ATmega328PB
程序存储器 Flash(KB)	8	32	32
数据存储器 SRAM(B)	1024	2048	2048
PWM 通道	3	6	10
工作速度(MHz)	0~16	0~20(4.5~5.5 V)	0~20(4.5~5.5 V)
I/O 数量	23	23	23
工作电压(V)	2.7~5.5	1.8~5.5	1.8~5.5
管脚数量	28,32	28,32	28,32
封装类型	DIP,TQFP	DIP,TQFP	DIP,TQFP

通过芯片的数据手册,发现芯片的工作速度范围与供电电压有关,如要工作在 0~20 MHz,供电电压须在 4.5~5.5 V。要设计一款实验用电路板,并兼容这几款芯片,首先要

统一供电电压。对于实验来说,通过 +5 V 的 USB 供电比较方便(电脑、充电器等都有);对于时钟,这几款芯片都有片内最高 8 MHz 的 RC 振荡器时钟(只能是 1 MHz, 2 MHz, 4 MHz, 8 MHz 其中之一),出厂时默认为 1 MHz;要工作在其他时钟频率下,可外接时钟电路,这里可暂且选用 16 MHz 的外接晶体电路。

对于通用硬件实验平台的设计,芯片封装的兼容(管脚的兼容)比较重要,因为封装一旦确定,加工成电路板以后,就无法变动了,除非重新设计。同时还要考虑到使用的方便,功能、性能与外围电路等的兼容性。ATmega8A 与 ATMEGA328(P)都有 28P3 的封装,即 DIP28(Dual Inline,双列直插),而且从它们的管脚位置图可以发现,它们的管脚位置是一致的,只是 328P 的管脚复用的功能多一些,因此在电路板设计时可以认为它们是完全兼容的,对于初学者来说优先选择这种兼容方式。至于 ATMEGA328PB 只有 32 管脚的封装,而且通过数据手册发现,对应的 32 脚 TQFP 封装,3 款芯片都是兼容的,按说选择这种封装也是完全可以的,不过对于初学者来说,焊接方面是有难度的。

因此首选 DIP28 封装的 ATmega8A 芯片以兼容相同封装的 ATmega328/P,并采用排孔预留接口的方式,以兼容 32 管脚的 TQFP 封装的 MCU 芯片,甚至兼容 TQFP 44 封装的 AVR 芯片。

2.1.2.2　实验用 MCU 最小系统的设计

确定了硬件平台使用的 MCU 是 DIP28 封装的 ATmega8A 芯片,供电电源采用 USB +5 V,并兼容 ATmega328/P 的 MCU,接下来将确定 MCU 的外围电路以完成其最小系统的设计。

从 MCU 的芯片手册可知,megaAVR 芯片可在系统编程(ISP-in system programming),即通过下载设备(下载线)直接连接到 MCU 的电路板完成下载程序(烧写)到芯片里。ISP 编程可以是 SPI 接口串行方式或 I/O 端口并行方式。经过调研发现可以买到 SPI 接口的 ISP 下载线,且使用简单方便,非常适合 MCU 初学者。此 USB ISP 下载线源于网络上 USB ASP 的原理,经改进后可以免驱动,但需要使用配套的烧写程序(progisp)。这款下载线与电脑通过 USB 进行连接,与 ATmega 8A 芯片通过一段 10 芯的排线进行连接。这段 10 芯排线的两头都是简易的牛角压头,一一对应,其与 MCU 的对应连接关系如表 2.1.2 所示。

表 2.1.2　USB ISP 下载线与 MCU 的连接

USB ISP(10 芯排线压接头)	实践板(ATmega8A)
5:RST	P1 或 P2:1(1)
7:SCK	P3 或 P4:19(19)
9:MISO	P3 或 P4:18(18)
1:MOSI	P3 或 P4:17(17)
2:VCC(+5 V)	电源接口:+5.0 V
10:GND	电源接口:GND

USB ISP 下载线与 MCU 连接的 10 芯排线的第 2 根为 +5 V 电源,第 4、6、8、10 跟线均为电源地,是来自电脑 USB 的 +5 V 供电,正好可以给硬件平台供电。为了供电安全,可在

其正极加上 500 mA 的保险丝；另外 MCU 的 AVCC 供电管脚是给 ADC 模拟部分供电的，可以使其经过磁珠后再供电以减小电源波动；第 1，5，7，9 根线为串行烧写 MCU 时的复位和 SPI 接口连线，可直接与 MCU 对应管脚连接起来。

至于芯片的复位，可以在复位管脚 PIN1 外接 RC 上电复位电路，也可以再加个手动复位开关。不过因 AVR MCU 芯片本身具有加电自复位的功能，为了简化实验用最小 MCU 系统，可不用外接复位电路。

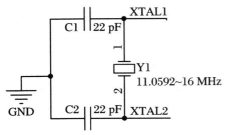

图 2.1.1　MCU 外部时钟电路

外接时钟电路，可以采用芯片手册推荐的方法，使用芯片内部振荡器，同时在 XTAL2 和 1 之间连接一个晶体和两个电容，以实现更灵活的 MCU 工作频率选择。如图 2.1.1 所示。

最后还可以给供电电源添加一个 LED 指示灯用于指示电源加载与否。至于扩展接口，就选择通用的 2.54 mm 间距的排针和排孔以兼容各种功能模块的接口。

经过以上的设计分析，给出了图 2.1.2 所示的 MCU 最小系统框图。图中位于核心位置的是 DIP28 封装的 MCU 芯片，然后是烧写接口与供电、外部时钟电路等；在 MCU 芯片的四周放置了 32 管脚和 44 管脚的兼容排孔接口；再往外就是连接各个外部功能模块的扩展接口了。扩展接口与芯片对应管脚一一相连。1～28 的管脚各扩展出两个连接点，因空间有限或使用不多，29～44 兼容管脚仅扩展出了一个连接点。在下载线以外的三个角上放置供电扩展接口，以便给各个外部功能模块供电。最后在电路板一侧留出一定的空间作为万用板，以方便搭建一些简单的实验电路。

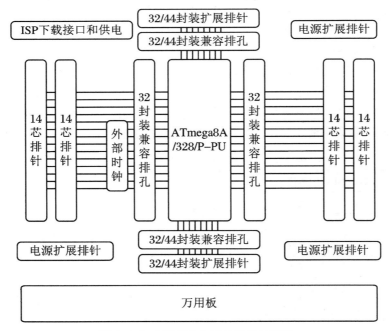

图 2.1.2　MCU 最小系统的设计框图

硬件平台设计完成后，就可以进入下一步：绘制原理图和 PCB 电路板。

2.2　用立创 EDA 完成硬件平台 PCB 的绘制

立创 EDA 是一款高效、免费的国产电路板绘制软件，支持多种操作系统，可以通过浏览器注册后在线绘制电路板（https://lceda.cn/editor），或者不注册直接通过客户端在本地绘制电路板，不过要使用软件本身提供的丰富元器件库等，是需要连接网络的。除了丰富的元器件库以外，立创 EDA 还提供了大量的使用资料、视频教程以及实例等。初学者可以很快掌握其使用方法，并完成自己设计的电路板绘制。

接下来将通过工程离线版（安装时选择或者安装后通过"设置"菜单里的"桌面客户端设置"中的"运行版本设置"）的立创 EDA 客户端完成实验用电路板的绘制。

同时要求使用立创 EDA 软件时连接网络，以使用其线上的元器件库。

2.2.1　在立创 EDA 客户端里绘制创新设计实践板（MCU 最小系统）的原理图

2.2.1.1　打开立创 EDA 的客户端，确认其为工程离线版标准模式且已连接网络

界面图如图 2.2.1 所示。

图 2.2.1　立创 EDA 的打开界面

2.2.1.2　在立创 EDA 客户端界面新建工程

将鼠标指针移到"文件"菜单下"新建"子菜单下的"工程…"命令上点击鼠标左键,打开"新建工程"窗口。在"新建工程"窗口中设置工程的标题为"PCB_IEDP"、设置描述信息为"电子设计实践基础:姓名_学号_",然后点击"保存"按钮即可建立一个新的 PCB 绘制工程。此时还会打开一个名为"Sheet_1"的新建原理图绘制窗口,如图 2.2.2 所示。

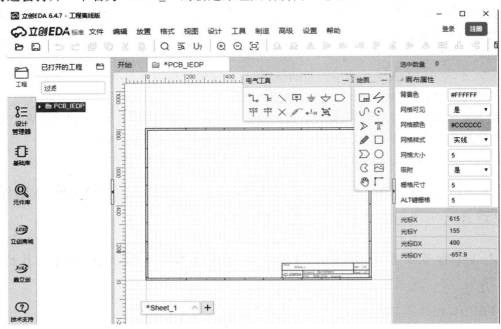

图 2.2.2　立创 EDA 创建新工程后的界面

立创 EDA 的客户端界面包含四个关键的区域:菜单、导航面板、工作区和属性面板。

(1) 界面顶部的主菜单按功能分组,清晰明了,可根据需求进行各种操作。

(2) 最左侧的导航面板是立创 EDA 界面里很重要的部分,在这里可找到设计的工程、系统基础库、设计管理器、元件库等等。

① 工程页面可找到所有的设计工程,支持右键菜单进行操作,如打开工程文件夹等。

② 基础库中包含了常用的元器件,鼠标左键点击需要的元器件后移到画布上再次点击鼠标左键,即可在画布上放置元器件。可以连续放置同一个器件,点击鼠标右键或按 ESC 键结束当前元器件的放置。当鼠标指针移到基础库中的元器件上时,可以点击元器件右下角的三角符号选择器件类型。

③ 元件库拥有更多的在线符号库和封装库,包括系统库、共享库和个人制作的库。

④ 设计管理器,在原理图界面可以很方便地检查每个零件和每条网络;在 PCB 界面可以查看设计规则错误(DRC)。

(3) 在工作区,打开原理图绘制文件时为原理图绘制画布,打开 PCB 文件时为 PCB 绘制画布。在空白处通过右键菜单里的画布属性可以设置画布的背景颜色、网格等。

① 工作区中主要是画布,完成原理图的创建和绘制、库文件符号的绘制和编辑,以及

PCB 的创建、布局和编辑，仿真原理图的创建、绘制编辑和波形查看等。

② 在原理图或 PCB 绘制画布下会显示对应的工具栏。如原理图绘制时，会显示电气工具和绘图工具；PCB 绘制时，会显示 PCB 绘制工具。这些工具栏的大小可调节，位置可随意地拖动。

（4）最右侧的属性面板会根据工作区选择或操作的对象显示属性、参数，并可进行修改。如画布的属性，可修改背景颜色、网格样式与大小等。

2.2.1.3　通过基础库和元件库向原理图文件中的画布放置元器件

如果新建工程时没有一起新建并打开原理图绘制画布，或者需要新建一张画布，都可以通过"文件"菜单下"新建"子菜单中的"原理图"命令新建原理图文件。

在"已打开的工程"栏中，在"Sheet_1"原理图名上点击鼠标右键，选择"修改"命令可以修改原理图的名称为"SCH_IEDP"。点击原理图画布左下角的"＋"，可以添加一张新的画布。

1. 在原理图画布上放置"ATmega8A-PU"元器件

点击立创 EDA 软件界面左侧的"元件库"，在打开的"元件库"窗口上方的搜索框里输入"ATmega8A"关键字后，点击搜索框后的搜索图标（或按"Enter"键）进行元器件符号的搜索，如图 2.2.3 所示。接着在搜索到的元器件列表里选择（点选）标题为"ATmega8A-PU"的元器件，然后点击右下方的"放置"按钮（也可以直接放置），移动鼠标指针（带有 ATmega8A-PU 元件）到原理图画布左上方放置一个"ATmega8A-PU"器件，见图 2.2.4。单击鼠标右键取消"ATmega8A-PU"元器件的连续放置。

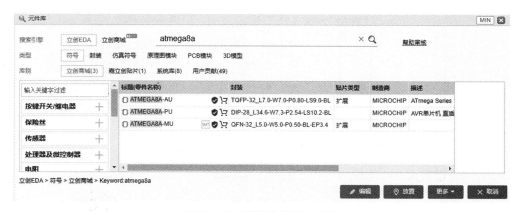

图 2.2.3　器件的搜索与放置

放置元器件时还有一些辅助操作：

① 画布的放大与缩小：滚动鼠标滚轮（或按"A"与"Z"键）会放大或缩小鼠标指针所在位置的画布。

② 拖动画布：按住鼠标右键并移动鼠标可以移动画布。

③ 空格键可以旋转所放置器件的方向。

④ "X"键可以让器件沿 X 轴进行镜像，"Y"键可以让器件沿 Y 轴进行镜像。

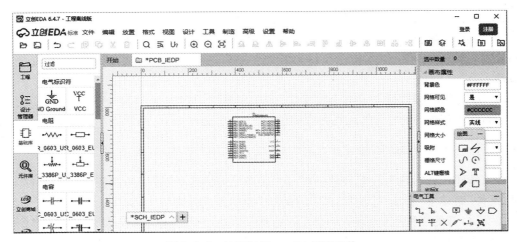

图 2.2.4　放置"ATmega8A-PU"器件

2. 在原理图画布上放置各种排针

点击立创 EDA 软件界面左侧的"元件库",在打开的"元件库"窗口上方的搜索框里输入"header"关键字后,点击搜索框后的搜索图标(或按"Enter"键)进行元器件符号的搜索。接着在搜索到的元器件列表里选择(点选)标题为"Header-Male-2.54_1x4"放置 2 个、选择"Header-Male-2.54_1x8"放置 2 个、选择"Female Heade 2.54_1 * 14P"放置 2 个、选择"Header-Male-2.54_2x5"放置 1 个到画布上合适的地方,如图 2.2.5 所示。注意这里把"Female Heade 2.54_1 * 14P"当作排针使用,因为其与排针的符号和封装是相同的,只是说明不同。

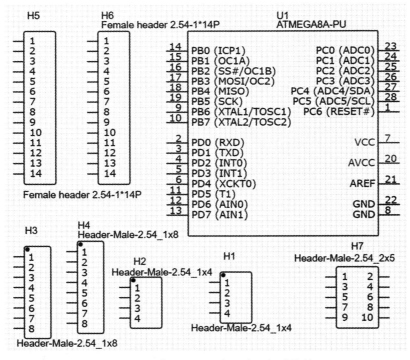

图 2.2.5　在原理图画布上放置各种排针

放置元器件时还有一些新的辅助操作：

① 放置元器件时，按空格键可进行旋转，"X"键可沿 X 轴方向镜像，"Y"键可沿 Y 轴镜像。

② 调整多个元器件位置：按住 Ctrl 键后，在多个元器件上点击鼠标左键或者在多个元器件周围按住鼠标左键拖一个矩形框对多个元器件进行框选后，再将鼠标指针放在选中的其中一个元器件上，按住鼠标左键即可拖动重新放置。

③ 放置元器件后，直接点选一个元器件，即可通过"X""Y"键或空格键调整此器件的镜像或方向。

④ 选中几个元器件后，还可通过菜单栏下方工具栏里的对齐工具进行位置调整对齐。

3. 在原理图画布上放置电阻、电容、LED、保险丝、磁珠、晶体等元器件（图 2.2.6）

① 点击立创 EDA 软件界面左侧的"元件库"，在打开的"元件库"窗口上方的搜索框里输入"R0805"关键字后，点击搜索框后的搜索图标（或按"Enter"键）进行元器件符号的搜索。接着在搜索到的元器件列表里选择（点选）标题为"TR0805B1KP0525"、阻值为"1 K"的电阻放置 1 个到原理图画布中。

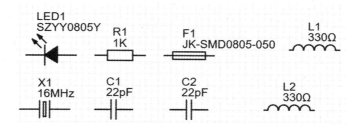

图 2.2.6　在原理图画布上放置电阻、电容、LED、保险丝、磁珠、晶体等元器件

② 在打开的"元件库"窗口上方的搜索框里输入"22pF"关键字后，点击搜索框后的搜索图标（或按"Enter"键）进行元器件符号的搜索。接着在搜索到的元器件列表里选择（点选）标题为"0805CG220J500NT"、容值为"22PF"、封装为"C0805"的电容放置 2 个到原理图画布中。

③ 在打开的"元件库"窗口上方的搜索框里输入"LED0805"关键字后，点击搜索框后的搜索图标（或按"Enter"键）进行元器件符号的搜索。接着在搜索到的元器件列表里选择（点选）标题为"SZYY0805Y"、封装为"LED0805-R-RD"的发光二极管放置 1 个到原理图画布中。

④ 在打开的"元件库"窗口上方的搜索框里输入"SMD0805"关键字后，点击搜索框后的搜索图标（或按"Enter"键）进行元器件符号的搜索。接着在搜索到的元器件列表里选择（点选）标题为"JK-SMD0805-050"、封装为"F0805"的贴片自恢复保险丝放置 1 个到原理图画布中。

⑤ 在打开的"元件库"窗口上方的搜索框里输入"CBG2012"关键字后，点击搜索框后的搜索图标（或按"Enter"键）进行元器件的搜索。接着在搜索到的元器件列表里选择（点选）标题为"CBG201209U301T"、封装为"L0805"的贴片磁珠放置 2 个到原理图画布中。

⑥ 在打开的"元件库"窗口上方的搜索框里输入"16 MHz"关键字后，点击搜索框后的搜

索图标(或按"Enter"键)进行元器件的搜索。接着在搜索到的元器件列表里选择(点选)标题为"XIHCELNANF-16 MHz"、封装为"49S"的晶体放置 1 个到原理图画布中。

操作过程中请随时按下菜单、工具栏中的保存命令或"Ctrl + S"键保存工程和文件,以防止数据丢失。

以上在原理图画布上放置的元器件均为原理图模型或称为器件符号,其主要包含以下几个部分来表明元器件的含义:

① 元器件编号的首字母一般表示器件的种类,如:P 表示接插件、U 表示芯片、C 表示电容、R 表示电阻、D 表示二极管、L 表示电感/磁珠、Y 表示晶体等等。

② 形状可进一步表示器件种类,如电容、电阻、电感⋯⋯

③ 管脚及其编号表示管脚数量、输入/输出,管脚名称说明管脚的功能与作用。管脚最外侧的端点一般为管脚的电气连接点(即元器件间互连的连接点)。

④ 备注或值表示元器件的具体型号或技术参数值等。

2.2.1.4　绘制原理图:在原理图画布上连接各个元器件

原理图的绘制是根据设计的电路原理图进行的。通过本章 2.1 节的设计可知此实践板主要是将 MCU 的每个管脚扩展为实验时方便连接的 2.54 mm 排针等。另外,为了给外接模块提供电源,还在实践板上扩展了给模块供电的电源连接排针等等。

在立创 EDA 软件的原理图绘制时,其中的大部分对象,在点选后,基本上都可通过右侧的属性面板查看和修改其属性,也可以在对象上点击鼠标右键打开属性弹窗查看和修改它的属性。比如,点击画布空白区可在右侧的属性面板查看和修改画布属性,或在画布空白区点击鼠标右键选择"属性"命令,在属性弹窗里修改画布的参数等。

画布属性中的网格是用于标识间距和校准元器件符号的线段,单位为像素(pixel),可以设置其可见与否、颜色、样式、网格大小等。

画布属性中的栅格是元器件符号和走线移动的格点距离,以确保对齐。可以设置其是否吸附、栅格大小等。

立创 EDA 原理图绘制操作主要是通过"放置"菜单下的命令,或者"电气工具"与"绘图工具"两个工具栏。其中"电气工具"是指具有电气功能的,比如导线、网络标签等;而"绘图工具"则是放置指示性的符号、文字等,如图纸的名称、边框等。

在立创 EDA 软件中连接两个元器件的管脚有两种常用的方式:导线连接和网络标签连接。导线与真实的导线作用和含义相同,可以连接两个或多个器件的管脚等。导线上的任一点都具有电气连接特性,即导线上的任一点都可以进行互连,注意与绘图工具中的线条"line"以及元器件管脚的区别。另外两个或多个相同名称的网络标签被视为连接在一起,即相当于用导线将它们连接在一起,在复杂的、多点的电路连接中非常方便和容易理解与查看等。

下面以连接 LED 发光二极管左侧的负极管脚与电阻右侧的管脚为例,来说明两种原理图绘制的方法。

1. 利用导线绘制原理图

① 通过缩放工具和移动工具,聚焦到原理图画布中要连接元器件的管脚(起点或终点

均可）。

②点击"放置"菜单下的"导线"命令（快捷键：W）或点击电气工具栏中的"导线"图标。

③然后将变成"十"字形的鼠标指针移动到电阻的右侧管脚最外侧，当鼠标指针出现黑色圆点时，点击鼠标左键可用导线连接此管脚，再将鼠标指针移动到 LED 左侧管脚最外侧，同样在鼠标指针出现黑色圆点时，点击鼠标左键即可用导线完成 2 个管脚连接。如图 2.2.7 所示。

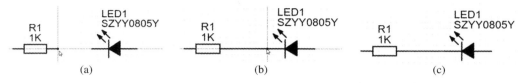

图 2.2.7　用导线绘制原理图的过程

④点击鼠标右键或按 ESC 键结束画导线，或继续用导线连接其他器件管脚。

⑤画导线时，在需要转弯的地方点击左键，另 Backspace 键可退回上一个绘制点。

2. 利用网络标签绘制原理图

①通过缩放和移动工具，聚焦到画布中要连接元器件的管脚（起点或终点均可）。

②调整电阻 R1 和 LED1 间的距离（拉大一些），以便于放置网络标签。

③点击"放置"菜单下的"导线"命令（快捷键：W）或点击电气工具栏中的"导线"图标。

④然后将变成"十"字形的鼠标指针移动到 LED 负极管脚最外侧，当鼠标指针出现黑色圆点时，点击鼠标左键可用导线连接此管脚，然后平移鼠标指针一定距离，再点击鼠标左键后点击右键，就给此管脚添加了一段延长的导线；同样地方法给电阻右侧管脚添加一段延长导线。这里的管脚延长导线是方便放置网络标签。

⑤点击"放置"菜单下的"网络标签"命令或点击电气工具栏中的"网络标签"图标（快捷键：N）。此时鼠标指针会出现带有网络标签（可能是"netLabel1"，或上次使用的标签名）的"十"字形。按"Tab"键，在"属性"窗口里设置其"名称"为新的网络标签名（如"NL_DL"）后回车就可以放置新的网络标签。注意不要与其他网络标签名重名，不然会与其他管脚形成错误的连接。

⑥将带有网络标签名的鼠标指针（灰色"十"字形）移到 LED 负极管脚最外侧或延长导线上，点击鼠标左键在此管脚放置一个网络标签（可以连续放置多个相同或带有序号的网络标签），同样给电阻右侧管脚添加相同标签。此时网络标签名相同的两个管脚就视为被连接起来了，如图 2.2.8 所示。

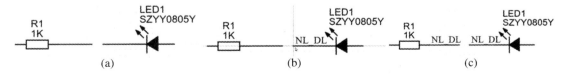

图 2.2.8　用网络标签绘制原理图的过程

⑦点击鼠标右键或按 ESC 键结束放置网络标签。

⑧放置网络标签后可点击相应的标签名，再通过属性面板修改其名称。

3. 电源正负极的连接：用特殊的符号网络标签绘制原理图

① 点击立创 EDA 软件界面左侧的"基础库"，点击"电气标识符"下电源正负极的符号"VCC"或"GND"（点击符号右下角的三角号或鼠标右键可选择不同的符号形状与网络名称）或点击电气工具栏中的"VCC"（快捷键：Ctrl + Q）或"GND"（快捷键：Ctrl + G）图标，放置电源符号网络标签等。

② 如添加实验板上 +5.0 V 电源正极符号网络标签，可用"标识符 +5 V"网络标签连接所有 +5 V 电源管脚（供电/被供电连通）；同样用"标识符 GND"连通所有电源负极（也称为"地"）。

③ 符号网络标签的作用同一般网络标签，仅符号形式存在不同。

④ 在 LED 电源指示灯电路里添加电源正负极的符号网络标签。这里的 LED 为电源指示灯，电阻则是用来限流的。如图 2.2.9 所示。

4. 完成 USB ISP 下载接口电路的绘制（图 2.2.10）

① 综合采用上述原理图绘制方法完成"Header-Male-2.54 2x5"接口的连接。

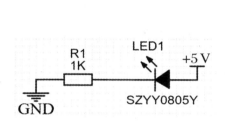

图 2.2.9　电源指示灯电路的绘制

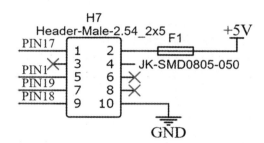

图 2.2.10　USB ISP 下载接口的绘制

② 这是 ATmega8A 芯片烧写程序的接口，USB 接口的 +5 V 电源经由此处的管脚 2 接一保险丝和管脚 10 接"地"给实践电路板提供 +5 V 的电源，PIN17/18/19/1 是连接到 ATmega8A 管脚的 SPI 串行编程接口，后面须在 ATmega8A 对应的管脚放置相同的网络标签才算是真正地完成了连接。

③ 没有连接的"Header-Male-2.54 2x5"管脚为悬空，不使用。也可放置"非连接标志"（绿色的叉）标注其没有连接。

5. 完成 ATmega8A 外接时钟晶体电路的绘制（图 2.2.11）

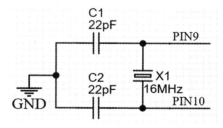

图 2.2.11　ATmega8A 外接时钟晶体电路的绘制

① 综合采用上述原理图绘制方法，以及相关的辅助操作，如改变元器件方向等。

② 这是 ATmega8A 外部时钟的辅助电路，通过其管脚 9 和 10 外接到由晶体和电容构

成的无源晶体电路。

③ 绘制原理图时需要根据情况移动或调整器件的
位置、方向等。

6. 完成 ATmega8A 供电电路的绘制（图 2.2.12）

① 综合采用上述原理图绘制方法，以及相关的辅
助操作，如缩小或放大画布等。

② 将来自 USB ISP 下载接口的 +5 V 电源的正负
极分别连接到 ATmega8A 的 7 和 8 管脚给 MCU 的数
字部分电路进行供电，然后再在 +5 V 电源的正负极各
通过一个磁珠后连接到 ATmega8A 的模拟供电管脚
20 与 22，以使 MCU 模拟电路稳定的工作。

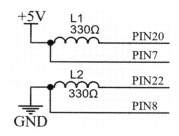

图 2.2.12　ATmega8A 供电电路的绘制

③ 同一导线或管脚可以有多个网络标签，但系统后期仅保留一个。

7. 完成 ATmega8A 芯片的绘制（图 2.2.13）

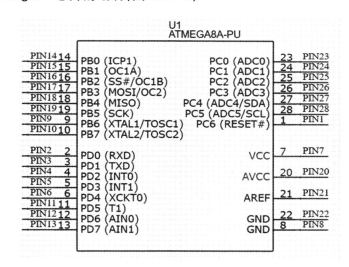

图 2.2.13　MCU 芯片的绘制

① 给 MCU 每个管脚绘制延长导线，再以 PIN + 管脚编号为每个管脚放置网络标签。

② 放置网络标签时，其网络名以数字结尾的，可以连续放置，且其网络名后的数字会自
动递增。

③ 绘制管脚的延长线时可以选择一条或多条绘制好的延长导线后进行复制/粘贴（快
捷键 Ctrl + C/V），注意粘贴时导线与管脚需对接（明显的吸附）后方可放置。

④ 绘制完 MCU 芯片后，之前绘制的电路也将与相同的网络名 MCU 管脚完成连接。

8. 完成 ATmega8A 管脚扩展接口的绘制（图 2.2.14）

① 给 2 个"Female Header 2.54-1 * 14P"单排针的每个管脚画延长导线，再分别放置名
为"PIN1"至"PIN28"的网络标签。即使其分别连接到 MCU 的对应管脚。

② 放置网络标签时，其网络名以数字结尾的，可以连续放置，且其网络名后的数字会自
动递增。

③ 绘制管脚的延长线时可以选择一条或多条绘制好的延长导线后进行复制/粘贴,注意粘贴时导线与管脚需对接(明显的吸附)后方可放置。

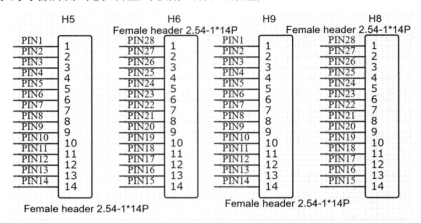

图 2.2.14　ATmega8A 管脚扩展接口的绘制

④ 选中绘制好的两个"Female Header 2.54-1 * 14P",包括符号、延长导线及网络标签名,复制/粘贴一次,为每个 ATmega8A 管脚扩展两个排针接口。

⑤ 原理图绘制时,元器件、连线、网络标签等都可选择后进行复制或粘贴。也可以选择以后按"Delete"键进行删除。

9. 完成 ATmega8A/328-AU 兼容接口的绘制(图 2.2.15)

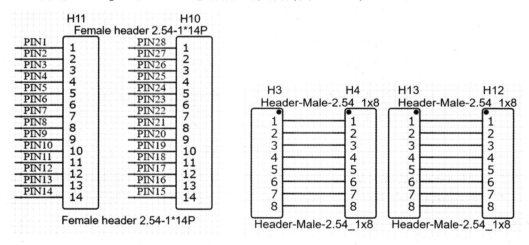

图 2.2.15　MCU 兼容接口(排孔)的绘制

① 选中两个之前绘制的"Female Header 2.54-1 * 14P"扩展接口,包括符号、连线及网络名(要求网络名从 PIN1-28),然后进行复制,并粘贴一次作为 MCU 兼容接口的排孔(因为它们的符号与封装是一样的)。

② 点选左边的"Header-Male-2.54-1x8",并按一次"X"键,将其水平镜像(如果已经水平镜像了,请跳过此操作),注意调整其位置,然后将两个"Header-Male-2.54-1x8"对应的管脚用导线连接起来。

③ 选择已经绘制好的"Header-Male-2.54-1x8",包含符号、连接导线等,进行复制和粘贴一次,完成 MCU 兼容接口的绘制。

10. 完成供电扩展接口的绘制(图 2.2.16)

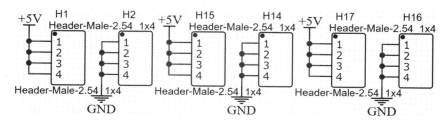

图 2.2.16 供电扩展接口的绘制

① 供电扩展接口是指给模块提供 + 5 V 电源的三组排针。

② 将 1 个"Header-Male-2.54 1x4"的 4 个管脚都连接到 + 5 V,另 1 个的 4 个管脚都连接到 GND。

③ 选中已经绘制好的两个"Header-Male-2.54 1x4",包含器件符号、连接导线已经网络标签等,然后进行复制和粘贴两次,完成供电扩展接口的绘制。

11. 选择要调整的器件及其连接导线等,重新调整其位置等,使其紧凑且不重叠、不交叉等(图 2.2.17)

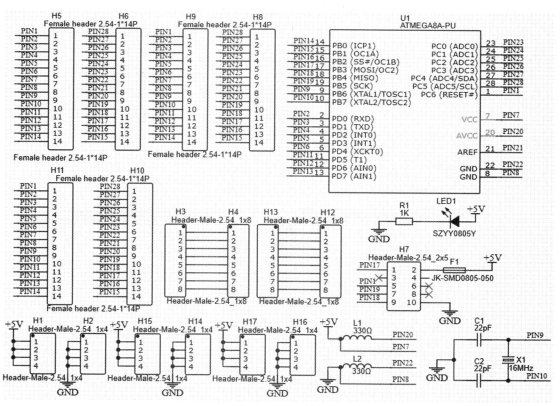

图 2.2.17 绘制结束后的原理图总览

2.2.1.5　对原理图中的元器件进行编号

立创 EDA 原理图中的元件编号是全局的,即使创建了多张原理图也可保持编号的连续性。当放置元件在原理图时,编辑器会自动增序编号,不需手动编号。当然也可以双击编号,或点选,在右边属性面板进行手动修改编号。

当创建一个拥有较多数量元件的原理图时,很可能会出现编号重复、缺失等问题。这时可以使用"编辑"菜单里的"标注"命令进行全局编号,如图 2.2.18 所示。

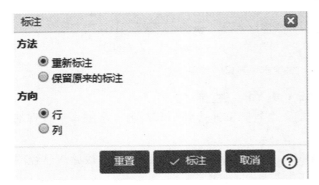

图 2.2.18　对原理图中的元器件进行编号

在标注窗口里"方法"下的"重新标注"是对全部器件编号进行重新标注,包括已经存在的编号;"保留原来的标注"则只对新增的还没有分配编号的零件进行标注,原来存在编号的零件不做变更。"方向"下的"行"是从顶部第一行开始,从左到右开始编号;"列"则从左边第一列开始,从上到下开始编号。点击"标注"按钮进行标注操作。点击"重置"按钮将全部零件编号后的数字都改成"?"。标注后,重置并不能恢复你原来的标注。如标注后不满意可以使用撤销功能(快捷键:CTRL + Z)恢复。

2.2.1.6　对原理图进行检查:设计管理器和封装管理器

在立创 EDA 软件中绘制完原理图后,可以使用设计管理器来查找原理图中存在的问题。点击左侧导航面板中的"设计管理器"(快捷键:CTRL + D)打开设计管理器,在原理图下可以很方便地检查每个元件和每条网络,如图 2.2.19 所示。

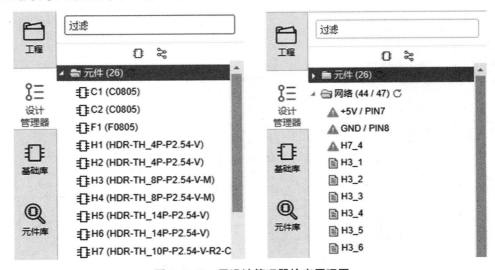

图 2.2.19　用设计管理器检查原理图

在图 2.2.19 中的"网络"下存在 3 个问题(感叹号的图标),点击"+5 V/PIN7"和"GND/PIN8"可以在设计管理器下方看到问题的提示信息都为"导线存在多个网络标签……",这个我们在绘制原理图里介绍了,是特意那样做的。而且立创 EDA 原理图中允许多个不同网络名称同时存在同一条导线上。当进行电路仿真或转换为 PCB 时,仅选择第一个放置的网络标签作为网络名。所以这个问题可以忽略,不用处理。点击"H7_4"网络时,设计管理器给出的提示为"该网络连接不完整…",是因为 H7 的第四管脚没有用,也没有放置"非连接标志"符号,放置一个"非连接标志"符号并保存刷新(点击"网络"标签后的刷新图标)后,问题消除。

设计管理器的使用说明:

① 过滤/筛选器:查找元件编号、封装名称、网络名、管脚名。

② 元件:点选的元件会在画布中高亮该零件,点下方"元件引脚"中管脚时,会在画布中提示("十"字形虚线聚焦)是哪个管脚。

③ 网络:这里列出所有网络,每个网络至少连接两个引脚,否则这里会提示错误标志,如果不需要连线的引脚,请放置"非连接标志"。点击网络会在画布上面高亮对应的导线,高亮后导线会变粗,点击画布取消高亮。

④ 网络引脚/元件引脚:这里列出网络连接到的引脚或元器件的所有引脚。点击它时会出现定位线定位元件引脚的位置。

注意:若原理图存在多页时,设计管理器会自动关联整个原理图的元件与网络信息。设计管理器的文件夹不会自动刷新数据,必须手动点击刷新图标进行刷新。

在立创 EDA 软件中绘制完原理图进入 PCB 绘制前,可以使用封装管理器来查找原理图中元器件封装存在的问题。点击"工具"菜单下的"封装管理器"或选中元器件后,在右边属性面板处点击封装输入框,都可打开封装管理器,如图 2.2.20 所示。

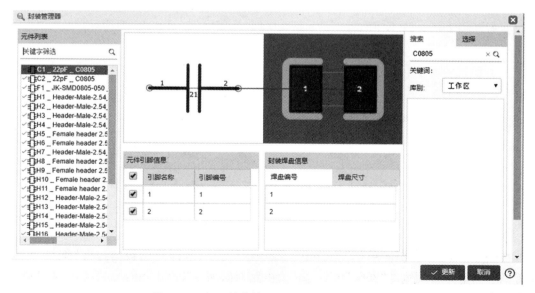

图 2.2.20　用封装管理器检查元器件的封装

"封装"是指把集成在硅片上电路的连接点，用导线接引到封装外壳的管脚上，再通过外壳管脚和印刷电路板上的导线与其他器件相连接，从而实现内部芯片与外部电路的连接。"封装"起着安装、固定、密封、保护芯片及增强电热性能等方面的作用，同时也方便了运输。PCB 电路板绘制时的"元件封装"则是电路板加工时留给元器件的安装位置、结构、形状等。

在绘制 PCB 之前，需要检查元器件的封装是否正确。在打开封装管理器后，它会自动检查元件的封装是否存在，是否正确。如果元件没有指定封装或封装不在库中或元件的管脚编号与封装焊盘编号无法正常对应，封装管理器会在元件名前给出错误图标，并标红元件名。图 2.2.20 中没有发现元件的封装存在问题。

另外，在封装管理器里不但可以指定元器件的封装，还可以批量修改封装、查看元件管脚对应其封装里的哪个焊盘、修改封装的管脚的信息等。

2.2.2　在立创 EDA 客户端里绘制创新设计实践板的 PCB

2.2.2.1　添加或产生 PCB 绘制文件

在进入此后的 PCB 绘制工作之前需要注册立创 EDA 账号，并在立创 EDA 客户端登录。

在原理图绘制界面，点击"设计"菜单下的"原理图转 PCB"命令，在弹出的"警告"窗口（因为原理图绘制时存在网络标签同名，可以忽略）点击"否，继续进行"，然后弹出了"新建PCB"窗口，如图 2.2.21 所示。

图 2.2.21　新建 PCB 设置

在图 2.2.21 中，选择"单位"为"mil"，"铜箔层"为"2"，即两层板，"边框"选择"矩形"。设置"宽"为电路板的宽度"2560"mil，"高"为电路板的高度"3860"mil，会自动在 PCB 画布给出电路板的边框；同时设置"X"为"0"mil，"Y"为"3860"mil，将边框放置在右上角（第一象限）。点击"应用"按钮完成 PCB 电路板的设置与转换，如图 2.2.22 所示。在图中，元器件的编号与其封装靠近,与原理图中一一对应;而元器件管脚间的连接信息则通过很细的蓝色线进行标注,是虚拟的线,也称"飞线",它会根据元器件封装位置的改变自动调整,在画上真正的连接导线后会自动消失。

保存或另存为转换后的 PCB 文件到当前工程,可修改文件名。

对于电路板边框的设置,后面还可以点击"工具"菜单下的"边框设置"进行重新设置,也可以通过在"层与元素"浮窗里选择"边框层"后,使用"PCB 工具"浮窗(或"放置"菜单)里的导线与圆弧等工具自定义绘制 PCB 的边框。

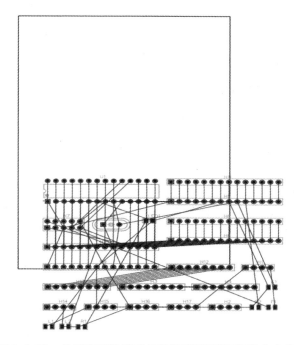

图 2.2.22　从原理图转换到 PCB(调整了背景颜色为白色)

另外,也可以通过"文件"菜单里的"新建"子菜单下的"PCB"命令或在左侧的工程导航窗口里的工程名上点击鼠标右键,选择"新建 PCB"命令为当前工程添加一个 PCB 绘制文件。并在弹出的"新建 PCB"窗口进行电路板参数的设置(同图 2.2.21)。在 PCB 绘制界面,再点击"设计"菜单中的"导入变更"命令将原理图导入到新建的 PCB 画布里。

点击"放置"菜单里的"尺寸"命令,给电路板的边框放置横向和纵向的尺寸标注。

2.2.2.2　PCB 电路板绘制前的说明

PCB 电路板是用来安装或焊接元器件的,一般分为单层板、双层板和多层板。这里的层是指可以绘制导线的层数。比如单层板只有一层可以绘制导线(一般为铜箔导线),而双层板有两层(一般称为顶层和底层),都可以走导线也可以安装元器件,多层板则根据设计有三层或以上的导线层,但一般只有顶层和底层可以安装元器件。除了走导线的层以外,一般在绘制或加工 PCB 电路板时还有其他一些非导线层,如印刷字符(器件外形,编号等)的丝印层(顶层和底层)、阻止焊锡的阻焊层(顶层和底层:负片,为焊盘开窗镀锡,其他部分上绿油)、焊接元器件管脚的助焊层（顶层和底层：正片，在钢网上为焊盘开窗），还有打孔信息的钻孔层（drill drawing）、禁止布线层（keepout layer）以及确定电路板外形尺寸的机械层（边框层）等。

焊盘是指焊接元器件的可焊接点与元器件的管脚一一对应，一般有通孔（穿过电路板的金属化孔，中间是金属化的连接导线）或表贴（所有焊盘都在同一层）两种焊盘，都是用来焊接元器件管脚的。

当两层以上的电路板上不同层中间要用导线连接起来时，使用被称为过孔的小孔（金属化过孔），一般是比焊盘小的孔，只作为连接电路的导线用，不能用来焊接元器件管脚。

另外，还有一种通孔称作安装孔，主要是用于安装固定的，可以是金属化的，也可以是非金属化的通孔。

在绘制 PCB 之前一般需要将原理图文件中的电路连接信息以及元器件的封装导入 PCB 绘制文件（上面已经完成）。然后将元器件的封装位置进行调整以满足设计等要求，这称作布局。根据元器件管脚之间的连接关系，用导线将它们连接起来，这就是布线。

2.2.2.3 PCB 绘制、设计规则的设置

设置 PCB 设计规则或约束是为了绘制出满足要求的电路板。PCB 设计的规则多而细，如电气、布线、加工、工艺等等。不同的电路板对设计规则的要求不同，在绘制 PCB 前尽可能明确并设置好各项规则，以提高 PCB 布局布线效率与成功率。

点击"设计"菜单里的"设计规则"命令，打开 PCB 规则设置窗口，如图 2.2.23 所示，可以采用默认设置，其各项含义如下：

图 2.2.23 设计规则的设置

① 规则：默认规则是"Default"，点击"新增"按钮，可以设置多个规则，规则支持自定义

不同的名字,每个网络只能应用一个规则,每个规则可以设置不同的参数。

② 线宽:当前规则的走线宽度。PCB 的导线宽度不能小于该线宽。

③ 间距:当前规则的元素间距。PCB 的两个具有不同网络的元素的间距不能小于这个间距。

④ 孔外径:当前规则的孔外径。PCB 的孔外径不能小于该孔外径,如通孔的外径、过孔的外径、圆形多层焊盘的外径。

⑤ 孔内径:当前规则的孔内径。PCB 的孔内径不能小于该孔内径,如过孔的内径、圆形多层焊盘的孔内径。

⑥ 线长:当前规则的导线总长度。PCB 的同网络的导线总长度不能大于该长度,否则报错。若输入框留空,则无限制长度。总长度包括导线、圆弧。

图 2.2.23 中设置里面的单位跟随当前画布的单位,这里采用了默认的英制单位 mil。其他选项可以都采用默认设置。具体作用如下:

① 勾选"实时设计规则检测"会开启在画图的过程中进行检测是否存在 DRC 错误,如存在则显示 X 警示标识。但当 PCB 规模比较大的时候开启这个功能可能会出现卡顿现象。

② 勾选"检查元素到铺铜的距离"会检测元素到铺铜的间隙。如果不开启该项,在移动了封装之后必须要重建铺铜(快捷键:Shift + B),否则 DRC 无法检测出与铺铜短路的元素。

③ 勾选"检查元素到边框的距离",需在后面输入检测的距离值,当元素到边框的值小于这个值会在设计管理器报错。

④ 勾选"布线与放置过孔时应用规则",在画布放置与规则相同的过孔时,其大小会使用规则里设置的参数,导线绘制也一样。

⑤ 勾选"布线时显示 DRC 安全边界",在绘制导线时,导线外面的一圈线圈的大小采用规则设置的间距。另外,还可为每条网络设置对应的规则。不过立创 EDA 目前不支持设置复杂的高级规则。

⑥ 先点击"新建"按钮建立一个规则,或者使用默认规则。

⑦ 在右边选中一个或者多个网络,支持按住"CTRL"键多选,也可以进行关键字筛选和按照规则分类筛选。

⑧ 然后在下方"设置规则"选择要设置的规则,点击"应用"按钮,那么这个网络就应用了该规则。

⑨ 点击"设置"按钮应用规则。

2.2.2.4　电路板的布局:在 PCB 绘制画布(电路板上)对元器件封装进行布局

布局是将所有的元器件封装合理地放置在设计的电路板上。这需要综合考虑各方面的因素,比如电路板的层数等,这里采用默认的双层板,即可以在顶层和底层安装元器件。通常的布局方式主要采用模块化,即将在原理上连线紧密、功能上依赖性强的放置在一起;同时考虑按走线调整器件的方向等;而核心器件,如 CPU,MCU 等尽可能放在中心位置,接插件放在 PCB 电路板的边沿,且尽可能放在与核心器件连线多的一侧;核心器件的外围器件尽可能靠近核心器件等;同时需要注意元器件的外形、手工焊接是否方便等。

另外,在布局时也要使用立创 EDA 软件提供的一些工具,如原理图与 PCB 交互布局(布线),即先在两个立创 EDA 窗口中分别打开原理图与 PCB,然后通过"工具"菜单里的"交叉选择"命令(快捷键:Shift+X)进行交叉选择,在PCB画布上选择一个或多个封装后,会在原理图窗口显示对应的元器件符号也被选中,反过来也是一样的,非常便于布局和布线。

1. 将 U1-ATmega8A 放置在上方中间

① 直接在器件封装上按住鼠标左键并移动,将元器件封装放置到画布合适的地方,同时配合画布的缩放,以提高效率。通过空格键调整 U1 的方向为垂直正向。

② 通过原理图画布交叉选择元器件的封装更直观方便。

③ 元器件封装的坐标一般为元器件中心位置的坐标,注意画布的原点之前设置在左下角。点击 PCB 画布中的元器件封装,在右侧的属性面板,修改其 X/Y 坐标值可精确定位元器件封装的位置。如将 U1 放在画布上方居中,设置其 X 坐标为 PCB 宽度的一半,即 $2560/2 = 1280$ mil,设置其 Y 坐标为 $3860 - 600 - 700 = 2560$ mil(700 是 U1 高度一半,600 为 U1 离上边框的距离)。如图 2.2.24 所示。

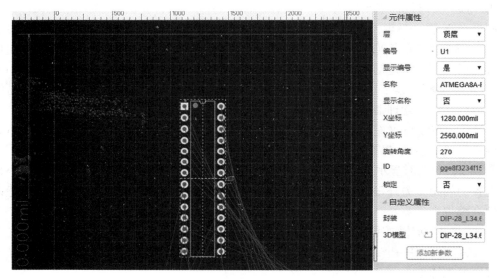

图 2.2.24　布局 ATmega8A

2. 将 MCU 扩展接口 H5/H9 和 H6/H8 放置 U1 两边

在 PCB 画布里有 6 个"Header 2.54 - 1 * 14P"的封装,其位置排列是无序的,不利于快速找到要操作的元器件封装。而在原理图里因为元器件符号的编号是按序进行的,可以很容易地找到要操作的元器件。这可采用上述介绍的原理图和 PCB 间的交叉选择(快捷键:Shift+X)来提高布局或布线的效率。

在原理图中选中 H5 和 H9(Ctrl+鼠标点选),可看到在 PCB 画布中同时选择了 H5 和 H9 的封装,将它们移至 U1 的左边。调整 H5 和 H9 的方向(通过空格键进行旋转,或通过封装属性里的旋转角度进行调整),使它们与 U1 的连接平行不交叉(通过飞线进行判断和操作);同样的方法将 H6 和 H8 放置在 U1 的右边,并调整到合适的方向。

通过鼠标拖动或"格式"菜单(或系统工具栏)下对齐命令对齐选中的器件,注意器件方向或管脚不同时无法完全对齐,需要拖动对齐,或者调整封装的 X/Y 坐标。比如要调整 H5 和 H9 的管脚与 U1 左侧的管脚——对齐,可以先查看 U1 左侧焊盘的 Y 坐标(左上焊盘的

Y 坐标为 3210 mil)与 H5 和 H9 对应的焊盘(H5 和 H9 已经顶对齐)的 Y 坐标(最上焊盘的坐标为 3350 mil),计算其差值(-40 mil),再设置 H5 或 H9 的 Y 坐标为原 Y 坐标-40 mil。这样就实现了 H5 和 H9 的焊盘与 U1 左侧的焊盘一一对应且对齐了。同样的方法将 H6 和 H8 的焊盘与 U1 右侧的焊盘一一对应且对齐。

接着通过器件封装属性里的 X 坐标调整 H5 距电路板左边框 200 mil,H9 距电路板左边框 400 mil,H8 距电路板右边框 200 mil,H6 距电路板右边框 400 mil。完成 U1 扩展接口的布局,如图 2.2.25 所示。

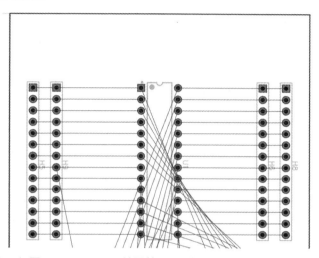

图 2.2.25　MCU 扩展接口 H5/9 和 H6/H8 的布局

注意:因为原理图绘制时元器件符号的位置或元器件编号的方式与顺序的不同,会导致元器件的封装编号与文中的不一致,需要根据设计中实际的元器件编号进行布局和布线。

3. 将 MCU 的兼容接口 H11/H10 和 H3/H4/H12/H13 放在 U1 周边

用上述方法将 H11 与 U1 左侧管脚对齐后,设置 H11 的 X 坐标为 U1 的 X 坐标减去 350 mil,即 930 mil;同样将 H10 与 U1 右侧管脚对齐后,设置 H10 的 X 坐标为 U1 的 X 坐标加上 350 mil,即 1630 mil。

将 H3 和 H4 移到 U1 的上方并调整其方向为水平(第一个管脚在最左边)。调整 H4 左侧的第一个焊盘与 H11 上方第一个焊盘的 X 坐标(930 mil)相同,通过查看 H4 和 H11 第一个焊盘的坐标,再设置 H4 的 X 坐标。也可以通过"编辑"菜单里的"测量距离"命令(快捷键:M)测量两个焊盘(也可以测量其他对象的距离)的距离,通过其测量结果 X 和 Y 两个方向距离(或间距 DX 与 DY)进行调整器件位置或判断元器件的布局是否满足要求等。同样方式调整 H3 焊盘的 Y 坐标使之与 H11 上方第一个焊盘的 Y 坐标距离为 120 mil。采用以上方法调整 H3,使之在 H4 上方,并与 H4 在 X 方向距离为 0,在 Y 方向距离为 180 mil。

同样,将 H12 和 H13 移动到 U1 的下方并调整其方向为水平(第一个管脚在最右边)。调整 H12 的 X 坐标,使 H12 右侧的第一个焊盘与 H10 下方的第一个焊盘的 X 坐标相同,Y 坐标距离 H10 下方第一个焊盘的 Y 坐标 120 mil。同样调整 H13,使之在 H12 下方,并与 H12 在 X 方向距离为 0,在 Y 方向距离为 180 mil,如图 2.2.26 所示。

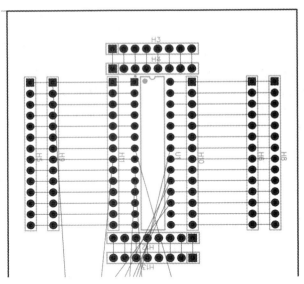

图 2.2.26　MCU 的兼容接口 H11/H10 和 H3/H4/H12/H13 的布局(背景为白色)

4. 将 MCU 外部的晶体和连接 AVCC 的磁珠等放在 U1 周边

将 Y1 移动到(U1 左边)靠近 H11 左边 180 mil 处,并使 X1 的两个焊盘与 H11 的 PIN9 和 PIN10 焊盘平行,且尽可能地距离它们等距离(水平距离约 180 mil);将 C1/C2 移动到 X1 对应管脚旁,并通过其属性界面中的"层"将"顶层"调整为"底层",将 C1 和 C2 放置在底层,并调整其方向和位置使之靠近 X1 对应管脚的左侧(以飞线作为参考)100 mil 左右,且与 X1 的两个焊盘平行对齐。同样方法将 L1/L2 调整到"底层"层,并调整其方向和位置使之靠近 H6 对应管脚的左侧(以飞线作为参考)大约 150 mil(L1 和 L2 右侧管脚距离 H6 对应管脚 150 mil),如图 2.2.27 所示。

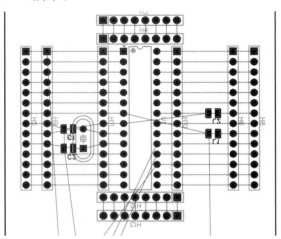

图 2.2.27　MCU 外部的晶体和连接 AVCC 磁珠的布局

5. 将编程接口、保险丝和电源指示等放在电路板左上方

将编程接口 H7 移动到板子左上角合适位置,并调整其方向为水平;然后将保险丝移到

H7 右侧合适位置,再将电源指示电路的 LED 和电阻移到板子上方保险丝右侧合适位置。按 F1→D1→R1 顺序放置在 H3 的上方,并调整其方向和位置,后期布线时可根据情况再做调整,如图 2.2.28 所示。

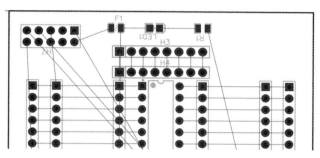

图 2.2.28　编程接口、保险丝和电源指示等的布局

6. 布局:将功能模块的电源外扩供电接口成对放在 U1 的其他三个拐角

将 H1 和 H2 接口移动到 H5/H9 下方横向放置,并修改 H1 的 Y 坐标,使其距离 H5/H9 下方第一个焊盘 150 mil,且 H1 左侧第一个焊盘与 H5 下方第一个焊盘的 X 坐标相同。同样将 H2 放在 H1 正下方 120 mil 处。

将 H15 和 H14 接口移动到 H6/H8 下方横向放置,并修改 H15 的 Y 坐标,使其距离 H6/H8 下方第一个焊盘 150 mil,且 H15 右侧第一个焊盘与 H8 下方第一个焊盘的 X 坐标相同。同样将 H14 放在 H15 正下方 120 mil 处。

将 H16 和 H17 接口移动到 H6/H8 上方横向放置,并修改 H16 的 Y 坐标,使其距离 H6/H8 上方第一个焊盘 200 mil,且 H16 右侧第一个焊盘与 H8 上方第一个焊盘的 X 坐标相同。同样将 H17 放在 H16 正上方 120 mil 处,如图 2.2.29 所示。

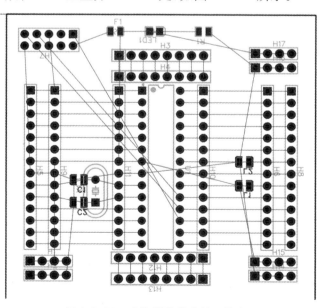

图 2.2.29　功能模块供电接口的布局

至此电路板元器件封装的布局就都结束了,后期在布线时还可以根据实际情况进行调整。在布局的过程中熟练掌握元器件封装的坐标调整方法、元器件封装方向的调整、多个封装的对齐等操作,可以提高布局的效率。对复杂的、新的 PCB 板进行布局时,一般采用模块化布局方式,并结合布线过程,反复不断地调整元器件封装的布局以后才可做到更优。

2.2.2.5 电路板的布线:用导线、过孔等将 PCB 画布中的同名网络连接起来

PCB 电路板是用来安装实际的电子元器件的,而电路板的布线则是根据原理图将各元器件的管脚通过导线、过孔等连接起来,使安装了元器件的电路板与原理图的电气连接一致。

开始布线前,需要再次确定电路板的层数,这里使用默认的双层板,即可以在顶层和底层放置元器件以及连接导线等。

因此电路板的布线依据是之前绘制的电路原理图,也即 PCB 画布中各个封装管脚间的飞线。同时需要遵循之前设置的布局和布线的规则,如线宽、线距等。

布线时还需要遵循一些基本的原则:模块化布线,先处理核心模块的导线连接,然后处理与核心模块紧密关联的模块,再处理其他模块,最后处理电源和地网络等;而具体布线时要求连接导线尽可能短、尽可能宽、分支导线尽可能短、导线间距尽可能大;同时要求导线的宽度不要突变,避免导线的转角为直角或锐角和各种可能产生干扰的走线,如"天线""断头线""环线"等。

在立创 EDA 软件绘制 PCB 时,主要利用"放置"菜单下的命令,即"PCB 工具"浮窗工具栏,以及"布线"与"工具"菜单里的命令;还有"层与元素"浮窗工具栏等。

在"PCB 工具"浮窗里提供了各种 PCB 绘制工具,如图 2.2.30 所示,依次有导线、焊盘、过孔、文本、圆弧、中心圆弧、圆、移动、通孔、图片、画布原点、量角器、连接焊盘、铺铜、实心填充、尺寸、矩形、组合/解散符号、图纸设置。

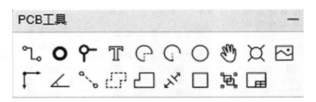

图 2.2.30 PCB 绘制工具栏

常用的 PCB 绘制工具说明如下:

(1)导线(快捷键:W):在信号层对元器件进行电气连接(电路板元器件间物理上的连接)。选中一条导线时,可在右边属性面板修改它的属性。如想给导线进行开窗(不加绝缘漆),即加锡,可点击导线,在其右边属性面板点击"创建开窗区"即可。这里的导线也可以绘制在非信号层,如丝印层、机械层等进行非电气绘制。

(2)焊盘(快捷键:P):放置一个用于安装元器件的焊盘。选中一个焊盘时,可在右边属性面板修改它的属性,也可以用鼠标左键双击焊盘,弹出属性对话框来修改它的属性。焊盘的主要属性有:

① 层：如放置的焊盘是表贴类型（SMD）或只出现在单层，需要选择顶层或底层；若需要放置通孔类型焊盘，需选择多层，此时焊盘将在顶层和底层出现，连接全部铜箔层包括内层。单层焊盘不支持设置钻孔。

② 编号：单独放置的焊盘可自定义编号；原理图转换后的焊盘编号与器件的管脚编号一一对应。通过鼠标放置的其编号可递增，通过粘贴复制放置的其编号保持不变。

③ 形状：圆形、矩形、椭圆形和多边形。选择多边形可以通过"编辑坐标点"创建复杂的形状。

④ 网络：如 PCB 由原理图转来，会默认生成一个网络；单独放置的焊盘，网络为空。在走线连接到它时，会自动为其添加网络。网络会自动转为大写字母。

⑤ 宽和高：设置焊盘的大小。圆焊盘：宽和高相等；多边形焊盘：宽和高不能编辑。

⑥ 孔形状：对于多层焊盘，内孔的形状有圆形或槽形。普通插件的封装是圆形孔，但某些特殊元件的管脚是长方形、长圆形或其他类型通孔，即槽孔。设置焊盘为槽孔时，生成的 Gerber 文件，是通过多个钻孔拼接组成，如钻孔是圆的，不要设置为槽形。

⑦ 孔直径：多层焊盘的内孔直径。即通孔焊盘的钻孔直径，贴片类型焊盘为 0。

⑧ 金属化：多层焊盘内壁是否金属化，金属化后的焊盘将连接所有的铜层。当焊盘为内壁无铜的螺丝孔时，需选择"否"。

⑨ 编辑坐标点：仅多边形焊盘，支持焊盘坐标点编辑。当绘制异形焊盘时，可通过编辑坐标点来实现。

⑩ 助焊扩展：仅对单层焊盘，影响开钢网的焊盘上锡区域大小。若一个焊盘不在钢网开孔，则可设置该值为负数，数值通常设置为比焊盘对角线大即可。

⑪ 阻焊扩展：该属性影响绿油在焊盘上区域开窗的大小。若一个焊盘不再开窗（覆盖绿油），则可以设置该值为负数，数值通常设置为比焊盘对角线大即可。

（3）过孔（快捷键：V）：绘制双层板或多层板时可通过放置过孔使不同的布线层连通。在导线上放置两个过孔，然后可将两个过孔间的走线切换至其他层，或者移除。布线过程中，使用快捷键（B：换到底层，T：换到顶层）换层可以自动添加过孔。立创 EDA 的过孔默认盖油，如改为开窗不盖油，可点击属性面板的"创建开窗区"按钮，过孔将转换为多层焊盘，以实现开窗。另外，立创 EDA 不支持内层填埋孔和盲孔，所有过孔均可以在顶层和底层可见，且焊盘和过孔不能太小，需保持外径比内径大于等于 4 mil。

（4）文本（快捷键：S）：放置普通的英文字母文本，若需不同的字体，则要自己加载。立创 EDA 自带谷歌字体，当输入的字体不能被默认字体显示时会自动转为谷歌字体。也可以在编辑器内手动加载字体。若需输入汉字，或者需要不同的字体，则要自行添加你电脑上的字体。添加方法：

① 放置一个文本，并点击它，然后在右边属性面板字体处点击字体管理，再新增字体。

② 点击"新增"按钮，并在打开的窗口选择本地的字体文件后确认即可添加完成。字体文件必须是 ttf 或者 otf 格式。

（5）移动（快捷键：D）：整体移动，并断开连接。当用工具移动封装时，连接的走线会与其他封装分离并跟随移动，表现与直接鼠标批量选择后移动一致。当单选一个封装时，用鼠标移动，走线会拉伸跟随，不会分离；当单选一个封装时，用方向键移动，走线会与封装分离，仅移动封装。

（6）通孔：安装孔，非金属化的孔，可设置直径大小。如画槽孔，可用实心填充（类型设置为槽孔（非金属化孔）），或者绘制一条导线，通过鼠标右键菜单里的"转为槽孔"命令。

（7）画布原点（快捷键：Home）：可以设置画布原点以满足定位要求。

（8）铺铜（快捷键：E）：用铺铜功能，可保留整块铜箔区域使其接地或接电源。可以围绕铺铜的区域绘制铺铜区，一般沿着板子边框或在板子边框外部绘制，顶层和底层需要分别绘制。一块板子可以绘制多个铺铜区，并分别设置。绘制时，用快捷键 L 和空格键改变绘制路径的模式和方向，与绘制导线类似。选中铺铜线框，可修改其属性。

（9）层与元素工具栏：用来展示当前活动层，可对不同层进行切换编辑，如图 2.2.31 所示。

图 2.2.31　层与元素工具栏

在图 2.2.31 中，点击"全部层"下各层对应的眼睛图标可使其是否显示该层（隐藏 PCB 层只是视觉上的隐藏，在照片预览，3D 预览和导出 Gerber 时仍会导出对应层）；点击层的颜色标识区，使铅笔图标切换至对应层，表示该层为活跃层，已进入编辑状态，可进行布线等操作；点击图钉图标可以固定住层工具的不自动收起。

另外，还可用以下切换层的快捷键：

T：切换至顶层；

B：切换至底层；

1：切换至内层 1；

2：切换至内层 2；

3：切换至内层 3；

4：切换至内层 4；

*（星号）：循环切换信号层；

＋，－：往上逐个切层，或往下逐个切层；

Shift＋S：循环隐藏非当前层（会保留多层）。

在图 2.2.31 中的"元素"标签页，可以对各种元素进行筛选。如元件、编号、导线、焊盘、铺铜、文本等进行勾选，可通过鼠标操作画布内的对应元素。取消勾选则无法进行鼠标操作。包括点选，框选，拖动等操作。点击眼睛可以批量修改对应元素的显示和隐藏。

（10）层管理器：设置 PCB 的层数和其他参数等，如图 2.2.32 所示。

点击"层与元素工具"右上角的齿轮图标，或者点击"工具"菜单里的"层管理器"命令，或者在画布上点击鼠标右键菜单里的"层管理器"打开其设置界面。层管理器的设置仅对当前的 PCB 有效。层管理器中的参数和名称等的说明如下：

图 2.2.32　层管理器

① 铜箔层：立创 EDA 支持高达 34 层铜箔层。顶层和底层都是默认的铜箔层，无法被删除。从 4 个铜箔层切换到 2 个，需要将内层的所有元素先删除。

② 显示：如不想某层的名称显示在"层工具"里，可把层的勾选去掉。注意：这里只是对层名的隐藏，如隐藏的层有其他元素如导线等，在导出 Gerber 文件时将一起被导出。

③ 名称：层的名称。内层支持自定义名称。

④ 类型：不同类型的层，如：

a. 信号层：进行信号连接用的层（导线绘制层/布线层），如顶层、底层。

b. 内电层：内部的电气层，默认为铺铜层，是负片的形式。在内电层绘制导线和圆弧是对其进行分割，分割出的内电区块可分别设置不同的网络。产生 Gerber 文件时，以正片的方式生成，即绘制的导线等会产生对应宽度的间隙（无铜）。

注意：绘制内电层的分割线时，线的起点和端点必须超过边框线的中心线，否则内层区块无法被分割；使用内电层时，PCB 不能有多个闭合边框，否则只会有一个闭合边框内部正常生成内电层。

c. 非信号层：如丝印层、机械层、文档层等。

d. 其他层：只做显示用，如飞线层、孔层。

⑤ 颜色：可为每层设置不同的颜色。

⑥ 透明度：默认透明度为 0%，数值越高，层就越透明。

⑦ 层的定义：

a. 顶层/底层：PCB 板子顶面和底面的铜箔层，信号走线用，元器件安装层。

b. 内层：铜箔层，信号走线和铺铜用。可以设置为信号层和内电层。

c. 顶层丝印层/底层丝印层：印在 PCB 板的白色字符层。

d. 顶层/底层锡膏层：该层是给贴片焊盘制造钢网用的层，帮助焊接，决定上锡膏的区域大小。电路板不需要贴片的话这个层对生产没有影响。也称为正片工艺时的助焊层。

e. 顶层/底层阻焊层：板子的顶层和底层盖油层，一般是绿油，绿油的作用是阻止不需要的焊接。该层属于负片绘制方式，当有导线或者区域不需要盖绿油则在对应的位置进行绘制，PCB 在生成出来后这些区域将没有绿油覆盖，方便上锡等操作，一般也被称为开窗。

f. 边框层：板子形状定义层。定义板子的实际加工的尺寸。

g. 顶层/底层装配层：元器件的简化轮廓，用于产品装配和维修。用于导出文档打印，不对 PCB 板制作有影响。

h. 机械层：在 PCB 设计中记录信息。生产时默认不采用该层的形状进行制造。在用 AD 文件生产时会用机械层做边框，用 Gerber 文件在嘉立创生产时仅做文字标识用，比如：工艺参数、V 割路径等，该层不影响板子的边框形状。

i. 文档层：与机械层类似。但该层仅在编辑器可见，不会生成在 Gerber 文件里。

j. 飞线层：PCB 网络飞线的显示，这个不属于物理意义上的层，为了方便使用和设置颜色，故放置在层管理器进行配置。

k. 孔层：与飞线层类似，这个不属于物理意义上的层，只做通孔（非金属化孔）的显示和颜色配置用。

l. 多层：与飞线层类似，金属化孔的显示和颜色配置。当焊盘层属性为多层时，它将连接每个铜箔层，包括内层。

m. 错误层：与飞线层类似，为 DRC（设计规则错误）的错误标识显示和颜色配置用。

（11）布线：优先处理核心器件 ATmega8A（U1）及其周边的布线-扩展接口与兼容接口。

点击"层与元素"浮窗里"全部层"下方"顶层"前的颜色块（或按快捷键"T"）切换到顶层，然后点击"放置"菜单下或"PCB 工具"浮窗里的"导线"命令（或按快捷键"W"）。接着将带"十"字形的鼠标指针移到布线起点焊盘（如 U1 的第一脚焊盘）上，这时指针会被吸附到焊盘中心，并以高亮点显示，点击鼠标左键（布线网络会呈高亮，其他飞线暂时隐藏）开始布线，移动指针到布线终点焊盘的中心，同样指针会被吸附到焊盘中心，并以高亮点显示后点击左键，完成一条导线的连接。

用上述方法，并结合布线时的多种操作完成 U1 及外围开展接口等的布线，如图 2.2.33 所示。如一条导线上有多个焊盘，可选择最外侧两个作为布线的起止点。点击鼠标右键或按"ESC"键结束导线的绘制。

（12）布线：优先处理核心器件 ATmega8A（U1）及其周边的布线-晶体与编程接口。

因为晶体 X1 已经与其要连接的管脚的布线很近，且布局时也做了精确的调整（使 X1 的两个焊盘等间隔位于 PIN9 和 PIN10 网络间，若误差很大，现在也可以进行调整）。这里直接通过"导线"将 X1 的两个焊盘在顶层分别连接一段很短的导线到 PIN9 和 PIN10。

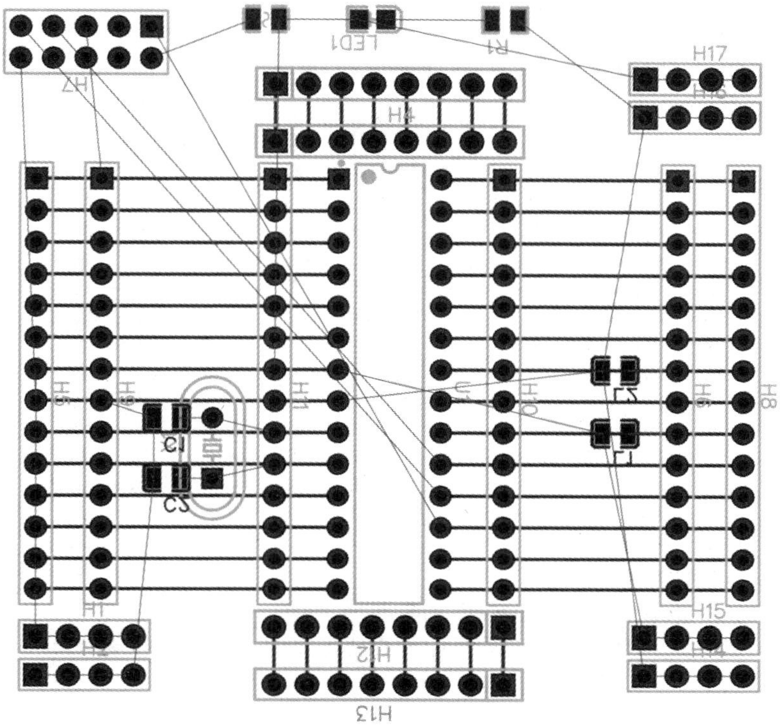

图 2.2.33　核心器件 ATmega8A(U1)及其扩展和兼容接口的布线

点击"层与元素"浮窗里"全部层"下方"底层"前的颜色块(或按快捷键"B")切换到底层,然后点击"放置"菜单下或"PCB 工具"浮窗里的"导线"命令(或按快捷键"W")。分别连接 X1 的两个焊盘到 C1 和 C2 的一个焊盘,分别连接 H6 的两个焊盘到 L1 和 L2 的一个焊盘。同样在"底层"完成 U1 的管脚与编程接口 H7 间的连接(根据飞线提示,原理图等使用上述的布线方法),如图 2.2.34 所示。

(13) 布线:电源部分-保险丝与电源指示灯。

创新实验板由编程接口(H7)的管脚 2 和 10 供电,提供 +5 V、最大 500 mA 的供电。换到"顶层"为当前操作层,调整 F1/LED1/R1 位置,从 H7 的管脚 2 连一条宽 30 mil 导线(布线时按"Tab"键修改线宽为 30 mil 后再画导线)到 F1,F1 串在电源的正极,注意:电源正极网络名为 +5 V(同名的"PIN7"网络标签名被忽略了),电源负极的网络名为 GND(同名的"PIN8"网络标签被忽略了)。

同样,用 30 mil 的导线连接 F1、LED1 和 R1。

点击"放置"菜单下的"焊盘"命令(快捷键"P"),在 LED1 的两个焊盘上各放一个焊盘,并在属性面板修改其孔直径为 36 mil,宽/高为 60 mil,金属化选"是",点鼠标右键或按"ESC"结束放置,再将其移动到 LED1/R1 中间位置的上下两边,并与 D1 对应焊盘连起来。

点击"放置"菜单下的"铺铜"命令(快捷键"E"),在 F1,LED1 间铺上铜,按"Tab"键选择铺铜的网络名为" +5 V",然后画线,高度约为 F1 焊盘的 3 倍,宽度需覆盖 F1 与 LED1 相连的焊盘,画一个封闭矩形形成一块大面积铜。铺铜完成后,可在属性面板修改铺铜的参数,选择"保留孤岛"为"否",选"填充样式"为"全填充"等。

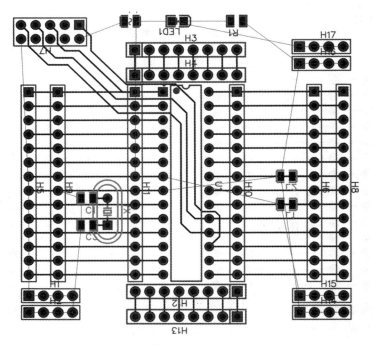

图 2.2.34　编程接口和晶体的布线(白底显示)

再点击"放置"菜单下的"过孔"命令(快捷键 V),先按"Tab"键修改其网络为"+5 V",并在铺铜区放置 6 个过孔,点击鼠标右键结束放置。再在过孔的属性面板设置其直径(外径)为 40 mil,过孔内径为 20 mil(可以框选 6 个过孔一起设置),并对齐排列为两行三列(设置过孔的坐标或通过对齐工具),如图 2.2.35 所示。

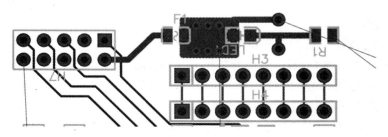

图 2.2.35　电源与其指示灯的布线

(14) 布线:电源部分-电源网络的处理。

将存在于底层连接到"GND"网络的单层焊盘通过多层焊盘或打过孔等连到顶层,即将 C1 和 C2 的"GND"网络焊盘,用 10 mil 的导线连接到 H9 的"GND"(PIN8)网络的焊盘上;在 L2 的"GND"焊盘上放置一个过孔(40/20 mil)并移出到合适的位置,位于顶层两条连线的中间,再连接到 L2 的"GND"焊盘。

点击"放置"菜单里的"通孔"命令,在 PCB 板四角放置安装孔,放置左上角的安装孔时,可适当调整之前的布线等（拖动调整）。通过通孔的属性设置通孔直径为 122 mil。通过通孔的 X/Y 坐标，调整左上角以外其他三个通孔的位置，使安装孔的坐标距电路板的近边各 4 mm（约 158 mil）。

切换到"顶层"，点击"放置"菜单下的"铺铜"命令（快捷键：E），在顶层上半部分（有元器件封装的部分）全部铺上铜。铺铜前按"Tab"键设置铺铜的网络名为"GND"，再环绕电路板的上半部分画一个封闭矩形形成一块大面积的铜作为电源的地（负极），点击鼠标右键结束铺铜。然后再点选铺铜后，在属性面板里设置"间距"为 15 mil、"保留孤岛"为"否"，"填充样式"为"全填充"等。

切换到"底层"，点击"放置"菜单下的"铺铜"命令，在底层上半部分（有元器件封装的部分）全部铺上铜。铺铜前按"Tab"键设置铺铜的网络名为"+5 V"，再环绕电路板的上半部分画一个封闭矩形形成一块大面积的铜作为电源的 +5.0 V（正极），点击鼠标右键结束铺铜。然后再点选铺铜后，在属性面板里设置"间距"为 15 mil、"保留孤岛"为"否"，"填充样式"为"全填充"等。

（15）布线：将电路板下方的空余地方做成万用板——按标准间距放置通用的焊盘阵列。

点击"放置"菜单下的"焊盘"命令，在电路板下方空余处全部放置孔直径为 0.9 mm（36 mil），宽/高为 1.5 mm（60 mil）的焊盘，金属化选"是"，调整焊盘之间的距离都为 2.54 mm（100 mil）。可复制/粘贴（选择后直接复制粘贴）焊盘，同时用"格式"菜单里的对齐、分布工具，设置坐标等，再用快捷键"M"测量距离等方法加快焊盘阵列的放置，如图 2.2.36 所示。

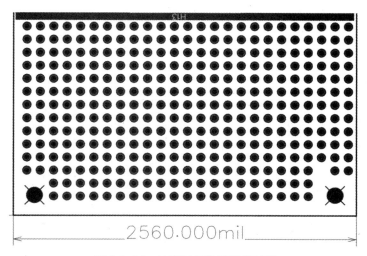

图 2.2.36　放置焊盘阵列（万用板）

（16）丝印字符的调整与放置。

调整丝印层器件编号的尺寸：点选任一器件编号，并在选择的器件编号上点击鼠标右键，在弹出的菜单里点击"查找相似对象"命令，在打开窗口里选择"层""文本""字体""线宽""高""旋转角度"和"锁定"全为"任意"，然后点击"查找相似对象"窗口下方的"查找"按钮，这样就选中了所有的器件编号,关闭"查找相似对象"窗口,再通过右侧的属性面板设置其"线宽"为 8 mil,"高"为 40 mil,从而调整了所有丝印的大小。

最后调整丝印层器件编号的位置:分别切换到"顶层丝印层"和"底层丝印层",在器件编号上按住鼠标左键并拖动器件编号——调整到合适位置,以不遮挡其他丝印或焊盘,以及不被遮挡为标准。另外,通过空格键调整器件编号的方向。

点击"放置"菜单下的"文本"命令,在 PCB 板上放置丝印层的文字,用于标注管脚编号、电源正负极、管脚功能、电路板名称(汉字)、器件位置等等。放置汉字丝印字符时,只能调整字符的高度或添加需要的字库。先在顶层丝印层放置以下字符:

① 在 H5 和 H8 的外侧放置 U1 对应的管脚编号"1~28"(从 1 开始可以自动递增放置);在兼容接口按序放置扩展的管脚编号"29~36"和"37~44"。

② 在 H9 和 H6 的内侧放置 U1 对应管脚的第一功能,如"PB0~PB7""PC0~PC6""PD0~PD7"以及电源和地等。

③ 在功能模块供电的接口放置电源的正负极指示"+"和"−",可以设置为默认字体。

④ 在 U1 下和兼容接口侧面放置 MCU 的安装型号"ATmega8A/328P-PU"和"ATmega8A/328P-AU"。

⑤ 在兼容接口的外侧放置指示信息"排孔",在扩展接口侧边放置指示"排针"。

⑥ 在右上角放置"电子设计实践基础",可以调整高度。

⑦ 在万用板的焊盘间连续放置"0~9"编号以方便使用

在底层丝印层放置类似的信息:

① 复制"顶层丝印层"中的字符信息(管脚编号以及 U1 管脚的第一功能等)到底层丝印层,复制粘贴后设置字符所在的丝印层,并自动镜像。

② 放置"姓名"和"学号"字符信息。

如图 2.2.37 所示。

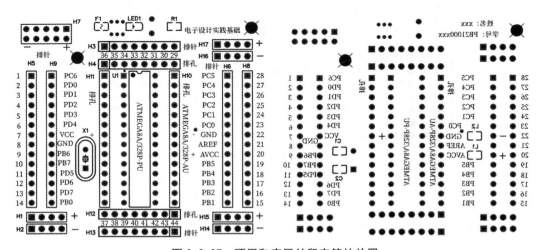

图 2.2.37　顶层和底层丝印字符的放置

2.2.2.6　PCB 设计规则的检查

点击左侧面板的"设计管理器"打开管理器，点击"DRC 错误"后"刷新"按钮图标，或者点击"设计"菜单里的"检查 DRC"命令，进行 DRC 检查。然后可以在设计管理器中查看 DRC 错误信息。点击错误选项会在画布高亮显示其位置，并在左下方提示错误类型。根据提示修改 PCB，直到无 DRC 检查错误，PCB 电路板的绘制就完成了。

如果直接通过原理图转为 PCB 时，实时 DRC 检查是开启的，但是之前的旧 PCB 文档是关闭的，需要自行打开。设计规则检查只能帮你发现部分很明显的错误。你可以根据 DRC 错误的颜色在层管理器里面进行设置。如果 PCB 比较大，且有大面积铺铜的时候进行 DRC 检查会花一定的时间，需要耐心等待。

2.2.2.7　导出 PCB 生产加工文件：Gerber 文件

完成 PCB 设计之后，可以生成 Gerber 加工文件。点击"文件"菜单里的"生成 PCB 制板文件(Gerber)"命令，或点击"制造"菜单里的"生成 PCB 制板文件"命令进行加工文件的生成。执行命令后会打开弹窗询问是否进行 DRC 检查或者网络检查(存在没有完成的连接时)。根据需要选择对应的检查按钮。如果检测没有网络错误或者 DRC 错误后，会弹出 Gerber 生成对话框：点击"生成 Gerber"按钮，可得到 Gerber 文件，保存到电脑后是一个 ZIP 压缩包，内部包含了制造文件和钻孔文件。

Gerber 文件的文件组成和 PCB 编辑器的图层功能有一定的差别的，并不完全相同。生成后的 Gerber 文件是一个压缩包，解压后你可以看到有如下文件：

① Gerber_BoardOutline.GKO：边框文件。PCB 板厂根据该文件进行切割板形状。立创 EDA 绘制的槽，实心填充的非镀铜通孔在生成 Gerber 后在边框文件进行体现。

② Gerber_TopLayer.GTL：PCB 顶层。顶层为铜箔层。

③ Gerber_BottomLayer.GBL：PCB 底层。底层为铜箔层。

④ Gerber_TopSilkLayer.GTO：顶层为丝印层。

⑤ Gerber_BottomSilkLayer.GBO：底层为丝印层。

⑥ Gerber_TopSolderMaskLayer.GTS：顶层为阻焊层。也可以称之为开窗层，默认板子盖油，在该层绘制的元素对应到顶层的区域则不盖油。

⑦ Gerber_BottomSolderMaskLayer.GBS：底层为阻焊层。也可以称之为开窗层，默认板子盖油，在该层绘制的元素对应到底层的区域则不盖油。

⑧ Gerber_Drill_PTH.DRL：金属化钻孔层。这个文件显示的是内壁需要金属化的钻孔位置。

⑨ Gerber_Drill_NPTH.DRL：非金属化钻孔层。此文件显示的是内壁不需金属化的钻孔位置，

⑩ Gerber_TopPasteMaskLayer.GTP：顶层为助焊层，开钢网用。

⑪ Gerber_BottomPasteMaskLayer.GBP：底层为助焊层，开钢网用。

注意：在生成制造文件之前，请务必进行照片预览，查看设计管理器的 DRC 错误项，避免生成有缺陷的文件。

立创 EDA 支持导出 SMT 坐标信息,以便工厂进行 SMT 贴片。坐标文件只在 PCB 文件中导出。点击"文件"菜单里的"导出坐标文件"或"制造"菜单里的"坐标文件"命令都可以导出"csv"格式的 SMT 坐标信息。导出坐标文件工程中,部分贴片厂商需要底层元件镜像后的坐标,可以勾选该选项,一般不需要勾选。对于包含拼板后的元件坐标,如果用了编辑器的自带拼板功能,可以勾选该选项。

另外立创 EDA 还支持多种格式的文件导出,如 PDF,Altium Designer,DXF,Eagle 等。

2.3　用 Altium Designer 完成硬件平台 PCB 的绘制

2.3.1　Altium Designer 绘制原理图和 PCB 的基本流程

Altium Designer 绘制电路板的基本流程主要分为两大步:原理图绘制和 PCB 绘制,其每个大步中又包含了多个小步,如图 2.3.1 所示。

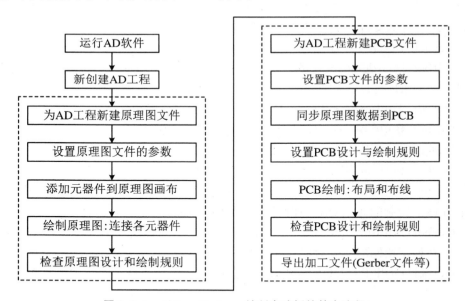

图 2.3.1　Altium Designer 绘制电路板的基本流程

Altium Designer 电路板绘制流程的每一步都有明确的主题任务和一些详细的操作,如参数设置、器件添加与放置以及具体的绘制等;如在进行下一步任务时,发现上一步存在问题,还可以返回上一步进行修改。接下来将通过实验板的绘制来介绍 Altium Deisgner 的流程。

2.3.2　在 Altium Designer 里绘制创新设计实践板原理图

2.3.2.1　打开 Altium Designer 软件，并创建一个 PCB 工程

在 Altiume Designer 软件界面，用鼠标左键单击"File"菜单下的"New"子菜单中的"Project…"命令打开创建 PCB 工程的窗口，如图 2.3.2 所示。

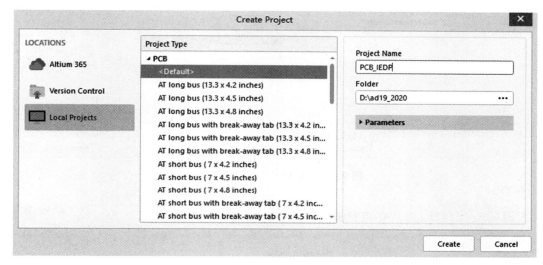

图 2.3.2　Altium Designer 创建新工程

在弹出的"Create Project"窗口设置新建工程的参数如下：

① 建立本地工程：在"Locations"栏选择"Local Projects"。

② 普通的 PCB 工程：在"Project Type"栏选择"PCB"下的"<Default>"。

③ 设置工程名称：在"Project Name"下方填入新建工程的名称，可以用汉字，建议用有意义的英文名称。

④ 工程保存文件夹：在"Folder"下方通过"…"指定工程存储在计算机中的位置，也可以在打开的窗口中为工程创建一个文件夹。

⑤ 鼠标左键单击"Create"按钮创建这个 Altium Designer 工程。在 Altium Designer 软件主界面的左侧导航窗口会显示新创建的工程信息，如图 2.3.3 所示。

在上图中，可通过导航窗口及其标签查看或管理工程等；通过系统设置按钮打开系统设置窗口去设置系统、原理图或 PCB 参数等；通过控制面板可以打开或关闭一些功能窗口。

2.3.2.2　为新建的 AD 工程添加原理图绘制文件

在 AD 软件界面，用鼠标左键单击"File"菜单下的"New"子菜单中的"Schematic"命令为 PCB 工程添加一个原理图绘制文件，也可以在左侧导航窗口里的工程名称上单击鼠标右键，在弹出的菜单中用鼠标左键点击"Add New to Project"菜单下的"Schematic"命令。这时添加的是一个名为"Sheet1. SchDoc"原理图绘制文件，并在中间的工作区打开了其绘制画

布,如图 2.3.4 所示。

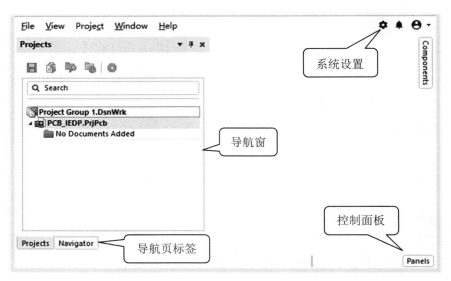

图 2.3.3　创建新工程后的 AD 界面

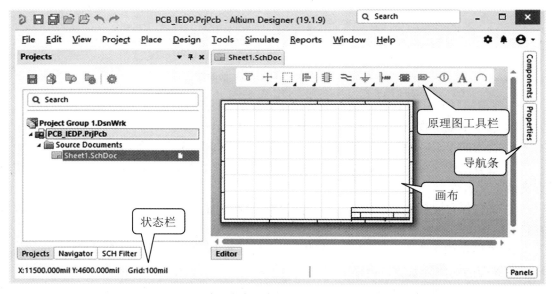

图 2.3.4　为工程新添加原理图文件后的 AD 界面

在图 2.3.4 中,可以在画布上放置元器件,以及通过工具栏对画布的元器件进行布局画导线、放置说明等;通过导航条中的"Compnents"查找、放置元器件或通过"Properties"设置元器件等的属性或参数;在状态栏里可以观察位置、操作等信息。

通过"File"菜单中的"Save""Save As…"和"Save All"等命令保存当前工程和原理图文件。其中"Save As…"命令可以重命名,比如可以将原理图重命名为"SCH_IEDP.SchDoc"。

2.3.2.3　向 AD 添加或安装所需元器件库

AD 默认仅提供常用元器件/连接件库"Miscellaneous"。其他的元器件库，可到 https://designcontent.live.altium.com/下载，或根据元器件手册自行绘制（参考其他资料）。因所用的 ATmega8A/328 器件在"Atmel Microcontroller megaAVR. IntLib"库里，下载后将其一并复制到 AD 软件共享文档/Library，再双击库文件名，在弹出的"Extract Sources or Install"窗口中选择"Install Library"进行元器件库的安装。也可在 AD 软件界面里的"Components"组件中进行安装。

2.3.2.4　向原理图绘制文件中的画布添加元器件

在 AD 软件界面，用鼠标左键单击"Place"菜单下的"Part…"命令会打开"Components"元器件查找与放置窗口，也可以点击最左侧导航条里的"Components"按钮打开此元器件查找与放置窗口，如图 2.3.5 所示。

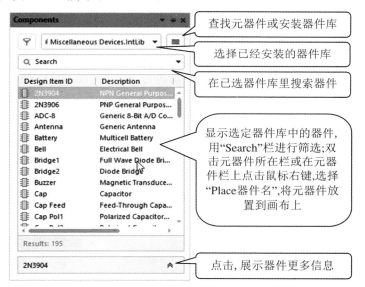

图 2.3.5　通过"Components"窗口放置元器件到画布

1. 在原理图画布上放置元器件 ATmega8A-PU

在原理图界面下，打开"Components" 面板。在已经安装的器件库中选择"Atmel Microcontroller megaAVR. IntLib"，并在"search"栏输入关键词"ATmega8A"后回车进行搜索，然后在器件列表中的"ATmega8A-PU"一栏双击鼠标左键后移动鼠标指针到原理图画布上合适的位置单击鼠标左键放置一个"ATmega8A-PU"器件（默认的封装（footprint）为 DIP28），最后单击鼠标右键取消"ATmega8A-PU"元器件的连续放置，如图 2.3.6 所示。

放置元器件时还有一些辅助操作：

① 画布的放大与缩小：Ctrl＋滚动鼠标滚轮或用 PgUp 与 PgDn 键。

② 拖动画布：按住鼠标右键移动鼠标。

③ 重新调整元器件的位置：将鼠标指针移动到元器件上，按住鼠标左键后移动鼠标。

④ 取消元器件的搜索/筛选:点击 search 栏下方搜索关键字后的叉号。

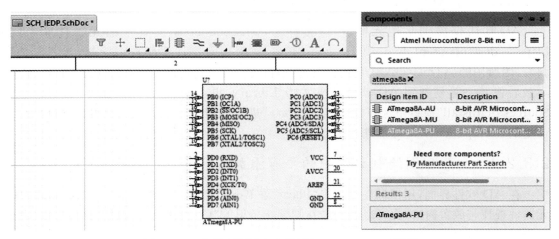

图 2.3.6　在原理图画布上放置"ATmega8A-PU"器件

2. 在原理图画布上放置各种排针

在原理图界面下,打开"Components"面板。在已经安装的器件库中选择"Miscellaneous Connectors. IntLib",然后通过元器件列表右侧的滚动条选择并放置器件:2 个"Header 14",2 个"Header 8",2 个"Header 4",1 个"Header 5X2H"。这些排针都使用其默认的封装:间距为 2.54 mm,1 个为双排,其他均为单排的。

在器件列表中的需要放置的器件栏双击鼠标左键后移动鼠标指针到原理图画布上合适的位置单击鼠标左键进行元器件的放置,可以连续放置多个相同类型的元器件,放置结束后单击鼠标右键(或按"ESC"键)取消元器件的连续放置。

排针的放置位置不限,但各种元器件间要避免重叠,同时保留一定的间距以方便后期原理图的绘制等,如图 2.3.7 所示。

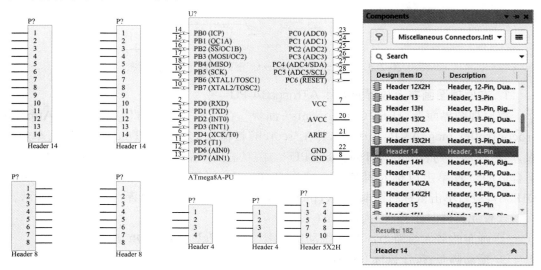

图 2.3.7　在原理图画布上放置各种排针

放置元器件时还有一些新的辅助操作：

① 放置元器件时，按空格键可进行旋转，"X"键可沿 X 轴方向镜像，Y 键可沿 Y 轴镜像。

② 调整多个元器件位置：按住"Shift"键后，在多个元器件上点击鼠标左键或者在多个元器件周围按住鼠标左键拖一个矩形框对多个元器件进行框选后，再将鼠标指针放在选中的其中一个元器件上（鼠标指针变为十字箭头），按住鼠标左键即可拖动重新放置。

3. 在原理图画布上放置其他元器件，并修改器件的封装等参数

在原理图界面下，打开"Components"面板。在已经安装的器件库中选择"Miscellaneous Devices. IntLib"，并在"search"栏输入关键词"res"后回车进行搜索，然后在器件列表中的"res3"一栏双击鼠标左键后移动鼠标指针到原理图画布上合适的位置单击鼠标左键放置一个"res3"电阻器件（默认的封装为 j1-0603）；最后单击鼠标右键取消"res3"电阻的连续放置。

单击放置后的"res3"电阻进行选择，然后再点击最右侧的"Properties"面板，或直接在放置的"res3"器件上点击鼠标右键，在弹出的菜单里点击"Properties"命令，打开器件属性面板。然后在其 general 标签页可修改 Designator（编号）、Comment（注释）、Part（组件）、Description（说明）、Type（类型）、Rotation（旋转角度）、Footprint（封装）、models（模型）等参数，或者点击眼睛图标隐藏相关信息，或通过锁形图标禁止此项参数的修改。在 Parameters 标签可修具名参数，比如 Value 和 Rules（规则）等。而在 Pins 标签可查看或显示器件管脚，比如单击"general"标签里的"Comment"项后的眼睛图标，隐藏画布中的注释信息"res3"。

在"res3"的"Properties"面板中的"general"标签下拖动其右侧滚动条到"Footprint"参数区域，并点击"Footprint"下方的"Add"按钮，在打开的"PCB Model"窗口，单击"Footprint Model"项中"Name"后的"Browse"按钮，再在打开的"Browse Libraries"窗口里的"Libraries"选项里选择"Miscellaneous Devices. IntLib［Footprint view］"库，并在其左下方的元器件封装列表中选择"6-0805-N"封装（可通过在"Mask"选项后输入" * 0805"进行过滤，其中" * "表示匹配任意字符），最后依次点击两个窗口的"OK"按钮，返回原理图绘制界面，并点击画布的任意处完成对"res3"器件添加和选用"0805"的封装，如图 2.3.8 所示。

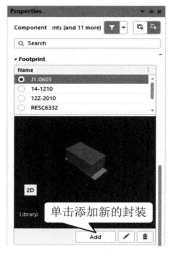
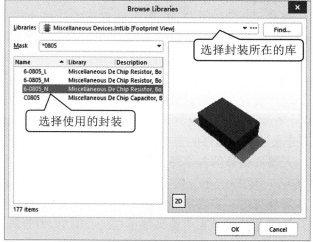

图 2.3.8　通过器件的属性面板为其添加或选用新的封装

用相同的方法，在"Components"面板里选择"Miscellaneous Devices. IntLib"库，再放置 1 个"LED2"贴片发光二极管，并将其封装修改为"6-0805-N"；放置 2 个"Cap Semi"贴片电容，并将其封装修改为"6-0805-N"，Value 改为 22 pF（在"Properties"面板里的"Parameters"标签页，修改"Value"后的值为 22 pF，或者在画布上点击此器件后再点击对应的值后直接修改），同时隐藏其"Comment"；放置 2 个"Inductor"电感作为贴片磁珠，并将其封装修改为"6-0805-N"，将其"Comment"改为磁珠，同时"Value"清空不显示（在"Properties"面板里的"Parameters"标签页，点击"Value"前的眼睛图标进行隐藏）；放置 1 个"Fuse 1"贴片保险丝，并将其封装修改为"6-0805-N"；放置 1 个"XTAL"两脚晶体，并将其"Comment"改为"11.0592～16 MHz"。如图 2.3.9 所示。

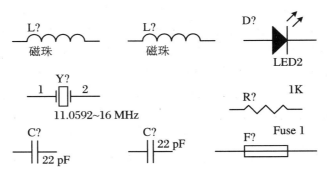

图 2.3.9　放置元器件并提供属性面板修改其参数

放置元器件时还有一些新的辅助操作：

① 重新调整元器件的位置：将鼠标指针移动到元器件上，按住鼠标左键后移动鼠标。

② 调整元器件编号（带问号的文本）、注释、值等文本的位置：将鼠标指针移动到相应的文本上方，按住鼠标左键后移动鼠标。

③ 调整多个元器件的相同参数：通过框选或"Shift"键＋鼠标左键点击的方式选择多个元器件后，再打开"Properties"属性面板进行参数的设置。

④ 调整元器件的方向、镜像等：将鼠标指针移动到元器件上，按住鼠标左键后按"X"键进行水平镜像，按"Y"键进行垂直镜像，按空格键进行旋转（注意：若快捷键不起作用时，可以去掉"Preferences"系统设置里"Schematic"中"Graphical Editing"下"Options"内的"Always Drag"前的勾选）。

⑤ 操作过程中随时通过菜单、工具栏中的保存命令或"Ctrl＋S"键保存文件。

以上在原理图画布上放置的元器件均为原理图模型或称为器件符号，其主要包含以下几个部分来注明元器件的含义：

① 元器件编号的首字母一般表示器件的种类，如：P 表示接插件、U 表示芯片、C 表示电容、R 表示电阻、D 表示二极管、L 表示电感/磁珠、Y 表示晶体等等。

② 形状可进一步表示器件种类，如电容、电阻、电感……

③ 管脚及其编号表示管脚数量、输入/输出，另管脚名称说明管脚的功能与作用。管脚最外侧的端点一般为管脚的电气连接点（即元器件间互连的连接点）。

④ 备注或值表示元器件的具体型号或技术参数值等。

2.3.2.5　绘制原理图：在原理图画布上连接各个元器件

原理图的绘制是根据设计的电路原理图进行的。通过本章第 1 节的设计可知此实践板主要是将 MCU 的每个管脚扩展为实验时方便连接的 2.54 mm 排针等。另外为了给外接模块提供电源，还在实践板上扩展了给模块供电的电源连接排针等等。

在 AD 中用导线连接两个元器件的管脚有两种基本的方式：导线连接和网络标签连接。AD 中的导线与真实的导线基本相同，可以连接两个或多个器件的管脚等。导线上的任一点都具有电气连接特性，即导线上的任一点都可以进行互连（注意与绘图工具（Drawing Tools）中的"line"等以及元器件管脚的区别）。另外两个或多个相同名称的网络标签被视为连接在一起，即相当于用导线将它们连接在一起，在复杂的、多点的电路连接中非常方便和容易理解与查看等。

下面以连接 LED 发光二极管右侧的负极管脚与电阻左侧的管脚为例，来说明两种原理图绘制的方法。

1. 利用导线（Wire）绘制原理图

① 通过缩放工具和移动工具，聚焦到原理图画布中要连接元器件的管脚（起点或终点均可）。

② 点击"Place"菜单下的"Wire"命令（快捷键：Ctrl + W）或点击原理图绘制工具栏中的"Place Wire"图标（注意：用鼠标右键可切换为 Wire，Bus，Net Label 等）。

③ 然后将变成"十"字形的鼠标指针移动到 LED 负极管脚最外侧，当鼠标指针出现红色叉时，点击鼠标左键可用导线连接此管脚，再将鼠标指针移动到电阻左侧管脚最外侧，同样在鼠标指针出现红叉时，点击鼠标左键即可用导线完成 2 个管脚连接，如图 2.3.10 所示。

④ 点击鼠标右键或按"ESC"键结束画导线，或继续用导线连接其他器件管脚。

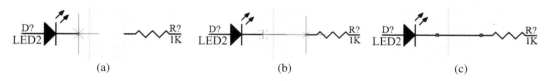

图 2.3.10　用导线绘制原理图的过程

⑤ 画导线时，在需要转弯的地方点击左键，另 Backspace 键可回退上一个绘制点。

2. 利用网络标签绘制原理图

① 通过缩放和移动工具，聚焦到画布中要连接元器件的管脚（起点或终点均可）。

② 点击"Place"菜单下的"Wire"命令（快捷键：Ctrl + W）或点击原理图绘制工具栏中的"Place Wire"图标（注意：用鼠标右键可切换为 Wire，Bus，Net Label 等）。

③ 然后将变成"十"字形的鼠标指针移动到 LED 负极管脚最外侧，当鼠标指针出现红色叉时，点击鼠标左键可用导线连接此管脚，然后平移鼠标指针一定距离，再点击鼠标左键后点击右键，就给此管脚添加了一段延长的导线；同样的方法给电阻左侧管脚添加一段延长导线。这里的管脚延长导线是方便放置网络标签。

④ 点击"Place"菜单下的"Net Label"命令或点击原理图绘制工具栏中的"Net Label"

图标(注意：用鼠标右键可切换为 Wire、Bus、Net Label 等)。此时鼠标指针会出现带有网络标签(可能是"Net Label1"或上次使用的标签名)的"十"字形。按"Tab"键,在"Properties"面板里设置"Properties"项下的"Net Name"为新的网络标签名(如"NL_DL")后回车就可以放置新的网络标签。注意不要与其他网络标签名重名,不然会与其他管脚形成错误的连接。

⑤ 将带有网络标签名的鼠标指针移到 LED 负极管脚最外侧或延长导线上,当鼠标指针出现红叉时,点击鼠标左键在此管脚放置一个网络标签(可以连续放置多个相同或带有序号的网络标签),同样给电阻左侧管脚添加相同标签。此时网络标签名相同的两个管脚就视为连接起来了,如图 2.3.11 所示。

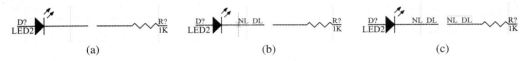

图 2.3.11　用网络标签绘制原理图的过程

⑥ 点击鼠标右键或按"ESC"键结束放置网络标签。

⑦ 放置网络标签后可点击相应的标签名再通过属性面板修改其名称。

3. 电源正负极的连接：用特殊的带图形的网络标签绘制原理图

点击"Place"菜单下的"Power Port"命令(放置前后均可通过属性面板切换为各种不同的"Power Port")或点击原理图绘制工具栏中的"xxx Power Port"图标(注意用鼠标右键可切换为各种不同的"Power Port"命令)。例如,绘制实验板上 + 5.0 V 电源正极,可用" + 5 Power Port"命令网络标签连接所有 + 5 V 电源管脚(供电/被供电连通);同样用"GND Power Port"命令连通所有电源负极。这里的图形网络标签作用同一般网络标签,仅形式不同。在 LED 电源指示灯电路里添加电源正负极的图形网络标签。如图 2.3.12 所示。

4. 完成 USB ISP 下载接口电路的绘制(图 2.3.13)

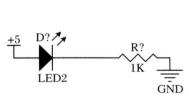

图 2.3.12　电源指示灯电路的绘制

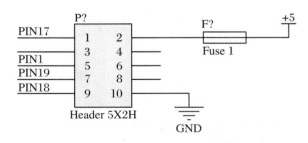

图 2.3.13　USB ISP 下载接口的绘制

① 综合采用上述原理图绘制方法完成"Header 5X2H"接口的连接。

② 这是 ATmega8A 芯片烧写程序的接口,USB 接口的 + 5 V 电源经由此处的管脚 2 接一保险丝和管脚 10 接"地"给实践电路板提供 + 5 V 的电源,PIN17/18/19/1 是连接到 ATmega8A管脚的 SPI 串行编程接口,后面须在 ATmega8A 对应的管脚放置相同的网络标签才算是真正地完成了连接。

③ 没有连接的"Header 5X2H"管脚为悬空,不使用。

5. 完成 ATmega8A 外接时钟晶体电路的绘制（图2.3.14）

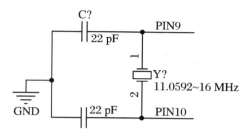

图 2.3.14　ATmega8A 外接时钟晶体电路的绘制

　　综合采用上述原理图绘制方法，相关的辅助操作，如同改变元器件方向等。如图 2.3.14 所示为 ATmega8A 外接时钟的辅助电路，通过其管脚 9 和管脚 10 外接到由晶体和电容构成的无源晶体电路。绘制原理图时需要根据情况移动或调整器件的位置、方向等。

6. 完成 ATmega8A 供电电路的绘制（图2.3.15）

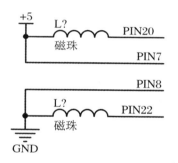

图 2.3.15　ATmega8A 供电电路的绘制

　　① 综合采用上述原理图绘制方法，以及相关的辅助操作，如缩小或放大画布等。

　　② 将来自 USB ISP 下载接口的 +5 V 电源的正负极分别连接到 ATmega8A 的管脚 7 和管脚 8 给 MCU 的数字部分电路进行供电，然后再在 +5 V 电源的正负极各通过一个磁珠连接到 ATmega8A 的模拟供电管脚 20 与管脚 22，以使 MCU 模拟电路稳定地工作。

　　③ 同一导线或管脚可以有多个网络标签，但系统后期仅保留一个。

7. 完成 ATmega8A 芯片的绘制（图2.3.16）

　　给 MCU 每个管脚绘制延长导线，再以 PIN + 管脚编号为每个管脚放置网络标签。

　　放置网络标签时，其网络名以数字结尾的，可以连续放置，且其网络名后的数字会自动递增。

　　绘制管脚的延长线时可以选择一条或多条绘制好的延长导线后进行复制/粘贴，注意粘贴时与管脚的连接处鼠标指针需出现红色的叉后方可放置。

　　绘制完 MCU 芯片后，之前绘制的电路将与相同的 MCU 管脚网络名完成连接。

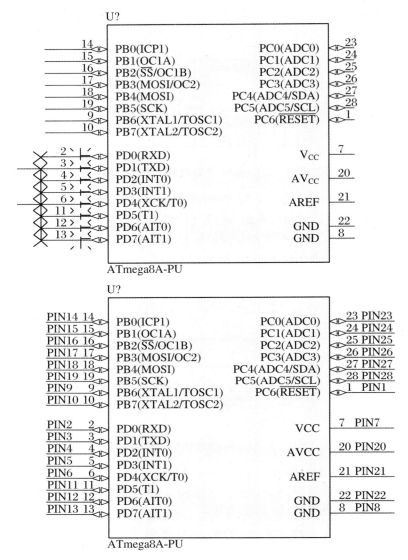

图 2.3.16　MCU 芯片的绘制

8. 完成 ATmega8A 管脚扩展接口的绘制(图 2.3.17)

给两个"Header 14"单排针的每个管脚绘制延长导线,再以管脚 1 至管脚 28 作为网络名分别放置到每个管脚。即对应连接到 MCU 的每个管脚。

放置网络标签时,其网络名以数字结尾的,可以连续放置,且其网络名后的数字会自动递增。

绘制管脚的延长线时可以选择一条或多条绘制好的延长导线后进行复制/粘贴,注意粘贴时与管脚的连接处鼠标指针需出现红色的叉后方可放置。

选中绘制好的两个"Header 14",包括符号、延长导线及网络名,复制/粘贴一次,为每个 ATmega8A 管脚扩展两个排针接口。

原理图绘制时,元器件、连线、网络标签等都可选择后进行复制或粘贴。也可以选择以后再按"Delete"键进行删除。

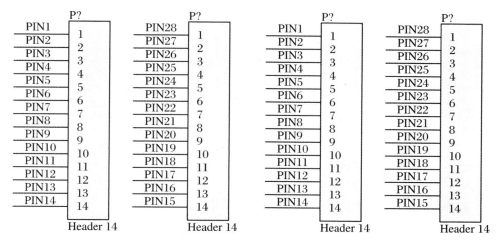

图 2.3.17　ATmega8A 管脚扩展接口的绘制

9. 完成 ATmega8A/328-AU 兼容接口的绘制(图 2.3.18)

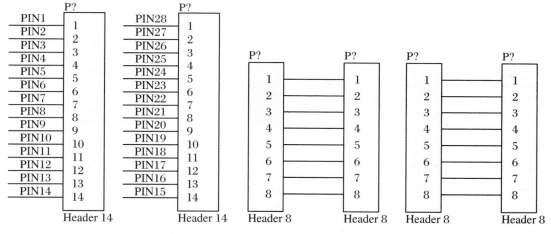

图 2.3.18　MCU 兼容接口(排孔)的绘制

选中两个之前绘制的"Header 14"扩展接口,包括符号、连线及网络名(要求网络名从管脚 1 至管脚口 28),然后进行复制,并粘贴一次作为 MCU 兼容接口的排孔(因它们的符号与封装是一样的)。

将指针移到左边"Header 8"上并按住鼠标左键不放,同时按"X"键,将其水平镜像(如果已经水平镜像了,请跳过此操作)。注意调整其位置,然后将两个"Header 8"对应的管脚用导线连接起来。

选择已经绘制好的"Header 8",包含符号、连接导线等,进行复制和粘贴一次,完成 MCU 兼容接口的绘制。

10. 完成供电扩展接口的绘制(图 2.3.19)

供电扩展接口是指给模块提供+5 V 电源的三组排针。

将一个"Header 4"的四个管脚都连接到＋5，另一个"Header 4"的四个管脚都连接到 GND。

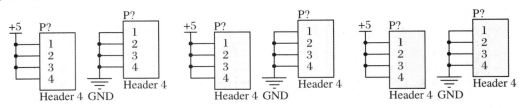

图 2.3.19　供电扩展接口的绘制

选中已经绘制好的两个"Header 4"，包含器件符号、连接导线以及网络标签等，然后进行复制和粘贴两次，完成供电扩展接口的绘制。

11. 重新调整位置等(注意不要出现重叠、交叉等)，绘制好原理图

绘制好的原理图如图 2.3.20 所示。

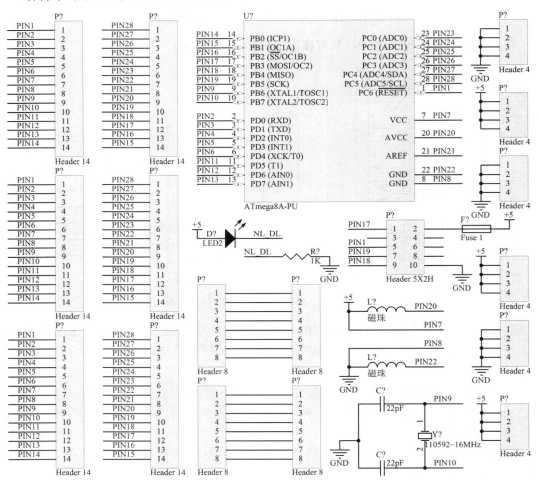

图 2.3.20　绘制结束后的原理图总览

2.3.2.6　对原理图中的元器件进行编号

原理图绘制工作结束后,会发现器件的编号后面都带有一个问号。这些元器件的编号本是元器件的唯一身份标识,在同一张原理图绘制文件中不能重复出现,因此在进行 PCB 设计前必须修改这些带问号的编号。元件的编号可通过 AD 软件自动按序进行修改,简单快捷;当然也可通过双击各个元件,在其属性设置窗口中一一进行修改,只是效率很低。

1. 自动对原理图中的元器件进行编号

① 单击"Tools"菜单下的"Annotation"子菜单中的"Annotate Schematics…"命令,打开原理图绘制文件里的元器件自动标注窗口,如图 2.3.21 所示。

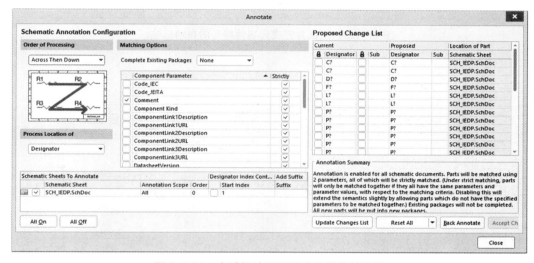

图 2.3.21　自动标注原理图中元器件的编号

② 在图 2.3.21 中左侧的原理图标注配置(Schematic Annotation Configuration)中都采用默认形式即可。其中"Order of Processing"是确定元器件自动标注的顺序与方向,有四种,默认为"Across Then Down",即从左到右,再从上到下的标注顺序;编号的位置或对象(Process Location of)有两种,默认为编号(Designator);要进行标注的原理图文件(Schematic Sheets to Annotate)默认都选中,标注范围(Annotation Scope)为"All"(所有的元器件都进行标注),"Order"为多个原理图文件时的标注次序,起始序号(Start Index)从"1"开始(即同类型的元器件编号后的问号从"1"开始);匹配选项(Matching Options)是针对具有多个部件的元器件的,因为设计中没有这类元器件,所以这里为"None"。

③ 在图 2.3.21 右侧单击"Update Changes List"更新标注,并核对"Proposed"列中即将进行的标注,单击"Accept Changes(Create ECO)"接受自动标注,并在弹出的"Engineering Change Order"窗口单击"Validate Changes"确认无误后,单击"Excute Changes"完成自动标注操作,注意查看标注信息。如图 2.3.22 所示。

最后单击"Close"按钮关闭元器件标注的窗口,返回原理图绘制画布,可以看到所有的元器件都进行了编号且不重复,如图 2.3.23 所示。

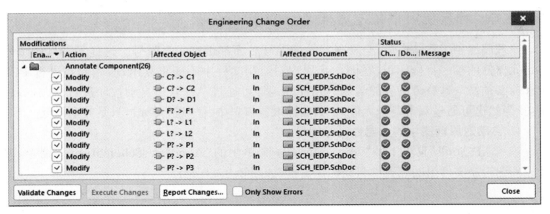

图 2.3.22　确认并完成元器件编号的自动标注

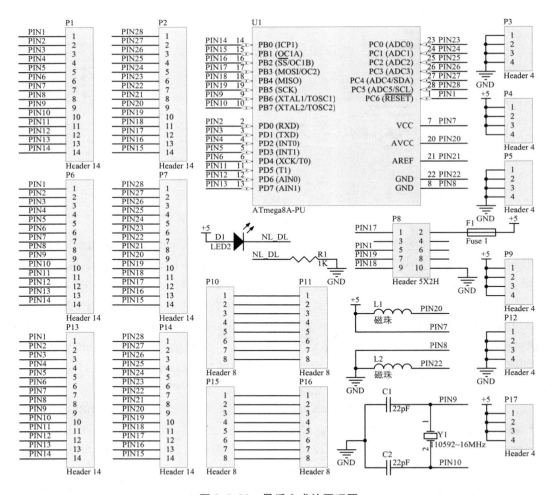

图 2.3.23　最后完成的原理图

2.3.2.7　对绘制好的原理图进行电气规则检查

开始绘制的原理图中,会出现一些红色的波浪线,而在最后完成的原理图中就消失了。这是因为 AD 软件在绘制原理图过程中进行了自动检查原理图的 ERC(电气规则检查),对于违反规则的都用红色的波浪线标出来,而在原理图绘制操作全部完成后,没有违反规则情形下,也就不会出现红色的波浪线了。然而通过自动检查的提示信息有时会出现遗漏。

点击"Project"菜单里的"Compile PCB Project xxx"进行手动 ERC 检查,然后点击"View"菜单下"Panels"子菜单里的"Messages"命令(或点击右下角"Panels"中的"Messages"命令),查看 ERC 检查的结果,如图 2.3.24 所示。

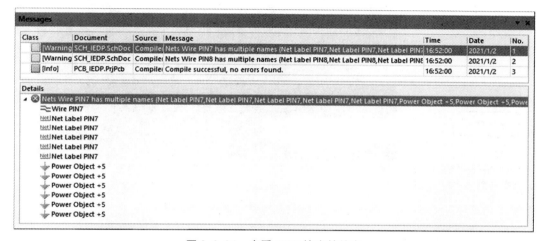

图 2.3.24　查看 ERC 检查的信息

图 2.3.24 中存在 2 个网络重名的 ERC 检查警告,在绘制时我们已经知晓,即是 +5 V 电源的正极和负极都各有两个网络名,可以修改为相同的或者忽略,都不影响后面的 PCB 设计。

2.3.3　Altium Designer 绘制创新设计实践板印刷电路图

2.3.3.1　往工程里添加 PCB 绘制文件

在绘制 PCB 前,要向 AD 工程新建并添加一个 PCB 绘制文件。这可通过点击"File"菜单下的"New"子菜单里的"PCB"命令为当前的 Altium Designer 工程添加 PCB 绘制文件,或者在左侧导航窗口中的工程名称上单击鼠标右键,并点击弹出的菜单"Add New to Project"里的"PCB"命令为当前工程添加 PCB 绘制文件,如图 2.3.25 所示。

在图 2.3.25 中,可在画布上放置器件封装(用于焊接或安装元器件),以及通过工具栏对画布的封装进行布局布线、放置文本等;通过导航条中的"Compnents"查找、放置封装或通过"Properties"设置封装等的属性或参数;在状态栏或浮窗中可以观察位置等信息。另外可以通过层标签切换不同的 PCB 层。

通过"File"菜单中的"Save""Save As…"和"Save All"等命令保存当前工程和 PCB 文件。其中"Save As…"命令可以重命名，比如可以将 PCB 重命名为"PCB_IEDP.PcbDoc"。

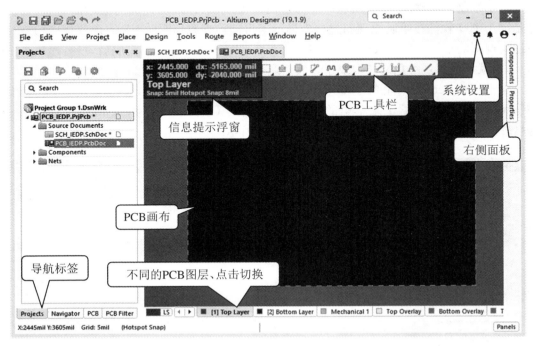

图 2.3.25　为 AD 工程添加 PCB 绘制文件

2.3.3.2　PCB 电路板绘制前的说明

　　PCB 电路板是用来安装或焊接元器件的，一般分为单层板、双层板和多层板。这里的层是指可以绘制导线的层数。比如单层板只有一层可以有导线（一般为铜箔导线）；双层板有两层：顶层（"Top Layer"）和底层（"Bottom Layer"），可以走导线，也可以安装元器件；多层板则根据设计有三层或以上的导线层，但一般只有顶层和底层可以安装元器件。除了走导线的层以外，一般在绘制或加工 PCB 电路板时还有其他一些非导线层，如印刷字符（器件外形，编号等）的丝印层（"Top Overlay"或"Bottom Overlay"）、阻止焊锡的阻焊层（"Top Solder"或"Bottom Solder"：负片，为焊盘开窗镀锡，其他部分上绿油）、焊接元器件管脚的助焊层（"Top Paste"或"Bottom Paste"：正片，在钢网上为焊盘开窗）、还有打孔信息的钻孔层（"Drill Drawing"）、禁止布线层（"Keepout Layer"）以及确定电路板外形尺寸的机械层（"Mechanical 1"）等。

　　焊盘是指焊接元器件的可焊接点与元器件的管脚一一对应，一般有通孔（穿过电路板的金属化孔：孔中间是金属连接的导线）或表贴（所有焊盘都在同一层）两种焊盘，都是用来焊接元器件管脚的。

　　当两层以上的电路板上不同层之间要用导线连接起来时，使用称为过孔的小孔（金属化过孔），一般是比焊盘小的孔，只作为连接电路的导线用，不能用来焊接元器件管脚。

　　另外还有一种通孔称作安装孔，主要是用于安装固定的，可以是金属化的，也可以是非金属化的通孔。

在绘制 PCB 电路板之前,一般需要将原理图文件中的电路连接信息以及元器件的封装导入 PCB 绘制文件。然后将元器件的封装位置进行调整以满足设计等要求,这称作布局。根据元器件管脚之间的连接关系,用导线将它们连接起来,这就是布线。

2.3.3.3　设置 PCB 电路板的外形和尺寸

PCB 绘制画布默认的尺寸与设计的电路板尺寸不同,需要根据设计的电路板外形尺寸在绘制前通过以下步骤重新设置电路板的外形尺寸(画布的尺寸):

(1) 在 PCB 绘制界面,点击画布下方层切换标签中的“Mechanical 1”切换到机械 1 层(图 2.3.26)。

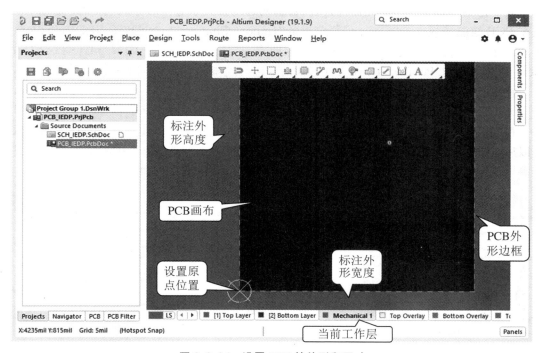

图 2.3.26　设置 PCB 的外形和尺寸

(2) 点击“Place”菜单里的“Line”命令,或点击 PCB 绘制工具栏中的“Place Line”图标(注意可通过点击鼠标右键切换工具栏里的命令)。然后将带有“十”字形的鼠标指针移动到画布上,在起点点击鼠标左键,然后移到鼠标到下一(转弯)处,再点击鼠标左键进行画线。画线时,按空格键可以切换走线的角度。在画布上画一个 65 * 98 mm^2(2560 * 3860 mil^2)的封闭矩形,画线时留意画布左上角浮窗中的坐标提示(画直线时 dx,dy 为水平或垂直画线的长度),按 Q 键可切换显示单位。

① 在 PCB 绘制时,可以通过 Page UP/Down 键进行画布的放大与缩小;也可以按住 Ctrl 键滚动鼠标的滚轮进行缩放。注意,缩放的焦点是鼠标指针所在的位置。

② 绘制 PCB 时,按“Tab”键可以打开属性面板设置线的宽度等参数。

③ 点击鼠标右键或按“ESC”键取消或结束画线。

（3）在"Mechanical 1"层通过框选、全选或 Shift＋点击鼠标左键等选择刚刚在机械 1 层绘制的矩形框，点击"Design"菜单下"Board Shape"子菜单里的"Define from selected objects"命令，设置电路板的外形和尺寸与选择的矩形框一致。

（4）点击"Place"菜单下的"Dimension"子菜单里的"Linear"命令给 PCB 标注尺寸。

（5）点击"Edit"菜单下的"Origin"子菜单里的"Set"命令将 PCB 画布的原点设置在画布的左下角，如图 2.3.26 所示。

（6）操作过程中可随时保存，以防止掉电等故障导致数据丢失。"Ctrl＋S"键为保存的快捷键，"Ctrl＋Z"键为撤销的快捷键。

2.3.3.4　同步原理图信息到 PCB 绘制文件

同步是指将原理图中的元器件封装、管脚间的连接关系等全部导入到 PCB 文件中。一般在 PCB 绘制界面点击"Design"菜单里的"Import Changes From PCB_IEDP.PrjPcb（工程名）"命令进行同步；也可在原理图绘制界面点击"Design"菜单里的"Update PCB Document PCB_IEDP.PcbDoc（PCB 文件名）"命令进行同步。

在打开的"Engineering Change Order"窗口里，点击"Validate Changes"进行确认，点击"Execute Changes"执行导入，点击"Close"完成原理图信息的导入。

在同步原理图的过程中，多留意"Engineering Change Order"窗口，如出现错误，本次同步以后需要去修改正确后再次同步，直到没有错误出现。在同步过程中的错误也可能是封装等导入顺序的问题导致的，同步时不用处理，同步后问题消失。如图 2.3.27 所示。

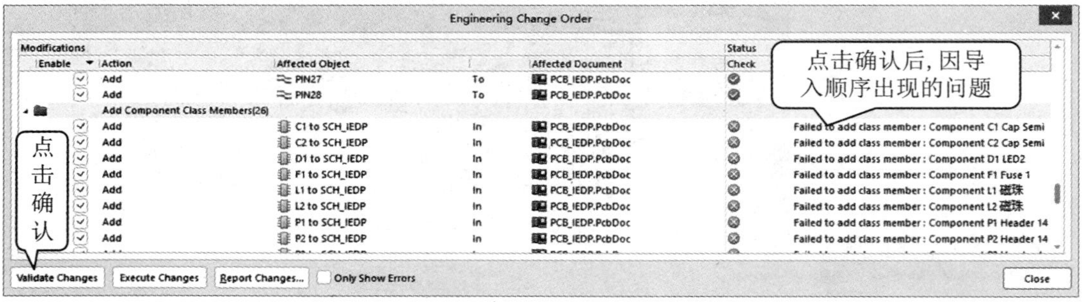

（a）确认并检查导入的原理图信息

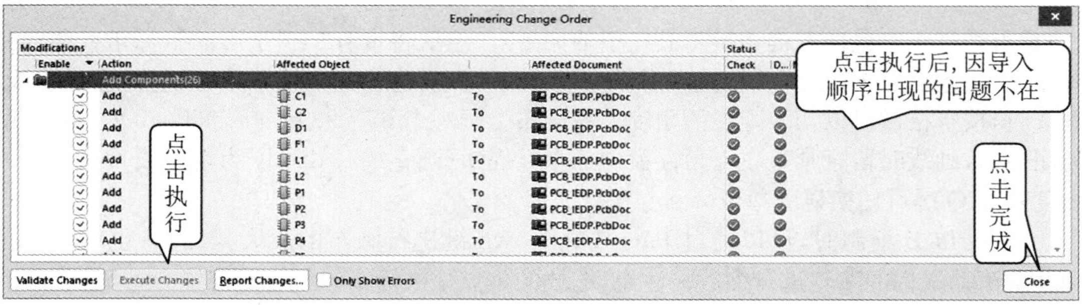

（b）执行导入原理图信息

图 2.3.27　同步原理图信息到 PCB 绘制文件的过程

　　在原理图中正确地导入元器件封装和连接信息后,可在 PCB 绘制界面看到元器件的封装及其管脚间的连接关系,如图 2.3.28 所示。在图中,元器件的编号与其封装靠近,与原理图中的一一对应;而元器件管脚间的连接信息则通过很细的灰色线进行标注,是虚拟的线,也称"飞线",会根据元器件封装位置的改变自动调整,在画上真正的连接导线后会自动消失。

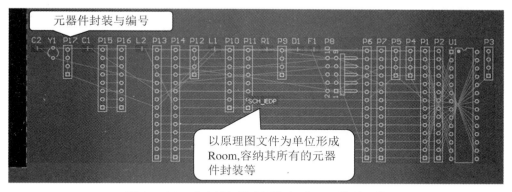

图 2.3.28　成功导入原理图信息到 PCB 绘制文件

　　在图 2.3.28 中,元器件封装都位于一个半透明的紫色矩形框里,称为"Room",是针对每个原理图文件自动生成的,为了方便管理和布局,对多个原理图文件的设计很有用。移动Room 时,其内部的封装会一起移动。如将封装移动到矩形框外,会以亮绿色显示,表示违反规则,即不在 Room 内。也可以删除 Room,不影响 PCB 绘制等。

2.3.3.5　PCB 绘制、设计规则的设置

　　设置 PCB 设计规则或约束是为了绘制出满足要求的电路板。PCB 设计的规则多而细,如电气、布线、加工、工艺等。不同的电路板对设计规则的要求不同,在绘制 PCB 前尽可能明确并设置好各项规则,以提高 PCB 布局布线效率与成功率。

　　AD 的 PCB 设计规则有十大类,若干种约束条目。在绘制 PCB 时,软件可实时监控每次操作是否符合设计规则,不符合规则就给出错误提示,如用亮绿色表示违反规则等。

　　在 PCB 绘制界面时,点击"Design"菜单下的"Rules…"命令,打开"PCB Rules and Constraints Editor"设计规则设置窗口,如图 2.3.29 所示。

1. 间距(clearance)、最小间距

　　间距需要根据器件密度、管脚间的最小距离、加工工艺、电气特性等确定间距,设置后,在布局布线时不能小于此设置值,否则会报错,即以亮绿色显示违反规则的连线等。

　　最小间距属于电气规则,位于 Design Rules/Electrical/Clearance/Clearance,包括线间距、焊盘间距、过孔间距、字符间距以及各种不同元素间的间距,如图 2.3.30 所示。保持 AD默认的间距为 10 mil,即可满足实践电路板的最小间距要求。

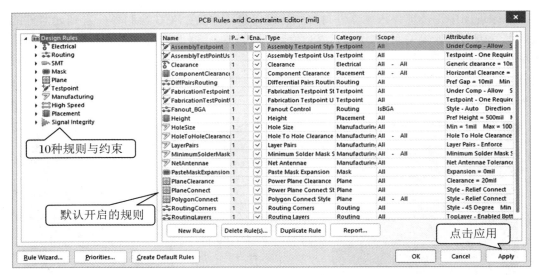

图 2.3.29　PCB 规则和约束设置

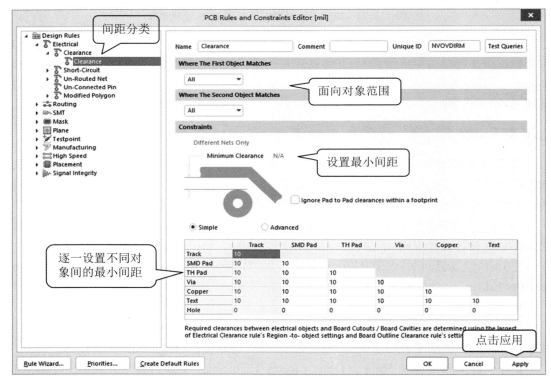

图 2.3.30　设置最小间距规则

2. 线宽(width)

根据器件密度、最小间距、最小的焊盘宽度、加工工艺、电气特性等确定最小线宽和最大线宽以及推荐线宽等。设置线宽后,在布线时导线的宽度不能超出设置的范围,否则会报错,即以亮绿色显示违反规则的连接导线等。

线宽属于布线规则,位于 Design Rules/Routing/Width/Width,包括最小、最大线宽以及推荐线宽等,修改最大线宽为 100 mil 即(2.54 mm),其他保持默认的 10 mil,如图 2.3.31 所示。

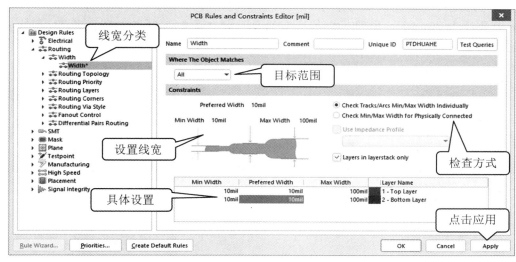

图 2.3.31　设置线宽规则

3. 过孔(via)

根据器件密度、最小间距、最小的焊盘宽度、加工工艺、电气特性等确定最小、最大孔径以及推荐孔径等。设置后,在布线时不能超出过孔孔径的设置范围,否则会报错,即以亮绿色显示违反规则的过孔和连线等。

过孔属于布线规则,位于 Design Rules/Routing Via Style/RoutingVias,包括最小、最大内外孔径以及推荐孔径等。设置过孔外径最小、最大和推荐值分别为 26 mil,50 mil,32 mil,设置过孔内径最小、最大和推荐值分别为 16 mil,28 mil,20 mil,如图 2.3.32 所示。

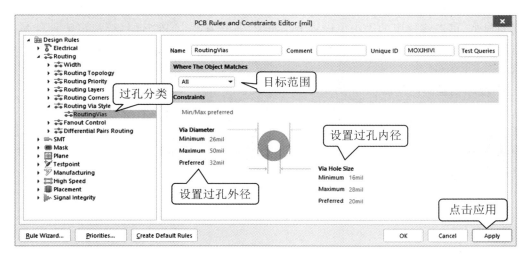

图 2.3.32　设置过孔规则

4. 通孔尺寸(hole size)

这里的通孔尺寸是指加工制造时的规则,位于 Design Rules/Manufacturing/Hole Size/HoleSize,包括最小和最大孔径。设置孔径的最小、最大值分别为 16 mil,200 mil。这里主要考虑之前的过孔最小内径为 16 mil,而安装孔的内径为 3 mm(约 118 mil),所以设置最大孔径为 200 mil。电路板中的所有通孔都要在此加工制造的孔径范围,不然就违反此规则了。当然这里的最小和最大孔径可以根据实际情况进行调整。如图 2.3.33 所示。

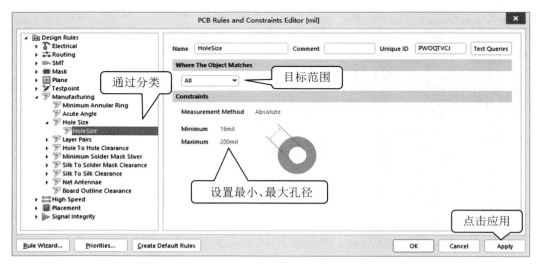

图 2.3.33　设置通孔规则

5. 丝印到阻焊层开口(焊盘)的间距(silk to solder mask clearance)

此为加工制造时的规则,位于 Design Rules/Manufacturing/Silk To Solder Mask Clearance /SilkToSolderMaskClearance。主要设置丝印层的字符等到焊盘的最小距离,AD 默认为 10 mil。不过有时元器件封装本身的丝印离焊盘就很近,为了消除这些可能违反规则的封装,可以将这里的最小值设置为 1 mil。不过在绘制 PCB 时,要尽可能地让丝印字符离焊盘远一些,以防止加工工艺精度不够造成丝印印到了焊盘上,影响焊接。如图 2.3.34 所示。

6. 丝印到丝印的间距(silk to silk clearance)

丝印到丝印的间距是加工制作规则,即设置丝印层的字符、边框的间距不能太小,不然印在一起会模糊不清。AD 默认为 10 mil。不过有时元器件封装本身的丝印间距就很小,为了消除这些可能违反规则的封装,可以将这里的最小值设置为 1 mil,不过在绘制 PCB 时,要尽可能地让丝印字符间距远一些。如图 2.3.35 所示。

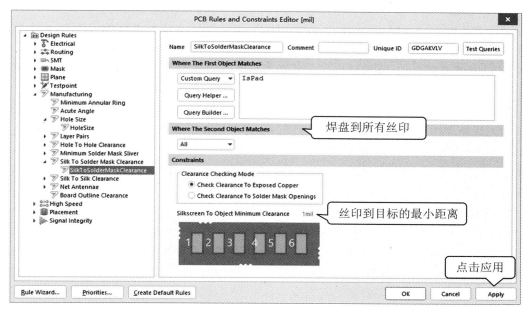

图 2.3.34　设置丝印到焊盘的间距

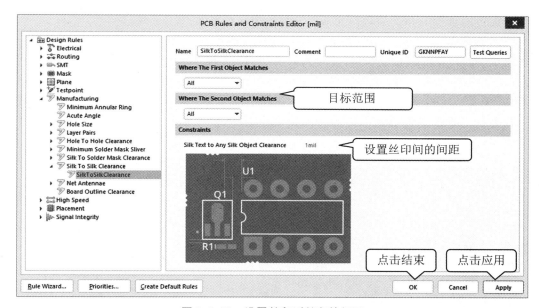

图 2.3.35　设置丝印到丝印的间距

以上是几个常用的 PCB 规则设置与说明,点击"OK"按钮结束设置。其他的很多规则需要根据 PCB 电路板的设计逐渐学习了解,这里不一一介绍了。

2.3.3.6　电路板的布局:在 PCB 绘制画布(电路板上)对元器件封装进行布局

布局是将所有的元器件封装合理地放置在设计的电路板上。这需要综合考虑各方面的因素,比如电路板的层数等,这里采用默认的双层板,即可以在顶层和底层安装元器件。通常的布局方式主要采用模块化,即在原理上连线紧密,功能上依赖性强的放置在一起;同时考虑按走线、调整器件的方向等;而核心器件,如 CPU,MCU 等应尽可能放在中心位置,接插件放在 PCB 电路板的边沿,且尽可能放在与核心器件连线多的一侧;核心器件的外围器件尽可能靠近核心器件等;同时需要注意元器件的外形、手工焊接是否方便等。

另外,在布局时也要使用 AD 软件提供的一些工具,比如原理图与 PCB 交互布局(布线),即先让原理图画布与 PCB 绘制画布窗口垂直分屏显示("Window"菜单里的"Tile Vertically"命令),然后通过"Tools"菜单里的"Cross Select Mode"命令(快捷键:Shift + Ctrl + X)进行交叉选择,在 PCB 画布上选择一个或多个封装后,会在原理图窗口显示对应的元器件符号也被选中,反过来也是一样的,非常便于布局和布线。

1. 布局:将 U1-ATmega8A 放置在上方中间

将原理图导入 PCB 画布时,自动以原理图文件为单位添加了容器:ROOM。这对复杂或多模块的设计布局带来了很大的便利。但对实践板这样简单的设计,可将元器件封装直接移动到 PCB 板上进行布局,不过此时封装会呈亮绿色,表示违规,只要在布局完成后删除 ROOM 即可消除(也可布局前就将其删除)。

① 直接在器件封装上按住鼠标左键并移动,将元器件封装放置到画布合适的地方,也可通过 Move 菜单或工具栏里的命令进行操作;同时配合画布的缩放,以提高效率。

② 通过原理图画布交叉选择元器件的封装更直观方便。

③ 元器件封装的坐标一般为元器件中心位置的坐标,注意画布的原点在左下角。点击 PCB 画布中的元器件封装,然后打开其属性面板,修改其"Location"里的 X/Y 坐标值可精确定位元器件封装的位置。如将 U1 放在画布上方居中,设置其 X 坐标为 PCB 宽度的一半,即 2560/2 = 1280 mil,设置其 Y 坐标为 3860 − 600 − 700 = 2560 mil(700 是 U1 高度一半,600 为 U1 离上边框的距离)。如图 2.3.36 所示。

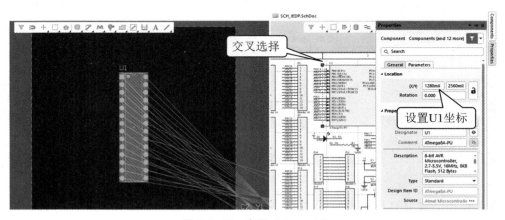

图 2.3.36　布局 ATmega8A

2. 布局:将 MCU 扩展接口 P1/P6 和 P2/7 放置 U1 两边

在 PCB 画布里有 6 个"Header 14"的封装,其位置排列是无序的,不利于快速找到要操作的元器件封装。而在原理图里因为元器件符号的编号是按序进行的,可以很容易地找到要操作的元器件。这可采用上述介绍的原理图和 PCB 间的交叉选择(快捷键:Shift + Ctrl + X)来提高布局或布线的效率。

在原理图中选中 P1 和 P6,可以看到在 PCB 界面中同时选择了 P1 和 P6 的封装,将它们移至 U1 的左边。调整 P1 和 P6 的方向(在对应的封装上按住鼠标左键,通过空格键进行旋转或通过封装属性里的旋转参数进行调整),使它们与 U1 的连接平行不交叉(通过飞线进行判断和操作);同样的方法将 P2 和 P7 放置在 U1 的右边,并调整到合适的方向。

通过鼠标拖动或"Edit"菜单下"Align"子菜单里的对齐命令(或通过 PCB 工具栏)对齐选中的器件,注意器件方向或管脚不同时无法完全对齐,需要拖动对齐,或者调整封装的 X/Y 坐标。比如,要调整 P1 和 P6 的管脚与 U1 左侧的管脚一一对齐,可以先查看 U1 左侧焊盘的 Y 坐标(左上焊盘的 Y 坐标为 3210 mil)与 P1 和 P6(P1 和 P6 已经顶对齐)对应的焊盘(P1 和 P6 已经顶对齐)的 Y 坐标(最上焊盘的坐标为 3235 mil),计算其差值(- 25 mil),再设置 P1 或 P6 的 Y 坐标为原 Y 坐标 - 25 mil。这样就实现了 P1 和 P6 的焊盘与 U1 左侧的焊盘一一对应且对齐了。同样的方法将 P2 和 P7 的焊盘与 U1 右侧的焊盘一一对应且对齐。

接着通过器件封装属性里的 X 坐标调整 P1 距电路板左边框 200 mil,P6 距电路板左边框 400 mil,P7 距电路板右边框 200 mil,P2 距电路板左边框 400 mil。完成 U1 扩展接口的布局,如图 2.3.37 所示(这里删除了 ROOM)。

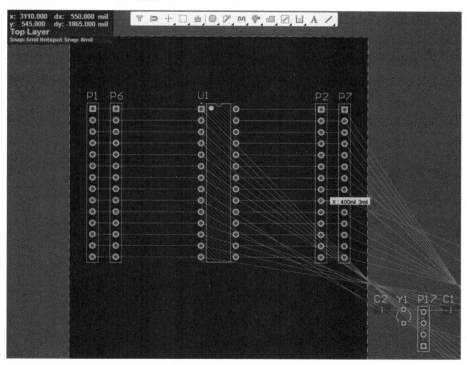

图 2.3.37 MCU 扩展接口 P1/P6 和 P2/7 的布局

注意:因为原理图绘制时元器件符号的位置或元器件编号的方式与顺序的不同,会导致元器件的封装编号与文中的不一致,需要根据设计中实际的元器件编号进行布局和布线。

3. 布局：将 MCU 的兼容接口 P13/14 和 P10/11/15/16 放在 U1 周边

用上述方法将 P13 与 U1 左侧管脚对齐后，设置 P13 的"X"坐标为 U1 的"X"坐标减去 350 mil，即 930 mil（P13 的焊盘与 U1 左侧的焊盘间距为 200 mil）；同样将 P14 与 U1 右侧管脚对齐后，设置 P14 的 X 坐标为 U1 的 X 坐标加上 350 mil，即 1630 mil（P14 的焊盘与 U1 右侧的焊盘间距为 200 mil）。

将 P10 和 P11 移动到 U1 的上方并调整其方向为水平（第一个管脚在最左边）。调整 P11 左侧的第一个焊盘与 P13 上方第一个焊盘的"X"坐标（930 mil）相同，通过查看 P11 和 P13 第一个焊盘的坐标，再设置 P11 的"X"坐标。也可以通过"Reports"菜单里的"Measure Distance"命令（快捷键：Ctrl＋M）测量两个焊盘（也可以测量其他对象的距离）的距离，通过其测量结果"X"和"Y"两个方向距离进行调整器件位置或判断元器件的布局是否满足要求等。同样方式调整 P11 焊盘的"Y"坐标使之与 P13 上方第一个焊盘的 Y 坐标距离为 120 mil。也可以直接将 P11 拖动起来，使 P11 左侧的第一个焊盘与 P13 上方的第一个焊盘重叠后放下，并保持 P11 选中，再通过"Edit"菜单下"Move"子菜单里的"Move Selection By X，Y…"命令将 P11 上移 120 mil（在弹出的"Get X/Y Offsets"窗口设置"Y Offset"为 120 mil，"X Offset"为 0）。采用以上方法调整 P10，使之在 P11 上方，并与 P11 在 X 方向距离为 0，在 Y 方向距离为 180 mil。

同样将 P15 和 P16 移动到 U1 的下方并调整其方向为水平（第一个管脚在最右边）。直接将 P15 拖动起来，使 P15 右侧的第一个焊盘与 P14 下方的第一个焊盘重叠后放下，并保持 P15 选中，再通过"Edit"菜单下"Move"子菜单里的"Move Selection By X，Y…"命令将 P15 下移 120 mil（在弹出的"Get X/Y Offsets"窗口设置"Y Offset"为 − 120 mil，"X Offset"为 0）。采用以上方法调整 P16，使之在 P15 下方，并与 P15 在 X 方向距离为 0，在 Y 方向距离为 180 mil。如图 2.3.38 所示。

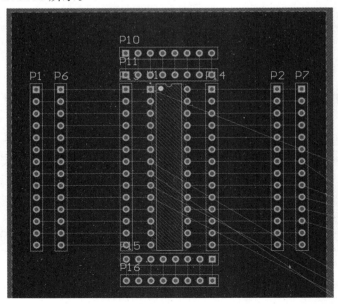

图 2.3.38　MCU 的兼容接口 P13/14 和 P10/11/15/16 的布局

4. 布局：将 MCU 的晶体和 AVCC 磁珠等放在 U1 周边

将 Y1 移动到（U1 左边）靠近 P13 左边 180 mil 处，并使 Y1 的两个焊盘与 P13 的 PIN9 和 PIN10 焊盘平行，且尽可能地距离它们等距离（水平距离约 180 mil）；将 C1/C2 移动到 Y1 对应管脚旁，并通过其属性界面中的"Layer"将"Top Layer"调整为"Bottom Layer"，将 C1 和 C2 放置在底层，并调整其方向和位置使之靠近 Y1 对应管脚的左侧（将飞线作为参考）100 mil 左右，且与 Y1 的两个焊盘平行对齐。同样方法将 L1/L2 调整到"Bottom Layer"层，并调整其方向和位置使之靠近 P2 对应管脚的左侧（将飞线作为参考）大约 150 mil（L1 和 L2 右侧管脚距离 P2 对应管脚 150 mil），如图 2.3.39 所示。

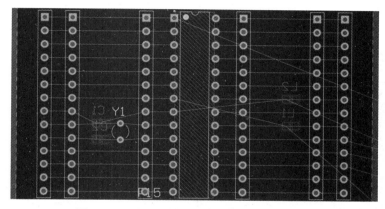

图 2.3.39　MCU 的晶体和 AVCC 磁珠的布局

5. 布局：将编程接口、保险丝和电源指示等放在电路板左上方

将编程接口 P9 移动到板子左上角合适位置，并调整其方向为水平；然后将保险丝移到 P9 右侧合适位置，再将电源指示电路的 LED 和电阻移到板子上方保险丝右侧合适位置。F1，D1，R1 按顺序放置在 P10 的上方，并调整其方向和位置，后期布线时可根据情况再做调整。如图 2.3.40 所示。

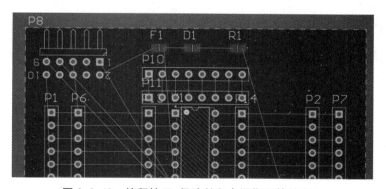

图 2.3.40　编程接口、保险丝和电源指示等的布局

6. 布局：将功能模块的电源外扩供电接口成对放在 U1 的其他三个拐角

将 P3 和 P4 接口移动到 P1/P6 下方横向放置，并拖动 P4 使其最左边的焊盘与 P1 最下方的焊盘对齐后，选中 P4，通过"Edit"菜单下"Move"子菜单里的"Move Selection By X，Y

…"命令将 P4 下移 150 mil（在弹出的"Get X/Y Offsets"窗口设置"Y Offset"为 − 150 mil，"X Offset"为 0）。同样将 P3 与 P4 对齐后向下移动 120 mil。

　　将 P5 和 P9 接口移动到 P2/P7 下方横向放置，并拖动 P9 使其最右边的焊盘与 P7 最下方的焊盘对齐后，选中 P9，通过"Edit"菜单下"Move"子菜单里的"Move Selection By X,Y…"命令将 P9 下移 150 mil（在弹出的"Get X/Y Offsets"窗口设置"Y Offset"为 − 150 mil，"X Offset"为 0）。同样将 P5 与 P9 对齐后向下移动 120 mil。

　　将 P12 和 P17 接口移动到 P2/P7 上方横向放置，并拖动 P12 使其最右边的焊盘与 P7 最上方的焊盘对齐后，选中 P12，通过"Edit"菜单下"Move"子菜单里的"Move Selection By X,Y…"命令将 P12 上移 200 mil（在弹出的"Get X/Y Offsets"窗口设置"Y Offset"为 200 mil，"X Offset"为 0）。同样将 P17 与 P12 对齐后向上移动 120 mil。如图 2.3.41 所示。

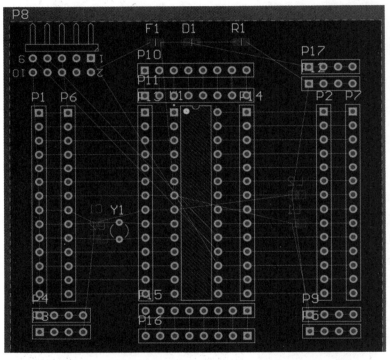

图 2.3.41　功能模块供电接口的布局

　　至此电路板元器件封装的布局就都结束了，后期在布线时还可以根据实际情况进行调整。在布局的过程中熟练掌握元器件封装的坐标调整方法、相对位移的调整方法（move selection by X,Y）、元器件封装方向的调整、多个封装的对齐等操作，可以提高布局的效率。对于复杂的、新的 PCB 板进行布局时，一般采用模块化布局方式，并结合布线过程，反复不断地调整元器件封装的布局后才可做到更优。

2.3.3.7　电路板的布线：用导线、过孔等将 PCB 画布中的同名网络连接起来

　　PCB 电路板是用来安装实际的电子元器件的，而电路板的布线则是根据原理图将各元

器件的管脚通过导线、过孔等连接起来,使安装了元器件的电路板与原理图的电气连接一致。

开始布线前,需要再次确定电路板的层数,这里使用默认的双层板,即可以在顶层和底层放置元器件以及连接导线等。

因此电路板的布线依据是之前绘制的电路原理图,也即 PCB 画布中各个封装管脚间的飞线。同时需要遵循之前设置的布局和布线的规则,如线宽、线距等。

布线时还需要遵循一些基本的原则:模块化布线,先处理核心模块的导线连接,然后处理与核心模块紧密关联的模块,再处理其他模块,最后处理电源和地网络等;而具体布线时要求连接导线尽可能短、尽可能宽、分支导线尽可能短、导线间距尽可能大;同时要求导线的宽度不要突变、避免导线的转角为直角或锐角、避免各种可能产生干扰的走线,如"天线""断头线""环线"等。

在 AD 的 PCB 编辑器里,一般采用智能的交互布线方式。在启动交互式布线命令后,点击要布线的焊盘,交互式布线器就会自动计算出各种可能的从焊盘到当前位置的布线路径。导线的尺寸则由布线规则和当前设置的线宽模式控制。交互布线器对于布线过程中遇到的其他网络焊盘等的处理则依据当前的布线冲突解决方式,如环绕、环绕并推挤、推挤、忽略等。

AD 中的交互式布线有三种:单线网络"Route"菜单下"Interactive Routing"命令、两线差分网络"Route"菜单下的"Interactive Differential Pair Routing"命令,以及总线网络"Route"菜单下的"Interactive Multi-Routing"命令。创新实践电路板比较简单,可以只用单线网络的交互布线方式完成,接下来简单地介绍一下单线网络的交互布线。

① 点击"Route"菜单里的"Interactive Routing"命令(快捷键:Ctrl + W),并在一个具有网络的目标(如焊盘、导线、飞线、过孔等)上点击鼠标左键,开始一个网络的布线。此时 PCB 编辑器跳到相应网络标签的最近电气对象,如焊盘中心、导线端点等,并自动尝试定义一条到当前鼠标指针位置的布线路径。

② 按"Tab"键可以修改布线参数,如线宽等。

③ 然后移动鼠标指针,经过可以布线的区域,确定走线路径后点击鼠标左键进行走线确认,直到到达同名网络的另一个目标上后点击鼠标左键,完成一条导线的布置。

在布线的过程中情况可能很复杂,可以通过下列操作进行处理:

① 按快捷键"Shift + R"可循环切换冲突解决方式(环绕、环绕并推挤、推挤、忽略等)。

② 按空格键切换转角的方向。

③ 按"Shift + 空格键"可以循环切换转角模式(45 度角、圆弧等)。

④ 按数字键盘的" * "键(或 Ctrl + Shift + 鼠标滚轮)可以添加过孔并切换到下一布线层。

⑤ 按数字键盘的"/"键可以添加过孔,并结束当前进行的布线。

⑥ 按"2"键添加过孔,但不切换布线层(继续留在当前层进行布线)。

⑦ 按"L"键可以切换从通孔焊盘或过孔开始布线的层,即已经从通孔或过孔开始画导线了,发现应该从其他层开始布线,直接按"L"键可以切换,无需退出重来。

⑧ 按"Ctrl"键的同时点击鼠标左键,可以自动完成当前的布线,类似于快到布线的终点

时自动补全一条导线的绘制。

⑨ 按"Backspace"键可以回退一步之前绘制的导线。

⑩ 按"Shift + F1"键可以显示在命令(布线过程中)快捷键(命令菜单)。

⑪ 按"Shift + S"键可以循环切换单层显示。

1. 布线:优先处理核心器件 ATmega8A(U1)及其周边的布线——扩展接口与兼容接口

点击画布下方的层标签"Top Layer"切换到 Top Layer 层,然后点击"Route"菜单下的"Interactive Routing"命令(或按快捷键"Ctrl + W")。接着将带"十"字形的指针移到布线起点焊盘(如 U1 的第一脚焊盘)的中心位置(其实在焊盘附近都可以的,因为 AD 的智能交互布线功能),这时指针会多出一个圆圈,点击鼠标左键(布线网络会呈高亮)开始布线,移动指针到布线终点焊盘的中心,同样在指针多出个圆圈后点击左键(可以在快到布线终点时按住"Ctrl"键并点击鼠标左键自动完成),完成一条导线的连接。

用上述方法,并结合布线时的多种操作完成 U1 及外围开展接口等的布线,如图 2.3.42 所示。如一条直线导线上有多个焊盘,可选择最外侧两个作为布线的起止点。另外,布线时可以取消 PCB 和原理图的分屏显示(PCB 绘制窗口的标题栏点击鼠标右键,选择"merge all"命令),以增加 PCB 画布的绘制界面。

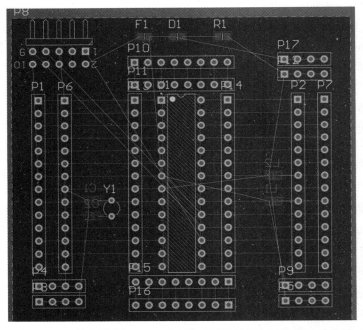

图 2.3.42　核心器件 ATmega8A(U1)及其扩展和兼容接口的布线

2. 布线:优先处理核心器件 ATmega8A(U1)及其周边的布线——晶体与编程接口

因为晶体 Y1 已经与其要连接的管脚的布线很近,且布局时也做了精确的调整(使 Y1 的两个焊盘等间隔位于 PIN9 和 PIN10 导线间,若误差很大,现在也可以进行调整)。这里直接通过"Interactive Routing"将 Y1 的两个焊盘分别连接一段很短的导线到 PIN9 和 PIN10 导线。

点击画布下方的层标签"Bottom Layer"切换到 Bottom Layer 层,然后点击"Route"菜单下的"Interactive Routing"命令(或按快捷键"Ctrl + W")分别连接 Y1 的两个焊盘到 C1 和 C2 的一个对应焊盘,分别连接 P2 的两个焊盘到 L1 和 L2 的一个对应焊盘。同样在"Bottom Layer"完成 U1 的管脚与编程接口 P8 间的连接(根据飞线提示,原理图等使用上述的布线方法)。如图 2.3.43 所示。

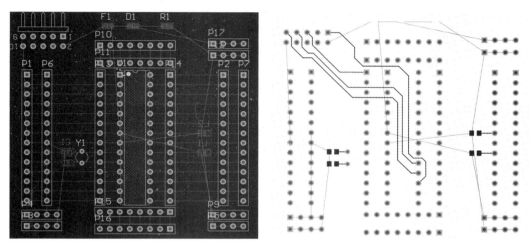

图 2.3.43　编程接口和晶体的布线(右为白底底层单独显示)

3. 布线:电源部分——保险丝与电源指示灯

创新实验板由编程接口(P8)的管脚 2 和 10 供电,提供 + 5 V、最大 500 mA 的供电。换到"Top Layer"为当前操作层,调整 F1/D1/R1 位置,从 P8 的管脚 2 连一条宽 30 mil 导线(布线时按"Tab"键修改线宽为 30 mil 后再画导线)到 F1,F1 串在电源的正极,注意:电源正极网络名为 PIN7(同名的"+5"网络标签名被忽略了),电源负极的网络名为 PIN8(同名的"GND"网络标签被忽略了)。

同样,用 30 mil 的导线连接 F1,D1,R1。

点击"Place"菜单中的"Pad"命令,在 D1 的两个焊盘上各放一个焊盘(内/外径各为 35/60 mil)(放置焊盘前按"Tab"键修改焊盘的尺寸,并勾选"Plated"进行金属化),点击鼠标右键或按"ESC"键结束放置,并将其移动到 D1/R1 中间位置的上下两边,再与 D1 对应焊盘连起来。

点击"Place"菜单下的"Polygon Pour…"命令,在 F1,D1 间铺上铜,按"Tab"键设置铺铜的网络名为"PIN7",选择"Pour Over All Same Net",勾选"Remove Dead Copper",高度约为焊盘 3 倍,宽度需覆盖 F1 与 D1 相连的焊盘,画一个封闭矩形形成一块大面积铜。

再点击"Place"菜单下的"Via"命令,并在铺铜区放置 6 个过孔(放置前按"Tab"键修改其内/外径分别为 20/40 mil),并对齐排列为两行三列(设置过孔的坐标或通过对齐工具)。如图 2.3.44 所示。

4. 布线:电源部分——电源网络的处理

将存在于底层连接到"PIN8"网络的单层焊盘通过多层焊盘或打过孔等方式连到顶层,即将 C1 和 C2 的"PIN8"网络焊盘,用 10 mil 的导线连接到 P6 的"PIN8"网络的焊盘上;在

L2 的"PIN8"焊盘上放置一个过孔(40/20 mil)并移动到合适的位置,位于顶层连续的中间,再连接到 L2 的"PIN8"焊盘。

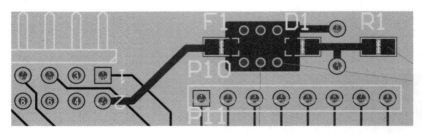

图 2.3.44　电源与其指示灯的布线

点击"Place"菜单里的"Pad"命令,按"Tab"键,设置焊盘的内/外径均为 122 mil,并不用金属化通孔(去掉 plated 属性),在 PCB 板四角放置安装孔。放置左上角安装孔时,可适当调整之前的布线等。并按之前方法进行定位,使安装孔离电路板边沿各 4 mm(除左上角)。

切换到"Top Layer",点击"Place"菜单下的"Polygon Pour…"命令,在顶层上半部分(有元器件封装的部分)全部铺上铜,按"Tab"键设置铺铜的网络名为"PIN8",选择"Pour Over All Same Net",勾选"Remove Dead Copper",环绕电路板的上半部分画一个封闭矩形形成一块大面积的铜作为电源的地(负极)。

切换到"Bottom Layer",点击"Place"菜单下的"Polygon Pour…"命令,在底层上半部分(有元器件封装的部分)全部铺上铜,按"Tab"键设置铺铜的网络名为"PIN7",选择"Pour Over All Same Net",勾选"Remove Dead Copper",环绕电路板的上半部分画一个封闭矩形形成一块大面积的铜作为电源的 +5.0 V(正极)。

5. 布线:将电路板下方的空余地方做成万用板——按标准间距放置通用的焊盘阵列

点击"Place"菜单下的"Pad"命令,在电路板下方空余处放置内/外径分别为 0.9 mm 和 1.5 mm 的焊盘,勾选"plated"金属化通孔,调整焊盘之间的距离都为 2.54 mm(100 mil)。可以复制/粘贴(先选中要复制的目标,然后点击"Edit"菜单下的"Copy"命令,或按"Ctrl + C"快捷键,在选中的要复制的目标上点击一下鼠标左键,然后再粘贴),同时可以使用参考移位调整焊盘的位置,使用对齐工具对齐、分布等,使用快捷键"Ctrl + M"测量距离等方法加快焊盘阵列的放置。

调整丝印层器件编号的尺寸:点选任一器件编号,并在选择的器件编号上点击鼠标右键,在弹出的菜单里点击"Find Similar Objects"命令,在打开窗口里设置"String Type"下的"Designator"项为"same",这样就选中了所有的器件编号,再通过属性界面设置其"Text Heith"为 40 mil,设置"Stroke width"为 8 mil,从而调整了所有丝印的大小。

最后调整丝印层器件编号的位置:分别切换到"Top Overlay"和"Bottom OverLay"丝印层,在器件编号上按住鼠标左键并拖动器件编号——调整到合适位置;以不遮挡其他丝印或焊盘,以及不被遮挡为标准。另外,通过空格键调整器件编号的方向。

点击"Place"菜单下的"String"命令,在 PCB 板上放置丝印层的文字,用于标注管脚编号、电源正负极、管脚功能、电路板名称(汉字)、器件位置等等。放置汉字丝印字符时,需要设置为字符为"TrueType"字体即可。先在顶层丝印层"Top Overlay"放置以下字符：

① 在 P1 和 P7 的外侧放置 U1 对应的管脚编号"1～28"；在兼容接口按序放置扩展的管脚编号"29～36"和"37～44"。

② 在 P6 和 P2 的内侧放置 U1 对应管脚的第一功能，如"PB0～7""PC0～6""PD0～7"等。

③ 在功能模块供电的接口放置电源的正负极指示"＋"和"－"。

④ 在 U1 下和兼容接口侧面放置 MCU 的安装型号"ATmega8A/328P-PU"和"ATmega8A/328P-AU"。

⑤ 在兼容接口的外侧放置指示信息"排孔"，在扩展接口侧边放置指示"排针"。

⑥ 在右上角放置"电子设计实践基础"。

⑦ 在万用板的焊盘间连续放置"0～9"编号以方便使用。

在底层丝印层"Bottom Overlay"放置类似的信息：

① 复制"Top Overlay"中的字符信息（管脚编号以及 U1 管脚的第一功能等）到底层丝印层，注意复制粘贴后设置字符所在的丝印层和镜像（勾选"Mirror"）。

② 放置"姓名"和"学号"字符信息。如图 2.3.45 所示。

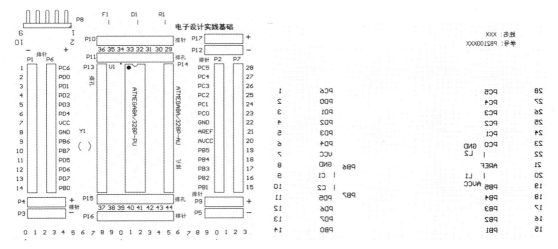

图 2.3.45　顶层和底层丝印字符的放置

2.3.3.8　PCB 设计规则的检查

AD 软件本身默认会进行实时的规则检查，并以亮绿色提示，可以在 PCB 绘制过程中及时处理出现违反规则的绘制。在完成 PCB 绘制以后，也可点击"Tools"菜单里的"Design Rule Check"命令进行详细的规则检查。在打开的"Design Rule Checker"窗口设置要进行的检查后，点击"Run Design Rule Check"开始检查相关的设计规则，详细的检查结果在"messages"窗口查看。如果出现违反规则的信息，需要根据提示信息做处理，直到无任何警告和违规信息。如图 2.3.46 所示。

通过点击网页版"Design Rule Verification Report"中的违反规则的连接，可交互查看违反规则等错误信息在 PCB 画布中的位置,以方便违反规则的分析和问题处理。

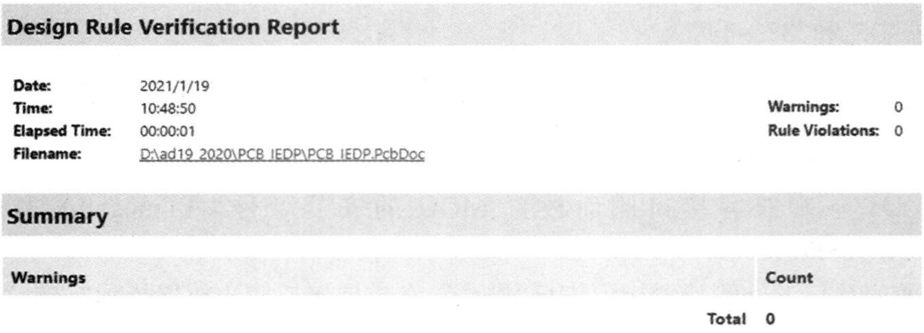

Design Rule Verification Report

Date:	2021/1/19		
Time:	10:48:50	Warnings:	0
Elapsed Time:	00:00:01	Rule Violations:	0
Filename:	D:\ad19_2020\PCB_IEDP\PCB_IEDP.PcbDoc		

Summary

Warnings	Count
	Total　0

图 2.3.46　PCB 设计规则检查报告

2.3.3.9　导出 PCB 生产加工文件:Gerber 文件

Gerber 文件符合 EIA 标准,是用于驱动光绘机的文件。它把 PCB 的布线数据转换为光绘机用于生产 1:1 高精度胶片的光绘数据,以及能被光绘图机处理的文件格式。PCB 生产厂商用这种文件进行 PCB 制作。

在导出 Gerber 文件之前,首先确认已经通过“Edit”菜单下“Origin”子菜单里的“Set”命令设置了 PCB 电路板的原点(之前已将原点设置为电路板的左下角)。

保存 PCB 绘制文件及工程文件,“File=>Save All”。

PCB 加工制作文件的导出有三个步骤:导出 Gerber 文件(File/Fabrication Outputs/Gerber Files)、导出钻孔文件(File/Fabrication Outputs/NC Drill File)和导出测试文件(File/Fabrication Outputs/Test Point Report)。

1. 导出 Gerber 文件

点击“File”菜单下的“Fabrication Outputs”子菜单里的“Gerber Files”命令,在打开的“Gerber Setup”窗口里设置以下参数:

① 设置“General”标签页里的“Units”和“Format”:当单位选择“Inches”时,3 种“Format”格式都可以,区别不大;当单位选择“MilliMeters”时,格式选用 2:5 精度会更高些。

② 设置“Layers”标签页里的层:点击左下角的“Plot Layers”选择“Used On”,点击左下角的“Mirror Layers”选择“All Off”,勾选下方的“Include unconnected mid-layer pads”。可去掉左侧“Layers To Plot”中没有用的“Mechanical 13”和“Mechanical 15”;另外右侧的“Mechanical Layers To Add To All Plots”下的机械层都不选。

③ 设置“Drill Drawing”标签页的钻孔参数:勾选“Plot all used drill pairs”和“Plot all used dirll pairs”即可,其他都不选择。

④ 设置“Apertures”标签页:勾选“Embeded apertures(RS274X)”即可。

⑤ 设置“Advanced”标签页:此页保持默认即可,注意与后续的设置要一致。可以根据需要调整胶片大小(“Film Size”)、光圈冗余(Aperture Matching Tolerances);一般批处理模式为每层单独的文件(“Separate file per layer”)、前后 0 的处理为去除前面的 0

（"Suppress leading zeroes"）等。

点击"OK"导出 Gerber 文件到工程文件夹下的"Project Outputs for PCB_IEDP"文件夹里。AD 中打开的 CAM 文件可以关闭，保存与否都可以，不会影响 Gerber 文件的导出。

2. 导出钻孔文件

切换当前窗口为 PCB 绘制窗口，然后点击"File"菜单下的"Fabrication Outputs"子菜单里的"NC Drill Files"命令，在打开的"NC Drill Setup"窗口里设置"Units""Format""Leading/Trailing Zeroes"参数与导出 Gerber 文件时一致，其他的默认即可。点击"OK"按键进入下一步，在弹出的"Import Drill Data"窗口点击"Units"设置相关参数也一致后，再点击"OK"按钮，即可导出钻孔文件到工程文件夹下的"Project Outputs for PCB_IEDP"文件夹里，打开的 CAM 文件可以同样可以关闭，保存与否没有关系。

3. 导出测试文件

切换当前窗口为 PCB 绘制窗口，然后点击"File"菜单下的"Fabrication Outputs"子菜单里的"Test Point Report"命令，在打开的"Fabrication Testpoint Setup"窗口，勾选"Report Formats"下的"CSV"和"IPC-D-356A"，同时勾选"IPC-D-356A Options"下的"Board Outline"并选择"Mechanical 1"；勾选"Test Point Layers"下的"Top Layer"和"Bottom Layer"；"Units"选择"Imperial"；"Coordinate Positions"选择"Reference to relative origin"。

点击"OK"按键进入下一步，在弹出的"Import Drill Data"窗口，可以点击"Units"设置相关参数与之前一致后，再点击"OK"按钮，即可导出测试文件到工程文件夹下的"Project Outputs for PCB_IEDP"文件夹里，打开的 CAM 文件同样可以关闭，保存与否没有关系。

导出 PCB 生产加工文件后，将工程文件夹下的"Project Outputs for PCB_IEDP"文件夹打包（压缩成一个文件），发给 PCB 生产商，报价，确认，签订合同直至加工拿到实物。如图 2.3.47 所示。

图 2.3.47　加工制作后的 PCB 电路板正、反面

2.4　实验平台的搭建：元器件的焊接

拿到加工好的 PCB 电路板后，做些简单的外观和 PCB 绘制的对照检查，没有问题就可以进行元器件的安装与焊接。对于此创新电路板，只有 0805 的贴片元件和插针式的器件，所以焊接还是相对比较容易。接下来就从焊接的基本知识入手来介绍电路板的焊接。

2.4.1　PCB 焊接基础知识

2.4.1.1　焊接设备

焊接时使用的基本设备是电烙铁，如图 2.4.1 所示，用于融化焊锡连接元件管脚与 PCB 电路板上的焊盘，对于复杂的电路板还需要按计算机所示查看 PCB 绘制图以便于正确地焊接。根据情况不同，焊接时可能还需要热风机、放大镜、吸锡器、镊子、剪刀以及剥线钳等。

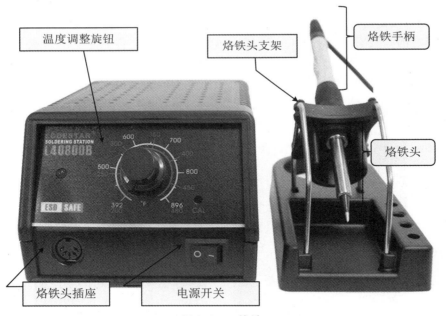

图 2.4.1　烙铁

使用烙铁前需要先清洗擦拭烙铁头的高温海绵，接着挤压海绵使之含少量的水即可（以拿起高温海绵后不滴水为准），检查烙铁的连接线（烙铁头与电源线）是否连接好。在去除烙铁头上的氧化层后，打开烙铁电源开关开始给烙铁头加热，调整烙铁的温度到合适的焊接温度，给烙铁头涂上薄薄的一层焊锡，便可开始使用。

2.4.1.2　焊接材料

焊接材料主要是焊锡丝和助焊剂。焊锡丝有无铅和有铅两种,同时会有多种不同直径的焊锡丝,常用焊锡丝的直径有 0.5 mm,0.8 mm,1.0 mm 等。助焊剂可使焊锡丝易于融化,还有去氧化等作用,主要有松香、树脂、有机酸、无机酸等,有固体、有液体、也有膏状的,可根据使用习惯进行选择。

另外在焊接时可能还会使用到其他的一些材料,如用于处理多余焊锡的吸锡带、用于清理电路板的棉球棒和酒精以及用于保护手指的指套等。

2.4.1.3　焊接场所与平台

焊接电路板需要在整洁、宽敞、安静且通风的室内进行,避免在潮湿、灰尘多以及风大的地方进行焊接。另外焊接室还要注意防止静电,同时保持冷静的头脑。

对于焊接平台,一般的工作台即可,但需要整洁、宽敞,可以放置各种焊接器材,为了防止烫坏桌面,需要一块耐高温的隔热垫,如图 2.4.2 所示。

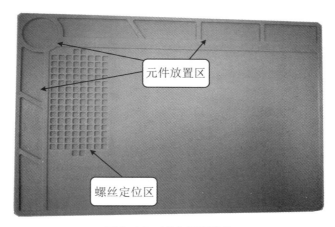

元件放置区

螺丝定位区

图 2.4.2　耐高温隔热垫

2.4.1.4　焊接条件与过程

焊接前除了准备好焊接工具、焊接材料外,还要保证焊接表面干净且没有油污、没有氧化。一旦出现氧化,必须用工具(镊子、砂纸、锉刀等)清理掉表面的氧化层,才可以进行焊接。只有焊接表面清理过后,才容易被融化后的焊锡附着,焊接点才可靠,不会出现虚焊、加热时间过长等问题。

焊接过程一般是,准备工作做好后,一只手用烙铁头加热焊盘与器件管脚,另一只手拿焊锡送到烙铁头、焊盘和器件管脚三者接触点,使之融化并均匀地附着在焊盘与管脚上,然后先撤离焊锡,再撤离烙铁头。撤离时以水平向上 45° 为佳。

焊接时一般先焊接器件高度小的,再焊接高度大的。对于空间有限的电路板,要考虑所有器件焊接难易程度,不能出现一个器件焊接后导致另外的器件焊接难度加大等现象。

切记在不用烙铁时,烙铁头一定要放置在烙铁头支架上。

2.4.1.5　焊接前的准备工作

在了解以上焊接的基本知识后,每次焊接前需要做以下的准备工作:

① 整理焊接时的工作台面。

② 准备并清理干净隔热垫。

③ 准备一台烙铁,并清理干净擦拭烙铁头的耐高温海绵。

④ 准备焊接器材:电路板、元器件、镊子、焊锡等。

⑤ 带上指套、防静电手带等,准备焊接。

擦拭烙铁头的耐高温海绵在使用前需要浸湿,同时挤掉大部分水分,去掉海绵中间的那块小海绵,以方便擦拭烙铁头,使用后需用清水清洗干净。

烙铁在使用前先加热到 200 ℃,然后再加热到焊接温度:有铅焊接烙铁温度调到 300 ℃左右,无铅焊接时烙铁温度调到 330 ℃左右。

2.4.1.6　焊接一条 USB 电源转接线

在焊接实验电路板之前,我们先来制作一条实验用的 USB 电源线,材料有 1 条圆口的USB 电源线,1 条"母对母"杜邦线,如图 2.4.3 所示。

图 2.4.3　制作电源线的材料

用剪刀剪去 USB 电源线的圆口接头,并将杜邦线从中间某段处剪开(一长一短),如图2.4.4 所示。

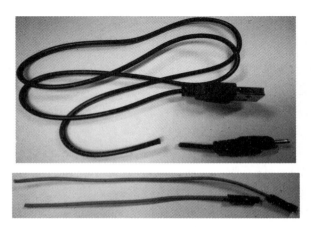

图 2.4.4　剪开后的电源线和杜邦线

从图 2.4.4 所示的剪开口,剥除线的绝缘皮,露出导线(铜线),如图 2.4.5 所示。

图 2.4.5　剥除电源线的绝缘层

将剥除绝缘层的导线紧绕在一起,如图 2.4.6 所示。

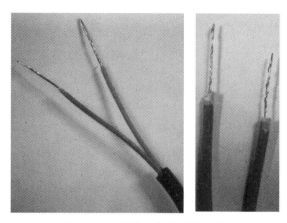

图 2.4.6　绕在一起的导线接头

将 4 个绕好的线头放置在耐高温焊接隔热垫上,一只手拿烙铁,给导线加热,另一只手拿焊锡丝,送往烙铁与导线接触点上,完成给 4 个线头镀锡,如图 2.4.7 所示。

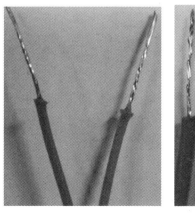

图 2.4.7　上过锡的导线接头

然后用万用表测量 USB 电源线中的 2 根线的正负极。这里使用的是 KEYSIGHT 34450A 五位半台式数字万用表,连接表笔,打开电源,如图 2.4.8 所示。

图 2.4.8　KEYSIGHT 34450A 五位半台式数字万用表

　　将 USB 电源线连接到电脑的 USB 接口或手机充电器、充电宝等,接着用万用表的表笔连接到 USB 电源线剥开的导线,测量到 USB 电源线的电压为负数,如图 2.4.9 所示。此时在万用表表笔连接正确的情况下,红色表笔测量的那条线是 USB 接口的负极。

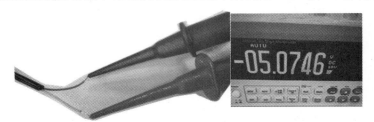

图 2.4.9　万用表测量 USB 电源线

　　如果调换一下万用表的表笔,测量的结果为正数,如图 2.4.10 所示,此时在万用表表笔连接正确的情况下,红色表笔测量的那条线是 USB 接口的正极。

图 2.4.10　万用表测量 USB 电源线

　　最后将上了锡的 4 条导线接头适当修剪以后,将 2 条杜邦线分别与 USB 电源线焊接起来,建议用短的杜邦线焊接到 USB 电源线的正极,长的焊接到负极。焊接时可以将 2 条需要焊接的导线固定好后,一手用烙铁头加热导线焊接处,一手送焊锡到导线与烙铁头的交汇处,也可以将需要焊接的导线放置在耐高温的隔热垫上完成焊接,如图 2.4.11 所示。

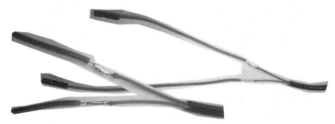

图 2.4.11　焊接后的 USB 电源线

这样一条实验用 USB 电源线就焊接好了,可以标记一下电源线的正极,或者记住短的一条为正极,并用透明胶或绝缘胶布将焊接处的导线包扎起来,防止使用时短路。

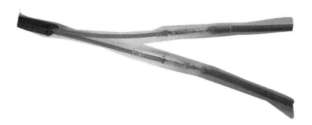

图 2.4.12　用透明胶包扎的 USB 电源线

2.4.2　简单贴片元件的焊接

贴片器件,特别是基本的贴片保险丝、电阻、电容等是一般电路板上器件高度最矮的器件,一般先焊接。在这块创新电子设计电路板上有 5 个 0805 封装的贴片元件:1 个保险丝、1 个发光二极管、1 个电阻以及 2 个磁珠,其焊接方法是一样的。

一般两个管脚的贴片元件焊接过程为(以 0805 封装为例):

(1) 一只手拿烙铁手柄,另一只手拿焊锡丝,先给电路板上贴片元件的一个焊盘涂上适当的焊锡,如图 2.4.13 所示。

图 2.4.13　先给一个焊盘涂上适当的焊锡

(2) 然后放下焊锡丝,并用镊子夹起水平放置的(0805)贴片元件,如图 2.4.14 所示,接着将贴片元件移动到电路板上对应的焊盘上,如图 2.4.15 所示,同时用烙铁融化已经上了焊锡的那个焊盘,左右手配合完成贴片元件一端的焊接,先撤走烙铁,再撤走镊子,如图 2.4.16所示。

图 2.4.14　用镊子夹起贴片元件

图 2.4.15　用镊子夹起元件并放置在对应的焊盘上

图 2.4.16　完成贴片元件一端的焊接

（3）换个方向，一只手拿焊锡丝，另一只手拿烙铁，如图 2.4.17 所示，完成另外一端的焊接，如图 2.4.18 所示。

（4）焊接过程中可以根据情况调整元件的位置、焊点的补焊、拆掉重焊等等。

图 2.4.17　完成贴片元件另一端的焊接

图 2.4.18　最后完成贴片元件的焊接

2.4.3　插针器件的焊接

　　插针器件种类比较多，像我们的这块创新电子设计电路板上就有两种：ATmega8A 的插座和排针，如图 2.4.19 所示。

图 2.4.19　插针器件

　　虽然插针器件种类繁多，但焊接起来方法也基本一致：首先安装好插针器件到电路板（注意安装面：一般安装在器件编号的那一层），并尽可能地固定其位置不要在焊接过程中移动（安装好插针器件后用一平整的板将其压住后翻转电路板并放置在焊接垫上），然后一只手拿烙铁在焊接层(与安装层相反)加热要焊接的管脚及其焊盘,另一只手拿焊锡丝送到烙铁头、焊盘和元件管脚的交汇处,使焊锡丝熔化并流动到元件管脚与焊盘上,等焊锡完全包围住焊盘与管脚时撤离焊锡丝,接着再撤离烙铁头完成焊接。

对于插针器件的焊接也需要按照器件的高度确定焊接顺序,在此 ATmega8A 的 DIP28 插座相对矮一些,故而先焊接。焊接过程如下:

(1) 安装 ATmega8A 的 DIP28 元件座,如图 2.4.20 所示。保持插座和 PCB 上的"U"形缺口一致。

图 2.4.20　安装 DIP28 到 PCB

(2) 用工具(镊子、螺丝刀等)压住 DIP28 插座翻转电路板,并平稳地放在隔热垫上,如图 2.4.21 所示。

图 2.4.21　翻转电路板到焊接面

(3) 一只手拿烙铁,另外一只手拿焊锡丝,如图 2.4.22 所示,用烙铁头加热焊盘与管脚,如图 2.4.23 所示,2 s 后将焊锡丝送到烙铁头、焊盘和管脚交汇处,如图 2.4.24 所示。等焊锡融化并包围住管脚后先撤离焊锡再撤离烙铁完成焊接,如图 2.4.25 所示。注意:保持烙铁头被锡包裹,送焊锡时可往烙铁头上多接触并移动。

图 2.4.22　准备焊接

图 2.4.23　加热焊盘与管脚

图 2.4.24　送上焊锡丝

图 2.4.25　完成焊接

(4) 其他的管脚采用相同的焊接方法,最后完成 DIP28 的焊接,如图 2.4.26 所示。

图 2.4.26　完成 DIP28 的焊接

(5) 接下来焊接排针,先将排针根据需要剪开为 14×1,4×1 等,与 DIP28 相同的焊接过程完成排针的焊接,最后完成整个电路板的焊接,如图 2.4.27 所示。

图 2.4.27　最后焊接好的创新电子设计电路板

2.4.4　焊接后的工作

电路板焊接结束后还需要完成以下工作:

① 给烙铁头涂上均匀的一层焊锡放入支架里,接着将烙铁温度调到 200 ℃,过 30 s 后再关闭烙铁电源。

② 清理焊接工具,并放入指定位置(原先位置)。

③ 清洗擦拭烙铁头的耐高温海绵,并将锡渣清理干净倒入垃圾桶。

④ 清理电路板:用酒精棉球擦拭电路板。

⑤ 清理焊接台面和地面。

⑥ 结束焊接工作。

第 3 章　电子系统软件的设计实现

本章通过示例简单介绍 AVR MCU 软件开发平台 ATMEL Studio 7 的安装和使用。

3.1　安装 ATMEL Studio 7.0 软件开发环境

3.1.1　ATMEL Studio 7.0 对系统的要求

1. 支持的操作系统

① Windows 7 Service Pack 1 or higher；

② Windows Server 2008 R2 Service Pack 1 or higher；

③ Windows 8/8.1；

④ Windows Server 2012 and Windows Server 2012 R2；

⑤ Windows 10。

2. 支持系统架构

① 32-bit(x86)；

② 64-bit(x64)；

3. 硬件要求

① Computer that has a 1.6 GHz or faster processor；

② 1 GB RAM for x86,or 2 GB RAM for x64,or 512 MB for Virtual Machine；

③ 6 GB of available hard disk space.

3.1.2　获得 ATMEL Studio 7.0 安装包

因 ATMEL 被 Microchip 收购,故需要到 www. microchip. com 网站获取有关 AVR MCU 的开发软件和资料。ATMEL Studio 安装包可到 http://www. microchip. com/avr-support/atmel-studio-7 下载,可下载在线安装文件,这里下载离线安装包"as-installer-7.0. 1645-full. exe"(注意版本号会随着软件的更新而变化)。

3.1.3　双击安装包"as-installer-7.0.1645-full.exe"，开始安装 AS 7.0

双击安装包"as-installer-7.0.1645-full.exe"后，可能会弹出 Windows"用户账户控制"制窗口，选择"是"便可继续安装过程。

1. 选择安装路径等

在安装 ATMEL Studio 过程中打开的第一个窗口是 3.1.1 所示的软件许可和安装路径设置。在此窗口里必须同意许可/授权声明后方可进入下一步安装过程。另外建议使用默认的安装路，同时去掉发送匿名信息的选项。单击"Next"按钮进入下一步。

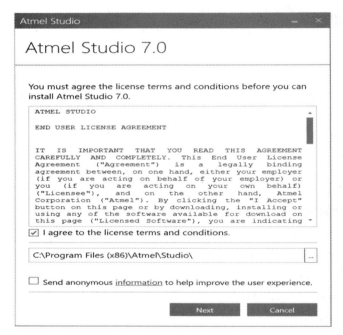

图 3.1.1　选择 ATMEL Studio 安装路径等

2. 选择目标器件的架构

接下来会打开图 3.1.2 所示的实践用目标器件的类型选择窗口，在此可按照默认的全部选择按照。单击"Next"按钮进入下一步。

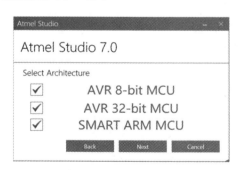

图 3.1.2　选择目标器件的架构

3. 选择扩展功能

在打开如图 3.1.3 所示的扩展应用选择界面时,选择"Atmel Software Framework and Example Projects",以便后期使用 ASF 框架和相关实例。单击"Next"按钮进入下一步。

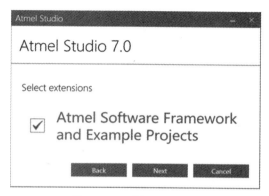

图 3.1.3　选择扩展功能

4. 确认安装信息

在图 3.1.4 所示的窗口确认安装信息是否正确,如果有误,可以点击"Back"按钮返回重新设置;如果无误,单击"Next"按钮进入下一步。

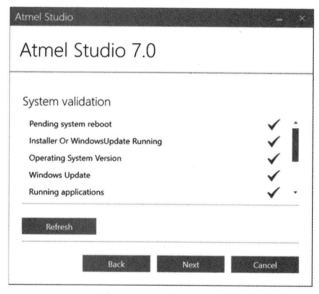

图 3.1.4　安装信息确认

5. 开始安装

在开始安装前还会弹出图 3.1.5 所示的重要说明:不同的软件版本器件的头文件会有更新,可以通过 Tools 菜单中的"Device Pack Manager"安装不同版本的器件包。单击"Install"按钮开始安装。若弹出系统安全信息提示窗口,选择"是"继续安装。

图 3.1.5　重要说明

6. 等待安装的完成

接下来就是系统的自动安装过程了，如图 3.1.6 所示，在此需要等待安装进度达到 100%，并显示安装完成，如图 3.1.7 所示。

图 3.1.6　安装进行中

图 3.1.7　安装完成

7. 重启系统,继续安装

之前软件安装虽然完成了,还需要重新启动系统,继续完成和硬件相关的安装,比如仿真器、下载线等,如图 3.1.8 所示。

图 3.1.8　重启回来安装硬件驱动等

在安装硬件驱动器件,会弹出图 3.1.9 所示的"Windows 安全"窗口,选择"安装"即可继续完成安装。

图 3.1.9　Windows 安全提示

8. 安装结束

在图 3.1.10 窗口单击"Close"按钮完成 Atmel studio 7.0 的安装,同时可选择"Launch Atmel Studio 7.0"打开软件,也可通过桌面或 Windows 开始菜单里的图标打开 Atmel studio 7.0。

图 3.1.10　安装结束

3.2 Hello Word 1:通过 AS7 实现 ATmega8A 控制 3 色 LED 的亮灭

3.2.1 3 色 LED

3 色 LED 是 3 种不同颜色(R、G、B)的发光二极管封装在一起构成的,为了减少封装时管脚的数量,一般会将 3 只发光二极管的正极或负极连接起来成为一个管脚,称为共阳极或共阴极 3 色 LED,此处使用的是共阴极 RGB 3 色 LED,如图 3.2.1 所示。在图 3.2.1 中为 RGB LED 的 3 个管脚分别串联了一个限流电阻,与公共端(共阴极)一起通过插针与 MCU 相连,形成了一个简单的 3 色 LED 模块。

 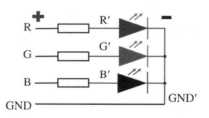

图 3.2.1 RGB LED 模块与原理

要点亮共阴极的 3 色 LED 模块,需要将公共端接到电源负极(地)、同时将 R,G,B 之一接到电源正极或 MCU 可编程的输入/输出管脚,这样就可以点亮红色、绿色或蓝色的 LED,或编程控制 LED 的亮灭;当然也可以通过任意组合给 R,G,B 提供高电平,以显示其组合的颜色;也可以用 PWM 脉冲(脉冲宽度调制)去驱动 R,G,B 从而显示各种不同的颜色。

3.2.2 一个完整的 Atmel Studio 开发过程

1. 启动 ATMEL Studio 7

启动 ATMEL studio 7 有以下几种方式:

① 安装 AS7 最后一步选择"Launch Atmel Studio 7"可启动 AS7,但此方式只能用 1 次。

② 找到 Windows 桌面上的"ATMEL Studio 7.0"图标并双击可以启动 AS7。

③ 在 Windows 开始菜单里找到"ATMEL Studio 7.0"图标并单击可以启动 AS7。

启动 AS 7.0 后的界面如图 3.2.2 所示的开始页面。在此界面可以创建新工程、打开工程;也可以打开学习文档或下载文档等。AS7 主界面的最上方是标题栏,显示当前的操作对象,模式以及搜索和主界面的最大与最小化等;标题栏下方是主菜单,各种操作都可以在这里进行,如编辑、编译、调试、设置等;主菜单的下方是工具栏,是快速便捷的操作命令合集;最大的窗口是工作区,编辑代码等都在这里;右下方则是导航栏,如项目或方案的管理等。

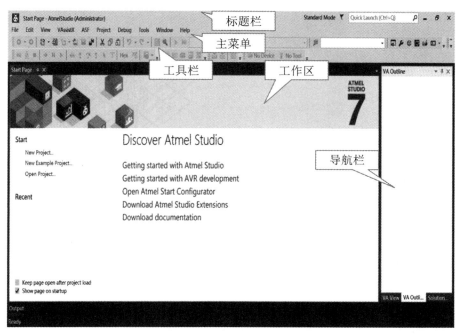

图 3.2.2　AS 7.0 启动后的界面

2. 新创建一个 AS7 工程

在 Atmel Studio 7 主界面,可以在开始页面点击"New Project…"开启新工程创建过程,也可以通过 File 菜单中"New"子菜单下的"Project…"(快捷键"Ctrl + Shift + N")创建新工程。在打开的图 3.2.3 窗口中选择工程"C/C ++"语言中的"GCC C Executable Project"类型,同时修改工程名(Name)以及存放路径(Location:点击"browse"按钮选择存储的路径),方案名(Solution name)默认与工程名称一致。最后选择"Create directory for solution"为当前的方案创建文件夹。

单击图 3.2.3 中的"OK"按钮进入下一步:"Device Selection"选择目标器件,如图3.2.4所示,可以通过"Device Family"后的下拉列表选择器件类型后,再在下方的器件列表中选择目标器件,也可以在搜索框通过关键字搜索后再在器件列表中选择目标器件,如图 3.2.5所示,最后选择 ATmega8A 作为工程程序的运行目标器件。

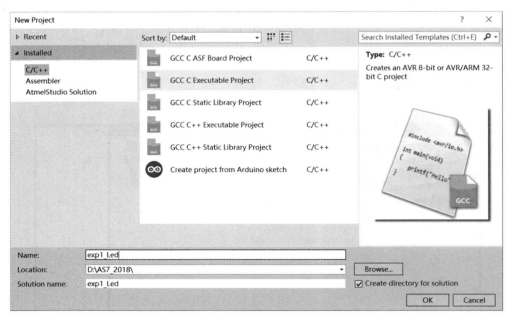

图 3.2.3　选择工程类型并设置工程名和存放路径

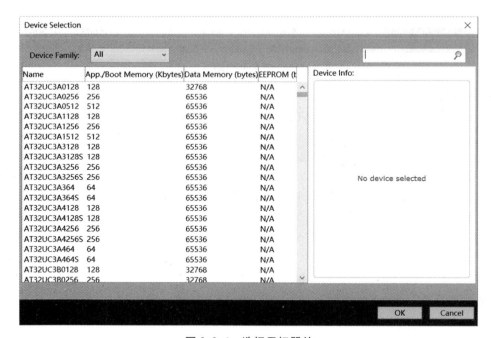

图 3.2.4　选择目标器件

在图 3.2.5 中单击"OK"按钮完成新工程的创建，等待工程创建完成后打开图 3.2.6 所示的 C 语言编辑窗口。在此窗口就可以开始硬件的程序设计了。新创建的工程默认创建一个文件名为"main.c"的源程序，且源程序内已经给出了一个 C 语言的程序模板。

一个解决方案（solution）可以有多个工程（project）。一般建议将一章的实验内容放在一个 Solution 中,用不同的 Project 去完成不同的实验或测试。

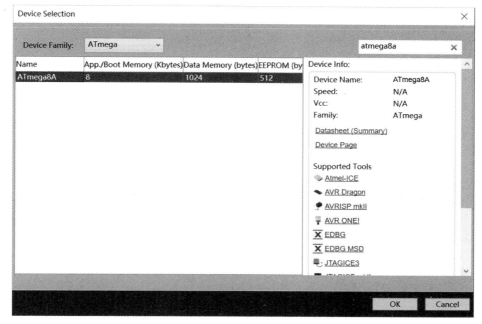

图 3.2.5　选择目标器件:ATmega8A

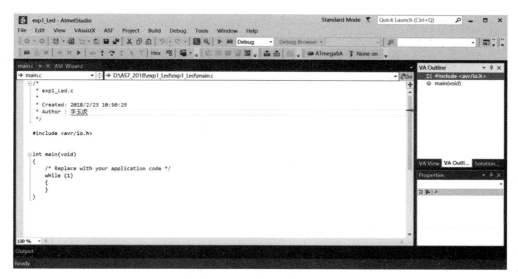

图 3.2.6　新工程创建完成后打开的程序设计窗口

3. 编写 3 色 LED 的简单显示程序

首先在图 3.2.6 所示的 main.c 文件的开头加入以下代码和头文件:

♯ifndef F_CPU

♯define F_CPU 1000000UL / ＊ 用 ATmega8A 默认 1 MHz 内部时钟,延时函数需定义 F_
CPU ＊ /

```
♯endif
♯include <avr/io. h>//与 ATmega8A 芯片的寄存器(PINB/C/D,DDRB/C/D…)等相关
    地址的定义
♯include <util/delay. h>//延时函数:_delay_ms(),_delay_us()…
```

接着在 main 函数里添加以下代码:

```
int main(void)
{
    DDRC=1<<PC2|1<<PC1|1<<PC0;//DDRC=0x07;/*端口 C 的低 3 位设置
    为输出方式:PC2(pin25),PC1(pin24),PC0(pin23),分别用于控制 RGB LED 的 R、G、B
    */
    /* Replace with your application code */
    while(1)
    {
        PORTC=1<<PC2;//PORTC=0x04;//pin25 输出高电平,红灯亮
        _delay_ms(2000);//延时 2000 ms
        PORTC=1<<PC1;//PORTC=0x02;//pin24 输出高电平,绿灯亮
        _delay_ms(2000);//延时 2000 ms
        PORTC=1<<PC0;//PORTC=0x01;//pin23 输出高电平,蓝灯亮
        _delay_ms(2000);//延时 2000 ms
    }
}
```

此程序可以实现 ATmega8A 每隔 2000 ms 在端口 C 的 3 个不同管脚上输出高电平,如果将 RGB LED 的对应管脚分别连接到 MCU 的这三个管脚,就可以控制 RBG LED 的 3 种不同颜色的 LED 每隔 2000 ms 点亮一种颜色。

程序编写完成后,可以通过 AS7 软件中"Build"菜单里的"Build Solution"(快捷键"F7")或者"Build 工程名"或者"Rebuild Solution"(快捷键"Ctrl + ALT + F7")等操作命令,对编写的源程序进行语法检查、编译、产生目标器件可执行文件等工作。Build 过程中(称为构建)的信息(包括错误信息等)都会在 AS 7.0 窗口下方的"Output"输出窗口里显示,如图 3.2.7 所示。

在图 3.2.7 中的"Output"窗口里给出的信息是 "Build succeeded. = = = = = = = = = = Build: 1 succeeded or up-to-date, 0 failed, 0 skipped = = = = = = = = = = = ",表明程序的构建(Build:从源程序转换成 MCU 可以执行的指令文件)是成功的,也就是说编写的程序没有语法问题(但不表示程序不存在逻辑或功能上的问题)。此时会产生目标器件的可执行文件(. hex 等)。若 Build 过程有错误提示信息,则不会产生可执行文件,需要根据错误信息的提示修改源程序后再进行构建(Build),直到构建成功。

4. 测试 3 色 LED 模块

将上述编写的程序烧写到 ATmega8A 之前,我们先在创新设计实践板上测试一下 RGB LED 模块。连线方式如图 3.2.8 所示,测试过程如下:

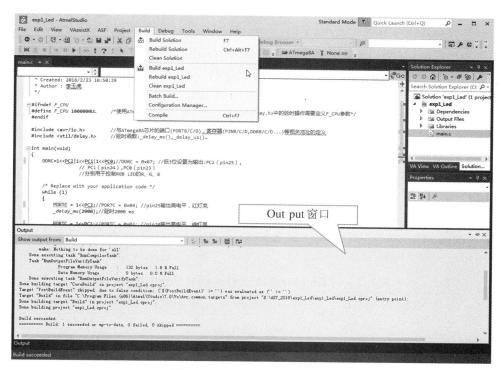

图 3.2.7　Build 以及信息提示

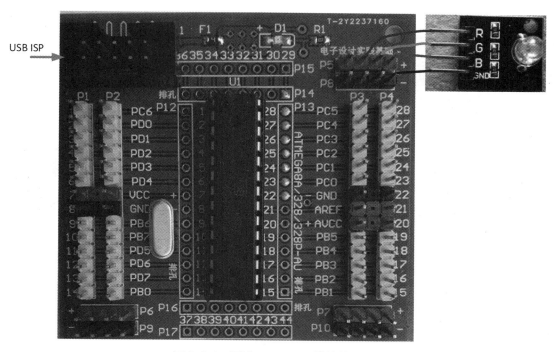

图 3.2.8　测试 RGB LED 模块的连接

（1）用4根"孔到孔"杜邦线，将 RGB LED 中的 GND 连到 ATmega8A 实践板上的 GND，另外3根杜邦线分别将 RGB LED 中的 R、G、B 连接到实践板上的 VCC（+5 V）。

（2）用已经制作好的 USB 电源线连接实践板与 USB 电源（充电宝、充电器、电脑 USB 接口等）。或者自己用 USB ISP 烧写连接到 USB 接口与创新实践板。

（3）观察 RGB LED 模块上的 R、G、B 不同的组合方式连接到实践板上的 VCC 插针时 RGB LED 的发光现象。同时可以根据 RGB LED 的发光与否判断 RGB LED 的好坏。

5. 用 MCU 控制 RGB LED：连接 RGB LED 到 MCU 的可编程输入/输出管脚

接下来拆除上述测试时使用的电源线（如果连接的是 USB ISP 下载线，不用拆除）和 RGB LED 模块连接线。然后将 RGB LED 模块按照之前编写的设计程序连接到创新实践板对应 MCU 可编程的输入/输出管脚的扩展排针，如图 3.2.9 所示。根据程序设计，需要用4根"孔到孔"杜邦线将 RGB LED 模块的 R、G、B 和 GND 管脚分别连到实践板上，如表 3.2.1 所示。

表 3.2.1　RGB LED 模块与 ATmega8A 的连接对照表

ATmega8A	RGB LED 模块
PIN 25	R
PIN 24	G
PIN 23	B
电源 GND	GND

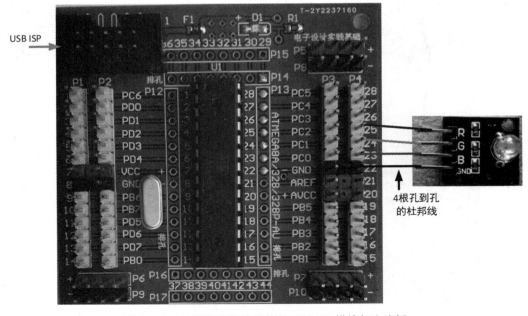

图 3.2.9　按照程序设计连接 RGB LED 模块与实践板

控制程序可以控制 MCU 对应管脚输出高电平或低电平,程序与硬件是紧密关联的。

RGB LED 与实践板的连接是根据 MCU 控制程序的设计。如果控制程序中的对应代码(控制 RGB LED 的部分)发生了改变,那么需要对应的调整 RGB LED 与实践板的连线。

6. 连接 USB ISP 烧写线到设计板和 ATmega8A 芯片

在烧写程序到 ATmega8A 前,需要将 USB ISP 的烧写线与 ATmega8A 连接好。USB ISP 烧写线如图 3.2.10 所示,USB 接口是连接到电脑上的,另外一端则是通过 10 孔的排线压接头(简易牛角接口)连接到目标板上 ATmega8A 芯片管脚上的。

图 3.2.10　USB ISP 烧写线

10 孔的排线压接头从 USB ISP 连接出来的管脚孔的定义如图 3.2.11 所示。

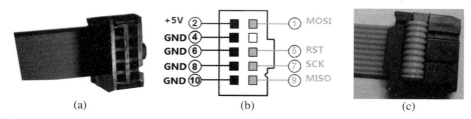

(a)　　　　　　　　　　(b)　　　　　　　　　　(c)

图 3.2.11　USB ISP 延长线接头的定义

在图 3.2.11 中,注意排线压接头的 1 管脚位置在有凸出的那一边,且 1 管脚的位置上方会有一个倒三角形,如图 3.2.11(c)所示。另外也可以这样来辨别 1 管脚的位置,一般 1 管脚的那根排线是红色的,且在有凸出的那一面,注意查看倒三角的标志。

对于有专用的程序烧写接口(10 芯简易牛角座)的 ATmega8A 实践板,可以直接将 USB ISP 的 10 芯接口安装后,供电并进行程序的烧写。对于没有专用的程序烧写接口的 ATmega8A 实践板需要按照表 3.2.2 中给出的下载线与 ATmega8A 的管脚连接对照表将下载线与实践板连接起来。最后将 USB ISP 连接到电脑的 USB 接口。

表 3.2.2　烧写线与实践板的连接关系

USB ISP(10 芯排线压接头)	实践板(ATmega8A)
管脚 5:RST	管脚 1(/RESET)
管脚 7:SCK	管脚 19(SCK)
管脚 9:MISO	管脚 18(MISO)
管脚 1:MOSI	管脚 17(MOSI)
管脚 2:VCC(+ 5 V)	供电电源正极: + 5.0 V
管脚 10:GND	供电电源负极:GND

7. 将程序烧写到 ATmega8A 芯片中

烧写程序到 ATmega8A 芯片里需要下载 progisp 2.0 软件,此软件一般是个压缩包,不需要安装,只要解压缩到本地磁盘就可以使用了。如图 3.2.12(a)所示,双击"progisp.exe"运行烧写软件,在打开软件的过程中会出现"热键注册失败"的窗口,点击"OK"按钮就可打开 progisp 2.0 烧写软件,如图 3.2.12(b)所示。

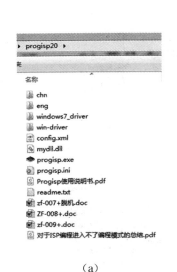

（a）

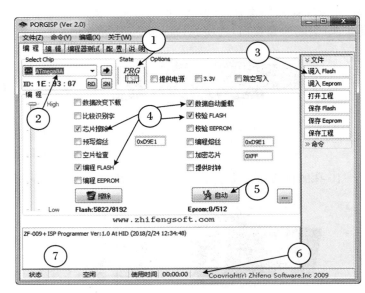

（b） progisp 主界面

图 3.2.12　progisp 烧写软件的文件和主界面

在图 3.2.12(b)中,首先确认位置①处的"State"图标为彩色的,不然说明 USB ISP 没有连接好或者驱动还没有安装好,请重新连接 USB ISP 或等待驱动安装完成;在位置②处的下拉菜单选择烧写的芯片型号为"ATmega8A";单击位置③处的"调入 Flash",加载之前 Build AS7 工程时产生的 exp1_Led.hex 文件;确认位置④处的软件操作选项后单击位置⑤的"自动"按钮开始烧写程序到 ATmega8A 芯片;烧写程序过程中会在位置⑥显示烧写进度;烧写完成后会在位置⑦给出烧写成功与否等信息,如图 3.2.13 所示。

成功烧写程序到 ATmega8A 芯片后就可以看到 RGB LED 的工作情况了:

① R,G,B 三种颜色每隔 2000 ms 切换一次。

② 可以从 RGB LED 的顶端和侧面观察其发光的位置。

③ 再观察 RGB LED 发出的光照在其他物体表面上的现象。

实践思考:

① 软硬件如何配合工作的?

② RGB LED 的原理是怎样的?

③ 完成一个不一样的 RGB LED 显示。

至此,就完成了一个基于 ATmega8A 和 AS 7.0 的完整的实验过程。可以继续调试此实验或者进行下一个实验。如要结束实验,断开电源(烧写/供电线),拆除烧写线与功能模块连接线并放置好即可。另外,此实验是可以重现的,只要重新连接好功能模块和之前制作的专用电源线,就可以让 MCU 和功能模块运转起来,并可观察到这个实验的现象。

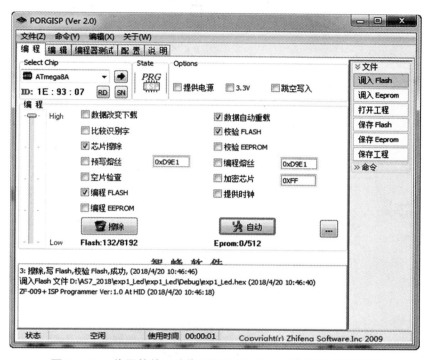

图 3.2.13　烧写软件正确烧写程序到 ATmega8A 芯片后的提示

3.3　Hello Word 2:AS7 实现触摸开关控制 3 色 LED 的显示

3.3.1　TTP223 电容式点动型触摸开关模块简介

　　TTP223 触摸开关模块是由 TTP223 单触摸检测芯片和其外围电路构成的,其典型的应用电路如图 3.3.1 所示,模块的实物图如图 3.3.2 所示。

　　图 3.3.2 所示的触摸开关模块有 3 个管脚:VCC、GND 与 SIG,其中 VCC 和 GND 分别接电源的正极和负极,其工作电压范围为 2.0~5.5 V,接通电源后指示灯会亮。开关信号通过 SIG 管脚输出,常态下,SIG 输出低电平,为低功耗模式,当手指触摸开关相应位置时,SIG 输出高电平,此时为快速模式;如超过 12 s 没有触摸开关,它会自动切换到低功耗模式。

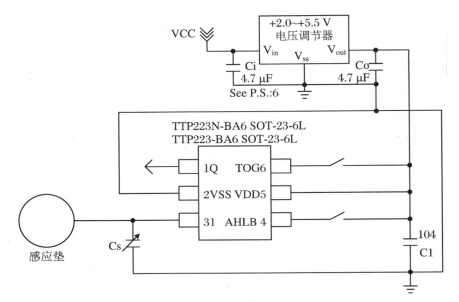

图 3.3.1　TTP223 典型应用电路

图 3.3.2　TTP223 触摸开关实物图

3.3.2　测试触摸开关模块

1. 首先给 TTP223 模块供电

将触摸开关模块的 VCC 和 GND 与实践板上的 VCC 和 GND 用孔到孔的杜邦线连接起来，并用 USB ISP 给实践板加电，如图 3.3.3 所示。也可以直接用 USB 电源线给触摸开关供电。

2. 用仪器测量 TTP223 模块 SIG 管脚对 GND 的电平

将万用表的表笔负极（连接到"com"的黑色那支）连接到实践板的 GND（可以通过一根"孔到针"的杜邦线引出），将其正极（连接到"V"的红色那支）连接到触摸开关的"SIG"管脚（可以通过一根"孔到针"的杜邦线引出），或者用示波器的探头连接实践板上的"GND"与触摸开关的"SIG"。然后在用手触摸开关模块和不触摸的情况下用万用表或示波器测量"SIG"管脚对"GND"的电平变化，了解 TTP223 触摸模块的工作原理。通过测量可以发现，不用手触摸开关时,"SIG"管脚的输出一直为低电平,用手触摸开关时,"SIG"管脚输出高电平,一旦将手从开关上拿开时"SIG"管脚马上回到了低电平。

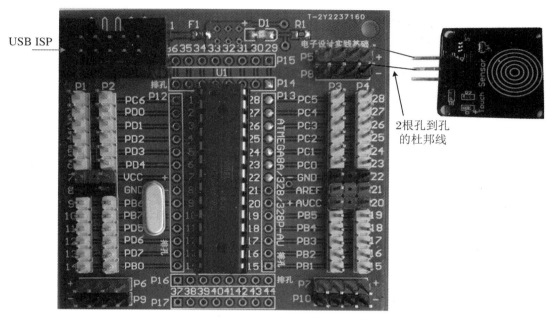

图 3.3.3　给触摸开关模块供电

3. 创建 AS 7.0 工程,完成触摸开关的输入控制

重新创建一个 AS 7.0 工程,除了工程名与存放路径不同外,方法和步骤与 3.2 节中的"一个完整的 Atmel Studio 开发过程"一致。

同样在 main.c 的文件开头添加以下语句:

＃ifndef F_CPU

＃define F_CPU 1000000UL/＊用 ATmega8A 芯片默认 1 MHz 的内部时钟,延时操作函数需要定义 F_CPU 参数＊/

＃endif

＃include ＜avr/io.h＞//与 ATmega8A 芯片的寄存器(PINB/C/D,DDRB/C/D…)等相关地址的定义

＃include ＜util/delay.h＞//延时函数:_delay_ms(),_delay_us()…

接着在 main 函数里添加以下代码:

int main(void)

{

　　　　unsigned char pre_sig＝0;　//保存 TTP223 触摸开关 SIG 的上一个输入值

　　　　unsigned char cur_sig＝0;　//保存 TTP223 触摸开关 SIG 的当前输入值

　　　　unsigned char sig_cnt＝0;　//统计 TTP223 触摸开关 SIG 的输入脉冲数量

　　　　DDRC＝0x07;　/＊端口 C 的低 3 位设置为输出方式:PC2(pin25),PC1(pin24),PC0

(pin23)，分别用于控制 RGB LED 的 R、G、B 端口 C 的其他位都为输入方式，仅使用 PC3(pin26)作为 TTP223 触摸开关模块的 SIG 输入 */

```
        /* Replace with your application code */
    while (1)
    {
        pre_sig = cur_sig;//缓存上一时刻 SIG 的输入值
        cur_sig = (PINC & 0x08) >> PINC3;//读取当前时刻 SIG 的输入值

        if((pre_sig == 0) && (cur_sig == 1))   //上升沿的方式判断有无触摸 TP223
开关
        {
            if(sig_cnt < 7)   //统计触摸开关的次数
                sig_cnt += 1;
            else
                sig_cnt = 0;
        }

        switch(sig_cnt)//根据触摸开关的次数去点亮不同组合的 RGB LED
        {
            case 0：PORTC = PORTC | 0x01;break;// blue
            case 1：PORTC = PORTC | 0x02;break;// green
            case 2：PORTC = PORTC | 0x04;break;// red
            case 3：PORTC = PORTC | 0x03;break;//blue + green
            case 4：PORTC = PORTC | 0x05;break;//blue + red
            case 5：PORTC = PORTC | 0x06;break;//green + red
            case 6：PORTC = PORTC | 0x07;break;//blue + green + red
            default：PORTC = PORTC & 0xF8;break;//all off
        }
        _delay_ms(10);//延时 10 ms；点亮 RGB LED 的时间，同时去抖动
        PORTC = PORTC & 0xF8;//短暂的时间清楚 RGB LED 上一次的显示
    }
}
```

通过以上代码及其注释掌握 TTP223 触摸开关模块的使用方法，同时进一步掌握 RGB LED 的使用方法。

Build 当前的 AS 7.0 工程，正确无误后，将 RGB LED 模块连接到创新板，如图 3.2.9 所示；将 TTP223 触摸开关模块也连接到实践板，如图 3.3.4 所示；最后将 USB ISP 烧写线连接到实践板。

将 USB ISP 烧写线的 USB 端连接到电脑的 USB 接口，通过 progisp 2.0 将上面的 AS 7.0 工程产生的.hex 文件烧写到 ATmega8A 芯片中，方法与 3.2.2 节一致，只是调入 Flash 时要选择本工程路径中的 xxx.hex 文件。

成功烧写程序到 ATmega8A 芯片后就可操作和验证 TTP223 触摸开关和 RGB LED 的运行：

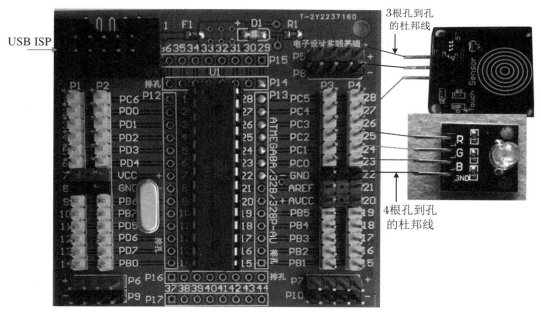

图 3.3.4　连接 TTP223 模块与创新电子设计板

① RGB LED 默认显示蓝色，每当用手触摸 TTP223 开关后，就会改变其显示颜色；

② 结合代码观察 RGB LED 发光的颜色与代码设计是否一致；

③ 再观察 RGB LED 组合发光的现象。

实践思考：

① 软硬件如何配合工作的？

② 硬件的原理是怎样的？

③ 完成一个不一样的触摸开关与 RGB LED 显示。

至此，基于 ATmega8A 和 AS 7.0 的 Hello World 实践就结束了，初学者可以对其做各种改动（比如改变 RGB LED 显示的顺序、组合，改变控制 RGB LED 的 MCU 控制管脚等），并验证改动后的结果是否与设计一致，从而达到理解与掌握相关软硬件的工作原理与使用方法。

第 4 章　常用电子系统的基本原理与应用

本章将介绍一些常用的 MCU 内部与外部模块的基本原理,然后基于 ATMEL Studio 7 软件平台,利用 C 语言程序设计实现 ATmega8A 内部接口与各种外部功能模块的连接、控制与数据传输等基本操作和应用。

4.1　七段数码管的原理与数据显示

4.1.1　七段数码管简介

七段数码管是半导体发光器件,其基本单元就是发光二极管(LED:分正负两极,在正极接合适的高电平、负极接低电平时发光),如图 4.1.1 所示;将七个不同形状的发光二极管摆放在不同的位置封装起来就形成了一位数码管。通常为了方便使用,七段数码管还会多出一段用来表示"小数点"(decimal point,dp)。因此七段数码管实际上是八段,习惯上仍称为"七段数码管"。一位数码管有 7 个或 8 个 LED,每个 LED 有 2 个管脚(正极和负极),如果直接将其封装起来会有 14 或 16 个管脚,不便于集成和使用。一般会将 7/8 个 LED 的正极或负极全部连接在一起封装为一个管脚,这样可以减少 6/7 个管脚,也就是现在普遍使用的共阳极(common anode,CA)或共阴极(common cathode,CC)数码管,如图 4.1.2 所示。

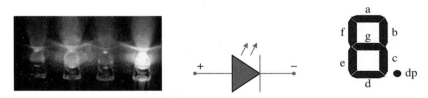

图 4.1.1　发光二极管(LED)、一位数码管的结构

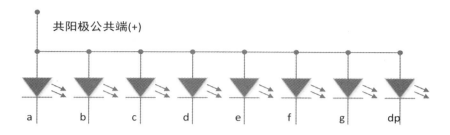

（a）共阳极 1 位数码管的原理

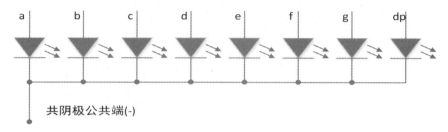

（b）共阴极一位数码管的原理

图 4.1.2　一位七段数码管

　　图 4.1.3 是"41056"型的共阳极一位七段数码管的实物、封装以及管脚图（"＋"表示共阳极的公共端）。一位共阴极数码管外形等与此类似，只是极性反过来了，即公共端为"－"。

图 4.1.3　一位七段数码管的实物、封装和管脚图

　　实际上，会有多个一位七段数码管封装在一起，以方便使用，比如二位、三位、四位或更多位封装在一起的。这里使用的是四位七段数码管封装在一起的，其型号为"420561K-C30"，为共阴极的七段数码管，实物如图 4.1.4 所示，其管脚分布如图 4.1.5 所示。

 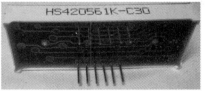

图 4.1.4　四位七段数码管 420561K-C30 实物

　　四位七段数码管"420561K-C30"的管脚是动态的连接方式,即四位数码管中的所有相同的段正极控制端(a,b,c,d,e,f,g)都对应连接在一起为一个管脚,4 个共阴极公共端则各使用一个管脚,再加上一个小数点(只能控制时钟)控制管脚,总共 12 个管脚,如图 4.1.6所示。

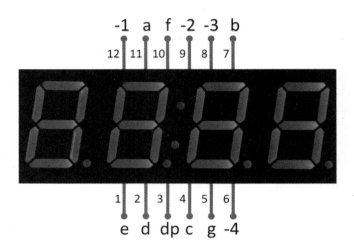

图 4.1.5　四位七段数码管 420561K-C30 管脚分布

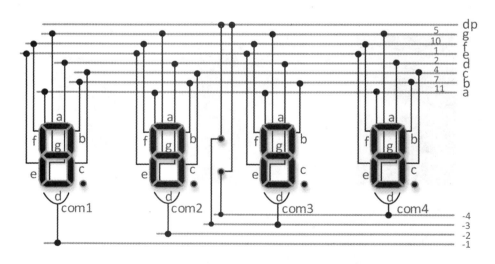

图 4.1.6　数码管 420561K-C30 的动态连接方式

　　这种 12 个管脚封装的数码管 420561K-C30 每一位的小数点是不能使用的,只有中间的两个时钟点(冒号)可以用,而且上下两个点 LED 的负极分别连接到了第 3 位和第 4 位数码管的共阴极公共端。

4.1.2　数码管 420561K-C30 的测试

由于数码管就是由多个发光二极管（LED）构成的，在使用或测试时不能直接将其连接到电源的正极和负极上，否则会损坏被测量的 LED。测试或使用时，在耐压允许的范围内串联限流电阻或连接到 MCU 的 I/O 管脚是可以的，或者使用测试仪器，如万用表也是可以的。

接下来，我们就用万用表来测试 420561K-C30 数码管的好坏。

（1）选择一块（台）万用表，连接表笔并接通电源。比如手持式万用表 VC9807A＋，如图 4.1.7 所示，或 34450A 台式万用表，如图 4.1.8 所示。并调整万用表到二极管测量量程，正确连接表笔，打开万用表电源。

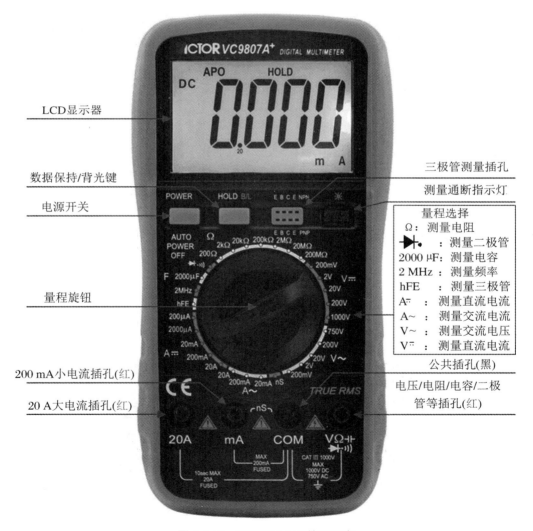

图 4.1.7　VC9807A＋手持万用表

　　在连接万用表表笔时,一般要按照表笔的颜色与万用表上的插孔颜色匹配连接,不要交叉使用,同时要根据被测量信号的类型和估计量值选择表笔连接的插孔(测量电流时)。通过量程选择旋钮选择正确的测量类型和量程后开始测量。

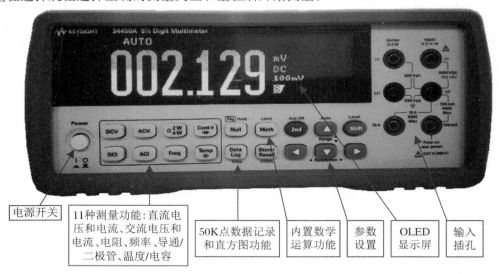

图 4.1.8　34450A 台式万用表

　　(2) 将表笔分别连接到 a,b,c,d,e,f 和 dp 与共阴极公共端,如图 4.1.9 所示,如将黑表笔接到 12 管脚(即第一位数码管的共阴极公共端)、将红表笔接到 7 管脚(即数码管 b 段的正极),此时可以看到第 1 位数码管的 b 段发光。在黑表笔不动的情况下,将红表笔分别接到 a,c,d,e,f,g 或 dp 可分别测量第 1 位数码管的各个段是否正常发光。要测量第 2/3/4 位数码管的各段发光情况,就将黑表笔分别接到 9/8/6 管脚上,再将红表笔分别接到 a/b/c/d/e/fg 或 dp 管脚即可。注意:dp 代表的时钟上下两个点分别与第 3 和第 4 位数码管封装在一起,即与第 3 和 4 位数码管共阴极。

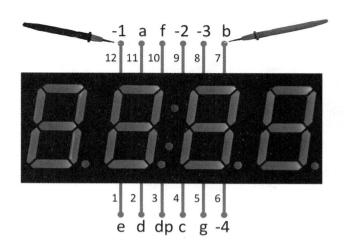

图 4.1.9　用万用表测试数码管

4.1.3　编写程序在数码管 420561K-C30 上显示数字

（1）打开 ATMEL Studio 并新创建一个工程：exp_7segments_LED_display。

（2）在 main.c 文件的开头加入以下代码和头文件：

```
♯ifndef F_CPU
♯define F_CPU 1000000UL/∗用 ATmega8A 芯片默认的内部 1 MHz 时钟，延时操作需要
  定义 F_CPU 参数∗/
♯endif
♯include <util/delay.h>  //延时函数：_delay_ms()，_delay_us()…
```

（3）在 main 函数里添加以下代码，详细作用见代码的注释：

```
int main(void)
{
    DDRB = 1<<DDRB7|1<<DDRB6|1<<DDRB1|1<<DDRB0；/∗PB7：输出，连
接数码管 12 脚(-1)；PB6：输出，连接数码管 9 脚(-2)，PB1：输出，连接数码管 8 脚
(-3)；PB1：输出，连接数码管 6 脚(-4)∗/
    DDRD = 0xFF；/∗PD7：输出，连接数码管 3 脚(dp)；PD6：输出，连接数码管 5 脚(g)；
PD5：输出，连接数码管 10 脚(f)；PD4：输出，连接数码管 1 脚(e)；  PD3：输出，连接数
码管 2 脚(d)；PD2：输出，连接数码管 4 脚(c)；PD2：输出，连接数码管 7 脚(b)；PD0：输
出，连接数码管 11 脚(a)∗/
    /∗ Replace with your application code ∗/
    while (1)
    {
        PORTD = 1<<PORTD2|1<<PORTD1；  //数码管 b 和 c 发光，即显示"1"
        PORTB = ~(1<<PB7|1<<PB6|1<<PB1|1<<PB0)；  //4 位数码管全部
有效
    }
}
```

创建当前的 AS 7.0 工程，正确无误后，根据程序代码和表 4.1.1 将数码管模块连接到创新实践板板；同时将 USB ISP 烧写器连接到实践板。

表 4.1.1　数码管与创新设计板的管脚连接

ATmega8A		数码管	
管脚	名称	管脚	名称
2	PD0	11	a
3	PD1	7	b
4	PD2	4	c
5	PD3	2	d
6	PD4	1	e

续表

ATmega8A		数码管	
管脚	名称	管脚	名称
11	PD5	10	f
12	PD6	5	g
13	PD7	3	dp
14	PB0	6	-4
15	PB1	8	-3
9	PB6	9	-2
10	PB7	12	-1

　　将 USB ISP 烧写器的 USB 端连接到电脑的 USB 接口,通过 progisp 2.0 将此 AS 7.0 工程产生的.hex 文件烧写到 ATmega8A 芯片中,注意调入 Flash 文件时选择本工程路径中的.hex 文件。

　　成功烧写程序到 ATmega8A 芯片后就可以看到数码管的显示信息:四位数码管全部显示数据"1",如图 4.1.10 所示。

图 4.1.10　数码管显示数据"1"

　　为什么四位数码管显示的数据是相同的呢? 因为它们的对应段正极(a,b,c,d,e,f,g)全部连在了一起,在其共阴极公共端全部有效时,进入每位数码管的数据就是相同的了。

　　可否在不同的数码管上显示不同的数据呢? 答案是可以的。只要将上述程序里 while 循环语句中的代码为:

```
while(1)
    {
        PORTD = 1<<PORTD2|1<<PORTD1;     //数码管 b 和 c 发光,即显示"1"
        PORTB = ~(1<<PB7);  //第 1 位数码管有效
        _delay_ms(1000);

        PORTD = 1<<PD6|1<<PD4|1<<PD3|1<<PORTD1|1<<PORTD0; /*
```
数码管 a,b,d,e 和 g 发光,即显示"2"。*/

```
        PORTB = ~(1<<PB6);                  //第 2 位数码管有效
        _delay_ms(1000);

        PORTD = 1<<PD6|1<<PD3|1<<PD2|1<<PORTD1|1<<PORTD0; / *
数码管 a,b,c,d 和 g 发光,即显示"3"。 * /
        PORTB = ~(1<<PB1);                  //第 3 位数码管有效
        _delay_ms(1000);

        PORTD = 1<<PD6|1<<PD5|1<<PD2|1<<PORTD1; //数码管 b,c,f 和 g
发光,即显示"4"
        PORTB = ~(1<<PB0);   //第 4 位数码管有效
        _delay_ms(1000);
    }
```

重新 Build 当前的 AS 7.0 工程,正确无误后,将新产生的 . hex 文件烧写到 ATmega8A 芯片中去,可以看到数码管上显示的数据是怎样的呢?

修改上面 while 循环里面的 4 条_delay_ms(1000)语句中的 1000 分别为 100、10 和 1 后再 Build 当前的 AS 7.0 工程,正确无误后,将新产生的 . hex 文件烧写到 ATmega8A 芯片中去,可以看到数码管上显示的数据又分别是怎样的呢?

通过以上的程序代码和数码管的数据显示现象,熟悉并掌握数码管的使用方法和工作原理,设计并完成一个自己的数码管显示程序。

4.2　4×4 矩阵键盘的原理与数据输入

4.2.1　4×4 矩阵键盘简介

常用的 4×4 矩阵键盘有薄膜型按键阵列和 PCB 型按键阵列两种,如图 4.2.1 所示。

图 4.2.1　两种矩阵键盘

图 4.2.1 所示的两种矩阵键盘仅材料与加工工艺不同,原理与使用方法却是相同的,都是按照二维的矩阵将 16 个按键开关(无自锁的)分行和列连接起来,最后由 8 个控制线实现矩阵键盘的 16 种状态输入,如图 4.2.2 所示。

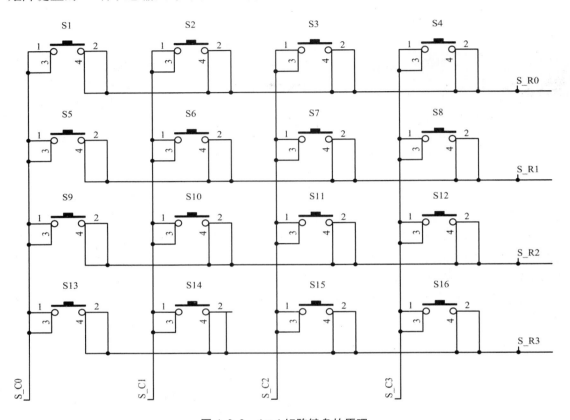

图 4.2.2 4×4 矩阵键盘的原理

在图 4.2.2 中将 16 个按键开关排列成 4×4 矩阵,其中每个按键的管脚 1 和 3 相连,管脚 2 和 4 脚相连。将每列中 4 个按键的管脚 1 相连作为一个列控制管脚(S_C0~S_C3);将每行 4 个按键的管脚 2 相连作为一个行控制管脚(S_R0~S_R3),就形成了一个按键矩阵。当一个按键按下后就会将按键所在的行与列连通,如 S6 按下后,S6 所在的行 S_R1 就与所在的列 S_C1 就连起来了。此时信号就可以从行传输到列,或从列传输到行。详细的工作原理如下:

① MCU 给行控制管脚 S_R0~S_R3 发送"0111"(0 为低电平,1 为高电平)电平,紧接着 MCU 读取列控制管脚 S_C0~S_C3 的电平状态,若读取的 4 个信号中有一个为低电平"0",就表示第 1 行中对应读取到低电平的那列按键被按下了;② MCU 给行控制管脚 S_R0~S_R3 发送"1011"电平,紧接着 MCU 读取列控制管脚 S_C0~S_C3 的电平状态,若读取的 4 个信号中有一个为低电平"0",就表示第 2 行中对应读取到低电平的那列被按键按下了;③ MCU 给行控制管脚 S_R0~S_R3 发送"1101"电平,紧接着 MCU 从列控制管脚读取 S_C0~S_C3 的电平状态,若读取的 4 个信号中有一个为低电平"0",就表示第 3 行中对应读取到低电平的

那列按键被按下了；④ MCU 给行控制管脚 S_R0～S_R3 发送"1110"电平，紧接着 MCU 读取列控制管脚 S_C0～S_C3 的电平状态，若读取的 4 个信号中有一个为低电平"0"，就表示第 4 行中对应读取到低电平的那列按键被按下了；然后再回到一开始，如此循环，即可实现 4×4 矩阵键盘的 16 个不同数据的输入，或称为 16 个状态。如用四位二进制可以表示为"0000"～"1111"。

4.2.2　4×4 矩阵键盘的测试

可以使用万用表测试 4×4 矩阵键盘的原理与好坏，测量方法如下：

1. 调节万用表量程

将万用表的测量类型调节到二极管或电阻挡，并打开万用表电源开关。

2. 测量 4×4 矩阵键盘

用一支万用表表笔连到 4×4 矩阵键盘的行管脚（S_R0～S_R3），另外一支表笔连接到 4×4 矩阵键盘的列管脚（S_C0～S_C3），接着分别按下对应的行和列按键，可以通过万用表的测量结果判断行与列交叉按键按下与否的通断情况：当交叉按键按下时，若用电阻挡测量的电阻值几乎为零，则用二极管挡测量时会有导通提示（如蜂鸣器发出声响），均表示按键连接正常；若交叉按键没有按下，则测量的结果均为开路测量的现象（阻值无穷大或二极管测量开路）。此时说明行与列交叉的按键是好的。非交叉的按键按下与否，万用表测量的结果都应该是断开的（万用表显示"1."）。图 4.2.3 为两种常见的矩阵键盘的管脚图，以第一种为例来实现其输入控制。

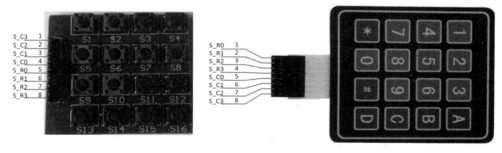

图 4.2.3　两种常用 4×4 矩阵键盘的管脚分布

4.2.3　编写程序实现从 4×4 的矩阵键盘输入 16 种状态并在数码管

（1）打开 ATMEL Studio 并新创建一个工程：exp_keymatrix_seg7。

（2）在 main.c 文件的开头加入以下代码和头文件：

```
#ifndef F_CPU
#define F_CPU 1000000UL/* 用 ATmega8A 芯片默认的内部 1 MHz 时钟，延时操作需要
                定义 F_CPU 参数 */
#endif
```

```
#include <util/delay.h> //延时函数:_delay_ms(),_delay_us()…
```

（3）在 main 函数里添加以下代码，详细信息见代码注释。

```
int main(void)
{
    /* Replace with your application code */
    unsigned char buff[4]={0x40,0x40,0x40,0x40}; //存储4行里的按键编码:每行有按
                                                  //键按下时记录并显示在一位数码管
                                                  //上,默认"-"
    unsigned char col_in=0xff ;//临时变量,处理列输入信号

    DDRB=0xFF;//PB端口全部为输出模式:PB2~5:按键阵列扫描行输出,PB0、PB1、
              PB6、PB7输出到4位数码管的公共端(负极)
    PORTB=0x3c;//PB2~5 设置内部上拉
    DDRC=0x00;//端口 C 全部为输入模式,PC0~3:按键阵列扫描列输入
    PORTC=0x0F; //PC0~3 设置内部上拉
    DDRD=0xFF;//端口 D 全部为输出模式 ,PD0~6 输出到数码管的 a,b,c,d,e,f,g
              七段正极
              //PD7 输出到中间的冒号
    while(1)
    {
        //按键阵列扫描过程:4x4 矩阵键盘

        //1.驱动第1行,延时后读取列状态
        PORTB=~(1<<PB2);//0xfb;//驱动第1行,第1行为低电平,其他行为高
                                电平
        _delay_ms(1);    //延时 1 ms
        col_in=PINC & 0x0f;  //读取列信号
        switch(col_in)        //判断哪列有按键按下,即对应列为低电平
        {
            case 0x0E :buff[0]=0x06;break;//第1列按键按下,第1行第1列编码为1
            case 0x0D :buff[0]=0x5b;break;//第2列按键按下,第1行第2列编码为2
            case 0x0B :buff[0]=0x4f;break;//第3列按键按下,第1行第3列编码为3
            case 0x07 :buff[0]=0x66;break;//第4列按键按下,第1行第4列编码为4
            default :buff[0]=buff[0];//没有按键按下保持上次按键编码,默认编码
                                      为 -
        }
        //2.驱动第2行,延时后读取列状态
        PORTB=~(1<<PB3);// 0xf7;   //驱动第2行,第2行为低电平,其他行为高
                                    电平
```

```
_delay_ms(1);   //延时 1 ms
col_in = PINC & 0x0f;   //读取列信号
switch（col_in）      //判断哪列有按键按下,即对应列为低电平
{
    case 0x0E :buff[1] = 0x6d;break;//第 1 列按键按下,第 2 行第 1 列编码为 5
    case 0x0D :buff[1] = 0x7d;break;//第 2 列按键按下,第 2 行第 2 列编码为 6
    case 0x0B :buff[1] = 0x07;break;//第 3 列按键按下,第 2 行第 3 列编码为 7
    case 0x07 :buff[1] = 0x7f;break;//第 4 列按键按下,第 2 行第 4 列编码为 8
    default :buff[1] = buff[1];//没有按键按下保持上次按键编码,默认编码
                              为 -
}
//3.驱动第 3 行,延时后读取列状态
PORTB =   ~(1<<PB4);//0xef;   //驱动第 3 行,第 3 行为低电平,其他行为
                                高电平
_delay_ms(1);   //延时 1 ms
col_in = PINC & 0x0f;   //读取列信号
switch（col_in）      //判断哪列有按键按下,即对应列为低电平
{
    case 0x0E :buff[2] = 0x67;break;//第 1 列按键按下,第 3 行第 1 列编码为 9
    case 0x0D :buff[2] = 0x77;break;//第 2 列按键按下,第 3 行第 2 列编码为 A
    case 0x0B :buff[2] = 0x7c;break;//第 3 列按键按下,第 3 行第 3 列编码为 b
    case 0x07 :buff[2] = 0x58;break;//第 4 列按键按下,第 3 行第 4 列编码为 c
    default :buff[2] = buff[2];//没有按键按下保持上次按键编码,默认编码为 -
}
//4.驱动第 4 行,延时后读取列状态
PORTB =   ~(1<<PB5);//0xdf;   //驱动第 4 行,第 4 行为低电平,其他行为
                                高电平
_delay_ms(1);   //延时 1 毫秒
col_in = PINC & 0x0f;   //读取列信号
switch（col_in）      //判断哪列有按键按下,即对应列为低电平
{
    case 0x0E :buff[3] = 0x5e;break;//第 1 列按键按下,第 4 行第 1 列编码为 d
    case 0x0D :buff[3] = 0x7b;break;//第 2 列按键按下,第 4 行第 2 列编码为 E
    case 0x0B :buff[3] = 0x71;break;//第 3 列按键按下,第 4 行第 3 列编码为 F
    case 0x07 :buff[3] = 0x3f;break;//第 4 列按键按下,第 4 行第 4 列编码为 0
    default :buff[3] = buff[3];//没有按键按下保持上次按键编码,默认编码
                              为 -
}

//将按键的编码值显示在 4 位 7 段数码管上
```

```
        PORTB=~(1<<PB7);//0x7f;//第1位数码管有效
        PORTD=buff[0];//在第1位数码管上显示第1行键盘矩阵按下的键编码
        _delay_ms(1);      //延时1 ms
        PORTB=~(1<<PB6);//0xbf;      //第2位数码管有效
        PORTD=buff[1];//在第2位数码管上显示第2行键盘矩阵按下的键编码
        _delay_ms(1);      //延时1 ms
        PORTB =  ~(1<<PB1);//0xfd;   //第3位数码管有效
        PORTD=buff[2];//在第3位数码管上显示第3行键盘矩阵按下的键编码
        _delay_ms(1);      //延时1 ms
        PORTB =  ~(1<<PB0);//0xfe;   //第1位数码管有效
        PORTD=buff[3];//在第4位数码管上显示第4行键盘矩阵按下的键编码
        _delay_ms(1);//延时1 ms
    }
}
```

Build 当前的 AS 7.0 工程,正确无误后,根据表 4.2.1 将矩阵键盘也连接到创新板;同时将 USB ISP 烧写器连接到创新板。

表 4.2.1　矩阵键盘与电子设计创新板的管脚连接

ATmega8A	矩阵键盘	ATmega8A	矩阵键盘	ATmega8A	矩阵键盘	ATmega8A	矩阵键盘
名称:管脚	名称:管脚	名称:管脚	名称:管脚	名称:管脚	名称:管脚	名称:管脚	名称:管脚
PB5:19	S_R3:5	PB3:17	S_R1:7	PC3:26	S_C3:1	PC1:24	S_C1:3
PB4:18	S_R2:6	PB2:16	S_R0:8	PC2:25	S_C2:2	PC0:23	S_C0:4

将 USB ISP 烧写器的 USB 端连接到电脑的 USB 接口,通过 progisp 2.0 将此 AS 7.0 工程产生的.hex 文件烧写到 ATmega8A 芯片中,在"调入 Flash"时要选择本工程路径中的.hex 文件。

成功烧写程序到 ATmega8A 芯片后就可以看到数码管的显示信息:初始时的四位数码管全部都显示"-"符号,当按下不同行的按键时,会在不同的数码管上显示按下矩阵键盘上不同按键对应的编码。

通过以上的程序代码和矩阵键盘操作与数码管的数据显示现象,熟悉并掌握矩阵键盘的使用方法和工作原理。自行设计并完成一个关于矩阵键盘的程序。

4.3　LCD1602 液晶屏的原理与显示控制

4.3.1　LCD1602 液晶屏简介

4.3.1.1　LCD1602 模块结构

LCD 1602 液晶是一款简单通用的点阵液晶模块,可以显示 2×16 个字母、数字或字符等。每个字符的显示块由 5×7 或 5×11 的点阵构成,每个显示块间具有一个点的间隔,在两行之间也有一定的空隙,LCD1602 实物如图 4.3.1 所示。

图 4.3.1　LCD1602 实物正反面

图 4.3.1 所示的 1602 模块有 16 个管脚,其名称和作用如表 4.3.1 所示。

表 4.3.1　LCD1602 模块管脚的说明

管脚	名称	说明	管脚	名称	说明	管脚	名称	说明
1	VSS	电源地	7	D0	数据 IO 0	13	D6	数据 IO 6
2	VDD	电源正极	8	D1	数据 IO 1	14	D7	数据 IO 7
3	V0	液晶显示偏压	9	D2	数据 IO 2	15	A	背光正极
4	RS	数据/命令选择	10	D3	数据 IO 3	16	K	背光负极
5	R/W	读/写信号	11	D4	数据 IO 4			
6	E	读写开始信号	12	D5	数据 IO 5			

一般 LCD1602 所使用的控制器型号为 HD44780 或是与其兼容的。HD44780 控制器的内部包含了 3 种类型的存储空间:DDRAM、CGROM 和 CGRAM。

DDRAM(Display Data RAM)显示数据存储器用于存储要显示的字符数据,也就是说,要在 2×16 个点阵位置(显示区域)中的任意一个显示一个字符,需将该字符对应的点阵代码写到 DDRAM 相应的存储空间中去。HD44780 控制器的 DDRAM 存储器地址空间划分如表 4.3.2 所示,其中每行有 40 个存储地址空间,每个地址空间可以存储一个字节的数据。

表 4.3.2　DDRAM 存储空间的划分

	位置	1	2	3	4	6	6	······	40
DDRAM 地址	行 1	00h	01h	02h	03h	04h	05h	······	27h
	行 2	40h	41h	42h	43h	44h	45h		67h

从表 4.3.2 可以看到，HD44780 支持 2×40 字符的显示控制，在控制 LCD 1602 液晶显示字符时常常使用 DDRAM 存储器的前 16 个字节的地址空间。如果让 LCD1602 滚动显示，还需要使用后续的 DDRAM 存储空间。

在实际应用时，要在第 1 行第 1 个位置显示字符"1"，是不能直接将 31h 写到 DDRAM 的 00h 地址空间的，还需要通过相关的指令码进行操作，详细操作步骤见本节的后续内容。

CGROM(Character Genrator ROM)存储器里存储的是字符的点阵数据，即液晶屏上显示一个字符的二维空间里每个点的亮灭控制数据，为只读存储器，在出厂时其内部已经储存了 160 个不同字符的点阵数据，有数字、字母以及常用的符号等，如表 4.3.3 所示。

表 4.3.3　出厂时 CGROM 里存储的点阵数据

CGRAM(Character Generator RAM)存储器为用户自定义字符的点阵数据存储空间,用于存储用户自定义符号的点阵数据,若存储 5×8 点阵字符时可以存放 8 组(即 8 个自定义字符的点阵数据),如存储 5×10 的点阵字符则只能存放 4 组(即 4 个自定义字符的点阵数据)。虽然表 4.3.3 中有 16 个用户自定义空间,实际使用时只能用前 8 个,原因是我们只能用 6 位的地址去访问 CGRAM 存储空间,其中仅 3 位地址为字符地址(即只能访问 8 个字符的地址空间),另外 3 位地址则为点阵里的行地址(即每个自定义字符有 8 行点阵数据)。

4.3.1.2　LCD1602 模块的操作指令

要在 LCD1602 显示不同的符号,需要遵从其控制器的各种操作规则,如表 4.3.4 所示。

表 4.3.4　LCD1602 控制器的指令集

指令名称	指令码(LCD1602 对应管脚)									说明	执行时间 (270 kHz)
	RS	R/W	D7	D6	D5	D4	D3	D2	D1	D0		
清除屏幕	0	0	0	0	0	0	0	0	0	1	清屏,AC = 0,光标复位	1.64 ms
光标回原点	0	0	0	0	0	0	0	0	1	x	光标回原点,显示不变	1.64 ms
进入模式设置	0	0	0	0	0	0	1	I/D	S		设置光标移动方向等	40 μs
屏幕开/关控制	0	0	0	0	0	1	D	C	B		屏幕,光标等显示切换	40 μs
光标或显示移位	0	0	0	0	1	S/C	R/L	x	x		光标和显示移位控制等	40 μs
功能设置	0	0	0	1	DL	N	F	x	x		8/4 位接口,2/1 行,5×8/10	40 μs
置 CGRAM 地址	0	0	0	1	ACG[5:0]						设置 CGRAM 地址到 AC	40 μs
置 DDRAM 地址	0	0	1	ADD[6:0]							设置 DDRAM 地址到 AC	40 μs
读忙标志和 AD	0	1	BF	AC[6:0]							不论内部是否工作,均可读	40 μs
往 RAM 写数据	1	0	Write Data[7:0]								往 CG/DDRAM 写数据	40 μs
从 RAM 读数据	1	1	Read Data[7:0]								从 CG/DDRAM 读数据	40 μs
注解: "x"表示不用 在意是"0" 还是"1"	I/D=1:递增模式,I/D=0:递减模式; S=1:移位; S/C=1:显示移位,S/C=0:光标移位; R/L=1:右移,R/L=0:左移; DL=1:8 位通信接口,DL=0:4 位的; N=1:2 行,N=0:1 行; F=1:5×10 点阵,F=0: 5×8 点阵; BF=1:执行内部功能,BF=0:接收命令										AD:Address DDRAM:Display Data RAM CGRAM:Character Generator RAM ACG:CGRAM AD ADD:DDRAM&Cursor AD AC:Address counter for DRAM/ CGRAM	

接下来简单地介绍表 4.3.4 中的各种 LCD1602 操作指令。

1. 清除屏幕（clear display）

	RS	R/W	D7	D6	D5	D4	D3	D2	D1	D0
指令码	0	0	0	0	0	0	0	0	0	1

此指令清除整个屏幕，即写 DDRAM 存储空间全部为 0x20（全灭），并设置 DDRAM 地址计数器为 0。此指令的执行时间至少需要 1.64 ms，即执行此指令后需要等待至少 1.64 ms 后才能对 LCD1602 进行其他的操作（其他指令执行时间的含义类似）。

2. 光标回到原点（return home）

	RS	R/W	D7	D6	D5	D4	D3	D2	D1	D0
指令码	0	0	0	0	0	0	0	0	1	x

此指令执行后，光标回到了原点。即设置地址计数器的值为 DDRAM 的 0 地址，光标回到了原点，显示回到原始状态，但 DDRAM 的内容不变。此指令的执行时间至少需要 1.64 ms，即执行此指令后需要等待至少 1.64 ms 后才能对 LCD1602 进行其他的操作。

3. 进入模式设置（entry mode set）

	RS	R/W	D7	D6	D5	D4	D3	D2	D1	D0
指令码	0	0	0	0	0	0	0	1	I/D	S

在 DDRAM 写数据（CGRAM 读写）期间，此指令定义光标移动的方向和显示移位：
I/D 位是 DDRAM 地址的递增或递减方式：等于 1 为递增方式，等于 0 为递减方式。
S 位是整个显示屏的移位：等于 1 显示移位，等于 0 显示不移位。
若 S＝1 且 I/D＝1，则将显示向左移动；若 S＝1 且 I/D＝0，则将显示向右移动。

4. 显示开/关控制（display ON/OFF control）

	RS	R/W	D7	D6	D5	D4	D3	D2	D1	D0
指令码	0	0	0	0	0	0	1	D	C	B

此指令控制屏幕是否显示、光标是否显示与闪烁。其中位 D 为显示控制，D＝1 显示屏开，D＝0 则关闭，但 DDRAM 中的数据还在；位 C 是光标控制位，C＝1 显示光标，D＝0 则不显示；位 B 为光标闪烁控制位，B＝1 闪烁，B＝0 则不闪烁。注意：光标位于点阵最下面的一行。

5. 光标或显示移位（cursor or display shift）

	RS	R/W	D7	D6	D5	D4	D3	D2	D1	D0
指令码	0	0	0	0	0	1	S/C	R/L	x	x

非读写显示数据时，即不改变 DDRAM 数据的情况下，左右移动光标或显示移位。其中：
S/C ＝0 且 R/L＝0：向左移动光标，地址计数器减 1；
S/C ＝0 且 R/L＝1：向右移动光标，地址计数器加 1；
S/C ＝1 且 R/L＝0：向左移位显示，光标跟随显示移位，地址计数器不变；

S/C ＝ 1 且 R/L ＝ 1：向右移位显示，光标跟随显示移位，地址计数器不变。

6. 功能设置（function set）

	RS	R/W	D7	D6	D5	D4	D3	D2	D1	D0
指令码	0	0	0	0	1	DL	N	F	x	x

其中位 DL 用于设置传输数据接口的位数，即 MCU 与 LCD 间一次可以传输数据的位数：

DL ＝ 1，8 位的数据传输（D7～D0）接口；

DL ＝ 0，4 位的数据传输（D7～D4）方式，需要两次完成一个字节的数据传输；

位 N 用于设置显示行数：N ＝ 0 为一行显示，N ＝ 1 则为两行显示方式；

位 F 用于设置显示字符的形状：F ＝ 0 以 5×8 点阵显示，F ＝ 1 以 5×10 点阵显示字符。

如 N ＝ 0，F ＝ 0：显示 1 行 5×8 点阵字符；如 N ＝ 0，F ＝ 1：显示 1 行 5×10 点阵字符；如 N ＝ 1，F ＝ x：显示两行 5×8 点阵字符，不能显示两行 5×10 点阵字符。

7. 设置 CGRAM 地址（set character generator RAM address）

	RS	R/W	D7	D6	D5	D4	D3	D2	D1	D0
指令码	0	0	0	1	acg5	acg4	acg3	acg2	acg1	acg0

此指令将 CGRAM 地址 acg[5:0] 写到地址计数器，然后就可以读写 CGRAM 对应空间。

8. 设置 DDRAM 地址（set display data RAM address）

	RS	R/W	D7	D6	D5	D4	D3	D2	D1	D0
指令码	0	0	1	add6	add5	add4	add3	add2	add1	add0

此指令将 DDRAM 地址 add[6:0] 写到地址计数器，然后就可以读写 DDRAM 对应空间。

在一行显示模式时（N ＝ 0），add[6:0] 的范围是从 0x00 到 0x4F；在两行显示模式时（N ＝ 1），add[6:0] 的范围是第 1 行从 0x00 到 0x27、第 2 行从 0x40 到 x067。

9. 读忙标志和 AD（read busy flag and address）

	RS	R/W	D7	D6	D5	D4	D3	D2	D1	D0
指令码	0	1	BF	ac6	ac5	ac4	ac3	ac2	ac1	ac0

此指令读取 LCD1602 系统的忙标志与地址计数器的值。若 BF ＝ 1 表示系统当前正忙，此时 LCD1602 不接受任何指令，除非到 BF ＝ 0。AC[6:0] 地址计数器为 DDRAM 或 CGRAM 的地址。

10. 往 CG/DDRAM 写数据（write data to character RAM or display data RAM）

	RS	R/W	D7	D6	D5	D4	D3	D2	D1	D0
指令码	1	0	d7	d6	d5	d4	d3	d2	d1	d0

此指令将 8 位二进制数据 d[7:0] 写到 CGRAM 或 DDRAM（通过地址设置指令确定）。

11. 从 CG/DDRAM 读数据（read data from character generator RAM or display data RAM）

	RS	R/W	D7	D6	D5	D4	D3	D2	D1	D0
指令码	1	1	d7	d6	d5	d4	d3	d2	d1	d0

从 CGRAM 或 DDRAM 中读取 8 位数据到 d[7:0]。正确读取数据的步骤如下：

① CGRAM 或 DDRAM 地址设置指令或光标移位指令；

② 读指令（读数据之前需要设置确定的存储空间地址）。

4.3.1.3　LCD1602 模块的操作时序

　　LCD1602 的操作主要是通过 RS，R/W，E 和 DB0～DB7 等管脚的控制和数据传递实现的，这些管脚一般与 MCU 等控制器或处理器的可编程控制管脚（IO 管脚等）直接或间接（串并转换等接口转换）相连，并由 MCU 等对 LCD1602 进行初始化、控制和显示。MCU 对 LCD1602 进行显示控制等操作时，需要满足 LCD1602 的控制命令或操作时序的要求，如图 4.3.2 和图 4.3.3 所示。如 MCU 从 LCD1602 读数据或状态等，需要 MCU 在 LCD1602 的 RS 管脚提供高电平（读 DDRAM 或 CGRAM）或低电平（读忙标志和地址计数器），同时在 R/W 管脚提供满足要求（建立时间 t_{SP1} 最小 40 ns、保持时间 t_{HD1} 最小 10 ns）的高电平期间，给管脚 E 提供一个高电平（上升或下降沿 t_R/t_F 最大 20 ns、E 的脉冲宽度 t_{PW} 最小 230 ns、E 的周期 t_C 最小 500 ns），此读指令发出最大 $t_D = 120n$ 后，读取的数据会出现在数据管脚 DB0～DB7 上，此时（E 管脚从低电平变成高电平 t_D 后到 E 管脚变成低电平状态前）MCU 获取或保存与 DB0～DB7 相连管脚的电平状态即为从 LCD1602 读取的数据或状态信息。

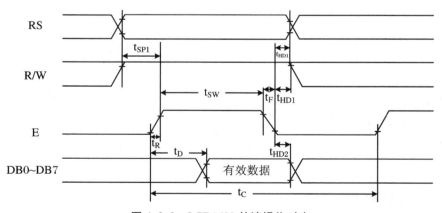

图 4.3.2　LCD1602 的读操作时序

　　MCU 写 LCD1602，则需 MCU 在 LCD1602 的 RS 管脚提供高电平（写 DDRAM 或 CGRAM）或低电平（写指令寄存器），同时在 R/W 管脚提供满足要求（建立时间 t_{SP1} 最小 40 ns、保持时间 t_{HD1} 最小 10 ns）的低电平期间，将要写的数据给到 DB0～DB7 管脚（t_{SP2} 最小 80 ns），并给管脚 E 提供一个高电平（上升或下降沿 t_R/t_F 最大 20 ns、E 的脉冲宽度 t_{PW} 最小 230 ns、E 的周期 t_C 最小 500 ns）。写操作执行一次后可将 4 位或 8 位的指令或数据写到 LCD1602。

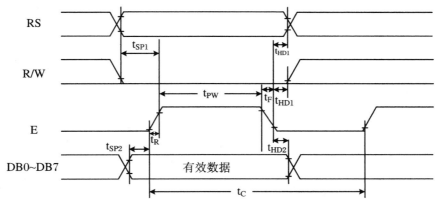

图 4.3.3　LCD1602 的写操作时序

4.3.1.4　LCD1602 的指令初始化

如电源供电没达到正确操作内部复位电路,要用指令初始化 LCD1602。LCD1602 有 8 位和 4 位两种数据传输接口模式,因此在上电后的指令初始化也有如下两种流程。

(1) 8 位的接口(DB0～DB7)时,LCD1602 的初始化过程如图 4.3.4 所示。

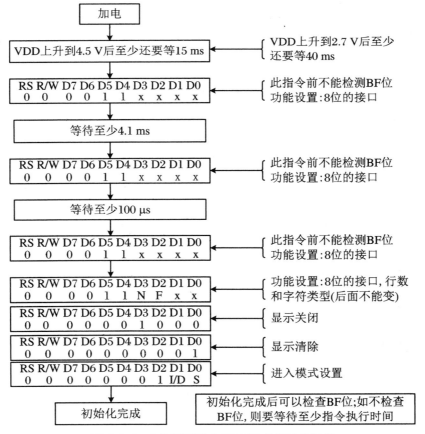

图 4.3.4　8 位接口时,LCD1602 的初始化过程

（2）4 位的接口（DB4～DB7）时，LCD1602 的初始化过程如图 4.3.5 所示。

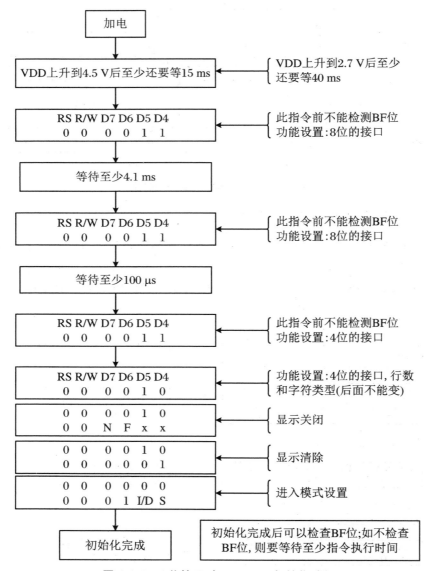

图 4.3.5　4 位接口时，LCD1602 初始化过程

4.3.1.5　LCD1602 模块的使用实例

（1）利用 LCD1602 内部复位的 8 位接口、8 位数据操作，1 行显示的操作过程如图 4.3.5 所示。

表 4.3.5　LCD1602 的操作过程(1)

序号	指令	屏幕显示	操作
1	上电 (开始初始化 LCD)		上电复位,无显示
2	RS R/W D7 D6 D5 D4 D3 D2 D1 D0 0　0　0　0　1　1　0　0　x　x		功能设置:设置 8 位接口,1 行显示,5×8 点阵字符
3	RS R/W D7 D6 D5 D4 D3 D2 D1 D0 0　0　0　0　0　0　1　1　1　0	_	显示开关:显示打开,光标出现,不闪烁
4	RS R/W D7 D6 D5 D4 D3 D2 D1 D0 0　0　0　0　0　0　0　1　1　0	_	进入模式设置:地址递增 1 并在写 DD/ CGRAM 后向右移动光标。现在没移位
5	RS R/W D7 D6 D5 D4 D3 D2 D1 D0 1　0　0　1　0　1　0　1　1　1	W_	向 DD/CGRAM 写"W"(ASCII),上电初始化时已选 DDRAM,光标加 1 并向右移
6	RS R/W D7 D6 D5 D4 D3 D2 D1 D0 1　0　0　1　0　0　0　1　0　1	WE_	向 DD/CGRAM 写"E",光标加 1 并向右移
7	……	……	……
8	RS R/W D7 D6 D5 D4 D3 D2 D1 D0 1　0　0　1　0　0　0　1　0　1	WELCOME_	向 DD/CGRAM 写"E",光标加 1 并向右移
9	RS R/W D7 D6 D5 D4 D3 D2 D1 D0 0　0　0　0　0　0　0　1　1　1	WELCOME_	进入模式设置:地址递增 1 并在写时向右移动光标,同时写时显示移动
10	RS R/W D7 D6 D5 D4 D3 D2 D1 D0 1　0　0　0　1　0　0　0　0　0	ELCOME _	向 DD/CGRAM 写空格,光标加 1 并向右移,同时显示移位
11	RS R/W D7 D6 D5 D4 D3 D2 D1 D0 1　0　0　1　0　1　0　1　0　1	LCOME U_	向 DD/CGRAM 写"U",光标加 1 并向右移,同时显示移位
12	RS R/W D7 D6 D5 D4 D3 D2 D1 D0 1　0　0　1　0　1　0　0　1　1	COME US_	向 DD/CGRAM 写"S",光标加 1 并向右移,同时显示移位
13	RS R/W D7 D6 D5 D4 D3 D2 D1 D0 1　0　0　1　0　1　0　1　0　0	OME UST_	向 DD/CGRAM 写"T",光标加 1 并向右移,同时显示移位
14	RS R/W D7 D6 D5 D4 D3 D2 D1 D0 1　0　0　1　0　1　1　0　0　0	ME USTX_	向 DD/CGRAM 写"X",光标加 1 并向右移,同时显示移位
15	RS R/W D7 D6 D5 D4 D3 D2 D1 D0 0　0　0　0　0　1　0　0　x　x	ME UST̲X	仅光标向左移动 1 位
16	RS R/W D7 D6 D5 D4 D3 D2 D1 D0 1　0　0　1　0　0　0　0　1　1	ME USTC_	向 DD/CGRAM 写"C"覆盖"X",光标加 1 并向右移
17	RS R/W D7 D6 D5 D4 D3 D2 D1 D0 0　0　0　0　0　0　0　0　1　0	W̲ELCOME	显示和光标都回到原点(地址 0)

(2) 利用 LCD1602 内部复位的 4 位接口、8 位数据操作,1 行显示的操作过程,如表 4.3.6所示。

表 4.3.6　LCD1602 的操作过程(2)

序号	指令	屏幕显示	操作
1	上电(LCD 开始初始化)		上电复位,无显示
2	RS R/W D7 D6 D5 D4 0　0　0　0　1　0		功能设置:设置 4 位接口
3	RS R/W D7 D6 D5 D4 0　0　0　0　1　0 0　0　0　0　x　x		功能设置:设置 4 位接口,1 行显示,5×8 点阵字符
4	RS R/W D7 D6 D5 D4 0　0　0　0　0　0 0　0　1　1　1　0	_	显示开关:显示打开,光标出现,不闪烁
5	RS R/W D7 D6 D5 D4 0　0　0　0　0　0 0　0　0　1　1　0	_	进入模式设置:地址递增 1 并在写 DD/ CGRAM 后向右移动光标。现在没移位
6	RS R/W D7 D6 D5 D4 1　0　0　1　0　1 1　0　0　1　1　1	W_	向 DD/CGRAM 写"W",上电初始化时已选择了 DDRAM,光标加 1 并向右移
7	……	……	……

后续的操作与之前的 8 位类似,仅仅将 8 位的数据或命令分两次传输。

(3) 利用 LCD1602 内部复位的 8 位接口、8 位数据操作,2 行显示的操作过程,如表 4.3.7所示。

表 4.3.7　LCD1602 的操作过程(3)

序号	指令	屏幕显示	操作
1	上电(LCD 开始初始化)		上电复位,无显示
2	RS R/W D7 D6 D5 D4 D3 D2 D1 D0 0　0　0　0　1　1　1　0　x　x		功能设置:设置 8 位接口,2 行显示,5×8 点阵字符
3	RS R/W D7 D6 D5 D4 D3 D2 D1 D0 0　0　0　0　0　0　1　1　1　0	_	显示开关:显示打开,光标出现,不闪烁
4	RS R/W D7 D6 D5 D4 D3 D2 D1 D0 0　0　0　0　0　0　0　1　1　0	_	进入模式设置:地址递增 1 并在写 DD/CGRAM 后向右移动光标。现在没移位
5	RS R/W D7 D6 D5 D4 D3 D2 D1 D0 1　0　0　1　0　1　0　1　1　1	W_	向 DD/CGRAM 写"W",上电初始化时已选择了 DDRAM,光标加 1 并向右移
6	RS R/W D7 D6 D5 D4 D3 D2 D1 D0 1　0　0　1　0　0　0　1　0　1	WE_	向 DD/CGRAM 写"E",光标加 1 并向右移
7	……	……	……
8	RS R/W D7 D6 D5 D4 D3 D2 D1 D0 1　0　0　1　0　0　0　1　0　1	WELCOME_	向 DD/CGRAM 写"E",光标加 1 并向右移

续表

序号	指令	屏幕显示	操作
9	RS R/W D7 D6 D5 D4 D3 D2 D1 D0 0　0　1　1　0　0　0　0　0　0	WELCOME _	设置 DDRAM 地址:第 2 行首地址,同时光标移动到第 2 行首
10	RS R/W D7 D6 D5 D4 D3 D2 D1 D0 1　0　0　1　0　1　0　1　0　1	WELCOME U_	向 DD/CGRAM 写"U",光标加 1 并向右移
11	……	……	……
12	RS R/W D7 D6 D5 D4 D3 D2 D1 D0 1　0　0　1　0　0　0　0　1　1	WELCOME USTC_	向 DD/CGRAM 写"C",光标加 1 并向右移
13	RS R/W D7 D6 D5 D4 D3 D2 D1 D0 0　0　0　0　0　0　0　0　1　0	WELCOME USTC	显示和光标都回到原点(地址 0)

4.3.1.6　LCD1602 模块接口的简化

经过以上 LCD1602 的介绍,我们了解到 LCD1602 模块有两种数据传输方式:8 bit 和 4 bit 接口。8 bit 传输时与 MCU 或 MPU 的连接需要 11 个 I/O 管脚去控制 LCD1602: RS,R/W,E,DB[7:0];4 bit 传输时与 MCU 或 MPU 的连接只需要 7 个 I/O 管脚去控制 LCD1602:RS,R/W,E,DB[7:4]。为了减少 MCU 或 MPU 管脚的使用,可通过 I^2C 串并转换接口(比如 PCF8574 等),将 4 bit 的 LCD1602 接口进一步简化为 2 个 I/O 管脚控制。市面上也会有现成的与 LC1602 模块匹配的 I^2C 扩展模块 PCF8574T,如图 4.3.4 所示。

图 4.3.4　使用 I^2C 扩展接口的 LCD1602 模块

I^2C 扩展模块使 LCD1602 的连接与使用更简便:背光采用跳线、对比度调节用可调电阻、与 MCU 连接仅需 4 线(GND,VCC,SDA,SCL),其中 SDA 和 SCL 为可编程管脚,如图 4.3.5 所示。

PCF8574T 是 I^2C 串行接口转 8 位并行接口 P[7:0]的串并转换芯片,除了电源外,与 MCU 等仅需两线连接,而用其并口 P[7:0]与 LCD1602 模块连接,如图 4.3.6 所示。

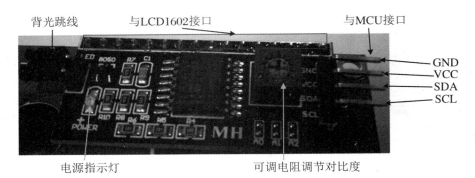

图 4.3.5　LCD1602 模块 I^2C 扩展接口的结构

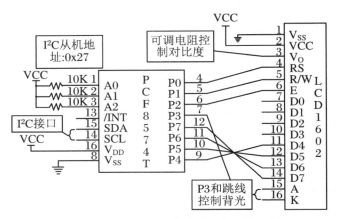

图 4.3.6　LCD1602 模块的 I^2C 扩展接口连接

4.3.2　I^2C 接口的 LCD1602 液晶屏显示控制

本节将详细介绍 MCU 通过 I^2C 串并转换模块 PCF8574T 控制 LCD1602 的显示原理与使用。

4.3.2.1　ATmega8A I^2C 接口的简介与使用

ATmega 8A 的两线串行接口（two-wire interface,TWI）,完全兼容 I^2C（inter-intergrated circuit）接口总线,是一个简单、强大、灵活的串行总线通信接口,它支持主、从机操作且都具有发送器和接收器,7 位的地址空间支持多达 128 个从机,具有最高 400 kHz 的工作速度,还支持多主机仲裁总线模式。

利用 ATmega8A 的 TWI(I^2C)接口传输数据主要是通过读写与 TWI 接口相关的几个寄存器（如 TWBR,TWCR,TWDR,TWSR,TWAR 等）。下面简单介绍 TWI 接口的寄存器定义等。

TWBR:TWI 位率寄存器,用于设置 TWI 接口(I^2C)的工作速度,其访问偏移地址为 0x00。

Bit	7	6	5	4	3	2	1	0
	TWBR7	TWBR6	TWBR5	TWBR4	TWBR3	TWBR2	TWBR1	TWBR0
Access	R/W	R/W	R/W	R/W	R/W	R/W	R/W	R/W
Reset	0	0	0	0	0	0	0	0

Bit 7:0 为 TWBRn:为位率发送器选择除法因子,可读写,上电复位后全为零。产生 I^2C 接口的 SCL 频率由等式: $SCL\ frequency = \dfrac{CPU\ Clock\ frequency}{16 + 2 \times TWBR \times Prescaler\ Value}$ 确定,其中 TWBR 为 TWI 位率寄存器的值,Prescaler Value 为由 TWSR 寄存器中的 TWPS[1:0]位设置的预分频器的值。

TWCR:TWI 控制寄存器,用于控制 I^2C 接口的启停、应答等,其访问偏移地址为 0x36。

Bit	7	6	5	4	3	2	1	0
	TWINT	TWEA	TWSTA	TWSTO	TWWC	TWEN		TWIE
Access	R/W	R/W	R/W	R/W	R	R/W		R/W
Reset	0	0	0	0	0	0		0

Bit 7 为 TWINT:TWI 中断标志位,可读写,复位后为"0"。当 TWI 完成当前工作并且期待应用软件响应时,由硬件设置此位为"1"。如 SREG 寄存器的 I 位与 TWCR 的 TWIE 位都为"1",MCU 将跳转到 TWI 中断向量(中断服务过程)。若 TWINT 为"1",则会展宽 SCL 的低电平时间。需由软件向 TWINT 写入"1"来清除此位为"0"。另注意在执行中断过程时,硬件不会自动清零 TWINT 位。清除此位以开始 TWI 接口的操作,所以在清零前要完成 TWAR、TWSR 和 TWDR 的操作。

Bit 6 为 TWEA:TWI 使能应答,可读写,复位后为"0"。用于控制产生应答脉冲,如 TWEA = 1,在遇到以下情况时会在 TWI 总线产生 ACK 脉冲:

① 收到器件自身的从机地址;

② 收到广播地址,且 TWAR 寄存器中的位 TWGCE = 1;

③ 在主机接收器或从机接收器模式收到了数据字节。

如设置 TWEA 为"0",可临时将器件从 2 线串行总线断开,设置为"1"时重新开始地址识别。

Bit 5 为 TWSTA:TWI START 控制位,可读写,复位后为"0"。在想成为 2 线串行总线上的主机时需要软件往 TWSTA 位写入"1"。如 TWI 硬件检查总线有效,且总线空闲就在总线上产生 START 信号。不过若总线在忙,则 TWI 在检测到 STOP 信号后,再产生新的 START 信号以主张总线的主机状态。在发送 START 信号后需由软件清零 TWSTA 位。

Bit 4 为 TWSTO:TWI STOP 控制位,可读写,复位后为"0"。在主机模式,如 TWSTO 写"1",在总线上产生 STOP 信号,且自动清零 TWSTO。在从机模式,TWSTO 写"1"可从错误状态恢复。此时总线上不会产生 STOP 信号,但 TWI 回到定义好且未被寻址的从机模式并释放总线到高阻态。

Bit 3 为 TWWC:TWI 写冲突标志位,只读,复位后为"0"。当 TWINT 为"0"时尝试写数据寄存器 TWDR 将置 TWWC 为"1";当 TWINT 为高时,写 TWDR 寄存器将清零 TWWC 位。

Bit 2 为 TWEN:TWI 使能位,可读写,复位后为"0"。用于使能 TWI 操作与激活 TWI 接口。当写"1"到 TWEN 时,TWI 将 I/O 引脚切换到 SCL 与 SDA 引脚,并开启波形斜率限制器与尖峰滤波器。如写"0"到 TWEN,TWI 接口模块被关闭,并终止所有的 TWI 传输。

Bit 0 为 TWIE:TWI 中断使能,可读写,复位后为"0",当 SREG 寄存器中的 I 位和 TWIE 均为"1",且 TWINT 也为"1"时,就激活了 TWI 的中断。

TWSR:TWI 状态寄存器,用于设置 TWI 工作速度的预分频值和获取 TWI 工作的状态,其访问偏移地址为 0x01。

Bit	7	6	5	4	3	2	1	0
	TWS4	TWS3	TWS2	TWS1	TWS0		TWPS1	TWPS0
Access	R	R	R	R	R		R/W	R/W
Reset	0	0	0	0	1		0	0

Bit 7:3 为 TWSn:TWI 状态位,只读,复位后为 00001。这 5 位用来反映 TWI 逻辑和总线的状态。注意从 TWSR 读出的值包括 5 位状态值与 2 位预分频值。检测状态位时设计者应屏蔽预分频位。这使状态检测独立于预分频器设置。

Bit 1:0 为 TWPSn:TWI 预分频器位,可读写,复位后为 0。设置预分频值,如表 4.3.8 所示。

表 4.3.8 TWI 位率预分频器

TWPS1	TWPS0	预分频值	TWPS1	TWPS0	预分频值
0	0	1	1	0	16
0	1	4	1	1	64

位率的计算请见本节开始时的计算公式。

TWAR:TWI 数据寄存器,用于设置从机的地址,其访问偏移地址为 0x03。

Bit	7	6	5	4	3	2	1	0
	TWA6	TWA5	TWA4	TWA3	TWA2	TWA1	TWA0	TWGCE
Access	R/W	R/W	R/W	R/W	R/W	R/W	R/W	R/W
Reset	0	0	0	0	0	0	1	0

Bit 7:1 为 TWAn:TWI 地址。

Bit 0 为 TWGCE:写"1"时,可以响应总线上的广播地址;写"0"时只响应本机地址。

TWDR:TWI 地址寄存器,用于收发串行数据,其访问偏移地址为 0x02。

Bit	7	6	5	4	3	2	1	0
	TWD7	TWD6	TWD5	TWD4	TWD3	TWD2	TWD1	TWD0
Access	R/W	R/W	R/W	R/W	R/W	R/W	R/W	R/W
Reset	0	0	0	0	0	0	0	1

Bit 7:0 为 TWDn：TWI 数据。

另外，TWI（I²C）接口的工作方式、数据以及地址的传输格式等详细内容请参考 ATmega8A数据手册（文档）。

接下来我们结合 C 语言代码介绍 ATmega8A I²C 接口访问过程。此文件名为twi_fun.h。

文件头相对比较简单，除了包含 io.h 和 twi.h 外，还定义了一个 BYTE 数据类型和 I²C 接口相关的一些参数与宏。

```
#include <avr/io.h>    //ATmega8A 的端口（PORTB…）、寄存器（PINB…）等定义
#include <util/twi.h>    //twi 接口的寄存器位屏蔽定义等
void TWI_Init(void)//twi 接口的初始化
{    //设置 SCL 的频率：1 MHz cpu-50 kHz scl，2M-100K，8M-400K
    TWSR = 0x00；//最低 2 位为预分频设置（00－1，01－4，10－16，11－64）
    TWBR = 0x02；//位率设置，fscl = cpu 频率/(16 + 2 * TWBR * 预分频值)
    TWCR = (1<<TWEN)；//开启 TWI
}
void TWI_Start(void)//发送 Start 信号，开始本次 TWI 通信
{    TWCR = (1<<TWINT)|(1<<TWSTA)|(1<<TWEN)；//发送 Start 信号
    while(!(TWCR & (1<<TWINT)))；//等待 Start 信号发出
}
void TWI_Stop(void)//发送 Stop 信号，结束本次 TWI 通信
{    TWCR = (1<<TWINT)|(1<<TWSTO)|(1<<TWEN)；//发送 Stop 信号
}
void TWI_Write(unsigned char uc_data) //向 TWI 接口发送 8 位数据
{    TWDR = uc_data；//8 位数据存放在 TWDR
    TWCR = (1<<TWINT)|(1<<TWEN)；//发送 TWDR 中的数据
    while(!(TWCR & (1<<TWINT)))；//等待数据发出
}
unsigned char TWI_Read_With_ACK(void) //从 TWI 接口读取一个字节的数据并自动
    应答
{    TWCR = (1<<TWINT)|(1<<TWEA)|(1<<TWEN)；//准备接收数据，并 ACK
    while(!(TWCR & (1<<TWINT)))；//等待接收数据
    return TWDR；//返回接收到的数据
}
unsigned char TWI_Read_With_NACK(void) //从 TWI 接口读取一个字节的数据且不
    应答
{    TWCR = (1<<TWINT)|(1<<TWEN)；//准备接收数据，并 NACK
    while(!(TWCR & (1<<TWINT)))；//等待接收数据
    return TWDR；//返回接收到的数据
}
unsigned char TWI_Get_State_Info(void) //获取 TWI 接口的状态，即读取 TWSR 的高 5
    位（屏蔽了低 3 位）
```

```
{       unsigned char uc_status;
        uc_status = TWSR & 0xf8;
        return uc_status;
}
#ifndef BYTE                        //如果没有定义过 BYTE 类型,就定义 BYTE 类型,否则就
    不定义
#define BYTE unsigned char //定义 BYTE 类型为 unsigned char(8 位的无符号数)
#endif
```

4.3.2.2 I²C 接口的 LCD1602 显示控制

对于 I²C 接口的 LCD1602(PCF8574T 或兼容接口),只要将 LCD1602 的相关指令或数据通过 I²C 接口传输到 LCD1602 就可以实现其显示控制。接下来依然通过代码的解释等来介绍如何使用 LCD1602。

I²C 接口 LCD1602 操作的 C 语言头文件为"twi_lcd1602.h",代码与解释如下:

```
#ifndef F_CPU
#define F_CPU 1000000UL    //使用默认内部时钟频率 1 MHz,用于精确延时操作
#endif
#include "twi_fun.h"     //TWI 接口的头文件
#include <util/delay.h>    //用于精确的延迟:_delay_ms(ms),_delay_us(us);
//LCD1602 控制和显示指令
#define LCD_CLEARDISPLAY      0x01//清屏,设置 AC 为 DDRAM 地址 0
#define LCD_RETURNHOME       0x02//设置 AC 为 DDRAM 地址 0,光标回原点
#define LCD_ENTRYMODESET     0x04//与 I/D 和 S 位一起定义光标移动方向和显示
                                      移位
#define LCD_DISPLAYCONTROL    0x08//与 D/C/B 一起设置显示开关,光标开关/
                                      闪烁
#define LCD_CURSORSHIFT      0x10//与 S/C 和 R/L 一起设置光标移动或显示移位
#define LCD_FUNCTIONSET      0x20//与 DL、N 和 F 一起设置 LCD 功能:8/4 位数
                                      据;1/2 行显示;5 * 8/10 点阵字符
#define LCD_SETCGRAMADDR 0x40//设置 CGRAM 地址到地址计数器(AC)
#define LCD_SETDDRAMADDR 0x80//设置 DDRAM 地址到地址计数器(AC)
// LCD 进入模式设置位(LCD_ENTRYMODESET = 0x04)
#define LCD_ENTRYSHIFT       0x01//S 位 =1,显示移位;=0 不移位(即不用此参数)
#define LCD_ENTRYINC        0x02//I/D 位 =1,显示左移(递增);I/D 位 =0,显示
    右移(递减)(即不用此参数)
//LCD 显示开关控制位(LCD_DISPLAYCONTROL = 0x08)
#defineLCD_BLINKON         0x01//B=1,闪烁;B=0,不闪烁(即不用此参数)
#define LCD_CURSORON        0x02//C=1,有光标;C=0,无光标(即不用此参数)
#define LCD_DISPLAYON        0x04//D=1,显示开;D=0,显示关(即不用此参数)
//LCD 光标和显示移位控制位(LCD_CURSORSHIFT = 0x10)
#define LCD_CURSOR2LEFT      0x00//S/C = 0,R/L = 0;光标往左移
```

```
#define LCD_CURSOR2RIGHT    0x04//S/C=0,R/L=1:光标往右移
#defineLCD_DC2LEFT          0x08//S/C=1,R/L=0:显示向左移,光标跟着移
#define LCD_DC2RIGHT         0x0C//S/C=1,R/L=1:显示向右移,光标跟着移
//LCD 功能设置位(LCD_FUNCTIONSET=0x20)
#define LCD_4BITMODE         0x00//DL=0:4 位(DB7-4)数据传输,需要 2 次传输
  一个字节数据
#define LCD_8BITMODE         0x10//DL=1:8 位(DB7-0)数据传输
#define LCD_1LINE            0x00//N=0,1 行显示
#define LCD_2LINE            0x08//N=1,2 行显示
#define LCD_5X8DOTS          0x00//F=0:5X8 dots 字符
#define LCD_5XADOTS          0x04//F=1:5X10 dots 字符,只能 1 行显示
//LCD 1602 控制管脚与串并转换 PCF8574 对应的数据位
#define LCD_RS               0x01//I2C 数据最低位(PCF8574-P0)控制 LCD1602
                               的 RS 管脚
#define LCD_RW               0x02//I2C 数据次低位(PCF8574-P1)控制 LCD1602
                               的 RW 管脚
#define LCD_E                0x04//I2C 数据第 3 位(PCF8574-P2)控制 LCD1602
                               的 E 管脚
//#define LCD_BACKLIGHTOFF 0x00//Back light off
#define LCD_BACKLIGHTON      0x08//I2C 数据第 4 位(PCF8574-P3)控制 LCD1602
                               的 K 管脚,背光开
#define LCD_SLAVE_ADDRESS 0x27//LCD1602 从机地址 PCF8574(A2-0:111)
//LCD1602 相关的 TWI 接口函数,MCU 位主机模式,LCD1602 位从机模式
unsigned char TWI_Write_LCD(unsigned char uc_data) //用 TWI 接口函数, 向 LCD 发
  送命令或数据
{   TWI_Start();//发送 START 信号
    if(TWI_Get_State_Info()! =TW_START) return 0;//不成功则返回 0
    TWI_Write(LCD_SLAVE_ADDRESS<<1|TW_WRITE); //发送 SLA+W:位 0 是
    TWGCE,所以要左移 1 位
    if(TWI_Get_State_Info()! =TW_MT_SLA_ACK)return 0;//发送 SLA+W 不成功
    则返回 0
    TWI_Write(uc_data|LCD_BACKLIGHTON);//发送数据+背光常开(方便观看屏幕)
    if(TWI_Get_State_Info()! =TW_MT_DATA_ACK)return 0;//发送数据不成功
    TWI_Stop();//发 TWI 停止信号
    return 1;//发送数据或命令成功返回 1
}
void LCD_4Bit_Write(unsigned char uc_data)//4 位数据传输方式通过 PCF8574 模块向
  LCD1602 写数据
{    TWI_Write_LCD(uc_data&(~LCD_E));//把高 4 位的数据和 R/W,RS 先送出到
    总线,E=0
    _delay_us(1);//保持总线数据不变(高 4 位为数据,低 4 位为:3-背光默认开,2-E,1-
    R/W 默认写,0-RS)
```

```
        TWI_Write_LCD(uc_data|LCD_E);//高 4 位总线数据不变,E=1,即通过 TWI 向
    LCD1602 写 4 位数据
        _delay_us(1);//保持
        TWI_Write_LCD(uc_data&(~LCD_E));//数据送出,E=0
        _delay_us(1);//保持
}
void LCD_8Bit_Write(unsigned char uc_data,unsigned char uc_mode)//2 次 4 位数据的传
    输,uc_mode=RS
{   unsigned char high4bit=uc_data&  0xf0;  //
    unsigned char low4bit=(uc_data<<4)&  0xf0;
    LCD_4Bit_Write(high4bit|uc_mode);//先发送高 4 位,uc_mode:0-命令,1-数据
    LCD_4Bit_Write(low4bit|uc_mode);//再发送低 4 位, 低 4 位为:3-背光默认开,
    2-E,1-R/W 默认写,0-RS
    _delay_us(50);//等待 8 位数据传输结束
}
void LCD_Init()//初始化 LCD1602
{   _delay_ms(50);//上电后至少再等 40ms
    //在默认 8 位的接口下,试着进入 4 位接口模式
    LCD_4Bit_Write(0x30);//功能设置:8 位接口
    _delay_us(4500);//等待至少 4.1ms
    LCD_4Bit_Write(0x30);//功能设置:8 位接口
    _delay_us(150);//等待至少 100us
    LCD_4Bit_Write(0x30);//功能设置:8 位接口
    LCD_4Bit_Write(0x20);//功能设置:进入 4 位接口模式
    //4 位接口功能设置:4 位模式,2 行显示,5*8 点阵等
    LCD_8Bit_Write(LCD_FUNCTIONSET|LCD_4BITMODE|LCD_2LINE|LCD_
    5X8DOTS,0);
    LCD_8Bit_Write(LCD_DISPLAYCONTROL,0);//显示关闭
    LCD_8Bit_Write(LCD_CLEARDISPLAY,0);//显示清屏
    _delay_us(2000);//等待清屏执行完毕
    LCD_8Bit_Write(LCD_RETURNHOME,0);//返回原点
    _delay_us(2000);//等待回到原点执行完毕
    LCD_8Bit_Write(LCD_ENTRYMODESET|LCD_ENTRYINC,0);//进入模式设
    置,显示左移,地址递增
    LCD_8Bit_Write(LCD_DISPLAYCONTROL|LCD_DISPLAYON,0);//显示开启
}
void LCD_Set_Cursor_Location(unsigned char row,unsigned char col)//定位,row:0~1,
    col:0~39
{   unsigned char offset[]={0x0,0x40};//行首地址
    LCD_8Bit_Write(LCD_SETDDRAMADDR|(col+offset[row]),0);//定位到
    DDRAM 行+列的地址
}
```

```
void LCD_Write_NewChar(char c_data)//管脚地址的设置,在当前位置显示一个字符
{      LCD_8Bit_Write(c_data,1);
}


void LCD_Write_Char(unsigned char row,unsigned char col,char c_data)//在指定行列位
    置显示字符
{      LCD_Set_Cursor_Location(row,col); //定位到行 + 列的地址
       LCD_8Bit_Write(c_data,1);
}
void LCD_Write_String(unsigned char row,unsigned char col,const char * pStr)//从指定
    位置显示串
{      LCD_Set_Cursor_Location(row,col); //定位到行 + 列的地址
       while((* pStr) ! = '\0')
{          LCD_8Bit_Write(* pStr,1);
           pStr + +;
}
}
```

4.3.2.3　在 main 函数里实现 LCD1602 显示

在 main 函数的文件开头需要添加以上的头文件包含即可,如:♯include "twi_lcd.h"。

然后再在 main 函数里调用之前定义的 LCD1602 显示控制函数等,就可以实现在 LCD1602 屏幕上显示需要的字符、显示控制等。这里仅给出 LCD1602 显示的简单代码示例:

```
int main(void)
{      TWI_Init();//ATmega8A TWI 接口的初始化
       LCD_Init();//初始化 LCD1602
       LCD_Write_NewChar(0x7e); //在 LCD1602 初始化后的位置显示一个字符"→"
       LCD_Write_Char(1,15,0x40);//在 LCD1602 第 2 行第 15 列显示一个字符"@"
       LCD_Write_String(0,2,"Welcome to USTC!");//在 LCD1602 第 1 行第 2 列开始显
       示字符串
       LCD_Write_String(1,16,"2016-06-06");//在 LCD1602 第 2 行第 16 列开始显示字
       符串
       while (1) //屏幕显示字符每秒向左循环移动一位
{          _delay_ms(1000);//延时 1000ms
           LCD_8Bit_Write(LCD_CURSORSHIFT|LCD_DC2LEFT,0);//屏幕显
           示内容向左移动一位
}
}
```

Build 当前的 AS 7.0 工程,正确无误后,根据表 4.3.9 将 I²C LCD1602 模块连接到创新电子设计板;并将 USB ISP 烧写器连接到设计板(如已经连接请跳过此连接)。

表 4.3.9　I²C LCD1602 模块与创新设计板的连接

ATmega8A/创新设计板	I²C LCD1602
VCC	VCC
GND	GND
PC5(pin28):SCL	SCL
PC4(pin27):SDA	SDA

　　将 USB ISP 烧写器的 USB 端连接到电脑的 USB 接口,通过 progisp 2.0 程序将此 AS 7.0 工程产生的 .hex 文件烧写到 ATmega 8A 芯片中,注意:调入 Flash 时要选择本工程路径中的 .hex文件。

　　成功烧写程序到 ATmega8A 芯片后就可以看到 LCD1602 上的显示信息:两行指定的字符,且显示屏在每隔 1000 ms 后往左移动,并显示右边存储器的内容。

　　通过以上的程序代码,以及 LCD1602 的相关命令,可以实现 I²C LCD1602 的各种显示和控制,甚至可以显示自定义字符,如汉字等。在熟悉并掌握 I²C LCD1602 的使用方法和工作原理后,就可以用 I²C LCD1602 液晶屏显示自己设计中的各种数据或显示控制等。

4.4　DHT11 温湿度传感器的原理与使用

4.4.1　DHT11 温湿度模块简介

　　DHT11 数字温湿度传感器是已经校准了的温湿度复合传感器,其内部是由一个电阻或电容式感湿元件和一个负温度系数 NTC(negative temperature coefficient)测温元件,连接到 8 位高性能单片机而构成的,具有长期高稳定性、超快响应、抗干扰能力强、性价比极高等优点。每个 DHT11 传感器都在极为精确的湿度校验室中进行了校准。校准系数以程序的形式储存在 OTP(one time programmable)内存中,传感器内部在检测信号的处理过程中要调用这些校准系数。DHT11 传感器数据的传输采用了单线制串行接口,使系统集成变得简易快捷;超小的体积、极低的功耗,且信号传输距离可达 20 m 以上,使其成为各类应用甚至最为苛刻的应用场合的最佳选择。DHT11 传感器有 4 个管脚,如图 4.4.1(a)所示。DHT11 传感器的工作电压范围为直流 3.0~5.5 V,测量范围:湿度为 20%~90%RH(电容式:5%~95%RH)(相对湿度)、温度 0~50 ℃(新版本:-20~60 ℃);25 ℃下测量精度:湿度为 ±5%RH,温度误差为 ±2 ℃。

（a）DHT11 传感器　　　　　　　（b）DHT11 温湿度模块

图 4.4.1　DHT11 温湿度模块实物

图 4.4.1(b)是由 DHT11 传感器通过简单的外围电路实现的,其原理如图 4.4.2 所示。

DHT11 模块供电电压 VDD 的范围为直流 3.3～5.5 V,可在电源正负极间接一个 100 nF 的去耦电容以减小电源波动。因电源部分波动过大,会影响到温度,如出现跳动等。另外,供电电压为 3.3 V 时电源线应尽量短,否则过长电源线会导致传感器供电不足,造成测量偏差。

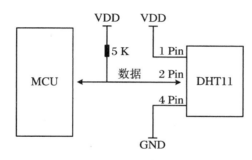

图 4.4.2　DHT11 模块的结构

数据传输管脚 DATA 为单线双向总线,即系统中的数据交换、控制均由单总线来完成。单总线上要接一上拉电阻,这样总线闲置时,其状态为高电平。由于它们是主从结构,只有主机呼叫从机时,从机才能应答,因此主机访问 DHT 器件须严格遵循单总线序列,如出现序列混乱,DHT 器件将不响应主机。单总线的上拉电阻可根据连线的长度确定,若连线长度小于 5 m 时可用 4.7 kΩ,大于 5 m 时可适当减小上拉电阻。

主机(MCU 等)与 DHT11 模块间的同步与数据传输,都在 DATA 单总线上进行,一次传送 40 位数据,高位先传。同步与数据传输过程是主机先向 DHT11 发送开始信号,DHT11 转换工作模式后等待主机开始信号的结束,然后向主机发送响应信号,并紧接着发送 40 bits 的温湿度数据与校验和。如图 4.4.3 所示。

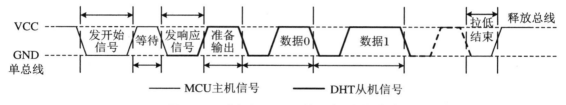

图 4.4.3　主机与 DHT11 的同步和数据传输

其中开始信号是主机将 DHT11 的 DATA 总线拉低至少 18 ms(最大 30 ms),通知 DHT11 准备数据。响应信号是 DHT11 将 DATA 总线拉低 83 μs 后再拉高 87 μs 与主机建立同步。而 40 位的数据则是一位一位的连续传输,其特定的数据传输格式为:

8 位湿度整数值＋8 位湿度小数值＋8 位温度整数值＋8 位温度小数值＋8 位校验值。

其中湿度小数值为 0。温度小数值的最高位为 1 则表示负温度,否则为正温度。8 位校验值应等于前 4 个温湿度数据和的低 8 位。如果不相等表示接收的数据不正确,需放弃此次接收的数据并重新接收。DHT11 传感器不会主动采集温湿度数据,而是在控制器发送开始信号后才会触发采集工作,平时处于低功耗状态。每次读出的温湿度数值是上一次测量的结果,欲获取实时数据,需连续读取 2 次,但不建议连续多次读取传感器,每次读取传感器间隔大于 2 s 即可获得准确的数据。

主机(如 MPU、MCU 等)读取 DHT11 温湿度数据的详细过程和步骤如下:

(1) DHT11 上电后要等待 1 s 以跳过不稳定状态,然后测试环境温湿度数据,并记录,这时 DHT11 的 DATA 总线由上拉电阻拉高并保持高电平,即 DATA 管脚处于输入状态,时刻检测 DATA 管脚的变化。

(2) 主机将连到 DHT11 DATA 总线的 I/O 管脚置为输出模式,并输出宽度为 18～30 ms(典型值 20 ms)的低电平;然后主机将此 I/O 管脚再置为输入模式,由于 DATA 管脚的上拉电阻,DATA 总线随之变高,主机等待 DHT11 应答(宽为 20～35 μs),如图 4.4.4 所示。

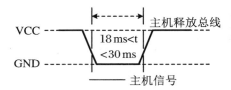

图 4.4.4　主机发送开始信号

(3) DHT11 在 DATA 管脚检测到外部信号为低电平时,等待外部信号低电平的结束,延迟(宽 20～35 μs)后 DHT11 的 DATA 管脚处于输出状态,并输出宽度为 78～88 μs(典型值 83 μs)的低电平作为应答信号,紧接着输出宽度为 80～92 μs(典型值 87 μs)的高电平通知主机准备接收数据,主机方对应的 I/O 管脚此时处于输入状态,在检测到此管脚有低电平(DHT11 应答)后,等待 80～92 μs(典型值 87 μs)高电平后的数据接收,信号的发送如图 4.4.5 所示。

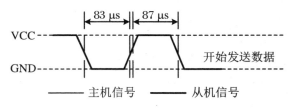

图 4.4.5　DHT11 应答主机的开始信号

(4) DHT11 向 DATA 引脚输出 40 位数据,主机根据相连 I/O 管脚的电平变化接收这

40 位数据,位数据"0"的格式为:50～58 μs(典型值 54 μs)的低电平和 23～27 μs(典型值 24 μs)的高电平,位数据"1"的格式为:50～58 μs(典型值 54 μs)的低电平加 68～74 μs(典型值 71 μs)的高电平。如图 4.4.6 所示。

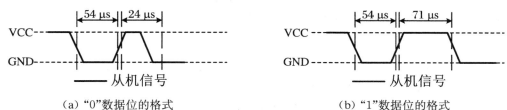

(a)"0"数据位的格式　　　　　　　　　(b)"1"数据位的格式

图 4.4.6　DHT11 发送数据位的格式

(5) DHT11 在 DATA 引脚输出 40 位数据后,继续输出宽度为 52～56 μs(典型值为 54 μs)的低电平结束信号,并转为输入状态,由于上拉电阻随之变为高电平。但 DHT11 内部重测一次环境温湿度数据,并记录,以等待主机的下一次读取。

4.4.2　DHT11 模块的使用

根据以上 DHT11 模块的基本原理,利用 ATmega8A 可以很容易的获取 DHT11 传感器的温湿度数据,然后再将获得的数据处理后显示在七段数码管或 LCD1602 液晶屏上即可实现温湿度测量。下面是将从 DHT11 传感器获取的温湿度数据显示在 LCD1602 上的程序设计。

(1) 打开 ATMEL Studio 并新创建一个工程,如 exp_dht11_lcd1602。

(2) 为当前工程添加 LCD1602 的头文件,并新添加一个空白的 dht11.h 头文件。

另外需要将 twi 接口和 I²C LCD1602 液晶屏的头文件"twi_fun.h"和"twi_lcd.h"添加到当前工程中来。添加方法有:在 Atmel studio 工程管理窗口(Solution Explorer)中的工程名上单击鼠标右键,在弹出的菜单里点击"Add"子菜单下的"Existing Item…"命令(快捷键"Shift + Alt + A"),或者在方案导航窗口(Solution Explorer)点选当前工程后,再点击"Project"菜单下的"Add Existing Item…"命令(快捷键"Shift + Alt + A")。

然后再给当前的 AS7 工程新添加一个 DHT11 模块的头文件"dht11.h",并在头文件里设计如下的 DHT11 模块通信的函数:

```
/************************************************
* 读取 DHT11 温湿度数据中的一个字节,40bits 的数据需连续
* 调用 5 次,DHT11 通过 ATmega8A 的 PD7 管脚与 DHT11 的数据线相连
************************************************/
unsigned char byteReadDHT11(void)
{      unsigned char oneBit;//每次接收 1 位
       unsigned char oneByte=0;//最后完成 8 位接收并返回
unsigned char i,uc_cnt;//循环变量,超时计数(脉冲宽度统计)
for(i=0;i<8;i++)//接收 8 位数据,先接收的是最高位
{
       /* 1bit 由 50～58 $\mu$s(典型:54 $\mu$s)的低电平开始:
```

```
    *  后跟 23~27 μs(典型:24 μs)的高电平为 0,
    *  后跟 68~74 μs(典型:71 μs)的高电平为 1  */
    uc_cnt = 1;//统计并跳过数据位的前半部分:低电平
    while((PIND & (1<<PIND7)) == 0)//还在数据位的低电平
    {    uc_cnt + + ;//超时计数
         if(uc_cnt = = 0)return 0;//数据位的低电平部分出错:超时
    }
    _delay_us(30);//跳过 30 μs 的高电平,如还是高电平收到 1,否则收到 0
    oneBit = 0;//假定收到 0
    if((PIND & (1<<PIND7))! = 0)oneBit = 1;//还是高电平,收到 1
    uc_cnt = 1;//统计并跳过数据位的后半部分:高电平
    while((PIND & (1<<PIND7))! = 0)//还在数据位的高电平
    {    uc_cnt + + ;//超时计数
         if(uc_cnt = = 0)return 0;//数据位的高电平部分出错:超时
    }
    oneByte <<= 1;//收到 1 位后,之前收到的为高位,故左移一位
    oneByte | = oneBit;//新收到的合并到字节中
    }
   return oneByte;//接收成功,返回收到的 1 字节数据
}


/ * * * * * * * * * * * * * * * * * * * * * * * * * * * * * * * * * * * * * * * * * * * * * * *
 *  DHT11 工作的控制与数据的读取(调用 byteReadDHT11()),调用间隔 2 秒
 *  uc_data 参数为传递读取的数据
 *  返回值为读取数据正确与否,正确返回 1
 * * * * * * * * * * * * * * * * * * * * * * * * * * * * * * * * * * * * * * * * * * * * * * * /
unsigned char DHT11_Run(unsigned char * uc_data)
{//注意:执行此函数时,须关闭中断
    unsigned char uc_cnt;//超时计数(脉冲宽度统计)
    DDRD | = (1<<DDRD7);//MCU 的 PD7 设置为输出方式
    PORTD &= ~(1<<PORTD7);//PD7 输出低电平,向 DHT11 发送开始信号
    _delay_ms(20);//开始信号的低电平:18~30 ms(type:20 ms)
    DDRD &= ~(1<<DDRD7);//PD7 更换为输入方式,释放总线(max:40 μs)
    PORTD | = (1<<PORTD7);//开启 ATmega8A 内部的上拉电阻(总线上没有上拉
电阻时)
    _delay_us(60);//跳过等待时间(max:40 μs),等待 DHT11 响应(78~88 μs)
    if((PIND &(1<<PIND7))! = 0)return 0;//应该可以获得 DHT11 响应的低电平
    uc_cnt = 1;//超时计数初值,跳过响应的低电平(78~88~25 μs)
    while((PIND & (1<<PIND7)) = = 0)//还在响应的低电平
    {    uc_cnt + + ;//超时计数
         if(uc_cnt = = 0) return 0;//响应的低电平错误(超时),此次数据丢弃
    }
```

```
        uc_cnt＝1;//超时计数初值,再跳过响应的高电平(80~92 μs)
        while((PIND &(1<<PIND7))! ＝0)//还在响应的高电平
    {   uc_cnt＋＋;//超时计数
        if(uc_cnt＝＝0)return 0;//响应的高电平错误(超时),此次数据丢弃
        }
        //开始接收 DHT11 发送的 40 位温湿度数据
        for(uc_cnt＝0;uc_cnt<5;uc_cnt＋＋)
        {uc_data[uc_cnt]＝byteReadDHT11();//0-湿度整数、小数,温度整数、小数,校验-4
        }
        return (uc_data[0]＋uc_data[1]＋uc_data[2]＋uc_data[3]＝＝uc_data[4]);//返回
    此次读数是否正确
    }
```

(3) 在 main.c 文件的开头加入以下头文件包含和设计代码：

```
    # include "twi_lcd.h"   //包含 TWI 接口和 LCD1602 模块的头文件
    # include "dht11.h"     //包含 dht11 模块的头文件

    int main(void)
    {
        /* Replace with your application code */
        unsigned char toggle＝1,dht11_data[5]＝{0};
        _delay_ms(1000);//等待 1 秒后再进入正常操作
        TWI_Init();//初始化 TWI 接口
        LCD_Init();//初始化 Lcd1602 模块
        while (1)
        {   if(DHT11_Run(dht11_data))//读取数据,如正确则显示
            {   LCD_Write_String(0,0,"Temperature:");//显示提示信息
                if(dht11_data[3] & 0x80)LCD_Write_NewChar("－");//温度零下
                LCD_Write_NewChar(dht11_data[2]/10%10＋0x30);//显示温度的十
                位数
                LCD_Write_NewChar(dht11_data[2]%10＋0x30);//显示温度的个位数
                LCD_Write_String(1,0,"Humidity:");  //显示湿度的提示信息
                LCD_Write_NewChar(dht11_data[0]/10%10＋0x30);//显示湿度的十
                位数
                LCD_Write_NewChar(dht11_data[0]%10＋0x30);//显示湿度的个位数
            }
            if(toggle)
            {
                LCD_Write_Char(1,15,0x5c);//显示人民币符号
                toggle＝0;
            }
            else
```

```
        {
                LCD_Write_Char(1,15,0x20);//不显示人民币符号
                toggle＝1;
        }
        _delay_ms(2000);//延时控制,以防读 DHT11 过快
    }
}
```

Build 当前的 AS 7.0 工程,正确无误后,根据表 4.4.1 将 I²C LCD1602 模块和 DHT11 模块连接到创新电子设计板,同时将 USB ISP 烧写器的简易牛角接头连接到创新板板。

表 4.4.1　I²C LCD1602 模块和 DHT11 模块与创新设计板的管脚连接

ATmega8A/创新设计板	I²C LCD1602	ATmega8A/创新设计板	DHT11
VCC	VCC	VCC	VDD(＋)
GND	GND	GND	GND(－)
PC5:SCL(pin28)	SCL	PD7(pin13)	Data(out)
PC4:SDA(pin27)	SDA		

将 USB ISP 烧写器的 USB 端连接到电脑的 USB 接口,通过 progisp 2.0 将此 AS 7.0 工程产生的.hex 文件烧写到 ATmega8A 芯片中。

成功烧写程序到 ATmega8A 芯片后就可以看到 LCD1602 上的显示信息:温度提示符 "Temperature :"及其数值,湿度提示符"Humidity :",还有闪烁的"￥"符号。

通过以上 DHT11 模块的原理和设计程序,熟练掌握其温湿度的测量方法和工作原理。

4.5　HC_SR04 超声波收发器的原理与测距

4.5.1　HC_SR04 超声波收发器的原理

HC_SR04 超声波收发器是将特定频率(40 kHz)的超声波通过超声波发送器 (TCT40-16T)发射出去,在遇到被测量物体时,反射回来的超声波再通过超声波接收器 4TCT40-16R)接收,接收和发射超声波的时间差与超声波传输速度的乘积为被测量距离的 2 倍,由此便可以计算出 HC_SR04 与被测物体间的距离。HC_SR04 模块的实物如图 4.5.1 所示。

HC_SR04 超声波模块的工作电压为 4.5～5.5 V(不能超过 5.5 V),工作电流为 1～20 mA。探测距离的范围最近为 2 cm,最远可到 700 cm,测量精度最高可达 0.3 cm。另外 HC_SR04 的探测角度要小于 30°。

图 4.5.1 为 HC_SR04 超声波模块的正面,主要是两个 TCT40-16T/R1 型的压电陶瓷

超声波传感器和一个晶体,同时还标出了模块的 4 个连接管脚名称:VCC 为供电电源正极,Trig 为触发控制信号输入,Echo 为接收到的回波指示输出,GND 为供电电源负极;而控制和处理电路均在模块的背面,如图 4.5.2 所示。

图 4.5.1　HC_SR04 模块正面

图 4.5.2　HC_SR04 模块背面

HC_SR04 模块的电路图如图 4.5.3 所示,工作原理如图 4.5.4 所示。

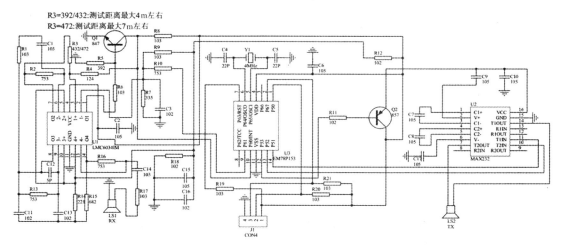

图 4.5.3　HC_SR04 模块的原理图

HC-SR04 模块的详细工作原理如下：

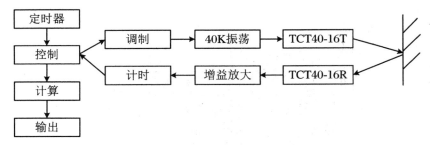

图 4.5.4　HC_SR04 模块的原理框图

（1）给 Trig 管脚提供一个不少于 10 μs 的高电平信号；

（2）HC-SR04 模块自动发送 8 个 40 kHz 的方波信号，并自动检测是否有信号返回；

（3）如有返回信号，则通过 Echo 管脚输出高电平，其高电平持续的时间就是超声波从发射到返回的时间；

（4）测量距离就为（Echo 管脚高电平持续时间 $*$ 340 m/s）/2。

图 4.5.5 为 HC-SR04 模块的工作时序图。

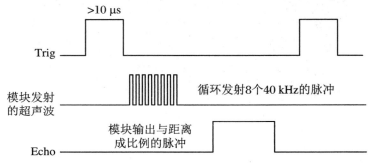

图 4.5.5　HC-SR04 模块的工作时序

在使用 HC-SR04 模块进行距离测量时，建议测量的时间间隔在 60 ms 以上，以防止发射信号对回波信号的影响；另外不要带电连接 HC-SR04 模块，以防止损坏模块或影响模块的测量结果；要获得较准确的测量结果，建议被测物体的表面平整且表面积不小于 0.5 m^2。

4.5.2　利用 HC_SR04 超声波收发器进行测距

根据 HC-SR04 模块的基本原理，要想利用 HC-SR04 实现距离的测量，需要在 ATmega8A 里产生一个触发脉冲（满足 HC-SR04 模块的触信号发要求）并通过其 I/O 管脚输出到 HC-SR04 模块，紧接着再通过 I/O 管脚检测 HC-SR04 模块的 Echo 输出信号，并计算 Echo 信号高电平的宽度，最后通过超声波测距原理的计算公式算出测量结果。

在 ATMEL Studio 开发环境下实现超声波测距的程序时有两种常用的思路：一是通过循环语句完成，二是利用 ATmega8A 的定时器。下面将两种超声波测距的核心代码做个说明，至于测量结果的显示可以显示在七段数码管或 LCD1602 液晶屏上。

（1）打开 ATMEL Studio 并新创建一个工程：exp_hcsr04。

（2）为当前工程添加 LCD1602 的头文件，并新添加一个空白的 hc_sr04.h 头文件。

另外需要将 TWI 接口和 I^2C LCD1602 液晶屏的头文件"twi_fun.h"和"twi_lcd.h"添加到当前工程中来。添加方法有：在 ATMEL studio 工程管理窗口（Solution Explorer）中的工程名上单击鼠标右键，在弹出的菜单里点击"Add"子菜单下的"Existing Item…"命令（快捷键"Shift + Alt + A"），或者在方案导航窗口（Solution Explorer）点选当前工程后，再点击"Project"菜单下的"Add Existing Item…"命令（快捷键"Shift + Alt + A"）。

然后再给当前的 AS7 工程新添加一个 HC_SR04 模块的头文件"hc_sr04.h"，并在头文件里设计如下的 HC_SR04 模块通信的函数：

```
/ * * * * * * * * * * * * * * * * * * * * * * * * * * * * * * * * * * * * * * * *
 * 通过 HC_SR04 超声波模块实现测距
 * 通过 ATmega8A 的 PD6,PD5 管脚与 HC-SR04 的 trig 和 echo 分别相连
 * * * * * * * * * * * * * * * * * * * * * * * * * * * * * * * * * * * * * * * * /
unsigned int HCSR04_Run(void)
{      unsigned int i_cnt = 0;//统计 echo 的高电平
       unsigned int uc_cnt = 1;//超时计数
       / * 为了测量的准确,如系统中使用了中断,这里要禁止中断
       cli();  * /
       DDRD | = (1<<DDRD6);//PD6 为输出
       DDRD &= ~(1<<DDRD5);//PD5 为输入
       PORTD | = (1<<PORTD6);//PD6 输出高电平
       _delay_us(20);//持续 20 μs(>10 μs)
       PORTD &= ~(1<<PORTD6);//PD6 输出低电平

       while((PIND&(1<<PIND5)) = = 0)
       {     uc_cnt + + ;
             if(uc_cnt>4000)return 0;//计数溢出:超时,测量距离超出约 4 m,数据无效
       }
       i_cnt = 2;//检测到 echo 信号 + 循环的判断大约 2 个时钟周期(CPU 工作时钟)
       while((PIND&(1<<PIND5))! = 0)//继续统计 ECHO 信号高电平的持续时间
             i_cnt + + ;//数据加载 +& 运算 + 判断 + 循环 + 加约 5 个时钟周期(5 μs)
       / * 若之前禁用了中断,这里可以开中断了
         sei();  * /
       return(i_cnt * 5.0/100.0 * 17.0);//返回距离,单位 mm
}
```

（3）在 main.c 文件的开头加入以下头文件和设计代码

```
# include <avr/io.h>
# include "twi_lcd.h" //使用 twi(IIC)接口的 LCD1602 头文件
# include "hc_sr04.h" //HC_SR04 测距模块的头文件
int main(void)
```

```
{   unsigned int distance=0;    //测量距离的保存与处理
    unsigned char idx=15,uc_d=0;//idx-显示位置,uc_d-位显示的字符
    TWI_Init();//初始化 twi 接口
    LCD_Init();//初始化 lcd1602
    while（1）
    {   distance=HCSR04_Run();//调用 HCSR04 测量距离,测量结果保存
        LCD_Write_String(0,0,"Distance:");//在 LCD1602 上显示提示信息
        idx=15;//逆序从 LCD1602 的倒数第二位可见位显示测量距离
        while(distance>0 && idx>8)//逆序显示测量距离,最多 7 位
        {   uc_d=distance % 10+0x30;//先处理距离数据的最后一位
            LCD_Write_Char(0,idx,uc_d);//显示距离的数据位
            idx--;//调整数据位的显示位置（向前移动）
            distance /=10;//去掉显示了的数据位
        }
        while(idx>8)//抹掉可能存在的上一次显示
        {   LCD_Write_Char(0,idx,0x20);//不显示
            idx--;
        }
        _delay_ms(100);//防止测量干扰
    }
}
```

Build 当前的 AS 7.0 工程,正确无误后,根据表 4.5.1 将 I²C LCD1602 模块和 HC_SR04模块连接到创新电子设计板;同时将 USB ISP 烧写器的排线一端连接到创新设计板。

表 4.5.1　I²C LCD1602 模块和 HC_SR04 模块与创新板间连接

ATmega8A/创新设计板	I²C LCD1602	ATmega8A/创新设计板	HC-SR04
VCC	VCC	VCC	VCC（＋）
GND	GND	GND	GND（－）
PC5:SCL(pin28)	SCL	PD6(pin12)	Trig
PC4:SDA(pin27)	SDA	PD5(pin11)	Echo

将 USB ISP 烧写器的 USB 端连接到电脑的 USB 接口,通过 progisp 2.0 将此 AS 7.0 工程产生的.hex 文件烧写到 ATmega8A 芯片中。

成功烧写程序到 ATmega8A 芯片后就可以看到 LCD602 上的显示信息:Distance:＋多位的测量距离值,单位是 mm。当 HC-SR04 对准不同距离的物体时,就会在 LCD1602 上显示到被测物体的距离值。

如提高距离测量的精度,可以考虑利用 MCU 的定时/计数器来统计回波信号 Echo 的宽度,仅将上述超声波测距函数中的统计代码修改位用计数器来统计即可,修改后的代码和说明如下:

```
/ ************************************************
 *  通过 HC_SR04 超声波模块实现测距 2:利用 MCU 的定时器测量时间
 *  通过 ATmega8A 的 PD6,PD5 管脚与 HC-SR04 的 trig 和 echo 分别相连
 ************************************************ /
#include <avr/interrupt.h>
unsigned int    ReadHCSR04()
{       unsigned int distance=0; //统计回波信号 echo 的持续时间
        unsigned char tmp_DDRD;//定义一个变量用于临时保存 DDRD 寄存器的值
        tmp_DDRD=DDRD; //先临时保存 DDRD
        cli(); //因为此测量模块对时间比较敏感,在测量时需要禁止中断

        DDRD |= (1<<DDRD6); //PD6 为输出,连接到 HC-SR04 的 trig 管脚
        DDRD &= ~(1<<DDRD5); //PD5 为输入,连接到 HC-SR04 的 Echo 管脚
        PORTD |= (1<<PORTD6); //PD6 输出高电平,产生 HC-SR04 的 TRIG 信号
        _delay_us(20); //持续 20 μs(>10 μs)
        PORTD &= ~(1<<PORTD6); //PD6 输出低电平

        //----通过定时/计数器 1 来统计接收到回波信号的持续时间(Echo 高电平的宽
        度)
        TCCR1B=0x00;//停止定时/计数器 1(即切断其工作时钟)
        TCNT1=0x00; //计数器的初始值为 0
        TCCR1A=0x00;//设置定时器 1 为普通计数模式
        distance=0;//暂时用于超时计数
        while((PIND & (1<<PIND5))==0)
        {       distance++; //检测 Echo 信号,直到出现高电平
                if(distance>4000)return 0;//计数溢出:超时,测量距离超出 4 m,数据无效
        }
        TCCR1B=0x01;//启动计数器 1,即设置计数器的时钟与 CPU 的时钟一致(不用分
                    频器)

        while((PIND & (1<<PIND5))!=0) //继续统计 ECHO 信号高电平的持续时间
        {       ;//等待计数器 1 统计回波的宽度
        }
        TCCR1B=0x00;//回波信号脉冲一消失就停止定时/计数器 1(即切断其工作时钟)
        distance=TCNT1;//紧接着读取计数器 1 的计数结果,即回波脉冲的统计

        sei();//测量结束后再根据需要开启中断响应

        DDRD=tmp_DDRD;//利用函数开始保存的 DDRD 值恢复 DDRD
        return distance/100.0*17.0; //计算测量结果并返回,单位 mm(默认 1 MHz 的工作
                                    时钟时)
        //distance=distance/100*17; //计算测量结果,单位 mm(默认 1 MHz 的工作时钟时)
```

```
//return distance;//将测量后的计算结果返回
    }
```

通过以上 HC-SR04 超声波模块的原理和测量控制程序及说明,熟悉并掌握其使用方法和工作原理。

4.6　28BYJ-48 步进电机的原理与控制程序的设计

电动机是利用电磁学的原理将电能转换为机械能的器件,它由定子和转子两个关键部件构成。电动机按使用电源不同可分为交流电动机和直流电动机两类,按用途可分为驱动用电动机和控制用电动机(包括步进电机和伺服电机两类)。

步进电机是一种将电脉冲激励信号转换为角位移或直线位移的电动机,每当给步进电机一个电脉冲,步进电机就产生一定的位移,即一步。其输出的角位移或线位移与输入的脉冲数成正比,其转速与脉冲频率成正比,故而步进电机也叫脉冲电动机。

步进电机根据其转子的材料一般分为三种类型:永磁型(permanent magnet)、可变磁阻型(variable reluctance)和混合型(hybrid)。

步进电机的转速由脉冲频率、转子齿数和拍数确定,且角速度与脉冲频率成正比,并在时间上与脉冲同步。在转子齿数和运行拍数确定时,控制脉冲频率可获得所需的速度。步进电机是借助它的同步力矩来启动的,为防止失步,启动频率要比较低。尤其随着功率增加,转子直径增大,惯量增大,启动频率和最高运行频率或相差数倍。

步进电机的启动频率特性使它启动时不能直接达到最高工作频率,而要有一个启动过程,即要从低转速逐渐过渡到运行转速。在停止时运行频率也不能立即降为零,而要有一个从高速逐渐降速到零的过程。

步进电机的输出力矩会随着脉冲频率的上升而下降,启动频率越高,启动力矩就越小,带动负载的能力也就越差,在启动时会造成失步,而在停止时又会发生过冲。要使步进电机快速地达到所要求的速度又不失步或过冲,关键在于加速过程中,加速度所要求的力矩既要充分利用各个运行频率下步进电机所提供的力矩,又不能超过这个力矩。因此,步进电机的运行一般要经过加速、匀速和减速三个阶段,并要求加、减速时间段尽量短,匀速时间段尽量长。特别是在要求快速响应的应用中,从起点到终点运行的时间要求最短,这就必须要求加速、减速的过程最短,而匀速时的速度最高。

4.6.1　28BYJ-48 步进电机的基本原理和驱动

28BYJ-48 步进电机是永磁型的步进电机,其转子上有 6 个齿,每个齿上都是永磁体;其定子上有 8 个齿,每个齿上缠有相应的线圈,其中在圆周上相对 2 个齿的线圈是相连的,这样就形成了 4 个组:A–A′,B–B′,C–C′,D–D′,也就是 4 个控制端(A′, B′, C′和 D′,即四相的概念),另外一个相连的公共端一般直接连接到电源正极或负极,如图 4.6.1 所示。

那么 28BYJ-48 是如何转动起来的呢？在图 4.6.1 中，将 A，B，C，D 相连的公共端接到电源的正极，而转子的 0 和 3 齿当前正对着定子的 B 和 B′。此时如果 A′连接到了电源的负极，且 B′，C′，D′都断开或接到电源的正极（即对应的定子没有产生磁场），定子 A 和 A′通电形成的磁场，就会吸引与其最近的转子 2 和 5 齿分别与其对齐，这就让转子产生了顺时针的角位移。如果还想接着让转子顺时针转动，就需要将 A′，B′，C′端的电源负极断开或接到电源正极，D′连接到了电源的负极，D 和 D′通电形成的磁场就会将转子的 1 和 4 吸引过来与其对齐，从而转子又产生了一个顺时针的角位移。以 A→D→C→B→A 顺序循环不断地给单对定子线圈通电形成磁场的过程就可以使步进电机的转子按顺时针转动起来。当以相反的顺序给定子线圈通电就会让转子按逆时针的方向转动。这是四相步进电机单四拍的驱动方式；也可以采用双四拍的驱动方式，即 AB→BC→CD→DA→AB。不过最常用的驱动方式是混合的四相八拍，即 A→AB→B→BC→C→CD→D→DA→A。

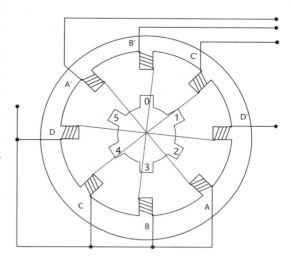

图 4.6.1　28BYJ-48 步进电机的内部结构

国标"28BYJ-48"型号的具体含义：28 表示此款步进电机的外径是 28 ms，B 表示步进电机，Y 表示永磁体，J 表示减速电机，最后的 48 则表示四相八拍。28BYJ-48 步进电机的其他主要技术参数如表 4.6.1 所示。

表 4.6.1　28BYJ-48 步进电机的主要技术参数

电压	相电阻	步距角	减速比	启动转矩	最大启动频率	自定位转矩
5 V	35 Ω±10%	5.625°/64	1:64	≥400 gf·cm	≤500 pps	≥500 gf·cm

步进电机常用术语的解释：

① 相数：产生 N 和 S 磁场的线圈对数。

② 拍数：完成一个磁场周期性变化所用的脉冲数。

③ 步距角：一个脉冲使步进电机转子转动的角度。

④ 保持转矩（holding torque）：指步进电机已通电但没有转动时，定子锁定转子的力矩。通常步进电机在低速时的力矩接近保持转矩。保持转矩越大，则电机带负载能力越强。由于步进电机的输出力矩随速度的增大而不断衰减，输出功率也随速度的增大而变化。

⑤ 最大空载启动频率：指步进电机在特定驱动模式下，空载时能够正常启动的脉冲重复频率。如果脉冲重复频率大于这个值，步进电机将不能正常启动（转起来）。

⑥ 启动转矩：也称牵入转矩，是指步进电机在给定速度下，克服自身和负载惯量和各种摩擦而直接启动的最大力矩。

⑦ 自定位转矩（detent torque）：指步进电机在不通电时，定子锁定转子的力矩。

⑧ 失步：各种原因导致步进电机运转步数和理论值不同时，就产生了失步现象。

⑨ pps：单位，每秒脉冲数，pulse per second。

28BYJ-48 步进电机的实物如图 4.6.2 所示，它从电机中引出了 5 条线，做在了 5 孔的 2.54 mm XH 插头上以方便连接到 5 针的 XH 插座。这 5 条线颜色不同，一般为红、橙、黄、粉和蓝色，分别代表公共端、A、B、C、D，如图 4.6.3 所示。连接和控制方式如表 4.6.2 所示。

图 4.6.2　28BYJ-48 步进电机实物

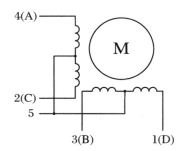

图 4.6.3　28BYJ-48 步进电机的连接

表 4.6.2　28BYJ-48 步进电机的控制方式（8 拍）

时间 线序	步 1	步 2	步 3	步 4	步 5	步 6	步 7	步 8
5 红	+	+	+	+	+	+	+	+
4 橙（A）	−	−						−
3 黄（B）		−	−	−				
2 粉（C）				−	−	−		
1 蓝（D）						−	−	−
控制顺序/方向	→：从左到右控制定子通电时，转子逆时针转动 ←：从右到左控制定子通电时，转子顺时针转动							

在使用 ATmega8A 控制 28BYJ-48 步进电机的运转时，因 ATmega8A 的 I/O 驱动能力有限，需要在 ATmega8A 的 I/O 接口和 28BYJ-48 步进电机连线间加入功率驱动电路，这里

采用 ULN2003 功率驱动芯片来实现 28BYJ-48 步进电机的驱动。

　　ULN2003 是高耐压、大电流、7 个达林顿管的驱动阵列,其每个通道额定工作电流为 500 mA,可以承受 600 mA 的峰值电流,同时为感性负载内置了保护二极管。如工作电压为 +5 V,其输入可以直接连接到 TTL 和 CMOS 的输出电路,如图 4.6.4 所示。

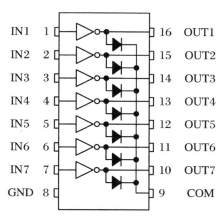

图 4.6.4　ULN2003 芯片内部结构

　　用 ULN2003 驱动 28BYJ-48 步进电机比较容易实现,一般采用图 4.6.5 所示的电路结构。其中 IN1～IN4,由 MCU 输出的脉冲信号驱动(控制),2.54 mm 的 XH 插座连接到 28BYJ-48 步进电机,POWER 接口则连接到满足供电要求的电源。另外需要将 MCU 的地(电源的负极)与这里的电源地(电源负极)连接起来。驱动电路里的四个二极管仅用于驱动时的指示用。

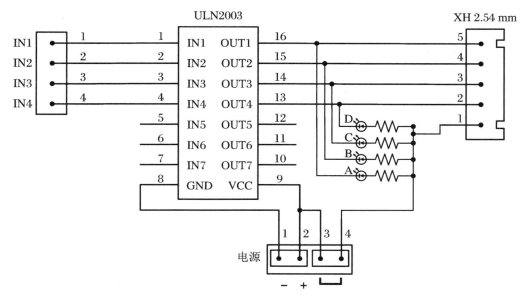

图 4.6.5　28BYJ-48 步进电机的驱动电路

4.6.2　28BYJ-48 步进电机的控制和使用

根据上述 28BYJ-48 步进电机的基本原理和 ULN2003 芯片的驱动电路原理,接下来将详细介绍 ATmega8A 编程控制 28BYJ-48 步进电机转动的设计过程。

要使 28BYJ-48 步进电机转动起来,需要 4 条控制信号线,经过驱动电路后分别控制步进电机的 4 相绕组:A(橙)、B(黄)、C(粉)和 D(蓝),并按照一定的次序在 4 条控制信号线上产生相应的脉冲。4 条独立的控制信号线对于 ATmega8A 来说不是问题,只要从其 3 个端口共 23 个可编程 I/O 管脚里任意选 4 个可用的就行了。为了编程方便,一般选择 4 个相邻的 I/O 管脚来控制步进电机,这里选择 ATmega8A 端口 C 的最低 4 位(即 PC0~3)来控制 28BYJ-48 步进电机。

28BYJ-48 可以单/双 4 拍或 8 拍的驱动方式控制其转动,4 拍与 8 拍的驱动方式导致其转动的步距角是不同的。8 拍驱动时其步距角是 $5.625°/64$,4 拍驱动时其步距角为 $5.625°×2/64$,即为 8 拍时步距角的两倍,其中/64 表示的是步进电机的减速比。要使 28BYJ-48 的转轴转动一周,4 拍驱动时需要 $360/(5.625°×2/64)=2048$ 个控制脉冲,而 8 拍驱动时需要 $360/(5.625°/64)=4096$ 个控制脉冲。

在图 4.6.5 所示的 28BYJ-48 步进电机的驱动电路中,将 ATmega8A 的 4 个 I/O 管脚通过导线连接到对应的 IN1、IN2、IN3 和 IN4 接口,同时给驱动电路提供 +5 V 的电源。因 ULN2003 功率驱动芯片的存在,只需要在 ATmega8A 的可编程 I/O 管脚输出相应的高电平,就可以使步进电机对应的控制信号线为低电平,这与直接控制 28BYJ-48 步进电机的逻辑正好相反,在编程时需要留意。

在 ATMEL Studio 开发环境下实现步进电机的控制程序可以根据需要使用单 4 拍、双 4 拍或 8 拍的驱动方式,也可以通过函数参数的方式将几种方式封装在一个函数里,如下:

(1) 打开 ATMEL Studio 并新创建一个工程:exp_28byj48

(2) 为当前工程添加一个步进电机控制函数等的头文件:m_28byj48.h

```
#ifndef F_CPU
#define F_CPU 1000000UL/ * 使用 ATmega8A 芯片默认的内部时钟,频率为 1 MHz,<
   util/delay.h>中的延时操作需要定义 F_CPU 参数 * /
#endif
#include <util/delay.h> //包含延时函数_delay_ms()和_delay_us()等
#include <avr/io.h>
/ ******************************************************
   ************************************************
 * 3 种不同驱动方式下 28byj48 步进电机的控制信号,脉冲数据
 * 低 4 位给 28byj48,其中 bit3 控制 28byj48 的蓝色线(D),bit2 - 粉(C),bit1 - 黄(B),bit0
   - 橙(A)
   **************************************************
   ************************************* /
const unsigned char stepper _ ph[3][8] = {{0x01,0x03,0x02,0x06,0x04,0x0c,0x08,
   0x09},//混合 8 拍
```

```
{0x03,0x06,0x0C,0x09};//双 4 拍
{0x01,0x02,0x04,0x08}};//单 4 拍

unsigned char stepper_index = 0;//记录并控制步进电机的步伐
/ * * * * * * * * * * * * * * * * * * * * * * * * * * * * * * * * * * * * * * * * * *
   * * * * * * * * * * * * * * * * * * * * * * * * * * * *
 * 28BYJ-48 步进电机的控制函数,其参数的作用为:
 * phase:选择步进电机的驱动方式,0:8 拍,1:双 4 拍,2:单 4 拍
 * dir:步进电机的转动方向,0:顺时针,1:逆时针
 * step:控制步进电机转动多少步(多少个脉冲),0~65535
 * * * * * * * * * * = * * * * * * * * * * * * * * * * * * * * * * * * * * * * * * *
   * * * * * * * * * * * * * * * * * * * * * * * * * * * * /
void run_stepper(unsigned char phase,unsigned char dir,unsigned int step)
{     unsigned char ph = phase ? 0x03:0x07;//根据驱动方式,确定脉冲的选择增量
      unsigned char inc = dir ? 0x01:ph; //根据转动方向 dir 选择增量,逆时针时增量为
      1,顺时针时
      //4 拍的增量为 3,8 拍时的增量为 7
      unsigned int i;//定义循环变量 i
      DDRC |= (1<<DDRC3)|(1<<DDRC2)|(1<<DDRC1)|(1<<DDRC0);//
      PC3~0 输出
      for(i=0;i<step;i++)//输出 step 个脉冲步
      {     stepper_index += inc;//通过增量调整,不断地切换输出脉冲
            stepper_index &= ph;//去掉递增后的无效高位值
            //选择相应的控制脉冲通过端口 C 进行输出
            PORTC &= 0xf0;
            PORTC |= stepper_ph[phase][stepper_index];
            //每种驱动方式下的时延不同,可以根据具体的步进电机进行调试
            //_delay_us(1600);//双 4 拍
            //_delay_us(2000);//单 4 拍
            //_delay_us(900);//8 拍
            _delay_ms(50);//proteus 验证
      }
}
#define BYTE unsigned char     //宏定义 BYTE 类型为 unsigned char
```

　　(3) 在 main.c 文件的开头加入以下代码和头文件,在 main 函数中设置端口 C 的方向,
然后调用控制 28BYJ-48 步进电机的函数:

```
#include <avr/io.h>
#include "m_28byj48.h"

int main(void)
{     DDRD &= ~(1<<DDRD0);//正反转选择
```

```
PORTD |= (1<<PORTD0);
while(1)
{       if(PIND & (1<<PIND0))
            run_stepper(0,1,8);//8拍驱动方式,顺时针,转动一周
            //run_stepper(0,1,4096);//8拍驱动方式,顺时针,转动一周
        else
            run_stepper(0,0,8);//8拍驱动方式,逆时针,转动一周
            //run_stepper(0,0,4096);//8拍驱动方式,逆时针,转动一周
    }
}
```

Build 当前的 AS 7.0 工程,正确无误后,根据表 4.6.3 将 ULN2003 模块和 28BYJ-48 步进电机连接到创新电子设计板;同时将 USB ISP 烧写器连接到设计板。

表 4.6.3 ULN2003 模块、28BYJ-48 步进电机与创新设计板的管脚连接

ATmega8A/创新设计板	ULN2003	ATmega8A/创新设计板	ULN2003
VCC	VCC	PC1(pin24)	IN3
GND	GND	PC0(pin23)	IN4
PC3:SCL(pin26)	IN1	28BYJ-48 步进电机的连线 XH 插头接到 ULN2003 模块的 XH 插座上	
PC2:SDA(pin25)	IN2		

将 USB ISP 烧写器的 USB 端连接到电脑的 USB 接口,通过 progisp 2.0 将此 AS 7.0 工程产生的 .hex 文件烧写到 ATmega8A 芯片中。

成功烧写程序到 ATmega8A 芯片后就可以看到 28BYJ48 步进电机的转子根据正反向控制选择进行转动。可以修改此程序,测试其他不同的驱动方式、启动后调整控制脉冲频率、延时和转动角度等等。

步进电机具有很多的优点,比如旋转角度与输入脉冲的数量成正比;精度高,不会将误差累计到下一步,可以精确地定位与重复转动;无需电刷,寿命与转子的轴一样长;对脉冲的响应准确,特别是启动、停止和改变运动方向;另外步进电机是开环控制系统,控制简单且成本低等。因此步进电机的应用范围比较广泛,比如计算机外设、医疗仪器、精密仪器、工业控制、ATM 机、机器人等。

4.7 R260 微型直流电机的原理与控制程序的设计

电动机是利用电磁学的原理将电能转换为机械能的器件,它由定子和转子两个关键部件构成,按使用电源不同分为交流电动机和直流电动机,直流电动机是将直流电能转换为机械能的转动装置;按其结构及工作原理分为有刷直流电动机和无刷直流电动机。有刷直流

电机的主要构成是定子、转子和电刷,通过旋转磁场获得转动力矩,从而输出动能。电刷与换向器不断接触摩擦,在转动中起到导电和换相作用。

有刷电机采用机械换向,磁极(定子)不动,线圈(转子)旋转。电机工作时,线圈和换向器旋转,磁钢和碳刷不转,线圈电流方向的交替变化是随电机转动的换相器和不转动的电刷来完成的。这个过程是将各组线圈的两个电源输入端,依次排成一个环,相互之间用绝缘材料分隔,组成一个像圆柱体的东西,与电机轴连成一体,电源通过两个碳元素做成的小柱子(碳刷),在弹簧压力的作用下,从两个特定的固定位置,压在上面线圈电源输入环状圆柱上的两点,给一组线圈通电。

随着电机转动,不同时刻给不同线圈或同一个线圈的不同的两极通电,使得线圈产生磁场的 N-S 极与最靠近的永磁铁定子的 N-S 极有一个适合的角度差,磁场异性相吸、同性相斥,产生力量,推动电机转动。碳电极在线圈接线头上滑动,像刷子在物体表面刷,因此叫作碳"刷"。因相互滑动,会摩擦碳刷,造成损耗,需要定期更换碳刷;碳刷与线圈接线头之间通断交替,会发生电火花,产生电磁破,干扰电子设备。

无刷直流电机由电动机主体和驱动器组成,是一种典型的机电一体化产品。无刷电机的转子是永磁磁钢,连同外壳一起和输出轴相连,定子是绕组线圈,去掉了有刷电机用来交替变换电磁场的换相电刷,故称之为无刷电机(brushless motor)。依靠改变输入到无刷电机定子线圈上的电流波交变频率和波形,在绕组线圈周围形成一个绕电机几何轴心旋转的磁场,这个磁场驱动转子上的永磁磁钢转动,电机就转起来了,电机的性能和磁钢数量、磁钢磁通强度、电机输入电压大小等因素有关,更与无刷电机的控制性能有很大关系,因为输入的是直流电,电流需要电子调速器将其变成 3 相交流电,还需要控制电机的转速参数。

无刷电机采取电子换向,线圈不动,磁极旋转。无刷电机转子的位置确定可以通过霍尔元件、编码器或者其他感知永磁体磁极的位置,根据这种感知,适时切换线圈中电流的方向,保证产生正确方向的磁力,来驱动电机。这些电路就是电机控制器。无刷电机的控制器,还可以实现一些有刷电机不能实现的功能,比如调整电源切换角、制动电机、使电机反转、锁住电机、利用刹车信号,停止给电机供电。现在电瓶车的电子报警锁,就充分利用了这些功能。

由于无刷直流电动机是以自控式运行的,因此不会像变频调速下重载启动的同步电机那样在转子上另加启动绕组,也不会在负载突变时产生振荡和失步。

它的结构由定子和转子两大部分组成。直流电机运行时静止不动的部分称为定子,定子的主要作用是产生磁场,由机座、主磁极、换向极、端盖、轴承和电刷装置等组成。运行时转动的部分称为转子,其主要作用是产生电磁转矩和感应电动势,是直流电机进行能量转换的枢纽,所以通常又称为电枢,由转轴、电枢铁芯、电枢绕组、换向器和风扇等组成。

直流无刷电机需要驱动器来实现电子换相,成本高但寿命长、噪声低;直流有刷电机使用碳刷换向,成本低、使用简单,但生命短噪声大。

有刷电机调速过程是调整电机供电电源电压的高低。调整后的电压电流通过整流子及电刷的转换,改变电极产生的磁场强弱,达到改变转速的目的。这一过程称为变压调速。有刷电机具有结构简单、响应速度快、启动扭矩大、运行平稳、起/制动效果好、控制精度高、使用成本低、维修方便等特点。

无刷电机调速过程是电机的供电电源的电压不变,改变电调的控制信号,通过微处理器再改变大功率 MOS 管的开关速率,来实现转速的改变。这一过程称为变频调速。无刷电机具有无电刷、低干扰、低噪音、运转顺畅、不产生电火花、寿命长、维护成本低等特点。

4.7.1　R260 微型直流电机的基本原理和驱动

R260 是一种微型低电压直流有刷电机,如图 4.7.1 所示。R260 微型直流有刷电机的外形是圆形的、转子为三槽的(三个绕组)。一般 R260 直流电机的工作电压范围从 3 V 到6 V,工作在 4.5 V 电压时转速可达 16000 r/min。微型电机的运行与环境温度相关,温度过高会使微型电机散热困难、输出扭矩减小,反之,在低温环境下运行,微型电机不仅有良好的散热环境,还可以增强磁铁的磁性。微型电机的转速与电压成正比,微型电机的扭矩和电流成正比。

图 4.7.1　R260 微型直流有刷电机

R260 微型直流有刷电机的额定工作电流一般约为 300 mA,堵转电流约 2 A,不能用 MCU 的 I/O 管脚直接驱动,需要用大功率的电机驱动电路(称为 H 桥电路)。一般可以使用成熟的 H 桥驱动电路或用三极管搭建简单的 H 桥,如图 4.7.2 所示。

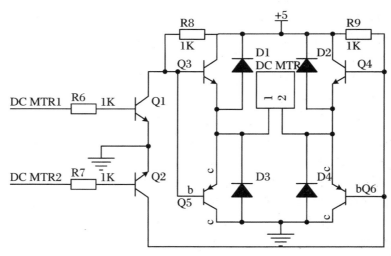

图 4.7.2　直流有刷电机的 H 桥驱动电路

在图 4.7.2 中,DC_MTR1 和 DC_MTR2 为 MCU IO 管脚输出控制接口,而 DC MTR 就是接到直流电机的两个引脚的。二极管为保护 H 桥的,可用 1N4007。三极管 NPN(Q1、Q3 和 Q4)用 8050,PNP(Q2、Q5 和 Q6)用 8550,用其类似的三极管也可以的。一般 MCU IO 管脚产生 PWM 脉冲(脉冲宽度调制:即脉冲宽度可变)来驱动 H 桥,控制直流有刷电机的转动和快慢等。当然,如果只需要简单的正反转的话,给 DC_MTR1 高电平,给 DC_MTR2 低电平就可以使直流电机转动,反过来给 DC_MTR1 低电平,给 DC_MTR2 高电平就可以使直流电机反向转动。

如果不考虑电机转动过程中切换其转动的方向,也可用图 4.6.5 所示的 ULN2003 来驱动 R260 微型直流有刷电机。此时仅需要将 R260 微型直流有刷电机的一个管脚连接到供电电源的正极,另外一个管脚连接到一路功率控制的输出管脚,然后再通过 MCU 的 I/O 管脚给对应那路功率输入管脚提供 PWM 脉冲就可以驱动 R260 微型直流有刷电机的转动,并通过调整 PWM 脉冲的宽度去控制 R260 微型直流有刷电机的转动速度。

4.7.2　R260 微型直流电机的控制和使用

根据上述 R260 微型直流有刷电机的基本原理和驱动电路原理,接下来将使用 ATmega8A编程产生 PWM 脉冲给 ULN2003 功率驱动电路去控制 R260 微型直流有刷电机的转动。

(1) 打开 ATMEL Studio 并新创建一个工程:exp_r260。

(2) 为当前工程添加 LCD1602 的头文件。

将 TWI 接口和 I²C LCD1602 液晶屏的头文件"TWI_fun. h"和"twi_lcd. h"添加到当前工程中来。添加方法有:在 ATMEL studio 工程管理窗口(Solution Explorer)中的工程名上单击鼠标右键,在弹出的菜单里点击"Add"子菜单下的"Existing Item…"命令(快捷键"Shift + Alt + A"),或者在方案导航窗口(Solution Explorer)点选当前工程后,再点击"Project"菜单下的"Add Existing Item…"命令(快捷键"Shift + Alt + A")。

(3) 在主程序文件里添加和设计以下代码:

```
♯ include <avr/io. h>
♯ include "twi_lcd. h"
♯ include <avr/interrupt. h> //利用定时器产生 PWM 脉冲时需要使用中断
unsigned char counter = 1;//统计触摸开关的开关次数,用于调整 PWM 脉冲的宽度

int main(void)
{     unsigned char uc_tmp;
    TWI_Init();
    LCD_Init();
    DDRB |= (1<<DDRB1);//MCU PB1(OC1A)管脚输出 PWM 脉冲给 ULN2003
的输入
    ICR1 = 200;//设置定时器 1 的 TOP 值
    OCR1A = 10;//设置定时器 1 的 A 路比较值
    TCCR1A |= (1<<COM1A1)|(1<<COM1A0);//设置比较输出管脚切换方式
```

```
    TCCR1B |= (1<<WGM13)|(1<<CS11);//设置 PWM 模式为 8,时钟 8 分频
    TIMSK = (1<<TOIE1);//开启 TC1 溢出中断

    DDRD &= ~(1<<DDRD2);//PD2(int0)为输入 <- tp223 触摸开关连接到此
管脚
    MCUCR |= ((1<<ISC01)|(1<<ISC00));//int0 上升沿触发中断,触摸开关统计
方式
    GICR |= (1<<INT0);//允许 INT0 外部中断:统计开关次数
    sei();//开启全局中断 SREG(I)
    while (1)
    {   uc_tmp = counter;//暂存开关次数(速度等级)
        LCD_Write_Char(0,6,uc_tmp/10 + 0x30);//仅显示速度等级 1~20:高位
        LCD_Write_NewChar(uc_tmp%10 + 0x30);//仅显示速度等级 1~20:低位
        _delay_ms(2);//延时等待:不用重复执行显示
    }
}

ISR(TIMER1_OVF_vect)//定时器溢出中断服务过程:修改 PWM 脉冲的宽度
{   OCR1A = counter * 6;//设置定时器的比较值:PWM 脉冲的宽度
}

ISR(INT0_vect)//外部中断 T0 的服务过程:统计触摸开关的开关次数
{   if(counter <20)//速度等级递增循环改变
        {counter ++;}
    else
        {counter = 1;}
}
```

Build 当前的 AS 7.0 工程,正确无误后,根据表 4.7.1 将 ULN2003 模块和 R269 直流有刷电机连接到创新电子设计板;同时将 USB ISP 烧写器连接到设计板。

表 4.7.1   ULN2003 模块、R260 直流电机、触摸开关与创新设计板的管脚连接

ATmega8A/创新设计板	ULN2003	ATmega8A/创新设计板	TTP223 触摸开关
VCC	VCC	VCC	VCC
GND	GND	GND	GND
PB1:OC1A (PIN15)	IN1	PD2:INT0(PIN4)	SIG

将 R260 电机的一个管脚接到 ULN2003 模块 XH 插座的管脚 1,另一管脚连接到 XH 插座的管脚 5

将 USB ISP 烧写器的 USB 端连接到电脑的 USB 接口,通过 progisp 2.0 将此 AS 7.0 工程产生的.hex 文件烧写到 ATmega8A 芯片中。

成功烧写程序到 ATmega8A 芯片后就可以看到 R260 电机的转子根据速度控制选择进行快或慢转动。

4.8　其他常用的电子模块

　　常用的电子模块很多,接下来仅简单地介绍几种常用电子模块的基本原理与作用,至于这些电子模块的控制和应用,读者可在有条件的时候自行设计。

4.8.1　光敏电阻模块

　　常见的光敏电阻模块如图 4.8.1 所示。它主要由一个阻值随光线变化的光敏电阻、一个电压比较器以及一些电阻、电容和发光二极管构成。

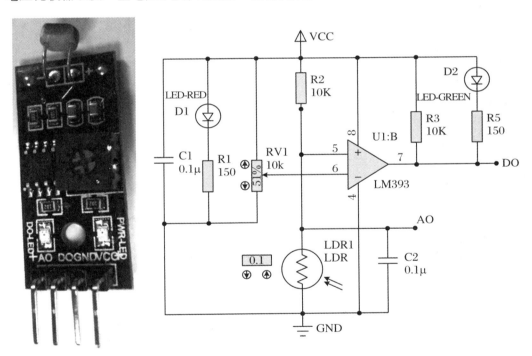

图 4.8.1　光敏电阻模块与其原理

　　此光敏模块的工作电压为 3.3～5.0 V。模块有四个管脚,其中 VCC 为供电电源的正极,GND 为电源负极。DO 为数字信号输出,相当于开关信号,即当光线低于一定程度时输出高电平,高于时输出低电平。AO 为模拟信号的输出,其输出的是光敏电阻随光线变化时对 GND 的电压值,可以通过 MCU 等的 ADC(模拟信号转数字信号)转换器来获取此电压值。

　　另外模块上蓝色的可变电阻用于调整数字输出的灵敏度,或者说调整感光开关的阈值。模块上的 LED 是用来作电源指示和 DO 输出指示的(亮时 DO 输出低电平)。

　　光敏电阻器一般用于光的测量、光的控制和光电转换(将光的变化转换为电的变化)。它可广泛应用于照相机、太阳能庭院灯、草坪灯、验钞机、石英钟、音乐杯、礼品盒、迷你小夜灯、光声控开关、路灯自动开关以及各种光控玩具、光控灯饰、灯具等光自动开关控制领域。

4.8.2　霍尔传感器模块

　　常见的霍尔传感器模块如图 4.8.2 所示。它主要由一个 3144E 开关型霍尔传感器、一个电压比较器以及一些电阻、电容和发光二极管构成。

　　此霍尔传感器模块的工作电压为 3.3～5.0 V,有四个管脚,其中 VCC 为供电电源的正极,GND 为电源负极。DO 为数字信号输出,相当于开关信号,即当传感器感应到磁场时输出低高电平,开关指示灯亮,没有感应到磁场时输出高电平,开关指示灯不亮。AO 为模拟信号的输出,为传感器距离磁场远近不同时的电压值,可以通过 MCU 等的 ADC(模拟信号转数字信号)转换器来获取此电压值。

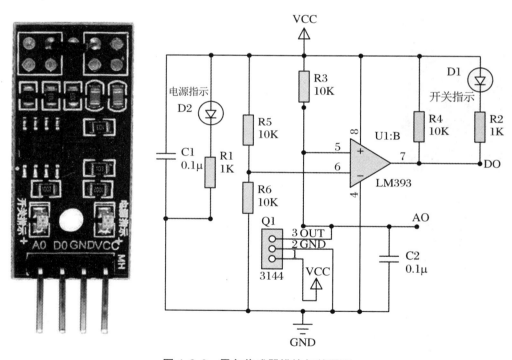

图 4.8.2　霍尔传感器模块与其原理

　　霍尔传感器在测量、自动化、计算机和信息技术等领域得到广泛的应用,如用来测速或计数测距等。注意:霍尔传感器的响应速度是非常有限的。

4.8.3　红外避障模块

　　常见的红外避障模块如图 4.8.3 所示。它主要由一对红外发射与接收传感器、一个电压比较器以及一些电阻、电容和发光二极管构成。

　　此红外避障模块的工作电压为 3.3～5.0 V,有三个管脚,其中 VCC 为供电电源的正极,GND 为电源负极。在模块加电后,电源指示灯会亮,发射管发射出一定频率的红外线,当检测方向遇到障碍物(反射面)时,红外线反射回来被接收管接收,经过比较器电路处理之后,绿色指示灯会亮起,同时信号输出接口(OUT)输出数字信号(一个低电平信号),接收管所接收的红外信号强度,常表现在反射面的颜色(反射率)、形状和反射面接收管的距离等方面。传感器模块输出端口 OUT 可直接与单片机 I/O 口连接即可,一般接外部中断;也可以直接驱动一个 5 V 继电器等。

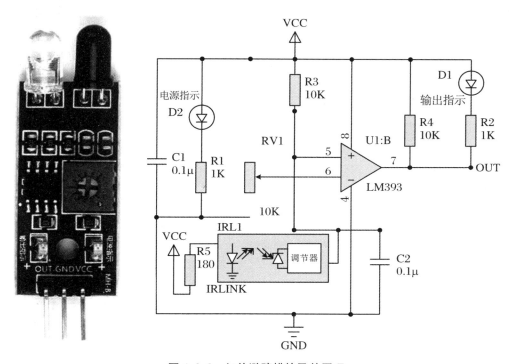

图 4.8.3　红外避障模块及其原理

　　红外避障模块对环境光线适应能力强,其具有一对红外线发射与接收管,可通过电位器旋钮调节检测距离,顺时针增加,有效距离范围为 2～5 cm,探测角度为 35°。可用于流水线计件、机器人避障、机器人进行白线或者黑线的跟踪,可以检测白底中的黑线,也可以检测黑底中的白线等。

4.8.4　蜂鸣器模块

　　常见的蜂鸣器模块有两种:有源和无源的,如图 4.8.4 所示。它主要由一个蜂鸣器、一个三极管驱动构成。"有源"和"无源"是指蜂鸣器内部有无震荡源,不是指"电源"。

　　有源蜂鸣器的内部带震荡源,所以只要一通电就会响,程序控制方便,单片机一个高低电平就可以让其发出声音,而无源蜂鸣器却做不到。

　　无源蜂鸣器的内部不带震荡源,所以用直流信号无法令其鸣叫,需用 2 K～5 K 的方波去驱动它。不过其声音频率可控,可以发出"Do,Re,Mi,Fa,Sol,La,Si,Do"的音符效果。

　　蜂鸣器模块有三个管脚,其中 VCC 为供电电源的正极,GND 为电源负极,工作电压为
3.3～5 V,I/O 管脚是输入控制蜂鸣器发声信号的。

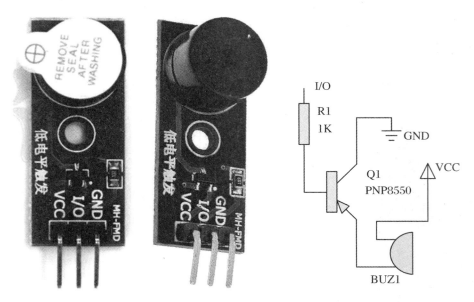

图 4.8.4　蜂鸣器模块及其原理

4.8.5　继电器模块

　　继电器(relay)是一种电控制器件,当输入量(又称激励量)的变化达到规定要求时,在电
气输出电路中使被控量发生预定的阶跃变化的一种电器。它具有控制系统(又称输入回路)
和被控制系统(又称输出回路)之间的互动关系。常用于自动化的控制电路中,是用小电流
去控制大电流运作的一种"自动开关"。故在电路中起着自动调节、安全保护、转换电路等
作用。

　　常见的可 MCU 控制的继电器模块,如图 4.8.5 所示。它主要由一个电压控制的继电
器、一个三极管驱动、保护二极管等构成。

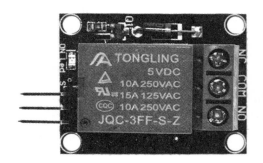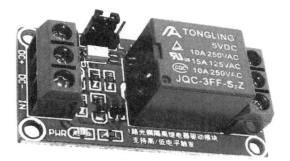

图 4.8.5　继电器模块与其原理

输入回路是低压控制电路,有三个管脚,一个电源正极(VCC)、一个电源负极(GND)和一个连接到 MCU 的控制管脚。有隔离电路的输入回路触发更可靠、稳定。

输出回路也有三个管脚,一个公共接口(COM);一个常开接口(NO):继电器吸合前悬空,吸合后与 COM 短接;一个常闭接口(NC):继电器吸合前与 COM 短接,吸合后悬空。

4.8.6 蓝牙模块

常用的蓝牙模块很多,包括各种不同的型号和版本。处理器或控制器可以通过蓝牙模块与手机、电脑等其他设备进行无线数据的传输或控制等。如图 4.8.6 所示的一款蓝牙模块,其与 MCU 等的接口为串口(UART),通过相应的处理器接口可以很方便地进行互连互通。当然还有其他一些接口的蓝牙模块,如同步外设接口(SPI)的蓝牙模块等。

图 4.8.6 蓝牙模块

参 考 文 献

[1] ATmega8A-megaAVR Data Sheet. https://ww1.microchip.com/downloads/en/DeviceDoc/ATmega8A-Data-Sheet-DS40001974B.pdf.

[2] ATmega328P. https://www.microchip.com/en-us/product/ATmega328P.

[3] ATmega328PB. https://www.microchip.com/en-us/product/ATmega328PB.

[4] 立创 EDA 教程：https://docs.lceda.cn/cn/FAQ/Editor/index.html.

[5] Altium Designer 相关文档：https://www.altium.com/documentation/altium-designer.

[6] Atmel Studio. https://www.microchip.com/en-us/tools-resources/develop/microchip-studio.

[7] TTP223. https://www.tontek.com.tw/uploads/product/42/TTP223N-BA6_V1.0_EN.pdf.

[8] LCD1602. https://www.waveshare.com/datasheet/LCD_en_PDF/LCD1602.pdf.

[9] HD44780. https://www.waveshare.com/datasheet/LCD_en_PDF/HD44780.pdf.

[10] PCF8574. https://www.ti.com/lit/gpn/pcf8574a.

[11] DHT11：http://www.aosong.com/products-21.html.

[12] HC_SR04：https://blog.csdn.net/dayou1024/article/details/102735878.

[13] 超声波传感器：https://wenku.baidu.com/view/002d82d276a20029bd642da9.html.

[14] ULN2003：https://www.st.com/resource/en/datasheet/uln2003.pdf.

[15] 28BYJ48-H12：https://wenku.baidu.com/view/498274896c175f0e7cd137ad.html.